SÄCHSISCHE AKADEMIE DER WISSENSCHAFTEN
ZU LEIPZIG

JAHRBUCH
1987–1988

Mit 5 Tafeln und 9 Abbildungen im Text

AKADEMIE-VERLAG BERLIN
1990

Nach dem Stand vom 31. Dezember 1988
Manuskript eingeliefert am 20. Juli 1989
Druckfertig erklärt am 25. Juli 1990

Im Auftrage der Akademie
bearbeitet und herausgegeben
von Gerald Wiemers

ISBN 3-05-000971-3
ISSN 0080-5262

Erschienen im Akademie-Verlag Berlin, Leipziger Straße 3–4, Berlin, 1086

Gesamtherstellung: Maxim Gorki-Druck GmbH, Altenburg, 7400
LSV 0725
Bestellnummer: 755 124 8 (1011/87–88)

INHALT

Präsidium 5
Archiv und Bibliothek 6
Sekretariat 6

Mitglieder
Mathematisch-naturwissenschaftliche Klasse:
Ordentliche Mitglieder 7
Auswärtige Mitglieder 18
Philologisch-historische Klasse:
Ordentliche Mitglieder 24
Auswärtige Mitglieder 34

Todesfälle 42
Zuwahlen 43
Ehrungen 44

Kommissionen
Mathematisch-naturwissenschaftliche Klasse:
Kommission für spezielle Umweltprobleme 48
Kommission für J. C. Poggendorff 68
Philologisch-historische Klasse:
Historische Kommission 70
Sprachwissenschaftliche Kommission 74

Sitzungen 1987 und 1988 82
Ansprachen des Präsidenten bei öffentlichen Gesamtsitzungen 87
Berichte des Vizepräsidenten über den Stand der Arbeiten der Akademie 106
Veröffentlichungen der Akademie 1987 und 1988 117
Veröffentlichungen von Akademiemitgliedern in den Berichtsjahren 121

Nachrufe
Mitglieder der mathematisch-naturwissenschaftlichen Klasse:
Manfred Schubert (Dagmar Hülsenberg) 189
Bibliographie 190
Erich Strack (Fritz Müller) 192
Mitglieder der philologisch-historischen Klasse:
Walter Dietze (Hans-Georg Werner) 195
Lajos Ligeti (Klaus Mylius) 197
Zinaida Udal'cova (Ernst Werner) 198
Herbert Peukert (Ernst Eichler) 200
Otto Vossler (Dr. Gerald Wiemers) 203
Bibliographie 206

Walter Horace Bruford (Claus Träger) 209
Hermann Heimpel (Dr. Gerald Wiemers) 213
Jan Białostocki (Ernst Ullmann) 219

Verzeichnis des Schriftentausches 221

Abkürzungen 256

Anhang

Gedenkworte zum 100. Geburtstag von Otto Eißfeldt, vorgetragen am 11. Dezember 1987 von Rudolf Meyer 261

Würdigung anläßlich des 100. Geburtstages von Gustav Hertz, vorgetragen in der öffentlichen Sitzung am 13. November 1987 von Artur Lösche 264

Biobibliographie Gustav Hertz (Dr. Christian Kleint, Dr. Gerald Wiemers) . . . 268

Namenregister 290

PRÄSIDIUM

Präsident
Bahner, Werner, Prof. Dr. phil., Dr. phil. h. c.

Vizepräsident
Lösche, Artur, Prof. Dr. phil., Dr. rer. nat. h. c.

Sekretar der mathematisch-naturwissenschaftlichen Klasse
Beckert, Herbert, Prof. Dr. phil., Dr. rer. nat. h. c.

Stellvertr. Sekretar der mathematisch-naturwissenschaftlichen Klasse
Oelßner, Wilhelm, Prof. Dr. med.

Sekretar der philologisch-historischen Klasse
Brüning, Eberhard, Prof. Dr. phil.

Stellvertr. Sekretar der philologisch-historischen Klasse
Lieberwirth, Rolf, Prof. Dr. jur.
Czok, Karl, Prof. Dr. phil.

SATZUNG DER AKADEMIE

siehe Jahrbuch 1969—1970 (Berlin 1972) S. 9—13

ARCHIV

7010 Leipzig, Goethestraße 3—5, Tel. 292886
Leiter des Archivs: Dr. Gerald Wiemers
Wiss. Mitarbeiterin: Dr. Elisabeth Lea
Wiss.-techn. Mitarbeiterin: Beate Rebner

BIBLIOTHEK

Bibliothekar im Nebenamt: Dr. Dietmar Debes, Kustos der Karl-Marx-Universität Leipzig, Universitätsbibliothek, 7010 Leipzig, Beethovenstraße 6, Tel. 3913310
Bibliothekarin im Nebenamt: Jutta Sporleder
Magazinverwalter: Paul Tottermusch

SEKRETARIAT

7010 Leipzig, Goethestraße 3—5, Tel. 281081
Wiss. Sekretär: Dipl. paed. Manfred Kobialka
Leiterin für Haushaltwirtschaft: Renate Bauer
Wiss.-techn. Mitarbeiterinnen: Petra Jung, Evelin Schöppe
Angestellte: Ursula Hodek

VERLAG DER AKADEMIE

Akademie-Verlag, 1086 Berlin, Leipziger Straße 3—4, Tel. 22360

VERTRAGSHEIM DER AKADEMIE

Kurhaus 6113 Masserberg, Tel. Masserberg/Thür. 221

MITGLIEDER

(Die eingeklammerten Zahlen bedeuten das Datum der Zuwahl)

Ordentliche Mitglieder
der mathematisch-naturwissenschaftlichen Klasse

Arnold, Klaus, Dr. rer. nat., o. Professor für Biophysik an der Karl-Marx-Universität Leipzig, Direktor des Instituts für Biophysik, Mitglied und Vorstandsmitglied der Gesellschaft für mathematische und physikalische Biologie der DDR, Mitglied der Physikalischen Gesellschaft der DDR und der Biochemischen Gesellschaft der DDR, geb. 19. V. 1942 in Preußlitz (Kreis Bernburg), 7010 Leipzig, Karl-Tauchnitz-Straße 23, Tel. 310889 (3. VI. 1988).

Beckert, Herbert, Dr. phil., Dr. rer. nat. h. c. (Karl-Marx-Stadt), em. o. Professor für Mathematik (Analysis) an der Karl-Marx-Universität Leipzig, Nationalpreisträger, Verdienter Hochschullehrer der DDR, Mitglied der Poggendorff-Kommission und der Kommission für spezielle Umweltprobleme der Akademie, Inhaber des Gustav-Hertz-Preises und der Ehrennadel der Karl-Marx-Universität Leipzig, der goldenen Verdienstmedaille der Universität Olomouc und von Medaillen der Universität Helsinki, der Mathematisch-Physikalischen Fakultät der Karls-Universität Prag und der Bolzano-Medaille der Karls-Universität Prag, Mitglied der Deutschen Akademie der Naturforscher Leopoldina in Halle und Sekretar für Mathematik und Naturwissenschaften dieser Akademie, Mitglied der Mathematischen Gesellschaft der DDR, geb. 12. X. 1920 in Colmnitz (Kreis Freital), 7113 Markkleeberg, Raschwitzerstr. 12, Tel. Leipzig 311205 (17. X. 1975).

Berg, Hermann, Dr. rer. nat., Professor für physikalische Chemie an der Akademie der Wissenschaften der DDR, Zentralinstitut für Mikrobiologie und experimentelle Therapie in Jena, Leiter der Abteilung Biophysikochemie und der URANIA-Gruppe der Akademieinstitute in Jena, Inhaber der Heyrovský-Medaille des Heyrovský-Instituts für Polarographie der Tschechoslowakischen Akademie der Wissenschaften in Prag, Mitglied der Gesellschaft für mathematische und physikalische Biologie der DDR, Vizepräsident der Bioelectrochemical Society (BES), Editor von „Bioelectrochemistry and Bioenergetics“ (Elsevier), Mitglied der IUPAB Kommission 4: Radiation and Environmental Biophysics, geb. 16. VII. 1924 in Greifswald, 6900 Jena, Greifbergstraße 15, 110-35, Tel. 24817 (18. VI. 1971).

Bethge, Heinz, Dr. rer. nat., Dr. rer. nat. h. c. (Karl-Marx-Stadt), Honorarprofessor für Physik an der Martin-Luther-Universität Halle—Wittenberg, Direktor des Instituts für Festkörperphysik und Elektronenmikroskopie der Akademie der Wissenschaften der DDR in Halle, Nationalpreisträger, Inhaber des Vaterländischen Verdienstordens, der Verdienstmedaille der DDR und der Carus-Medaille der Deutschen Akademie der Naturforscher Leopoldina in Halle, Hervorragender Wissenschaftler des Volkes, o. Mitglied der Akademie der Wissenschaften der DDR, korresp. Mitglied der Bayerischen Akademie der Wissenschaften in München, der Heidelberger Akademie der Wissenschaften und der Österreichischen Akademie der Wissenschaften in Wien, auswärtiges Mitglied der Bulgarischen Akademie der Wissenschaften in Sofia und der Holländischen Akademie der Wissenschaften in Haarlem, Mitglied und Präsident der Deutschen Akademie der Naturforscher Leopoldina in Halle, Mitglied der Physikalischen Gesellschaft der DDR, Ehrenmitglied der Roland Eötvös Physikalischen Gesellschaft in Ungarn, geb. 15. XI. 1919 in Magdeburg, 4020 Halle (Saale), Ginsterweg 15, Tel. 651070 (17. X. 1975).

Beyer, Klaus, Dr. rer. nat., o. Professor für Mathematik an der Karl-Marx-Universität Leipzig, Inhaber der Gauß-Ehrenplakette des Gauß-Komitees der Akademie der Wissenschaften der DDR, Mitglied der Mathematischen Gesellschaft der DDR, geb. 26. IV. 1939 in Leipzig, Karl-Marx-Universität Leipzig, Sektion Mathematik, Karl-Marx-Platz, 7010 Leipzig, Tel. 7192471, privat: 7072 Leipzig, Platanenstraße 56 (3. VI. 1988).

Buchheim, Wolfgang, Dr. phil., em. o. Professor für theoretische Physik an der Bergakademie Freiberg, Inhaber der Ehrennadel der Bergakademie Freiberg, Mitglied der Poggendorff-Kommission und der Kommission für spezielle Umweltprobleme der Akademie, Mitglied der Deutschen Akademie der Naturforscher Leopoldina in Halle, Mitglied der Permanenten Kommission für die Festerdegezeiten der Internationalen Association für Geodäsie in Strasbourg, der Goethe-Gesellschaft in Weimar, der Physikalischen Gesellschaft der DDR, der Gesellschaft für Geologische Wissenschaften der DDR, geb. 18. X. 1909 in Leipzig, 9200 Freiberg (Sachsen), Richard-Wagner-Straße 25, Tel. 48383 (7. XII. 1959).

Busch, Karl-Franz, Dr.-Ing., Dr.-Ing. E. h. (Freiberg), Diplom-Gewerbelehrer, em. o. Professor für Wasserversorgung und Abwasserbehandlung an der TU Dresden, Träger des Vaterländischen Verdienstordens in Bronze, der Hubert-Engels-Plakette und der Lohrmann-Plakette der TU Dresden, der Goldenen und Silbernen Ehrennadel der Kammer der Technik, Inhaber der Medaille zum 30. Jahrestag der Gründung der DDR und der Solin-Medaille der TU Prag, Held der Arbeit, Verdienter Techniker des Volkes, Verdienter Hochschullehrer der DDR, Mitglied der Kommission für spezielle Umweltprobleme der Akademie und der Deutschen Agrarwissenschaftlichen Gesellschaft, geb. 22. III. 1917 in Oberhausen, 8053 Dresden, Waldparkstraße 2, Tel. 334424 (25. III. 1977).

Dörter, Klaus, Dr. agr. (Wissenschaftsgebiet Grünland und Meliorationswesen sowie Landeskultur), em. o. Professor für landwirtschaftliche Meliorationen und Landeskultur an der Martin-Luther-Universität Halle—Wittenberg, Inhaber der Verdienstmedaille der DDR, der Erinnerungsmedaille zum 20. Jahrestag der Demokratischen Bodenreform, der Ehrennadel in Gold der Agrarwissenschaftlichen Gesellschaft, der Humboldt-Medaille in Silber, der Ehrennadel für Verdienste im sozialistischen Bildungswesen, der Thomasius-Plakette und der Erinnerungsmedaille der Martin-Luther-Universität, der Julius-Kühn-Medaille sowie der Erinnerungsmedaillen der Landwirtschaftlichen Hochschulen Poznań und Nitra, Mitglied und Leiter der Kommission für spezielle Umweltprobleme der Akademie, Mitglied der Agrarwissenschaftlichen Gesellschaft der DDR, der Bodenkundlichen Gesellschaft der DDR, der Internationalen Bodenkundlichen Gesellschaft in Amsterdam/Holland und der Sektion Landeskultur und Naturschutz der Akademie der Landwirtschaftswissenschaften der DDR, geb. 10. I. 1922 in Breslau, 4020 Halle (Saale), Elsa-Brändström-Straße 190, Tel. 41587 (18. VI. 1974).

Dürwald, Wolfgang, Dr. med., o. Professor für Gerichtliche Medizin an der Karl-Marx-Universität Leipzig, Direktor des Instituts für Gerichtliche Medizin im Bereich Medizin der Karl-Marx-Universität, Held der Arbeit, Verdienter Arzt des Volkes, Obermedizinalrat, Friedrich-Engels-Preisträger, Inhaber der Hufeland-Medaille in Gold, der Verdienstmedaille des Ministeriums des Inneren in Gold, der Verdienstmedaille der NVA in Silber, des Ehrenzeichens der Deutschen Volkspolizei, der Verdienstmedaille der Deutschen Reichsbahn Stufe I, der Medaille für treue Dienste im Gesundheits- und Sozialwesen in Silber und Gold, der Medaille für selbstlosen Einsatz bei Katastrophen, der Ehrennadel der Karl-Marx-Universität, der Ehrennadel der Rechtspflegeorgane in Gold, der Kopernikus-Medaille der Universität Kraków, der Ehrenmedaille der Palacky Universität Olomouc und der Richard-Kockel-Medaille der Gesellschaft für Gerichtliche Medizin der DDR, Mitglied der Internationalen Akademie für Gerichtliche und soziale Medizin, 1976—1979 Vizepräsident dieser Akademie, Mitglied der Royal Society of Medicine in London, der Gesellschaft für Gerichtliche Medizin der DDR, der Gesellschaft für Hämatologie und Bluttransfusion der DDR, der Gesellschaft für Humangenetik der DDR und der Gesellschaft für Experimentelle Medizin der DDR, korresp. Mitglied der Deutschen Gesellschaft für Rechtsmedizin (BRD), Ehrenmitglied der Allunions-Gesellschaft für Gerichtliche Medizin der UdSSR, der Gesellschaft für gerichtliche Medizin und Kriminologie der VR Polen, der ungarischen Gesellschaft für Gerichtliche Medizin, der tschechoslowakischen Gesellschaft für Gerichtliche Medizin, der Sociedad Cubana de Medicina Legal, der Sociedad de Medicina Legal in Chile und der Societas Medica Bohemica, geb. 13. I. 1924 in Hagen (Westfalen), 7027 Leipzig, Naunhofer Straße 18, Tel. 8611636 (20. X. 1978).

Emons, Hans-Heinz, Dr. rer. nat., Dr. rer. nat. h. c. (Leningrad, Merseburg), Dr. mont. E. h. (Leoben), Professor für anorganische und anorganisch-technische Chemie, Vizepräsident der Akademie der Wissenschaften der DDR, Wissenschaftlicher Leiter der Arbeitsgruppe „Anorganische Salze“ der Bergakademie Freiberg, Nationalpreisträger, Held der Arbeit, Träger des Vaterländischen Verdienstordens in Silber, Verdienter Hochschullehrer der DDR, Träger der Verdienstmedaille der DDR, der Humboldt-Medaille, der Kurnakov-Medaille der Akademie der Wissenschaften der UdSSR, der Clemens-Winkler-Medaille der Chemischen Gesellschaft der DDR, der Emil-Votoček-Medaille der TH Prag, der Arthur-Becker-Medaille der Freien Deutschen Jugend in Gold und der Ehrennadel der Gesellschaft für Deutsch-Sowjetische Freundschaft in Gold, Inhaber des Carl-Schorlemmer-Preises der TH Leuna-Merseburg und des Wissenschaftspreises 1. Stufe der Bergakademie Freiberg, o. Mitglied der Königlich-Norwegischen Wissenschaftsakademie in Trondheim, auswärt. Mitglied der Norwegischen Akademie der Wissenschaften in Oslo, Mitglied des Forschungsrates der DDR in Berlin, der Chemischen Gesellschaft der DDR in Berlin, Vereinigung für Kristallographie, der Nationalen Pugwash-Gruppe der DDR, der Electrochemical Society in New York und der International Society of Electrochemistry, geb. 1. VI. 1930 in Herford (Westfalen), 9200 Freiberg, Richard-Wagner-Straße 23, Tel. 3565 (12. X. 1979).

Eßbach, Hasso, Dr. med., Dr. med. h. c. (Magdeburg), em. o. Professor für pathologische Anatomie an der Medizinischen Akademie Magdeburg und an der Deutschen Akademie für Ärztliche Fortbildung Berlin, Gründungsrektor der Medizinischen Akademie Magdeburg, Träger des Vaterländischen Verdienstordens, Inhaber des Rudolf-Virchow-Preises des Ministeriums für Gesundheitswesen, der Humboldt-Medaille des Ministeriums für

Hoch- und Fachschulwesen der DDR und der Otto-von-Guericke-Plakette der Stadt Magdeburg, Mitglied der Deutschen Gesellschaft für Pathologie in Münster, der Gesellschaft für Experimentelle Medizin der DDR in Berlin, der Gesellschaft für Pathologie der DDR in Berlin, der Gesellschaft für Neuropathologie der DDR in Leipzig, der Deutschen Gesellschaft für Elektronenmikroskopie in Düsseldorf und der Gesellschaft für Perinatale Medizin der DDR in Halle, Ehrenmitglied der Gesellschaft für Pathologie der DDR in Berlin und der Medizinischen Gesellschaft in Magdeburg, geb. 9. III. 1909 in Chemnitz, 3271 Möser über Burg bei Magdeburg, Kastanienallee 5, Tel. 274 (24. V. 1965).

Fanghänel, Egon, Dr. rer. nat., o. Professor für organische Chemie an der Technischen Hochschule „Carl Schorlemmer" Leuna-Merseburg, Nationalpreisträger, Träger des Vaterländischen Verdienstordens in Bronze, Inhaber des Ordens „Banner der Arbeit" und des Carl-Schorlemmer-Preises der TH „Carl Schorlemmer" Leuna-Merseburg, Mitglied der Poggendorff-Kommission der Akademie, Mitglied und Vorsitzender der Chemischen Gesellschaft der DDR in Berlin, außerordentliches Mitglied des Forschungsrates, Mitglied des Rates für Akademische Grade und des Beirates für Chemie beim Ministerium für Hoch- und Fachschulwesen der DDR, stellvertretender Vorsitzender des Nationalkomitees Chemie der DDR, Leiter der Hauptforschungsrichtung „Photochemie" und Mitglied des Wissenschaftlichen Rates des Forschungsprogramms Chemie der DDR, geb. 25. VI. 1935 in Waldheim (Sachsen), 4020 Halle (Saale), Albrecht-Dürer-Straße 6, Tel. 39822 (9. X. 1981).

Freimuth, Ulrich, Dr. rer. nat., em. Professor mit Lehrstuhl für Lebensmittelchemie an der TU Dresden, Inhaber der Verdienstmedaille der DDR, der Kekulé-Medaille der Chemischen Gesellschaft, der Pettenkofer-Medaille der Gesellschaft für Allgemeine und kommunale Hygiene in der DDR und der Ehrenplakette des Zentralinstituts für Ernährung der Akademie der Wissenschaften der DDR, Mitglied der Kommission für spezielle Umweltprobleme der Akademie und der Biochemischen Gesellschaft der DDR, Ehrenmitglied der Chemischen Gesellschaft der DDR und des Fachverbandes Lebensmittelchemie dieser Gesellschaft, Ehrenmitglied der Gesellschaft für Ernährung der DDR und des Ungarischen Wissenschaftlichen Vereins für Lebensmittelindustrie, geb. 16. X. 1914 in Wismar, 8020 Dresden, Bernerstraße 1, Tel. 472266 (28. VI. 1971).

Fröhlich, Klaus, Dr. rer. nat., o. Professor für angewandte Physik an der Bergakademie Freiberg, Inhaber des Ordens „Banner der Arbeit" und der Arthur-Becker-Medaille der Freien Deutschen Jugend in Gold, Mitglied im Department of Research and Isotopes, International Atomic Energy Agency, Wien, geb. 12. VI. 1937 in Großbreitenbach, 9200 Freiberg, Straße der Einheit 24c, Tel. 67613 (11. X. 1985).

Gläser, Albrecht, Dr. med., o. Professor für Chirurgie an der Martin-Luther-Universität Halle—Wittenberg, Direktor der Klinik und Poliklinik für Chirurgie an dieser Universität, Obermedizinalrat, Träger der Ehrennadel der Karl-Marx-Universität Leipzig, Inhaber des Robert-Rößle-Preises der Gesellschaft für Geschwulstbekämpfung der DDR, seit Gründung Vorstandsmitglied und langjähriger Vorsitzender der Gesellschaft für Geschwulstbekämpfung der DDR, Mitglied und Vorsitzender der medizinisch-wissenschaftlichen Gesellschaft für Chirurgie an der Martin-Luther-Universität Halle—Wittenberg, Mitglied der Gesellschaft für Chirurgie der DDR und der European Association

Cancer Research (EACR), geb. 27. VII. 1928 in Chemnitz, 7101 Burghausen, An der Rehwiese 12, Tel. 4511183 (12. X. 1984).

Haase, Günter, Dr. rer. nat., Professor für Geographie an der Akademie der Wissenschaften der DDR, Inhaber der Verdienstmedaille der DDR und der Hermann-Haack-Medaille der Geographischen Gesellschaft der DDR, Mitglied der Deutschen Akademie der Naturforscher Leopoldina in Halle, der Sektion Landeskultur und Naturschutz der Akademie der Landwirtschaftswissenschaften der DDR, Mitglied und Vizepräsident der Geographischen Gesellschaft der DDR, Mitglied der Wissenschaftlichen Räte des Forschungsprogramms Geo- und Kosmoswissenschaften, der Hauptforschungsrichtung Geographie/Hydrologie und Ökologie bei der Akademie der Wissenschaften der DDR, der Bodenkundlichen Gesellschaft der DDR, der Gesellschaft für Geologische Wissenschaften der DDR, der Nationalkomitees für Geographie und Kartographie sowie für SCOPE bei der Akademie der Wissenschaften der DDR, der International Society of Soil Science und der International Union of Quaternary Research, geb. 16. I. 1932 in Pulsnitz (Kreis Kamenz), 7030 Leipzig, Selneckerstraße 3, Tel. 324460 (11. X. 1985).

Hänsel, Christian, Dr. rer. nat., o. Professor für allgemeine und Umweltgeophysik an der Sektion Physik der Karl-Marx-Universität Leipzig, Träger der Ehrennadel des Ministeriums für Volksbildung und der Ehrennadel der Karl-Marx-Universität Leipzig, Mitglied und Vorstandsmitglied der Meteorologischen Gesellschaft der DDR und Mitglied der Gesellschaft für Geologische Wissenschaften der DDR, geb. 12. I. 1925 in Planitz (Kreis Meißen), 7113 Markkleeberg, Friedrich-Ebert-Straße 24, Tel. 310286, dienstlich: Karl-Marx-Universität, Wissenschaftsbereich Geophysik, 7010 Leipzig, Talstraße 35, Tel. 7165389 (11. X. 1985).

Haustein, Uwe-Frithjof, Dr. med., o. Professor für Dermato-Venerologie an der Karl-Marx-Universität Leipzig, Leiter des AIDS-Konsultationszentrums, Obermedizinalrat, Inhaber des Preises für Medizin „Dr. Margarete Blank“ der Stadt Leipzig, Mitglied und Vorsitzender der Gesellschaft für Dermatologie der DDR, Mitglied der Sächsischen Dermatologischen Gesellschaft, der Gesellschaft für klinische und experimentelle Immunologie, des Executivkomitees der International Union against Venereal Diseases and Treponematoses (IUVDT) und der International Society of Dermatology-Tropical, Geographic and Ecologic, Ehrenmitglied der Polnischen Dermatologischen Gesellschaft, der Britischen Vereinigung der Dermatologen, der Bulgarischen Dermatologischen Gesellschaft, der Dermatologischen Gesellschaft der ČSSR und der Niederländischen Dermatologischen Gesellschaft, geb. 20. II. 1937 in Dresden, Universitäts-Hautklinik, Liebigstraße 21, 7010 Leipzig, Tel. 397420; privat: 7113 Markkleeberg, Gustav-Freytag-Straße 5, Tel. 323273 (3. VI. 1988).

Hennig, Horst, Dr. rer. nat., o. Professor für anorganische Chemie an der Karl-Marx-Universität Leipzig, Rektor dieser Universität, Inhaber der Verdienstmedaille der DDR, der Ehrennadel der Karl-Marx-Universität Leipzig, der Ehrenmedaille der Fakultät für Chemische Technologie der Slovakischen Technischen Universität Bratislava, des Gustav-Hertz-Preises der Karl-Marx-Universität und der Humboldt-Medaille der DDR in Bronze, stellvertretender Vorsitzender des Beirates für Chemie beim Ministerium für Hoch- und Fachschulwesen, stellvertretender Vorsitzender des Wissenschaftlichen Rates des Forschungsprogramms Chemie und Stellvertreter des Beauftragten für dieses Forschungsprogramm, korrespondierendes Mitglied der Akademie der Wissenschaften der DDR, Mitglied der Chemischen Gesellschaft der DDR, geb. 6. VI. 1937 in Leipzig, 7010 Leipzig, Straße des 18. Oktober 15, Tel. 315222 (11. X. 1985).

Hülsenberg, Dagmar, Dr.-Ing., Dr. rer. oec., o. Professor für Glas- und Keramikwerkstoffe/Glas- und Keramiktechnologie an der Technischen Hochschule Ilmenau, Präsident der Kammer der Technik, Verdienter Techniker des Volkes, Inhaber der Verdienstmedaille der DDR, der Ernst-Abbe-Medaille der KDT und der Ehrennadel der KDT in Bronze, Silber und Gold, Mitglied des Forschungsrates der DDR, des Präsidiums der Kammer der Technik und der International Commission on Glass, geb. 2. XII. 1940 in Sonneberg (Thüringen), 6300 Ilmenau, Lindenberg 60/6/49, Tel. 8878 (10. X. 1986).

Jordan, Herbert, Dr. med., em. Honorarprofessor für Physiotherapie an der Friedrich-Schiller-Universität Jena, ehem. Direktor des Forschungsinstituts für Balneologie und Kurortwissenschaft Bad Elster, Verdienter Arzt des Volkes, Obermedizinalrat, Inhaber des Vaterländischen Verdienstordens in Bronze, Träger der Hufeland-Medaille in Gold und der Medaille für treue Dienste im Gesundheits- und Sozialwesen in Gold, Inhaber des Julius-Grober-Preises sowie der Medaille der Gesellschaft für Physiotherapie der DDR, Mitglied der Kommission für spezielle Umweltprobleme der Akademie, der Gesellschaften für Innere Medizin, Kardiologie und Angiologie der DDR und der Internationalen Gesellschaft für Biologische Rhythmusforschung (jetzt: European Society for Chronobiology), Ehrenmitglied der Deutschen Gesellschaft für Physikalische Medizin und Rehabilitation, der Gesellschaft für Physiotherapie der DDR, der Gesellschaft für Rheumatologie der DDR, der Medizinisch-Wissenschaftlichen Allunionsgesellschaft für Physiotherapie und Kurortologie der UdSSR, der Bulgarischen Gesellschaft für Physikalische Therapie, Kurortologie und Rehabilitation, der Československá fyziatrická spolnočnost' und der Polnischen Gesellschaft für Balneologie, Bioklimatologie und Physikalische Therapie, geb. 8. XII. 1919 in Markneukirchen (Vogtland), 9933 Bad Elster, Karl-Marx-Straße 30, Tel. 467 (18. VI. 1974).

Keller, Ott-Heinrich, Dr. phil. nat., em. o. Professor für Mathematik an der Martin-Luther-Universität Halle—Wittenberg, Nationalpreisträger, Mitglied der Deutschen Akademie der Naturforscher Leopoldina in Halle, geb. 22. VI. 1906 in Frankfurt (Main), 4050 Halle (Saale), Dölauer Straße 82, Tel. 31480 (15. IX. 1958).

Krug, Herbert, Dr.-Ing., em. o. Professor für Verfahrenstechnik an der Bergakademie Freiberg, Ehrensenator der Bergakademie Freiberg, Nationalpreisträger, Inhaber der Verdienstmedaille der DDR, der Medaille zum 30. Jahrestag der Gründung der DDR, der Humboldt-Medaille in Gold, der Medaille für Verdienste in der Kohlenindustrie in Gold, der Medaille für hervorragende Leistungen im Bergbau und in der Energiewirtschaft, der Goldenen Ehrennadel der Kammer der Technik, der Arthur-Becker-Medaille der Freien Deutschen Jugend in Silber, der Ehrenplakette der Stadt Freiberg in Silber, der Karl-Kegel-Medaille der ehem. Brennstofftechnischen Gesellschaft in der DDR und der Agricola-Medaille der Bergakademie Freiberg, Mitglied der wissenschaftlich-technischen Gesellschaft „Energiewirtschaft“ der Kammer der Technik, geb. 10. I. 1919 in Brossen (Kreis Zeitz), 9200 Freiberg, Lindenweg 10, Tel. 47801 (20. X. 1978).

Lehmann, Nikolaus Joachim, Dr.-Ing., em. o. Professor für mathematische Kybernetik und Rechentechnik an der TU Dresden, Hervorragender Wissenschaftler des Volkes, Nationalpreisträger, Träger des Vaterländischen Verdienstordens in Bronze, des Ordens „Banner der Arbeit", der Verdienstmedaille der NVA in Gold, der Medaille zum 30. Jahrestag der Gründung der DDR, der Gauß-Ehrenplakette des Gauß-Komitees der Akademie der Wissenschaften der DDR, des Ordens „Kirill i Metodi" 1. Stufe der VR Bulgarien, des Ehrenzeichens der Bulgarischen Akademie der Wissenschaften sowie deren Jubiläums-Medaille 1978 und des „Silver Core" der Internationalen Föderation für Informationsverarbeitung, korresp. Mitglied der Akademie der Wissenschaften der DDR, DDR-Vertreter und Vizepräsident 1980 bis 1983 der Internationalen Föderation für Informationsverarbeitung, Mitglied der Mathematischen Gesellschaft und der Gesellschaft für Informatik der DDR in Berlin, Ehrenmitglied des Forschungsrates der DDR, geb. 15. III. 1921 in Camina (Sachsen), 8010 Dresden, Ernst-Thälmann-Straße 9, Tel. 4952709 (9. X. 1981).

Lösche, Artur, Dr. phil., Dr. rer. nat. h. c. (Jena), em. o. Professor für experimentelle Physik an der Karl-Marx-Universität Leipzig, Nationalpreisträger, Träger des Vaterländischen Verdienstordens in Silber und Bronze, Verdienter Hochschullehrer der DDR, Inhaber des Gustav-Hertz-Preises und der Ehrennadel der Karl-Marx-Universität Leipzig, Ehrensenator der Karl-Marx-Universität Leipzig, o. Mitglied der Akademie der Wissenschaften der DDR, Mitglied der Deutschen Akademie der Naturforscher Leopoldina in Halle, korresp. Mitglied der Société Royale des Sciences de Liège, Mitglied des Vorstandes des Groupement AMPERE (Internationale Gesellschaft für HF-Spektroskopie) und des Council der International Society of Magnetic Resonance, geb. 20. X. 1921 in Leipzig, 7027 Leipzig, Egon-Erwin-Kisch-Weg 35, Tel. 8612553 (24. V. 1965).

Müller, Fritz, Dr. med., o. Professor für Pathobiochemie an der Karl-Marx-Universität Leipzig, Direktor des Instituts für Pathologische Biochemie, Obermedizinalrat, Inhaber des Vaterländischen Verdienstordens in Bronze, des Ordens „Stern der Völkerfreundschaft", des Ordens „Banner der Arbeit", der Verdienstmedaille der DDR, des Rudolf-Virchow-Preises, des Gustav-Hertz-Preises und der Ehrennadel der Karl-Marx-Universität Leipzig, der Fritz-Gietzelt-Medaille des Koordinierungsrates der Medizinisch-Wissenschaftlichen Gesellschaften der DDR und des Preises für Medizin des Bezirkes Leipzig „Prof. Dr. Karl Gelbke", Vorsitzender des Wissenschaftlichen Beirates für Medizin beim Ministerium für Hoch- und Fachschulwesen, Mitglied des Rates für Medizinische Wissenschaft beim Ministerium für Gesundheitswesen, Beauftragter für die Hauptforschungsrichtung „Modell- und Biomembranen", Vorstandsmitglied der Biochemischen Gesellschaft der DDR, Mitglied der Gesellschaft für Klinische Chemie und Labor-Diagnostik, geb. 28. I. 1935 in Altenburg, 7030 Leipzig, Heilemannstraße 29, Tel. 312592 (9. X. 1981).

Oelßner, Wilhelm, Dr. med., em. o. Professor für Radiologie an der Karl-Marx-Universität Leipzig, Obermedizinalrat, Verdienter Arzt des Volkes, Träger des Vaterländischen Verdienstordens in Bronze und der Ehrennadel der Karl-Marx-Universität Leipzig, Ehrensenator der Karl-Marx-Universität Leipzig, Inhaber der Ehrenplakette der Deutschen Gesellschaft für klinische Medizin und des Robert-Rößle-Preises der Gesellschaft für Geschwulstbekämpfung der DDR, Mitglied der Deutschen Akademie der Naturforscher Leopoldina in Halle, Ehrenmitglied der Gesellschaft für Medizinische

Radiologie der DDR, der Deutschen Röntgengesellschaft und der Tschechoslowakischen Radiologischen Gesellschaft, geb. 3. III. 1920 in Leipzig, 8520 Erlangen, Gebbertstraße 68 (17. X. 1975).

Parthier, Benno, Dr. rer. nat., Professor für Molekularbiologie an der Akademie der Wissenschaften der DDR, Abteilungsleiter im Institut für Biochemie der Pflanzen in Halle, Inhaber der Verdienstmedaille der DDR, Mitglied und Vizepräsident (für Naturwissenschaften) der Deutschen Akademie der Naturforscher Leopoldina in Halle, o. Mitglied der Akademie der Wissenschaften der DDR, korresp. Mitglied der Bayerischen Akademie der Wissenschaften in München und der Rhein.-Westfäl. Akademie, Mitglied der Biochemischen Gesellschaft der DDR sowie der Biologischen Gesellschaft in der DDR und Vorstandsmitglied in deren Sektion Biochemie und Physiologie der Pflanzen, Mitglied der American Society of Photobiology, geb. 21. VIII. 1932 in Holleben (Saalkreis), 4050 Halle (Saale), Am Birkenwäldchen 7, Tel. 31990 (20. X. 1978).

Penzlin, Heinz, Dr. rer. nat., o. Professor für Tierphysiologie an der Friedrich-Schiller-Universität Jena, Inhaber der Ehrennadel des Ministeriums für Volksbildung und der Ehrennadel für Verdienste im sozialistischen Bildungswesen, Präsident der Biologischen Gesellschaft der DDR, Mitglied der Gesellschaft für Neurowissenschaften der DDR, des Wissenschaftlichen Beirates Biologie beim Ministerium für Hoch- und Fachschulwesen, des Nationalkomitees Biowissenschaften bei der Akademie der Wissenschaften der DDR, der European Neuroscience Association (ENA) und der International Brain Research Organisation (IBRO) der UNESCO, geb. 26. I. 1932 in Waren (Müritz), 6900 Jena, Jenertal 21, Tel. 26820 (9. X. 1981).

Ries, Werner, Dr. med., o. Professor für innere Medizin-Gerontologie an der Karl-Marx-Universität Leipzig, Obermedizinalrat, Träger der Hufeland-Medaille in Gold, der Ehrennadel der Karl-Marx-Universität Leipzig, der Max-Bürger-Medaille der Gesellschaft für Innere Medizin der DDR, der Theodor-Brugsch-Medaille des Koordinierungsrates der medizinisch-wissenschaftlichen Gesellschaften der DDR, des Preises für Medizin „Dr. Margarete Blank" der Stadt Leipzig, der Reiman-Medaille für präventive Medizin der Slowakischen Ärzte-Gesellschaft in Bratislava und des Ehrenpreises der Gesellschaft für Gerontologie der DDR, Mitglied der Gesellschaft für Innere Medizin der DDR, der Gesellschaft für Gerontologie der DDR, der Gesellschaft für Ernährung der DDR und der Gesellschaft für Endokrinologie und Stoffwechselkrankheiten der DDR, Ehrenmitglied der Allunionsgesellschaft für Gerontologie und Geriatrie der UdSSR, der Sektion Ernährung der Bulgarischen Wissenschaftlichen Gesellschaft, der Gesellschaft für Gerontologie der DDR und Vorstandsmitglied dieser Gesellschaft, geb. 20. III. 1921 in Nürnberg, 7030 Leipzig, Hermann-Schein-Straße 3, Tel. 320939 (25. III. 1977).

Rösler, Hans Jürgen, Dr. rer. nat., em. o. Professor für Mineralogie und Geochemie an der Bergakademie Freiberg, Ehrensenator der Bergakademie Freiberg, Verdienter Hochschullehrer der DDR, Inhaber der Verdienstmedaille der DDR, der Medaille für hervorragende Leistungen in der Geologie der DDR, der Pablo-Neruda-Gedenkmedaille, der Ehrennadel der Bergakademie Freiberg und der Abraham-Gottlob-Werner-Nadel der Gesellschaft für Geologische Wissenschaften der DDR, Inhaber von Wissenschaftspreisen 1. und 2. Stufe der Bergakademie Freiberg, Träger der Serge-von-Bubnoff-

Medaille der Gesellschaft für Geologische Wissenschaften der DDR, Ehrenmitglied der Gesellschaft für Geologische Wissenschaften der DDR und Leitungsmitglied des Fachbereiches Mineralogie und Geochemie dieser Gesellschaft, geb. 14. V. 1920 in Braschen (Kreis Crossen/Oder), 9200 Freiberg, Silberhofstraße 11, Tel. 47855 (9. X. 1981).

Sachsenweger, Rudolf, Dr. med., em. o. Professor für Augenheilkunde an der Karl-Marx-Universität Leipzig, Verdienter Arzt des Volkes, ehem. Präsident und Mitglied des European Ophthalmological Council, Inhaber des von-Graefe-Preises der Deutschen Ophthalmologischen Gesellschaft (Heidelberg), Mitglied und Senatsmitglied der Deutschen Akademie der Naturforscher Leopoldina in Halle, Ehrenmitglied der Gesellschaft der Augenärzte der DDR, Mitglied (em.) des Internationalen Gonin-Klubs in Lausanne, des International Council of Ophthalmology und der Französischen Ophthalmologischen Gesellschaft in Paris, Ehrenmitglied der Europäischen Strabismologischen Gesellschaft und der Europäischen Glaukomgesellschaft, Mitglied (em.) der Academia Ophthalmologica Internationalis in Chicago, Ehrenmitglied der Academia Barraquer in Barcelona, der Deutschen Ophthalmologischen Gesellschaft in Heidelberg, der Wolgograder Ophthalmologischen Gesellschaft und der Polnischen Gesellschaft für Ophthalmologie, Mitglied des Concilium Ophthalmologicum Universale 1980—1984, Ehrenvorsitzender der Sächsischen Gesellschaft für Augenheilkunde, Vorsitzender der Julius-Hirschberg-Gesellschaft 1988/1989, geb. 29. II. 1916 in Nahlendorf (Kreis Querfurt), 7030 Leipzig, Heinzelmannweg 12, Tel. 8611971 (10. X. 1980).

Scharf, Joachim-Hermann, Dr. med., Dr. rer. nat., Dr. med. h. c. (Poznań), o. Professor für Anatomie, Histologie und Embryologie an der Martin-Luther-Universität Halle-Wittenberg, Inhaber der Verdienstmedaille der Deutschen Akademie der Naturforscher Leopoldina in Halle, der Medaillen „Leningrad — gorod geroj" der Stadt Leningrad und „Quondam ordo" der Medizinischen Akademie Poznań, der Gauß-Ehrenplakette des Gauß-Komitees der AdW der DDR, der Karl-Lohmann-Medaille des Koordinierungsrates der Medizinisch-Wissenschaftlichen Gesellschaften der DDR und der Theodor-Schwann-Medaille der Gesellschaft für Topochemie und Elektronenmikroskopie der DDR, Mitglied der Deutschen Akademie der Naturforscher Leopoldina in Halle, Director Ephemeridum dieser Akademie, korresp. Mitglied der math.-nat. Klasse der Akademie der Wissenschaften und der Literatur in Mainz, Mitglied der Internationalen Anatomischen Gesellschaft, Mitglied der International Biometric Society in Washington, der Gesellschaft für physikalische und mathematische Biologie der DDR, der Mathematischen Gesellschaft der DDR und der Neuen Bachgesellschaft (Sitz Leipzig), Honorary Fellow of the Royal Microscopical Society in Oxford, Ehrenmitglied der Gesellschaft der Anatomen, Histologen und Embryologen Bulgariens in Sofia, der Allunionsgesellschaft der Anatomen, Histologen und Embryologen der UdSSR in Moskau, der Gesellschaft für Anatomie der DDR in Berlin, der Gesellschaft für Topochemie und Elektronenmikroskopie der DDR und der Ungarischen Gesellschaft der Anatomen, Histologen und Embryologen in Budapest, geb. 7. XI. 1921 in Nebra (Unstrut), 4020 Halle (Saale), Kurallee 12, Post: 4010 Halle (Saale), Postschließfach 302, Tel. 28389 (9. X. 1981).

Stubbe, Hans, Dr. agr., Dr. agr. h. c. (Berlin, Jena, Kraków), Dr. rer. nat. h. c. (Halle), Dr. sc. h. c. (Brno), em. Professor mit Lehrstuhl für allgemeine und spezielle Genetik an der Martin-Luther-Universität Halle—Wittenberg, Nationalpreisträger, Hervorragender

Wissenschaftler des Volkes, Träger des Vaterländischen Verdienstordens mit Ehrenspange, des Ordens „Banner der Arbeit“, des Sterns der Völkerfreundschaft, der Helmholtz-Medaille der Akademie der Wissenschaften der DDR, der Darwin-Plakette der Deutschen Akademie der Naturforscher Leopoldina, der Alexander-von-Humboldt-Gedenkmedaille der DDR, der Gregor-Mendel-Medaille der Tschechoslowakischen Akademie der Wissenschaften, der Erwin-Baur-Medaille der Akademie der Landwirtschaftswissenschaften der DDR und der Purkyně-Medaille der Universität Brno, Ehrenpräsident der Akademie der Landwirtschaftswissenschaften der DDR, o. Mitglied der Akademie der Landwirtschaftswissenschaften der DDR, o. Mitglied der Akademie der Wissenschaften der DDR, em. Direktor des Zentralinstituts für Genetik und Kulturpflanzenforschung Gatersleben dieser Akademie, Mitglied der Deutschen Akademie der Naturforscher Leopoldina in Halle, ausländ. Mitglied der W.-I.-Lenin-All-Unions-Akademie für Landwirtschaftswissenschaften in Moskau, der Rumänischen Akademie der Wissenschaften in Bukarest, der Bulgarischen Akademie der Wissenschaften und der Bulgarischen Akademie der Landwirtschaftswissenschaften in Sofia, der Polnischen Akademie der Wissenschaften in Warschau, Ehrenmitglied der Ungarischen Akademie der Wissenschaften in Budapest, der All-Unions Botanischen Gesellschaft der UdSSR, der Schwedischen Saatzuchtgesellschaft Svalöf, der Mendel-Gesellschaft in Lund, der Biologischen Gesellschaft und der Agrarwissenschaftlichen Gesellschaft in der DDR, geb. 7. III. 1902 in Berlin, 4325 Gatersleben, Schmiedestraße 1, Tel. 50 (13. II. 1950). † 13. V. 1989 in Zingst.

Uhlmann, Armin, Dr. rer. nat., o. Professor für theoretische Physik an der Karl-Marx-Universität Leipzig, Nationalpreisträger, Inhaber des Vaterländischen Verdienstordens in Gold, der Ehrennadel der Karl-Marx-Universität Leipzig, der Ehrennadel des Vereinigten Instituts für Kernforschung (VIK) in Dubna (UdSSR), des Gustav-Hertz-Preises der Karl-Marx-Universität Leipzig, der Gauß-Ehrenplakette des Gauß-Komitees der Akademie der Wissenschaften der DDR und der Humboldt-Medaille in Gold, o. Mitglied der Akademie der Wissenschaften der DDR, Mitglied der International Association of Mathematical Physics (IAMP), der Physikalischen Gesellschaft in der DDR und der Mathematischen Gesellschaft in der DDR, Direktor des „Interdisziplinären Seminars für den wissenschaftlichen Nachwuchs“, geb. 19. II. 1930 in Chemnitz, 7010 Leipzig, Straße des 18. Oktober 28, Tel. 208536 (9. X. 1981).

Uhlmann, Dietrich, Dr. rer. nat., Professor für Hydrobiologie an der TU Dresden, Mitglied der Kommission für spezielle Umweltprobleme der Akademie, Träger der Medaille „De limnologia optime merito“ der International Association of Theoretical and Applied Limnology (SIL), Executive Vice President der SIL, Mitglied des Scientific Council des International Centre for Advanced Environmental Studies, Como, Mitglied des Nationalkomitees der DDR für das Internationale Hydrologische Programm (IHP), des Nationalkomitees für das Programm „Man and Biosphere“ (MAB), des Advisory Committee der Indian Society of Limnology (ISL), Herausgeber der „Internationalen Revue der gesamten Hydrobiologie“, Berlin, geb. 4. VIII. 1930 in Chemnitz, 8021 Dresden, Schlüterstraße 19, Tel. 32856 (28. VI. 1971).

Watznauer, Adolf, Dr. rer. nat., em. Professor für Geologie an der Bergakademie Freiberg, Hervorragender Wissenschaftler des Volkes, Inhaber des Fourmarier-Preises (1972) in Gold der Académie Royale des Sciences, des Lettres et des Beaux-Arts de Belgique in Brüssel, der Cothenius-Medaille der Deutschen Akademie der Naturforscher Leopoldina, der Humboldt-Medaille, der silbernen Ehrennadel der Gesellschaft für Geologische Wissenschaften der DDR, der Gustav-Steinmann-Medaille der Internationalen Geologischen Vereinigung und der Agricola-Medaille der Bergakademie Freiberg, Mitglied der Kommission für spezielle Umweltprobleme der Akademie, o. Mitglied der Akademie der Wissenschaften der DDR und Mitglied der Klassen „Umweltschutz und Umweltgestaltung", „Physik in Naturwissenschaft und Technik" und „Geo- und Kosmoswissenschaften" dieser Akademie, Mitglied der Deutschen Akademie der Naturforscher Leopoldina in Halle, korresp. Mitglied der Geologischen Gesellschaft in Wien, Ehrenmitglied der Geologischen Gesellschaft der ČSSR, der Gesellschaft für Geologische Wissenschaften der DDR und der Ungarischen Geologischen Gesellschaft, geb. 29. IV. 1907 in Reichenberg in Böhmen, 9031 Karl-Marx-Stadt, Dieselstraße 8/31-35-53, Postschließfach 30 (18. XII. 1972). † 10. III. 1990 Karl-Marx-Stadt.

Wilhelmi, Bernd, Dr. rer. nat., o. Professor für Experimentalphysik an der Friedrich-Schiller-Universität Jena, Rektor dieser Universität, Nationalpreisträger, Inhaber des Ernst-Abbe-Preises der Carl-Zeiss-Stiftung, Jena, der Lorand-Eötvös-Medaille in Gold der Universität Budapest und der Ernst-Haeckel-Medaille der Urania, o. Mitglied der Akademie der Wissenschaften der DDR in Berlin, der Deutschen Akademie der Naturforscher Leopoldina in Halle, der Europäischen Physikalischen Gesellschaft, der Chemischen Gesellschaft der DDR und der Physikalischen Gesellschaft der DDR, geb. 6. I. 1938 in Erfurt, Sektion Physik der Friedrich-Schiller-Universität Jena, Max-Wien-Platz 1, 6900 Jena, Tel. 8225221, privat: Am Goldberg 1, 6902 Jena-Lobeda, Tel. 32666 (3. VI. 1988).

Woschni, Eugen-Georg, Dr.-Ing., Dr.-Ing. E. h. (Dresden), Diplom-Ingenieur, o. Professor für Schwachstromtechnik, Elektronik und Meßtechnik an der TU Karl-Marx-Stadt, Träger des Vaterländischen Verdienstordens in Gold, der Verdienstmedaille der DDR und der Ehrennadel der KDT in Silber, Verdienter Hochschullehrer der DDR und Verdienter Techniker des Volkes, korresp. Mitglied der Akademie der Wissenschaften der DDR, Mitglied der Physikalischen Gesellschaft der DDR und der Gesellschaft für Informatik der DDR, Vorstandsmitglied der Wissenschaftlichen Gesellschaft für Meß- und Automatisierungstechnik der DDR und des Forschungsrates der DDR, Vertreter der DDR und Vicechairman im TC I der Internationalen Meßtechnischen Konföderation (IMEKO), Mitglied des Nationalkomitees Radiophysik und Radiotechnik der Akademie der Wissenschaften der DDR, stellvertretender Vorsitzender des Wissenschaftlichen Beirates Elektroingenieurwesen beim Ministerium für Hoch- und Fachschulwesen der DDR, geb. 18. II. 1929 in Berlin, 8051 Dresden, Sonnenleite 4, Tel. 36729, dienstlich: TU Karl-Marx-Stadt, Sektion Informationstechnik, 9010 Karl-Marx-Stadt, PF 964, Reichenhainer Straße 70, Tel. 5610/9 (11. X. 1985).

Wußing, Hans, Dr. rer. nat., o. Professor für Geschichte der Mathematik und der Naturwissenschaften am Karl-Sudhoff-Institut der Karl-Marx-Universität Leipzig, Inhaber der Alexander-von-Humboldt-Medaille der DDR, der Nicolaus-Copernicus-Medaille der Polnischen Akademie der Wissenschaften in Warschau, der Carl-Friedrich-Gauß-Medaille und der Leonhard-Euler-Medaille der Akademie der Wissenschaften der DDR und der Ehrennadel der Karl-Marx-Universität Leipzig, Mitglied der Internationalen Akademie für Geschichte der Wissenschaften in Paris, der Mathematischen Gesellschaft der DDR in Berlin und der Medizinhistorischen Gesellschaft der DDR in Berlin, Ehrenmitglied der Bulgarischen Gesellschaft für Medizingeschichte, der Mexikanischen Gesellschaft für Geschichte der Wissenschaft und Technik und der Tschechoslowakischen Gesellschaft für Wissenschaftsgeschichte, Vorsitzender der Poggendorff-Kommission der Akademie, geb. 15. X. 1927 in Waldheim (Sachsen), 7022 Leipzig, Braunschweiger Straße 39, Tel. 50361 (12. X. 1984).

Auswärtige Mitglieder
der mathematisch-naturwissenschaftlichen Klasse

Benetin, Ján, Dr.-Ing., Professor für Meliorationswesen an der Landwirtschaftlichen Hochschule in Nitra, Direktor des Instituts für Hydrologie und Hydraulik der Slowakischen Akademie der Wissenschaften in Bratislava, Inhaber von Gedenkmedaillen des ZK der Kommunistischen Partei der ČSSR, der Medaille für Verdienste um die Naturwissenschaften in Gold der Slowakischen Akademie der Wissenschaften, der Medaille für Verdienste um die biologischen Wissenschaften in Silber der Slowakischen Akademie der Wissenschaften, der Gedenkmedaille J. E. Purkyně der Tschechoslowakischen Akademie der Wissenschaften, der Medaille der Universität „J. A. Komensky" in Bratislava, der Medaille der Technischen Universität in Bratislava in Gold, der Gedenkmedaillen der Landwirtschaftlichen Hochschulen in Prag, Brno und Nitra, Träger des Verdienstordens der Arbeit für die Sozialistische Landwirtschaft, Mitglied der Tschechoslowakischen Akademie der Wissenschaften und der Slowakischen Akademie der Wissenschaften, Mitglied des Wissenschaftlichen Rates für das Staatsforschungsprogramm „Der kosmische Raum, die Erde und die Nutzung ihrer Quellen" der Tschechoslowakischen Akademie der Wissenschaften, Mitglied im Kollegium der Tschechoslowakischen Akademie der Wissenschaften für Geographie, Geologie und Hydrologie, Vizepräsident des Kollegiums für die Erd- und Kosmoswissenschaften, Vorsitzender des Rates für die Forschungsrichtung „Regulierung, Schutz und rationelle Ausnutzung der Wasserressourcen", Präsidiumsmitglied der Kommission für Wasserwirtschaft der Tschechoslowakischen Akademie der Wissenschaften, Vorsitzender des Tschechoslowakischen Nationalkomitees für Hydrologie, Ehrenmitglied der Tschechoslowakischen Akademie der Landwirtschaftswissenschaften, geb. 18. VI. 1924 in Trhovište, Kreis Michalovce (ČSR), Dienstanschrift: Institut für Hydrologie und Hydraulik CGV bei der Slowakischen Akademie der Wissenschaften in Bratislava, Trnavská 32, ČSSR 82651 Bratislava, Tel. 684-97 (10. X. 1980).

Blinc, Robert, Dr. phil., o. Professor für Physik an der Universität Ljubljana, Institut „Jožef Stefan", Inhaber des Kidrič Prize for research in ferroelectric crystals, des Kidrič Prize for research in liquid crystals, des ISMAR Prize for NMR of structural phase transitions, des AVNOJ prize of Yugoslavia for contributions to physics und der Medal of Work with Golden Wreath Yugoslavia, o. Mitglied und Vizepräsident der Slowenischen Akademie der Wissenschaften und Künste, Mitglied der New York Academy of Sciences, Mitglied der Academy of Athenes, Mitglied und Vizepräsident des Groupement AMPERE (Internationale Gesellschaft für HF-Spektroskopie), Mitglied of the Council of the International Unions of Magnetic Resonance und der American Chemical Society, geb. 31. X. 1933 in Ljubljana, Yu 61000 Ljubljana, Kumanovska 1, Tel. (061) 315213; dienstlich: Univerza v Ljubljani, Institut „jožef stefan", 61111 Ljubljana, Jamova 39, P. O. B. 53, Tel. 214-399 (8. X. 1982).

Bredt, Heinrich, Dr. med., em. o. Professor für allgemeine Pathologie und pathologische Anatomie an der Johannes-Gutenberg-Universität Mainz, Nationalpreisträger, Mitglied der Akademie der Wissenschaften und der Literatur in Mainz, auswärt. Mitglied der Akademie der Wissenschaften der DDR, Mitglied der Deutschen Akademie der Naturforscher Leopoldina in Halle, geb. 29. I. 1906 in Oberneudorf (Siebenbürgen), Wohnstift Freiburg, Rabenhopfstraße 2, Apt. 447, 7800 Freiburg (Breisgau) (12. II. 1951). † 1. XI. 1989 in Freiburg (Breisgau).

Budevski, Evgeni Bogdanov, Dr. rer. nat., Professor für Chemie und Elektrochemie an der Bulgarischen Akademie der Wissenschaften in Sofia, Direktor des Zentrallaboratoriums für elektrische Stromquellen, Verdienter Wissenschaftler der VR Bulgarien, Inhaber des Staatspreises „Georgi Dimitrov" für Wissenschaft und der Auszeichnung „100 Jahre Bulgarische Akademie der Wissenschaften", Träger des Ordens „Kirill i Metodi" 1. und 2. Stufe, Mitglied der Bulgarischen Akademie der Wissenschaften in Sofia und der International Society of Electrochemistry (ISE), geb. 29. VII. 1922 in Sofia, Sofia 1113, Bul. Samokov 82, Tel. Institut 723454 (9. XI. 1974).

Fejes Tóth, László, Dr. phil., em. Professor, Direktor des Mathematischen Forschungsinstituts der Ungarischen Akademie der Wissenschaften in Budapest, Kossuth- und Staatspreisträger, Inhaber der Gauß-Medaille (1977) der Braunschweigischen Wissenschaftlichen Gesellschaft, Mitglied der Ungarischen Akademie der Wissenschaften in Budapest, auswärt. Mitglied der Akademie der Wissenschaften der DDR, korresp. Mitglied der Braunschweigischen Wissenschaftlichen Gesellschaft, Klasse für Mathematik und Naturwissenschaften, geb. 12. III. 1915 in Szeged, 1025 Budapest, Pusztaszeri út. 32, Tel. 354142 (13. VI. 1966).

Finn, Robert, Dr., Professor für Mathematik (Analysis), geb. 8. VIII. 1922 in New York, 271 Lowell Av., Palo Alto, CA 94301; dienstlich: Stanford University, Stanford California 94305, Department of Mathematics, USA (22. III. 1985).

Hiebert, Erwin Nick, M. sc., Ph. D., o. Professor für Geschichte der Wissenschaften und Technik an der Harvard University, Mitglied der Society of Sigma Xi, der American Association for the Advancement of Science, der American Academy of Arts and Sciences, der Association of Members of the Institute for Advanced Study, Princeton, der Académy Internationale d'Histoire des Sciences, Fellow of Dunster House, Harvard, Overseas Fellow of Churchill College, Cambridge, und Ehrenmitglied der Tschechoslowakischen Gesellschaft für Geschichte der Wissenschaften und Technik, geb. 27. V. 1919 in Saskatchewan (Kanada), dienstl.: Department of the History of Science, Harvard University, Science Center 235, Cambridge, MA 02138, USA, Tel. (617) 495-3343; privat: 40 Payson-Road, Belmont, MA 02178, Tel. (617) 489-1741 (13. V. 1988).

Hölder, Ernst, Dr. phil., em. o. Professor für Mathematik an der Johannes-Gutenberg-Universität Mainz, Inhaber der Silbernen Medaille der Universität Helsinki, auswärt. Mitglied der Akademie der Wissenschaften der DDR, Mitglied der Deutschen Akademie der Naturforscher Leopoldina in Halle, geb. 2. IV. 1901 in Leipzig, 6500 Mainz-Gonsenheim, Friedrichsstraße 36 (1. VII. 1948). † 30. VI. 1990 in Mainz.

Hund, Friedrich, Dr. phil., Dr. phil. nat. h. c. (Frankfurt/Main), Dr. phil. h. c. (Uppsala), Dr. rer. nat. h. c. (Köln), em. Professor für theoretische Physik an der Georg-August-

Universität Göttingen, Nationalpreisträger, Träger der Max-Planck-Medaille der Deutschen Physikalischen Gesellschaft, der Cothenius-Medaille der Deutschen Akademie der Naturforscher Leopoldina, des Otto-Hahn-Preises für Chemie und Physik und des Großen Verdienstkreuzes des Verdienstordens der Bundesrepublik Deutschland, auswärt. Mitglied der Akademie der Wissenschaften der DDR, Mitglied der Akademie der Wissenschaften in Göttingen und der Deutschen Akademie der Naturforscher Leopoldina in Halle, Ehrenmitglied der Deutschen Bunsengesellschaft für Physikalische Chemie und der Deutschen Physikalischen Gesellschaft, geb. 4. II. 1896 in Karlsruhe, 3400 Göttingen, Charlottenburgerstraße 19, Tel. (0551) 799-2009 (18. XI. 1933).

Kähler, Erich, Dr. phil., em. o. Professor für Mathematik an der Universität Hamburg, Honorar-Professor an der Technischen Universität Berlin, auswärt. Mitglied der Akademie der Wissenschaften der DDR, Mitglied der Deutschen Akademie der Naturforscher Leopoldina in Halle und des Istituto Lombardo Accademia di Scienze e Lettere in Mailand, auswärt. Mitglied der Accademia Nazionale dei Lincei in Rom, geb. 16. I. 1906 in Leipzig, 2000 Wedel (Holstein), Mozartstraße 42, Tel. (04103) 86535 (14. II. 1949).

Kaišev, Rostislav, Dr.-Ing., em. o. Professor für physikalische Chemie an der Universität Sofia, Inhaber der Cothenius-Medaille der Deutschen Akademie der Naturforscher Leopoldina, Vizepräsident der Bulgarischen Akademie der Wissenschaften in Sofia, Mitglied der Deutschen Akademie der Naturforscher Leopoldina in Halle, auswärt. Mitglied der Akademie der Wissenschaften der DDR, geb. 16. II. 1908 in St. Petersburg, Universität Sofia, ul. „7. noemvri“ 1 (19. II. 1968).

Kersten, Martin, Dr.-Ing. Honorarprofessor für Physik an der Technischen Universität Carola-Wilhelmina Braunschweig, o. Mitglied der Braunschweigischen Wissenschaftlichen Gesellschaft, Klasse für Mathematik und Naturwissenschaften, Mitglied des Kuratoriums der Physikalisch-Technischen Bundesanstalt, Präsident i. R. dieser Bundesanstalt, Ehrenmitglied der Internationalen Kommission für Maß und Gewicht, geb. 28. IV. 1906 in Zittau, 3300 Braunschweig, Am Hohen Tore 4 A, Tel. (0531) 808381 (14. II. 1949).

Klimaszewski, Mieczysław, Dr. phil., Dr. rer. nat. h. c. (Jena, Kiew, Bratislava, Alliance College, Cambridge Springs [USA], St. Andrews, Uppsala, Katowice), em. o. Professor für physische Geographie an der Jagiellonischen Universität Kraków, Stellvertreter des Vorsitzenden des Staatsrates der VR Polen 1965—1972, Träger des Offizierskreuzes, des Kommandeur-Kreuzes mit dem Stern Polonia Restituta und zum zweiten Mal der Standarde der Arbeit I. Klasse, Grand officier du l'Ordre de Mérite, Inhaber der Alexander-von-Humboldt-Gedenkmedaille der DDR, der Karl-Sapper-Medaille der Geographischen Gesellschaft in Würzburg, der „Patron Medal“ der Royal Geographical Society und der Medail M. Bela der Slowakischen Akademie der Wissenschaften, o. Mitglied der Polnischen Akademie der Wissenschaften in Warschau, auswärtiges Mitglied der Königlich Schwedischen Akademie der Wissenschaften in Stockholm, Mitglied der Deutschen Akademie der Naturforscher Leopoldina in Halle, der Societas Scientiarum Fennica, der Jugoslawischen Akademie der Wissenschaften und Künste in Zagreb, der Wissenschaftlichen Gesellschaft in Wrocław, der Geographischen Gesellschaft der UdSSR in Leningrad, der Koninklijk Nederlands Aardrijkskundig Genootschap in

Amsterdam, der Société Belge de Géologie, de Paléontologie e d'Hydrologie in Brüssel, der Suomen Maantieteellinen Seura-Geografiska Sällskapet i Finland in Helsinki und der Magyar Fóldrajzi Tarsaság in Budapest, Ehrenmitglied des Wissenschaftlichen Rates der Universitäten Kiew und Jena, geb. 26. VII. 1908 in Stanisławów, PL 30-035 Kraków, Wyspiańskiego 3, Tel. 337573 (13. VI. 1966).

Kolotyrkin, Jakov Mikhailovič, Dr. der chemischen Wissenschaften, Dr. h. c. (Budapest), Professor für Elektrochemie und Korrosionsschutz, Direktor des Instituts für Physikalische Chemie „L. Ja. Karpov" in Moskau, Held der Sozialistischen Arbeit, Inhaber von drei Leninorden, des Ordens des Roten Arbeitsbanners, des Völkerfreundschaftsordens und des Ehrenzeichens, Träger der Goldmedaille der Tschechoslowakischen Gesellschaft für Internationale Zusammenarbeit und der Gedenkmedaille zu Ehren des 50. Jahrestages des Bestehens der Kommunistischen Partei der ČSSR, Träger des Preises des Ministerrates der UdSSR, o. Mitglied der Akademie der Wissenschaften der UdSSR, korresp. Mitglied der Jugoslawischen Akademie der Wissenschaften und Künste in Zagreb, Mitglied der Internationalen Elektrochemischen Gesellschaft, der Japanischen Gesellschaft für Korrosionsfachingenieure, der Electrochemical Society in New York, des Staatlichen Komitees für Wissenschaft und Technik der UdSSR und nationaler Sekretär der Internationalen Elektrochemischen Gesellschaft, Chefredakteur der Zeitschrift „Zaščita metallov", geb. 14. XI. 1910 im Dorf Zanino des Jarcevsker Bezirks im Smolensker Gebiet, 107120 Moskva B-120, ul. Obukha 10, Karpov-Institut, Tel. 297-32-57 (12. XI. 1971).

Maier, Wilhelm, Dr. phil., em. Professor mit Lehrstuhl für Mathematik an der Friedrich-Schiller-Universität Jena, Mitglied der Heidelberger Akademie der Wissenschaften, geb. 4. I. 1896 in Neuenbürg (Schwarzwald), 7057 Winnenden, Stromstraße 6 (5. XII. 1960). † 10. IV. 1990 in Winnenden.

Müller, Karl Alexander, Dr. rer. nat., Dr. rer. nat. h. c. (Genf, TU München, Pavia, Bochum), o. Professor für Physik an der Universität Zürich, Nobelpreisträger, Inhaber des Thirteenth Fritz London Memorial Award des Fritz Londen Memorial Award Committee, University of California, Los Angeles, des Dannie-Heineman-Preises der Minna-James-Heinemann-Stiftung der Akademie der Wissenschaften zu Göttingen, des Robert-Wichard-Pohl-Preises der Deutschen Physikalischen Gesellschaft, des Hewlett-Packard-Europhysics-Preises der Europäischen Physikalischen Gesellschaft, des Marchel-Benoist-Preises der Marcel-Benoist-Stiftung für die Förderung wissenschaftlicher Forschung und des International Prize for New Materials Research' der American Physical Society, Mitglied des Exekutivkomitees des Groupement Ampère, der Gruppe für Ferroelektrizität der Europäischen Physikalischen Gesellschaft, Mitglied der Schweizerischen Physikalischen Gesellschaft und Ehrenmitglied der Zürcher Physikalischen Gesellschaft, geb. 20. IV. 1927 in Basel, CH-8803 Rüschlikon, Säumerstraße 4, Tel. dienstl. (01) 7248111 (13. V. 1988).

Oleinik, Ol'ga Arsenjewna, Dr. rer. nat., Dr. rer. nat. h. c. (Rom), o. Professor für Mathematik (Angewandte Analysis) an der Lomonossow-Universität in Moskau, Lehrstuhlleiterin für Differentialgleichungen, Inhaberin der Medaillen des College de France und der Karls-Universität Prag, der Medaille zu Ehren des 100. Geburtstages von W. I. Lenin, Verdienter Wissenschaftler der UdSSR, Inhaberin des N. G. Chebotariev-Preises und des M. V. Lomonossow-Preises, Staatspreisträger, Ehrenmitglied der königlich-wissenschaftlichen Gesellschaft in Edinburgh, auswärtiges Mitglied der Italienischen Akademie der Wissenschaften in Palermo und der Accademia Nazionale dei Lincei in Rom, geb. 2. VII. 1925 in Matusov, Kiever Gebiet, 117234 Moskau B-234, Moskauer Staatliche Universität, korpus „K“, w. 133, Tel. 939-09-45 (13. V. 1988).

Schmetterer, Leopold, Dr. rer. nat., Dr. rer. nat. h. c. (Université Clermont-Ferrand), o. Professor für Statistik und Honorarprofessor für Mathematik an der Universität Wien, Fellow of the Institute of Mathematical Statistics (USA), Inhaber des Förderungspreises der Stadt Wien 1952, des Österreichischen Ehrenzeichens für Wissenschaft und Kunst I. Klasse 1975, des Preises der Stadt Wien 1976, des Goldenen Ehrenzeichens für Verdienste um das Land Wien 1979, des Großen Silbernen Ehrenzeichens für Verdienste um die Republik Österreich 1980 und des Ludwig-Boltzmann-Preises (Österreichischer Staatspreis) 1980, des Schrödinger-Preises der Österreichischen Akademie der Wissenschaften 1984, Mitglied und Generalsekretär (1975—1983) der Österreichischen Akademie der Wissenschaften in Wien, auswärt. Mitglied der Akademie der Wissenschaften der DDR, Mitglied der Deutschen Akademie der Naturforscher Leopoldina in Halle, korresp. Mitglied der Bayerischen Akademie der Wissenschaften in München, Fellow der American Association of Statistics, Mitglied der American Mathematical Society, der Deutschen Mathematiker-Vereinigung (BRD) und der Österreichischen Mathematischen Gesellschaft, gewähltes Mitglied und Vize-Präsident 1967—1971 des Internationalen Statistischen Instituts in Den Haag, geb. 8. XI. 1919 in Wien, A-1030 Wien, Rennweg 45/15, Tel. 7376763 (8. X. 1982).

Senda, Mitsugi, Dr. agr., o. Professor für Agrikulturchemie an der Universität Kyoto, Mitglied der Chemical Society of Japan, der Agricultural Chemical Society of Japan, der American Chemical Society, der International Electrochemical Society und der International Union of Pure and Applied Chemistry (Division of Analytical Chemistry, Commission on Electroanalytical Chemistry), geb. 20. II. 1929 in Shiga Prefecture, Kitashirakawa Sakyo-ku, Kyoto 606, Japan, Tel. 075-753-6110; 075-753-7531-Ext. 6110; privat: 15-5 Kitada-chou, Kamitakano Sakyo-ku, Kyoto 606, Japan, Tel. 075-711-7653 (13. V. 1988).

Shirkov, Dmitrij Vasiljevič, Dr. rer. nat., o. Professor für theoretische Physik an der Lomonossow-Universität Moskau, Sektorenleiter am Labor für theoretische Physik des Vereinigten Institutes für Kernforschung Dubna, Leninpreis- und Staatspreisträger, korresp. Mitglied der Akademie der Wissenschaften der UdSSR, geb. 3. III. 1928 in Moskau, 101000 Moskau, Hauptpostamt, Postfach 79, VIK, LTF, Tel. 9262262, 9262295 (22. III. 1985).

Skrjabin, Georgij Konstantinovič, Dr. rer. nat., Professor, Ehrendirektor des Akademie-Instituts für Biochemie und Physiologie der Mikroorganismen in Puščino, Staatspreisträger der UdSSR, ordentliches Mitglied der Akademie der Wissenschaften der UdSSR und auswärt. Mitglied der Akademie der Wissenschaften der DDR, geb. 17. IX. 1917 in Petrograd, Moskwa V-71, Leninsky prospekt 14, Akademie der Wissenschaften der UdSSR 117901 GSP (15. X. 1976). † 26. III. 1989 in Moskau.

Smiałowski, Michał, Dr.-Ing., em. o. Professor für physikalische Chemie, ehemaliges Mitglied der polnischen Pugwash-Kommission, Staatspreisträger, Träger des Ordens Sztandar Pracy I. und II. Klasse und Inhaber des Kommandeurkreuzes des Ordens Polonia Restituta, o. Mitglied der Polnischen Akademie der Wissenschaften, Mitglied der Polnischen Chemischen Gesellschaft in Warschau, der Electrochemical Society in New York, der Faraday Society in London und der Société de Chemie Physique in Paris, geb. 14. XII. 1906 in Hordynia (Ost-Galizien), 00-656 Warszawa, ul. Marszałkowska 55/73 m. 18, Tel. 283773 (12. XI. 1971).

Spitcyn, Viktor Ivanovič, Dr. chem., Dr. rer. nat. h. c. (Leipzig, Wrocław), Professor für anorganische Chemie an der Lomonossov-Universität in Moskau, Held der Sozialistischen Arbeit der UdSSR, Inhaber von fünf Leninorden, des Ordens der Oktoberrevolution und des Ordens des Roten Arbeitsbanners, Inhaber des Staatspreises (1986), o. Mitglied der Akademie der Wissenschaften der UdSSR in Moskau, Direktor des Instituts für Physikalische Chemie dieser Akademie, auswärt. Mitglied der Akademie der Wissenschaften der DDR und der Polnischen Akademie der Wissenschaften, geb. 25. IV. 1902 in Moskau, V-312 Moskau, Leninsky prospekt 31, Tel. 2320462 (24. X. 1966).

Szabó, Zoltán Gábor, Dr. rer. nat., Dr. rer. nat. h. c. (München, FU Berlin [West], Szeged, Budapest), Dr. rer. techn. h. c. (TU Wien), em. o. Professor und Direktor des Instituts für anorganische und analytische Chemie an der Eötvös-Loránd-Universität Budapest, Inhaber von zwei Staatspreisen der VR Ungarn, von zwei Goldmedaillen des Arbeitsordens der VR Ungarn, des Apáczai Csere János-Preises der VR Ungarn, der Prechtl-Medaille der Technischen Universität Wien und der Gold-Medaille der Ungarischen Akademie der Wissenschaften, des Banner-Ordens der VR Ungarn, o. Mitglied der Ungarischen Akademie der Wissenschaften in Budapest, korresp. Mitglied der Jugoslawischen Akademie der Wissenschaften und Künste in Zagreb, em. Mitglied der Deutschen Bunsengesellschaft für physikalische Chemie in Frankfurt (Main), Mitglied der American Chemical Society, der Chemical Society in London (em.) und des „The Combustion Institutes, Philadelphia, Pa" in der VR Ungarn, geb. 30. V. 1908 in Debrecen, 1118 Budapest, Somlói u. 44, Tel. 665—565 (8. VI. 1979).

Tomašov, Nikon Danilovič, Dr., Professor für physikalische Chemie der Metalle, Korrosions- und Metallschutz, Leiter des Laboratoriums für Korrosionsforschung von Metall-Legierungen am Institut für physikalische Chemie der Akademie der Wissenschaften der UdSSR in Moskau, Verdienter Wissenschaftler der UdSSR, Träger des Roten Arbeitsbanners, Inhaber der W. R. Whitney-Auszeichnung der NACE (USA), Mitglied der International Society of Electrochemistry (ISE), geb. 24. XII. 1905 in Kiew, V-312 Moskau, Vavilov-Straße 55/7, Wohnung 48, Tel. 124-61-27; dienstlich: Institut für physikalische Chemie der Akademie der Wissenschaften der UdSSR, V-915 G. S. P. Moskau, Leninsky prospekt 31, Tel. 334-98-30 (11. IV. 1978).

Van der Waerden, Bartel L., Dr. phil., Dr. h. c. (Athen, Leipzig), em. o. Professor für Mathematik an der Universität Zürich, Mitglied des Ordens Pour le mérite für Wissenschaft und Künste, Inhaber der Goldenen Cothenius-Medaille der Deutschen Akademie der Naturforscher Leopoldina, Mitglied der Deutschen Akademie der Naturforscher Leopoldina in Halle, korresp. Mitglied der Bayerischen Akademie der Wissenschaften in München, der Akademie der Wissenschaften in Göttingen und der Heidelberger Akademie der Wissenschaften, ausländ. Mitglied der Koninklijke Nederlandse

Akademie van Wetenschappen in Amsterdam und der Académie Royale de Belgique, Ehrenmitglied der Österreichischen Akademie der Wissenschaften in Wien, geb. 2. II. 1903 in Amsterdam, CH 8053 Zürich, Wiesliacher 5, Tel. 552179 (31. VIII. 1934).

Vladimirov, Vasilii Sergejevič, Dr. rer. nat., o. Professor für Mathematik, 1987 Direktor des Mathematischen Instituts (Steklov-Institut) der Akademie der Wissenschaften der UdSSR, Leiter der Abteilung für Mathematische Physik an diesem Institut, Staatspreisträger 1953 und 1987, Held der sozialistischen Arbeit, Inhaber der Leninorden 1975 und 1983, der Orden des Roten Arbeitsbanners 1967 und 1973, des Ordens des Vaterländischen Krieges, der Medaille „Hammer und Sichel" in Gold, der Ljapunov-Medaille in Gold und der Bernard-Bolzano-Medaille in Gold der Akademie der Wissenschaften der ČSSR, o. Mitglied der Akademie der Wissenschaften der UdSSR, der Moskauer mathematischen Gesellschaft und der Internationalen Vereinigung für mathematische Physik, geb. 9. I. 1923 in Djaglevo, Leningrader Gebiet, UdSSR, 117312 Moskau, V-312, ul. Fersman 9, Wohnung 37, Tel. 124-78-64, dienstlich: UdSSR, 117966 GSP-I, Moskau V-333, ul. Vavilov 42, Steklov Mathematisches Institut, Tel. 135-22-91, 135-14-49 (22. III. 1985).

Ždanov, German Stepanovič, Dr. phys. math., Professor für Metallphysik an der Lomonossov-Universität Moskau, Verdienter Wissenschaftler und Techniker der UdSSR, Inhaber des A. N. Bach-Preises, des D. I. Mendeleev-Preises und des E. S. Fedorow-Preises 1977 der Akademie der Wissenschaften der UdSSR, Vorsitzender der Kommission für Röntgenographie der Akademie der Wissenschaften der UdSSR in Moskau, Mitglied des Nationalkomitees für Kristallographie in Moskau, geb. 11. VIII. 1906 in St. Petersburg, Moskva B-234, Moskauer Staatliche Universität, Block I, W. 52, Tel. 139-16-34 (13. VI. 1966).

Ordentliche Mitglieder
der philologisch-historischen Klasse

Bahner, Werner, Dr. phil., Dr. phil. h. c. (Leipzig), Professor, Direktor des Zentralinstituts für Sprachwissenschaft bei der Akademie der Wissenschaften der DDR, Nationalpreisträger, Träger des Vaterländischen Verdienstordens in Silber und Bronze, Inhaber der Ehrennadel der Karl-Marx-Universität Leipzig, des Friedrich-Engels-Preises und der Werner-Krauss-Medaille der Akademie der Wissenschaften der DDR, Mitglied der Sprachwissenschaftlichen Kommission der Sächsischen Akademie, o. Mitglied und Vizepräsident der Akademie der Wissenschaften der DDR, Vorsitzender des Nationalkomitees für Sprachwissenschaft der DDR und des Nationalkomitees für Südosteuropäische Studien bei der Akademie der Wissenschaften der DDR, Vizepräsident des Comité International Permanent des Linguistes, Mitglied der Société de Linguistique et Philologie Romanes in Paris und Strasbourg, des Comité International der Internationalen Vereinigung für Südosteuropäische Studien (AIESEE) in Bukarest und der Asociación Internacional des Hispanistas, geb. 18. VI. 1927 in Neuwiese/Erzgebirge, 7010 Leipzig, Reichsstraße 13, Post: SAW, 7010 Leipzig, Goethestraße 3—5 (24. V. 1965).

Blumenthal, Lieselotte, Dr. phil., Dr. phil. h. c. mult., em. Professor an der Akademie der Wissenschaften der DDR, Inhaberin der Goethe- und Schiller-Plakette in Gold der

Nationalen Forschungs- und Gedenkstätten der klassischen deutschen Literatur in Weimar und der Ehrenplakette des Wiener Goethe-Vereins, geb. 30. IX. 1906 in Bielefeld, 7027 Leipzig, Kommandant-Prendel-Allee 107, Tel. 8612336 (5. XII. 1960).

Brüning, Eberhard, Dr. phil., o. Professor für Amerikanistik an der Karl-Marx-Universität Leipzig, Verdienter Lehrer des Volkes, Inhaber der Verdienstmedaille der DDR, der Johann-Heinrich-Pestalozzi-Medaille in Bronze, Silber und Gold, der Ehrennadel der Karl-Marx-Universität Leipzig und der Ehrennadel der Gesellschaft für deutsch-sowjetische Freundschaft in Gold, des Gustav-Hertz-Preises der Karl-Marx-Universität Leipzig, o. Mitglied der Akademie der Wissenschaften der DDR, Mitglied der Deutschen Shakespeare-Gesellschaft in Weimar, der European Association for American Studies (EAAS) und der Association Internationale de Littérature Comparée (AILC), Vorstandsmitglied des Nationalkomitees für Literaturwissenschaft bei der Akademie der Wissenschaften der DDR, geb. 4. VI. 1925 in Chemnitz, 7030 Leipzig, Scheffelstraße 53, Tel. 321193 (28. VI. 1971).

Coblenz, Werner, Dr. phil., em. Honorar-Professor für Ur- und Frühgeschichte an der Karl-Marx-Universität Leipzig, em. Direktor des Landesmuseums für Vorgeschichte in Dresden, Träger des Vaterländischen Verdienstordens in Bronze, Inhaber der Verdienstmedaille der DDR, der Humboldt-Medaille der DDR in Gold, der Medaille zum 30. Jahrestag der Gründung der Deutschen Demokratischen Republik, der Leibniz-Medaille der Akademie der Wissenschaften der DDR, der Johannes-R.-Becher-Medaille des Kulturbundes der DDR in Silber und Gold, der Ehrennadel für heimatkundliche Leistungen in Gold, des Ehrenzeichens der Tausendjahrfeier des polnischen Staates, der Gottfried-Semper-Medaille der Staatlichen Kunstsammlungen Dresden, der Richard-Jecht-Medaille für Verdienste um die Erforschung der Geschichte der Oberlausitz (gestiftet von der ehem. Gesellschaft der Wissenschaften der Oberlausitz in Görlitz), Mitglied und Leiter der Historischen Kommission der Akademie, o. Mitglied des Deutschen Archäologischen Instituts in Berlin-Dahlem, korresp. Mitglied der philosophisch-historischen Klasse der Bayerischen Akademie der Wissenschaften in München und der British Academy in London, Mitglied im Conseil Permanent der Union Internationale des Sciences Protohistoriques et Préhistoriques, des Nationalkomitees für Ur- und Frühgeschichte der DDR, des wissenschaftlichen Beirates für Bodendenkmalpflege beim Ministerium für Hoch- und Fachschulwesen, des wissenschaftlichen Beirates für Heimatforschung beim Institut für Geographie und Geoökologie der Akademie der Wissenschaften der DDR, Mitglied des Wissenschaftlichen Rates für Archäologie und Alte Geschichte bei der Akademie der Wissenschaften der DDR, korresp. Mitglied der Österreichischen Gesellschaft für Ur- und Frühgeschichte, geb. 24. V. 1917 in Pirna/Elbe, 8020 Dresden, Geystraße 6, Tel. 470916 (18. XII. 1972).

Czok, Karl, Dr. phil., em. o. Professor für Deutsche Regionalgeschichte an der Karl-Marx-Universität Leipzig, Träger des Ordens „Banner der Arbeit“, der Johann-Heinrich-Pestalozzi-Medaille in Silber, der Johannes-R.-Becher-Medaille in Silber und Gold und der Ehrennadel der Karl-Marx-Universität Leipzig, Mitglied der Commission internationale pour l'historie des Villes, korresp. Mitglied des Österreichischen Arbeitskreises für Stadtgeschichte, Mitglied und stellvertr. Leiter der Historischen Kommission der Akademie, geb. 12. III. 1926 in Görlitz, 7050 Leipzig, Theodor-Neubauer-Straße 21, Tel. 691311 (25. III. 1977).

Diesner, Hans-Joachim, Dr. phil., o. Professor für Alte Geschichte an der Martin-Luther-Universität Halle—Wittenberg i. R., Inhaber der Deutschen Friedensmedaille des Friedensrates der DDR in Berlin, der Johann-Heinrich-Pestalozzi-Medaille in Bronze und Silber sowie der Verdienstmedaille der DDR, Mitglied der Historischen Kommission der Akademie, korresp. Mitglied der Akademie der Wissenschaften in Göttingen, Mitglied der Fachkommission Alte Geschichte bei der Historiker-Gesellschaft der DDR, der Association Internationale des Études Patristiques in Paris, der Association Internationale d'Epigraphie Greque et Latine (AIEGL) und der International Association for the History of Religions (IAHR), geb. 21. I. 1922 in Böhlitz-Ehrenberg bei Leipzig, 4020 Halle (Saale), Georgstraße 2 (17. X. 1975).

Dudek, Gerhard, Dr. phil., em. o. Professor für Russische Literatur an der Karl-Marx-Universität Leipzig, Inhaber der Johann-Heinrich-Pestalozzi-Medaille in Gold und des Gustav-Hertz-Preises der Karl-Marx-Universität Leipzig 1987, Mitglied der Kommission für Slawische Poetik und Stilistik beim Internationalen Slawistenkomitee, geb. 30. XII. 1922 in Groß-Peterwitz (Westpreußen), 7050 Leipzig, George-Bähr-Straße 15, Tel. 66462 (20. X. 1978).

Eichler, Ernst, Dr. phil., o. Professor für Tschechische Sprache an der Karl-Marx-Universität Leipzig, Inhaber der Johann-Heinrich-Pestalozzi-Medaille in Gold, der Kurt-Barthel-Medaille, der Ehrennadel der Karl-Marx-Universität Leipzig und des Hennig-Kaufmann-Preises zur Förderung der westdeutschen Namenforschung, Mitglied der Historischen und der Sprachwissenschaftlichen Kommission der Akademie, des Nationalkomitees der Slawisten der DDR, Vorsitzender der Onomastischen Kommission dieses Nationalkomitees, Mitglied der Onomastischen Kommission beim Internationalen Slawistenkomitee, des International Committee of Onomastic Sciences (ICOS) und dessen Exekutivkomitees, des Nordischen Komitees für Zusammenarbeit auf dem Gebiet der Namenforschung (NORNA), der Societas Jablonoviana in Leipzig, der Bilateralen Kommission DDR/ČSSR für Bohemistik und Slowakistik beim Ministerium für Hoch- und Fachschulwesen der DDR und des Linguistischen Arbeitskreises an der Karl-Marx-Universität Leipzig, geb. 15. V. 1930 in Mimoň (ČSR), 7031 Leipzig, Marpergerstraße 14, Tel. 4014291 (20. X. 1978).

Felix, Werner, Dr. paed., o. Professor für Musikgeschichte an der Hochschule für Musik in Leipzig, Rektor dieser Hochschule, Generaldirektor der Nationalen Forschungs- und Gedenkstätten Johann Sebastian Bach der DDR in Leipzig, Leiter der AG Musikgeschichte der Hochschulen für Musik der DDR, Träger des Vaterländischen Verdienstordens in Silber und Bronze, Inhaber der Verdienstmedaille der DDR, der Johann-Heinrich-Pestalozzi-Medaille, der Johannes-R.-Becher-Medaille in Gold, der Ehrennadel des Komponistenverbandes in Silber, des Kunstpreises der DDR, der Medaille für Verdienste um die polnische Kultur und der Franz-Liszt-Medaille 1986 der VR Ungarn, Mitglied des Verbandes der Komponisten und Musikwissenschaftler der DDR, der Chopin-Gesellschaft der DDR, Mitglied und geschäftsführendes Vorstandsmitglied der Neuen Bachgesellschaft der DDR, Mitglied und Vizepräsident des Bachkomitees der DDR, Mitglied des Musikrates der DDR und seines Exekutivkomitees und Mitglied des Herausgeber-Kollegiums der Neuen Bachausgabe, korresp. Mitglied der Chopin-Gesellschaft in Warschau, geb. 30. VII. 1927 in Weißenfels, 7033 Leipzig, Otto-Schmiedt-Straße 2b, Tel. 4512602 (11. X. 1985).

Forberger, Rudolf, Dr. rer. pol., Dr. rer. oec., em. Honorarprofessor für Wirtschaftsgeschichte, Träger der Ehrennadel für heimatkundliche Leistungen in Gold und der Johannes-R.-Becher-Medaille in Gold des Kulturbundes der DDR, Mitglied der Historischen Kommission der Akademie, geb. 13. IV. 1910 in Carlsfeld (Kreis Aue), 8019 Dresden, Eibenstocker Straße 14, Tel. 334441 (17. X. 1975).

Groß, Reiner, Dr. phil., Direktor des Staatsarchivs Dresden, Oberarchivrat, Träger des Ordens „Banner der Arbeit", Inhaber des Ehrenzeichens der Deutschen Volkspolizei, der Verdienstmedaille der Organe des Ministeriums des Innern in Bronze und Silber, der Ehrennadel der Nationalen Front in Gold und der Johannes-R.-Becher-Medaille des Kulturbundes der DDR in Silber, korresp. Mitglied des EDV-Komitees des Internationalen Archivrates bei der UNESCO, Mitglied der Historischen Kommission der Akademie, Vorsitzender des Bezirksvorstandes Dresden der Gesellschaft für Heimatgeschichte des Kulturbundes der DDR, geb. 3. VIII. 1937 in Zwickau, 8017 Dresden, Kurt-Tucholsky-Straße 10/7-01, Tel. dienstlich 570680 (3. VI. 1988).

Große, Rudolf, Dr. phil., o. Professor für Deutsche Philologie an der Karl-Marx-Universität Leipzig, Inhaber des Jacob- und Wilhelm-Grimm-Preises der DDR, der Ehrennadel für Verdienste im sozialistischen Bildungswesen, der Johann-Heinrich-Pestalozzi-Medaille in Silber und Gold und der Ehrennadel der Karl-Marx-Universität Leipzig, Leiter der Sprachwissenschaftlichen Kommission und Mitglied der Historischen Kommission der Akademie, o. Mitglied der Akademie der Wissenschaften der DDR, Vorsitzender der Germanisten-Kommission der DDR und der VR Polen, Mitglied des Nationalkomitees für Sprachwissenschaft der DDR, der Societas Jablonoviana in Leipzig, des Senats der Internationalen Vereinigung für Germanische Sprach- und Literaturwissenschaft, des Comité International de Dialectologie in Louvain und der Redaktion sowie des Comité International de l'Atlas Linguarum Europae (Florenz), geb. 28. VII. 1924 in Heldrungen, 7030 Leipzig, Aschenbrödelweg 36, Tel. 872957 (24. V. 1965).

Günther, Rigobert, Dr. phil., o. Professor für Geschichte des Altertums an der Karl-Marx-Universität Leipzig, Träger des Ordens „Banner der Arbeit", der Johann-Heinrich-Pestalozzi-Medaille in Gold, der Ehrennadel der Karl-Marx-Universität Leipzig und der Humboldt-Medaille in Gold, Mitglied und Präsidiumsmitglied der Historiker-Gesellschaft der DDR, Vorsitzender der Fachkommission Alte Geschichte dieser Gesellschaft, stellvertretender Vorsitzender des Rates für Archäologie und Alte Geschichte der Akademie der Wissenschaften der DDR in Berlin, Vorsitzender des Beirates für Altertumswissenschaften beim Ministerium für Hoch- und Fachschulwesen der DDR, geb. 18. V. 1928 in Magdeburg, 7062 Leipzig, Achternweg 18 (12. X. 1984).

Hiebsch, Hans, Dr. phil., em. o. Professor für Psychologie an der Friedrich-Schiller-Universität Jena, Nationalpreisträger, Inhaber der Verdienstmedaille der DDR, der Verdienstmedaille der NVA in Silber und der Humboldt-Medaille in Silber, Mitglied der Sprachwissenschaftlichen Kommission und der Kommission für spezielle Umweltprobleme der Akademie, Mitglied der European Association of Experimental Social Psychology in Den Haag, Ehrenmitglied der Gesellschaft für Psychologie der DDR, geb. 10. VIII. 1922 in Bodenbach (ČSR), 6900 Jena, Professor-Ibrahim-Straße 35, Tel. 25935 (28. VI. 1971). † 6. III. 1990 in Jena.

Kühnert, Friedmar, Dr. phil., em. o. Professor für Klassische Philologie mit besonderer Berücksichtigung der Lateinischen Sprache und Literatur an der Friedrich-Schiller-Universität Jena, Inhaber der Schiller-Medaille in Silber der Friedrich-Schiller-Universität Jena und der Theodor-Neubauer-Medaille in Silber, Mitglied des Wissenschaftlichen Rates für Archäologie und Alte Geschichte bei der Akademie der Wissenschaften der DDR und der Winckelmann-Gesellschaft der DDR, geb. 16. XI. 1924 in Dreißigacker (Kreis Meiningen), 6900 Jena, Johannisplatz 22, Tel. 24280 (18. VI. 1974).

Lehmann, Edgar, Dr. phil., Dr.-Ing. e. h. (Eidgenössische Technische Hochschule Zürich), em. Professor, Direktor i. R. des Instituts für Geographie und Geoökologie der Akademie der Wissenschaften der DDR, Nationalpreisträger, Träger des Vaterländischen Verdienstordens in Gold, Inhaber der Alexander-von-Humboldt-Gedenk-Medaille der DDR, der Hermann-Haack-Medaille der Geographischen Gesellschaft der DDR, der Moritz-Wilhelm-Drobisch-Medaille der Sächsischen Akademie der Wissenschaften, der Ehrennadel der Karl-Marx-Universität Leipzig, der Gauß-Ehrenplakette, der Lajós-Loczy-Gedenkmedaille der Ungarischen Geographischen Gesellschaft und der Medaille für wissenschaftliche Verdienste der Polnischen Geographischen Gesellschaft, Mitglied der Historischen Kommission und der Kommission für spezielle Umweltprobleme der Akademie, o. Mitglied der Akademie der Wissenschaften der DDR, Mitglied des Wissenschaftlichen Rates für Grundlagen der Umweltgestaltung und des Umweltschutzes beim Präsidium dieser Akademie, Vorsitzender des Wissenschaftlichen Beirates für Heimatforschung, Mitglied des Wissenschaftlichen Rates der Hauptforschungsrichtung Geographie/Hydrologie/Meteorologie der Akademie der Wissenschaften der DDR, Mitglied der Working group „Environmental atlases" der Internationalen Geographischen Union (IGU), Ehren- und Vorstandsmitglied der Geographischen Gesellschaft der DDR, Ehrenmitglied der Geographischen Gesellschaft der UdSSR, der Polnischen Geographischen Gesellschaft und der philosophisch-historischen Klasse der Österreichischen Akademie der Wissenschaften in Wien, geb. 25. III. 1905 in Berlin, 7030 Leipzig, Prinz-Eugen-Straße 44, Tel. 311219 (7. XII. 1959).

Lerchner, Gotthard, Dr. phil., o. Professor für Geschichte der deutschen Sprache an der Karl-Marx-Universität Leipzig, Träger der Ehrennadel der Karl-Marx-Universität Leipzig, Inhaber des Forschungspreises und der Christian-Thomasius-Plakette der Martin-Luther-Universität Halle—Wittenberg, Mitglied der Sprachwissenschaftlichen Kommission der Akademie, stellvertretender Vorsitzender des Beirates für Kultur-, Kunst- und Sprachwissenschaften beim Ministerium für Hoch- und Fachschulwesen der DDR, Mitglied der Bilateralen Germanistenkommission DDR/VR Bulgarien, des Wissenschaftlichen Rates für Sprachwissenschaft bei der Akademie der Wissenschaften der DDR und des Vorstandes der Sektion Sprachwissenschaft der Gesellschaft für Germanistik der DDR, geb. 25. XI. 1935 in Chemnitz, 7113 Markkleeberg-Ost, Vierzigackerweg 7, Tel. Leipzig 312835 (12. X. 1984).

Lieberwirth, Rolf, Dr. jur., em. o. Professor für Deutsche Rechtsgeschichte an der Martin-Luther-Universität Halle—Wittenberg, Inhaber des Vaterländischen Verdienstordens in Bronze, der Verdienstmedaille der DDR, der Christian-Thomasius-Plakette und der Erinnerungsmedaille in Bronze der Martin-Luther-Universität Halle—Wittenberg, der Wilhelm-Külz-Ehrennadel der LDPD und der Eike-von-Repgow-Statuette der Stadt Magdeburg, Mitglied der Historischen Kommission und der Kommission für spezielle

Umweltprobleme der Akademie, Mitglied der Asociaţia de Istorie Comparativă a Istituţiilor şi Dreptului din Republica Socialistă România, der Gesellschaft für Völkerrecht der DDR und der International Law Association in London, geb. 1. XII. 1920 in Halle (Saale), 4020 Halle (Saale), Rainstraße 3b, Tel. 30465 (18. XII. 1972).

Markov, Walter, Dr. phil., Dr. phil. h. c. (Leipzig), em. o. Professor für mittelalterliche und neuere Geschichte an der Karl-Marx-Universität Leipzig, Nationalpreisträger, Träger des Vaterländischen Verdienstordens in Silber und Gold, Hervorragender Wissenschaftler des Volkes, Inhaber der Medaille für Kämpfer gegen den Faschismus 1933 bis 1945, des Sterns der Völkerfreundschaft, des Friedrich-Engels-Preises der Akademie der Wissenschaften der DDR, der Ehrenmedaille des Komitees der antifaschistischen Widerstandskämpfer der DDR, der Bronzemedaille der Universität Helsinki und der Ehrennadel für Verdienste um die Freundschaft der Völker in Gold, Verdienter Hochschullehrer der DDR, Mitglied der Historischen Kommission der Akademie, o. Mitglied der Akademie der Wissenschaften der DDR, Ehrenvorsitzender des Interdisziplinären Zentrums für Revolutionsforschung an der Karl-Marx-Universität Leipzig, Vizepräsident der Commission Internationale für Geschichte der Französischen Revolution des Comité International des Sciences Historiques in Paris, Vorstandsmitglied der Société des Études robespierristes in Paris, Mitglied der Association internationale d'histoire contemporaine de l'Europe in Strasbourg, Mitglied des Präsidiums der Historiker-Gesellschaft der DDR, Ehrensenator der Karl-Marx-Universität, geb. 5. X. 1909 in Graz, 7124 Holzhausen (Sachsen), Weißdornweg 4, Tel. Leipzig 61384 (7. XII. 1964).

Meyer, Rudolf, Dr. theol., D. theol. h. c. (Humboldt-Universität Berlin), em. o. Professor für Altes Testament und rabbinische Literatur sowie Leiter des Fachbereiches Altes Testament an der Friedrich-Schiller-Universität Jena, Sektion Theologie, em. Vorstand der Hilprecht-Sammlung Vorderasiatischer Altertümer, Mitglied der Alttestamentlichen Arbeitsgemeinschaft in der DDR, Inhaber der Gedächtnisplakette der Humboldt-Universität Berlin und der Schiller-Medaille der Friedrich-Schiller-Universität in Bronze und Silber, korresp. Mitglied der Heidelberger Akademie der Wissenschaften, geb. 8. IX. 1909 in Leipzig, 6900 Jena, Hornstraße 1, Tel. 24382 (15. IX. 1958).

Möbius, Friedrich, Dr. phil., Diplomkunstwissenschaftler, o. Professor für Kunstwissenschaft an der Friedrich-Schiller-Universität Jena, Träger des Vaterländischen Verdienstordens in Bronze, Inhaber der Johann-Heinrich-Pestalozzi-Medaille in Bronze, Mitglied der Association internationale du critique de l'art (AICA) und des Verbandes Bildender Künstler der DDR, geb. 24. V. 1928 in Dresden, 6901 Rothenstein 163, Postfach 523, Tel. Kahla 631 (25. III. 1977).

Mylius, Klaus, Dr. phil., Dr. rer. nat., ao. Professor für Sanskritistik und Indische Altertumskunde an der Karl-Marx-Universität Leipzig, Leiter der Fachgruppe Altorientalistik dieser Universität, Inhaber der Ehrennadel der Karl-Marx-Universität Leipzig, der Ehrennadel der Rechtspflegeorgane, der Medaille „30 Jahre DDR" 1979 und des Friedrich-Weller-Preises der Sächsischen Akademie der Wissenschaften und der Karl-Marx-Universität 1985, Mitglied des Beirates für Altertumswissenschaften beim Ministerium für Hoch- und Fachschulwesen, der Geographischen Gesellschaft und des Schriftstellerverbandes der DDR, geb. 24. VIII. 1930 in Berlin, 7010 Leipzig, Humboldtstraße 10, Tel. 291181 (10. X. 1986).

Nagel, Peter, Dr. theol., Dr. phil., ao. Professor für Koptologie an der Sektion Orient- und Altertumswissenschaften der Martin-Luther-Universität Halle—Wittenberg, Inhaber der Ehrennadel der Nationalen Front in Silber, Mitglied und Präsident der International Association for Coptic Studies (IACS), Mitglied des Wissenschaftlichen Rates für Archäologie und Alte Geschichte der DDR, Mitglied des Wissenschaftlichen Beirates für Altertumswissenschaften beim Ministerium für Hoch- und Fachschulwesen der DDR und Vorsitzender der Kommission für orientalische Altertumskunde, geb. 3. IV. 1938 in Erdmannsdorf (Kreis Flöha), 4090 Halle-Neustadt, Block 151/02/17, Tel. 647660 (3. VI. 1988).

Neubert, Albrecht, Dr. phil., o. Professor an der Sektion Theoretische und angewandte Sprachwissenschaft an der Karl-Marx-Universität Leipzig, Träger des Ordens „Banner der Arbeit", Inhaber der Ehrennadel der Karl-Marx-Universität und der Johann-Heinrich-Pestalozzi-Medaille in Gold, Mitglied und stellvertretender Leiter der Sprachwissenschaftlichen Kommission der Akademie, o. Mitglied der Akademie der Wissenschaften der DDR, Vorsitzender des Wissenschaftlichen Rates für Sprachwissenschaft der DDR bei dieser Akademie, Mitglied des Nationalkomitees für Sprachwissenschaft der DDR, Mitglied der Deutschen Shakespeare-Gesellschaft in Weimar, Mitglied des International Committee der International Association of Applied Linguistics, Founding Member of the Board of Advisors and Senior Fellow of the Kent State University, Institute for Applied Linguistics, USA, geb. 3. III. 1930 in Hartenstein (Sachsen), 7022 Leipzig, Poetenweg 5, Tel. 50131 (18. XII. 1972).

Neumann, Werner, Dr. phil., Professor, em. Direktor des von ihm 1950 gegründeten Bach-Archivs Leipzig, Nationalpreisträger, Träger des Vaterländischen Verdienstordens in Bronze und Silber und der Verdienstmedaille der DDR, Mitglied des Johann-Sebastian-Bach-Komitees der DDR, des Verbandes der Komponisten und Musikwissenschaftler der DDR, des Musikrates der DDR, des Herausgeberkollegiums der Neuen Bach-Gesamtausgabe (Sitz Göttingen) und deren Redaktionsleiter (Leipzig), der Internationalen Gesellschaft für Musikwissenschaft (Sitz Basel, Ländergruppe der DDR), des Kuratoriums des Bachhauses Eisenach, des Beirates der Eterna-Edition, Ehrenmitglied der Neuen Bachgesellschaft (Sitz Leipzig), geb. 21. I. 1905 in Königstein (Sachsen), 7113 Markkleeberg, Robert-Schumann-Straße 3, Tel. 314325 (18. VI. 1974).

Poppe, Eberhard, Dr. jur., Dr. jur. h. c. (Bratislava), o. Professor für Verfassungstheorie, Staats- und Verwaltungsrecht an der Martin-Luther-Universität Halle—Wittenberg, Träger des Karl-Marx-Ordens, Inhaber des Vaterländischen Verdienstordens in Bronze und Silber, der Verdienstmedaille der DDR, der Verdienstmedaille der NVA in Silber und Gold, der Dr.-Theodor-Neubauer-Medaille in Gold, der Humboldt-Medaille in Silber, der Thomasius-Plakette der Martin-Luther-Universität Halle—Wittenberg, der Erinnerungsmedaille der Martin-Luther-Universität Halle—Wittenberg und der Komenski-Universität Bratislava in Gold, der Johannes-R.-Becher-Medaille des Kulturbundes der DDR in Gold, der Ehrennadel der Gesellschaft für deutsch-sowjetische Freundschaft in Gold, der Ehrenmedaillen der Akademie für Staats- und Rechtswissenschaft der DDR, der Mongolischen Staatsuniversität Ulan-Bator, der Staatsuniversität Woronesh (UdSSR), der Adam-Mickiewicz-Universität Poznań, der Universität Bagdad und der Ökonomischen Akademie Katowice sowie der Kopernikus-Medaille der VR Polen, Träger des Ordens des jugoslawischen Banners im goldenen Kranz, Mitglied der

Kommission für spezielle Umweltprobleme der Akademie, o. Mitglied der Akademie der Wissenschaften der DDR, Mitglied des Senats der Martin-Luther-Universität, stellvertr. Vorsitzender des Rates für staats- und rechtswissenschaftliche Forschung der DDR, geb. 12. IX. 1931 in Wiesenburg (Sachsen), 7010 Leipzig, Davidstraße 1, Tel. 4784206 (9. X. 1981).

Rathmann, Lothar, Dr. phil., Dr. h. c. (Lima, Kiew), o. Professor für Geschichte der arabischen Länder an der Karl-Marx-Universität Leipzig, Nationalpreisträger 1972 und 1984, Inhaber des Vaterländischen Verdienstordens in Bronze und Gold, Träger des Ordens „Banner der Arbeit" und des Verdienstordens der VAR, Inhaber der Verdienstmedaille der DDR, der Ehrennadel der Liga für Völkerfreundschaft der DDR, der Moritz-Wilhelm-Drobisch-Medaille der Sächsischen Akademie der Wissenschaften, der Humboldt-Medaille, der Ehrennadel der Gesellschaft für Deutsch-Sowjetische Freundschaft in Gold und der Ehrenmedaille der Universitäten Leningrad, Kiew, Sofia, Kraków, o. Mitglied der Akademie der Wissenschaften der DDR, Präsidiumsmitglied der Internationalen Vereinigung der Universitäten, Vorsitzender des Nationalkomitees für Asien-, Afrika- und Lateinamerikawissenschaften der DDR, geb. 16. II. 1927 in Werdau (Sachsen), 7124 Holzhausen (Sachsen), Rehwagenstraße 10, Tel. Leipzig 2012442 (25. III. 1977).

Ricken, Ulrich, Dr. phil., o. Professor für Allgemeine Sprachwissenschaft und romanische Philologie an der Martin-Luther-Universität Halle—Wittenberg, Chevalier dans l'Ordre des Palmes Académiques, Inhaber der Verdienstmedaille der DDR, der Dr.-Theodor-Neubauer-Medaille in Bronze, der Johann-Heinrich-Pestalozzi-Medaille in Silber und der Ehrennadel für Verdienste um die Freundschaft der Völker in Gold, Mitglied der Société de Linguistique Romane in Paris und Strasbourg, der International Society for Eighteenth Century Studies, der Société française d'Etude du 18e siècle, der Société d'Histoire et d'Epistémologie des Sciences du Langage und der Société d'histoire littéraire de la France, geb. 28. XII. 1926 in Wolgast, 4020 Halle (Saale), Heideallee 11, Post: Wissenschaftsbereich Allgemeine und vergleichende Sprachwissenschaft der Martin-Luther-Universität Halle—Wittenberg, 4020 Halle (Saale), Franckeplatz 1, Haus 5, Tel. 25526 (9. X. 1981).

Růžička, Rudolf, Dr. phil., em. o. Professor für Slawistik und Allgemeine Sprachwissenschaft an der Karl-Marx-Universität Leipzig, Inhaber der Verdienstmedaille der DDR, der Johann-Heinrich-Pestalozzi-Medaille in Gold und der Ehrennadel der Karl-Marx-Universität, o. Mitglied der Akademie der Wissenschaften der DDR, Mitglied des Wissenschaftlichen Rates für Sprachwissenschaft bei dieser Akademie, Mitglied der Sprachwissenschaftlichen Kommission der Akademie, der Società di Linguistica Italiana, des Nationalkomitees der Slawisten der DDR, der Internationalen Terminologischen Kommission und der Internationalen Grammatikkommission des Internationalen Slawistenkomitees, geb. 20. XII. 1920 in Löbau, 7010 Leipzig, Ferdinand-Lassalle-Straße 5, Tel. 4787969 (18. XII. 1972).

Schuster-Šewc, Heinz, Dr. phil., o. Professor für Sorabistik an der Karl-Marx-Universität Leipzig, Inhaber des Sterns der Völkerfreundschaft in Silber, des Ćišinski-Preises 1. Klasse, des Kavalierkreuzes des Ordens „Polonia Restituta" (VR Polen), des Ordens für Verdienste um die polnische Kultur und der „Medal Komisji Edukacji Narodowej" (Medaille der Volksbildungskommission) 1988, Mitglied und Präsident der Societas

Jablonoviana, Vorsitzender der Internationalen Kommission für Lexikologie und Lexikographie des Internationalen Slawistenkomitees, Mitglied der Sprachwissenschaftlichen Kommission der Akademie, des Nationalkomitees für Slawistik der DDR und des Wissenschaftlichen Rates beim Zentralinstitut für Sprachwissenschaft der Akademie der Wissenschaften der DDR, geb. 8. II. 1927 in Purschwitz (Kreis Bautzen), 7010 Leipzig, Straße des 18. Oktober 22, Tel. 208510 (3. VI. 1988).

Träger, Claus, Dr. phil., o. Professor für Allgemeine Literaturwissenschaft an der Karl-Marx-Universität Leipzig, Nationalpreisträger, Inhaber des Lessing-Preises der DDR, der Verdienstmedaille der DDR, der Johann-Heinrich-Pestalozzi-Medaille in Silber, der Goethe- und Schiller-Plakette in Gold der Nationalen Forschungs- und Gedenkstätten der klassischen deutschen Literatur in Weimar, der Ehrennadel und des Gustav-Hertz-Preises der Karl-Marx-Universität Leipzig, Verdienter Hochschullehrer der DDR, Präsident der Gesellschaft für Germanistik der DDR, Vorsitzender des Beirates für Kultur-, Kunst- und Sprachwissenschaften beim Ministerium für Hoch- und Fachschulwesen der DDR, Mitglied des Hoch- und Fachschulrates beim Minister für Hoch- und Fachschulwesen der DDR, des Nationalkomitees für Literaturwissenschaft bei der Akademie der Wissenschaften der DDR, der Association Internationale de Littérature Comparée (AILC) und der Internationalen Vereinigung für Germanische Sprach- und Literaturwissenschaft (IVG), geb. 4. II. 1927 in Leipzig, 7113 Markkleeberg, Heinrich-von-Kleist-Straße 19, Tel. 315720 (17. X. 1975).

Ullmann, Ernst, Dr. phil., o. Professor für Kunstgeschichte an der Karl-Marx-Universität Leipzig, Nationalpreisträger, Träger des Vaterländischen Verdienstordens in Bronze, Inhaber der Ehrennadel und des Gustav-Hertz-Preises der Karl-Marx-Universität Leipzig, der Johannes-R.-Becher-Medaille in Silber und Gold, der Humboldt-Medaille in Bronze und der Ehrennadel für Verdienste im sozialistischen Bildungswesen, Mitglied des Problemrates „Humanistisches Kultur- und Kunsterbe als Bestandteil der sozialistischen Nationalkultur" bei der Akademie für Gesellschaftswissenschaften beim ZK der SED, des Beirates für Kultur-, Kunst- und Sprachwissenschaften beim Ministerium für Hoch- und Fachschulwesen der DDR, des Nationalkomitees für Kunstgeschichte der DDR, des Comité International d'histoire de l'Art (CIHA), der Association Internationale du Critique de l'Art (AICA), der Ernst-Barlach-Gesellschaft und der School of Historical Studies des Institute for Advanced Study, Princeton, N. J., geb. 19. XII. 1928 in Reichenberg-Franzendorf (ČSR), 7010 Leipzig, Tschaikowskistraße 31, Tel. 293720 (9. X. 1981).

Werner, Ernst, Dr. phil., Dr. phil. h. c. (Leipzig), em. o. Professor für Geschichte des Mittelalters an der Karl-Marx-Universität Leipzig, Nationalpreisträger, Träger des Vaterländischen Verdienstordens in Bronze, Inhaber der Verdienstmedaille der DDR und der Erinnerungsmedaille zum 50. Jahrestag der Großen Sozialistischen Oktoberrevolution der Universität Kiew, Verdienter Hochschullehrer der DDR, Mitglied der Historischen Kommission und der Sprachwissenschaftlichen Kommission der Akademie, o. Mitglied der Akademie der Wissenschaften der DDR, geb. 20. XI. 1920 in Tyssa (ČSR), 7022 Leipzig, Braunschweiger Straße 19, Tel. 52762 (18. VI. 1971).

Werner, Hans-Georg, Dr. phil., o. Professor für Deutsche Literatur an der Martin-Luther-Universität Halle—Wittenberg, Träger des Vaterländischen Verdienstordens in Silber, der Verdienstmedaille der DDR, der Johannes-R.-Becher-Medaille in Gold und Silber, des Lessing-Preises der DDR, des Händel-Preises des Bezirkes Halle und der Komensky-Medaille in Silber der Universität Bratislava, Mitglied der Internationalen Vereinigung für germanische Sprach- und Literaturwissenschaft, der Internationalen Lenau-Gesellschaft in Wien, des Nationalkomitees für Literaturwissenschaft der DDR, Vorstandsmitglied des Wissenschaftlichen Rates für marxistisch-leninistische Kultur- und Kunstwissenschaften der Akademie für Gesellschaftswissenschaften beim ZK der SED, geb. 5. II. 1931 in Militsch (Schlesien), 4020 Halle (Saale), Große Klausstraße 21 (12. X. 1984).

Werner, Jürgen, Dr. phil., o. Professor für Klassische Philologie und Neogräzistik an der Karl-Marx-Universität Leipzig, Inhaber der Johann-Heinrich-Pestalozzi-Medaille in Silber und Gold, der Ehrennadel der Karl-Marx-Universität Leipzig, der Ehrennadel der Gesellschaft für Deutsch-Sowjetische Freundschaft in Silber und Gold, der Ehrennadel der Liga für Völkerfreundschaft in Silber und Gold und der Dshawachischwili-Medaille der Staatlichen Georgischen Universität in Tbilissi, Mitglied der Deutschen Shakespeare-Gesellschaft in Weimar, der Winckelmann-Gesellschaft in Stendal, der Kommission „Klassische Philologie“ des Wissenschaftlichen Rates für Archäologie und Alte Geschichte der Akademie der Wissenschaften der DDR sowie des Beirates für Altertumswissenschaften beim Ministerium für Hoch- und Fachschulwesen der DDR und Mitglied des Präsidiums der Freundschaftsgesellschaft DDR—Griechenland der Liga für Völkerfreundschaft, geb. 14. VII. 1931 in Dresden, 7030 Leipzig, Kurt-Eisner-Straße 5, Tel. 315685, Briefpost an Privatadresse, sonstige Post: Fachbereich Antike Literatur/Neogräzistik der Karl-Marx-Universität Leipzig, 7010 Leipzig, Karl-Marx-Platz, Tel. 7193009 (11. X. 1985).

Wittich, Dieter, Dr. phil., o. Professor für Philosophie (Erkenntnistheorie) an der Karl-Marx-Universität Leipzig, Mitglied des Senats dieser Universität, Nationalpreisträger, Inhaber der Humboldt-Plakette der Humboldt-Universität Berlin, des Gustav-Hertz-Preises und der Ehrennadel der Karl-Marx-Universität Leipzig, Träger der Johann-Heinrich-Pestalozzi-Medaille in Silber und Gold und der Verdienstmedaille der DDR, Mitglied des Rates für Philosophie bei der Akademie für Gesellschaftswissenschaften beim ZK der SED und Mitglied des Beirates für Philosophie beim Ministerium für Hoch- und Fachschulwesen der DDR, geb. 7. II. 1930 in Mansbach (Hessen), 7022 Leipzig, Braunschweiger Straße 2, Tel. 581390 (12. X. 1979).

Wollgast, Siegfried, Dr. phil., o. Professor für Geschichte der Philosophie an der Technischen Universität Dresden, Inhaber der Johann-Gottfried-Herder-Medaille in Gold, der Silbernen Ehrennadel der „Urania“, der Johannes-R.-Becher-Medaille in Silber, der Erinnerungsmedaille „20 Jahre Kampfgruppen der Arbeiterklasse“, der Kurt-Barthel-Medaille und des Preises der TU Dresden II. Klasse, Mitglied des Beirates für Wissenschaftsgeschichte beim Ministerium für Hoch- und Fachschulwesen der DDR, der Helmholtz-Kommission der Akademie der Wissenschaften der DDR zu Berlin, der Poggendorf-Kommission und der Historischen Kommission der Akademie, geb. 27. IX. 1933 in Schönlanke (Netzekreis), 8019 Dresden, Thomas-Müntzer-Platz 10, Tel. 4591264 (20. X. 1978).

Aland, Kurt, D. theol. h. c. (Göttingen), D. D. h. c. (St. Andrews), D. Litt. h. c. (Wartburg College, Iowa), em. o. Professor für Geschichte der Alten Kirche und Neutestamentliche Textforschung im Fachbereich Evangelische Theologie der Westfälischen Wilhelms-Universität Münster, Träger des Großen Verdienstkreuzes des Verdienstordens der Bundesrepublik Deutschland mit Stern, Geschäftsführer der Hermann-Kunst-Stiftung zur Förderung der neutestamentlichen Textforschung, Leiter der Arbeitsstelle Münster der Patristischen Kommission, Träger des Athos-Kreuzes in Gold, verliehen vom Ökumenischen Patriarchen von Konstantinopel, und der Burkitt-Medal for Biblical Studies der British Academy, korresp. Mitglied der British Academy in London und der Göttinger Akademie der Wissenschaften, auswärt. Mitglied der Königlich Niederländischen Akademie der Wissenschaften in Amsterdam, Mitglied des Kuratoriums des Vetus Latina in Beuron (Hohenzollern), Ehrenmitglied auf Lebenszeit der American Bible Society und Ehrenmitglied der Society of Biblical Literature and Exegesis (USA), geb. 28. III. 1915 in Berlin, 4400 Münster (Westfalen), Einsteinstraße 12, Tel. 22409 (14. III. 1955).

Angelov, Dimiter Simeonov, Dr. phil., o. Professor für byzantinische Geschichte an der Universität Sofia, Nationalpreisträger der VR Bulgarien, o. Mitglied der Bulgarischen Akademie der Wissenschaften in Sofia und Präsident des Wissenschaftlichen Beirats für Bulgaristik, Vizepräsident der Association Internationale des études byzantines und Vorsitzender des Bulgarischen Nationalkomitees für Byzantinistik, Mitglied des Exekutivkomitees der Internationalen Association für Slawische Archäologie, geb. 2. II. 1917 in Sofia, Sofia 11, bulv. Chr. Kabakčiev 79 g (15. X. 1976).

Asmussen, Jes Peter, Dr. phil., Dr. theol. h. c. (Universität Lund, Schweden), Professor für Iranische Philologie an der Universität Kopenhagen, Ritter von Dannebrog I. Klasse, Inhaber der Allama Igbal Memorial Medal der Republik Pakistan, o. Mitglied der Königlich Dänischen Akademie der Wissenschaften in Kopenhagen (Det Kongelige Danske Videnskabernes Selskab), Bibliothekar dieser Akademie, Mitglied des Religionsvetensskapliga Sälskapet i Finland in Helsinki, des International Rumi Committee in London und der Nathan Söderblom-Sällskapet in Uppsala, geb. 2. XI. 1928 in Aabenraa (Nordschleswig), DK 1260 Kopenhagen K, Bredgade 77, Tel. 01-127675 (8. X. 1982).

Beševliev, Veselin, Dr. phil., em. ao. Professor für altgriechische Philologie an der Universität Sofia, Professor für altgriechische Philologie am Institut für Balkanistik der Bulgarischen Akademie der Wissenschaften in Sofia, Inhaber des Gottfried-von-Herder-Preises der Universität Wien, Träger des Ordens für Wissenschaft „Kirill i Metodi", I. Stufe, und des Verdienstordens „Cerveno zname" (Rote Fahne), I. Stufe, korresp. Mitglied der Bulgarischen Akademie der Wissenschaften in Sofia, Mitglied des Archäologischen Instituts in Sofia und der Ungarischen Orientalischen Gesellschaft in Budapest, geb. 25. III. 1900 in Sofia, 1142 Sofia, L. Karavelov 2^{v}, Tel. 87-96-08 (9. XI. 1974).

Chropovský, Bohuslav, PhDr., DrSc., o. Professor für Archäologie, Inhaber der Silbernen und Goldenen Plakette der ČSAV und SAV, des Arbeitsordens und des Ordens der Republik der ČSSR, o. Mitglied der Tschechoslowakischen Akademie der Wissenschaften und der Slowakischen Akademie der Wissenschaften, seit 1987 Präsident der Union

Internationale des Sciences Préhistoriques et Protohistoriques, Generalsekretär der Union Internationale d'Archéologie Slave, Mitglied des Nationalkomitees der Historiker der ČSSR und des Nationalkomitees für Slawistik der ČSSR, geb. 9. VIII. 1926 in Čataj/Bratislava, Archeologický ústav SAV, 94921 Nitra — hrad (13. V. 1988).

D'Hondt, Jacques, Dr. phil. em. o. Professor für Philosophie an der Universität Poitiers, Inhaber der Médaille de bronze du Centre National de la Recherche Scientifique, Commandeur dans l'Ordre des Palmes Académiques und Chevalier du Mérite National, Präsident der Französischen Gesellschaft für Philosophie, Präsident der Association des Sociétés de Philosophie de langue française, Mitglied des Vorstandes der Internationalen Hegel-Vereinigung, geb. 17. IV. 1920 in Tours, 35, rue Lacépède, F-75005 Paris, Tel. (I) 43314431 (8. X. 1982).

Droz, Jacques, Dr. phil., em. o. Professor für neuere Geschichte an der Sorbonne (Panthéon) in Paris, Direktor des Instituts für Geschichte der Gewerkschaftsbewegung, Träger des Bandes der Ehrenlegion, Mitglied der Gesellschaft Frankreich—DDR, geb. 12. III. 1909 in Paris, Université de Paris 1. Panthéon. Sorbonne. Centre de recherches sur l'histoire des mouvements sociaux et du syndicalisme. 9, rue malher, 75004 Paris, Tel. (1) 42783322 (9. XI. 1974).

Erben, Johannes, Dr. phil., Dr. phil. h. c. (Innsbruck), o. Professor für Deutsche Sprache und ältere deutsche Literatur an der Rheinischen Friedrich-Wilhelms-Universität Bonn, Nationalpreisträger, Inhaber des Konrad-Duden-Preises 1969 der Stadt Mannheim, auswärt. Mitglied der Akademie der Wissenschaften der DDR, Kuratoriumsmitglied des Instituts für deutsche Sprache in Mannheim, geb. 12. I. 1925 in Leipzig, 5300 Bonn-Beuel, Ringstraße 39 (11. III. 1961).

Gadamer, Hans-Georg, Dr. phil., Dr. phil. h. c. (Ottawa, Washington, Hamilton, Boston College), Dr. theol. h. c. (Tübingen), em. o. Professor für Philosophie an der Ruprecht-Karl-Universität Heidelberg, Mitglied des Ordens Pour le mérite für Wissenschaft und Kunst, Träger des großen Verdienstkreuzes mit Stern der Bundesrepublik Deutschland, Inhaber des Reuchlinpreises 1971 der Stadt Pforzheim, des Hegelpreises 1979 der Stadt Stuttgart und des Sigmund-Freud-Preises der Deutschen Akademie für Sprache und Dichtung in Darmstadt, o. Mitglied der Heidelberger Akademie der Wissenschaften, Mitglied der Deutschen Akademie für Sprache und Dichtung in Darmstadt, der Akademie der Wissenschaften in Athen, der Accademia Nazionale dei Lincei in Rom, der Accademia delle Science in Turin, der Ungarischen Akademie der Wissenschaften in Budapest, der British Academy in London und der American Academy of Arts and Sciences in Boston, korresp. Mitglied der Akadémie Royale de Belgique in Brüssel, geb. 11. II. 1900 in Marburg, 6900 Heidelberg, Am Büchsenackerhang 53, Tel. 802536 (15. VI. 1940).

Gamkrelidze, Thomas V., Dr. phil., o. Professor für allgemeine und vergleichende Sprachwissenschaft an der Universität Tbilissi, Direktor des Orientalischen Instituts der Akademie der Wissenschaften der Georgischen SSR, Lenin-Preisträger, Mitglied der Akademie der Wissenschaften der UdSSR, o. Mitglied der Akademie der Wissenschaften der Georgischen SSR, korresp. Mitglied der Österreichischen Akademie der Wissenschaften in Wien und der British Academy in London, Mitglied der Societas Linguistica

Europae, Ehrenmitglied der Indogermanischen Gesellschaft und der Linguistic Society of America, auswärt. Ehrenmitglied der American Academy of Arts & Sciences, Boston, geb. 23. X. 1929 in Kutaisi, Georgien, Institut für Orientalistik der Akademie der Wissenschaften der Georgischen SSR, Akad. Tsereteli str. 3, UdSSR-380062 Tbilissi, Tel. 23-38-85; privat: Jak. Nikoladze Str. 6, UdSSR-380009 Tbilissi, Tel. 22-64-92 (13. V. 1988).

Hamann, Günther, Dr. phil., o. Profssor für Geschichte der Neuzeit an der Universität Wien, Inhaber des Förderungspreises der Stadt Wien (1957), des Portugiesischen Nationalpreises für Wissenschaft „Prémio Camões", der Jan-Amos-Comenius-Medaille der Karls-Universität Prag, der Nicolaus-Copernicus-Medaille der Polnischen Akademie der Wissenschaften in Warschau und des Deutschen Museums von Meisterwerken der Naturwissenschaft und Technik in München, der Ehrenmedaille der Bundeshauptstadt Wien in Gold, des Kommandeurkreuzes des Ordens für Verdienste um die Volksrepublik Polen und der Johannes-Kepler-Medaille der Kepler-Kommission der ČSSR in Prag, wirkliches Mitglied der Österreichischen Akademie der Wissenschaften in Wien, Delegierter dieser Akademie bei der International Union of History and Philosophy of Science in London, Mitglied und Vizeobmann der Kommission für Geschichte der Mathematik, Naturwissenschaften und Medizin dieser Akademie, Leiter der Dokumentationsstelle für Geschichte der Naturwissenschaften und Geographie dieser Akademie, korresp. Mitglied der Académie Internationale d'Histoire des Sciences in Paris und evangelisches Mitglied der Katholischen Akademie in Wien, Mitglied des Instituts für österreichische Geschichtsforschung, der Bibliothekskommission des Akademischen Senats der Universität Wien, der Copernicus-Kommission in München, des Wissenschaftlichen Kuratoriums für den Theodor-Körner-Stiftungsfonds der Republik Österreich zur Förderung von Wissenschaft und Kunst, Vorstandsmitglied der Gesellschaft der Freunde der Österreichischen Nationalbibliothek und der Österreichischen Geographischen Gesellschaft in Wien, Ehrenmitglied und Vizepräsident der Internationalen Coronelli-Gesellschaft für Globen- und Instrumentenkunde in Wien, Mitglied und Leiter der Österreichischen Sektion der Commission d'Histoire de la Pensée Géographique der Union Géographique Internationale in Paris, Mitglied und Leiter des Arbeitskreises Geschichte der Forschungsreisen der Alexander-von-Humboldt-Gesellschaft, Ehrenmitglied und Obmann der Österreichischen Gesellschaft für Geschichte der Naturwissenschaften in Wien, korresp. Mitglied des Naturhistorischen Museums in Wien und der Deutschen Gesellschaft für Geschichte der Medizin, Naturwissenschaften und Technik in Berlin, Ehrenbürger der Johannes Regiomontanus-Geburtsstadt Königsberg in Franken, geb. 12. X. 1924 in Wien, 1190 Wien, Tallesbrunngasse 8, Tel. 322116 und 3246725 (8. VI. 1979).

Hensel, Witold, Dr. phil., Dr. h. c., o. Professor für Ur- und Frühgeschichte an der Universität Warschau, o. Mitglied und Präsidiumsmitglied der Polnischen Akademie der Wissenschaften in Warschau, Sekretär der gesellschaftswissenschaftlichen Klasse dieser Akademie, Direktor des Instituts für Geschichte der Materiellen Kultur und Präsident des Slawischen Komitees der Polnischen Akademie der Wissenschaften, auswärt. Mitglied der Makedonischen Akademie der Wissenschaften in Skopje und der Akademie der Wissenschaften der DDR in Berlin, o. Mitglied des Deutschen Archäologischen Instituts und des Istituto Italiane di Pre- e Protostoria (Firenze), Mitglied der Conseil Permanent des Sciences Pré- et Protohistoriques, Vizepräsident des Internationalen

Slawistenkomitees und der Union Internationale d'Archéologie Slave, geb. 29. III. 1917 in Posen, 00656 Warszawa, ul. Marszałkowska 84/92 m 109 (8. II. 1985).

Hermand, Jost, Dr. phil., o. Professor für Deutsche Sprache und Literatur am Department of German der University of Wisconsin (Madison), geb. 11. IV. 1930 in Kassel, Department of German, University of Wisconsin, Madison, Wisconsin USA 53706 (22. III. 1985).

Hunger, Herbert, Dr. phil., Dr. phil. h. c. (Athen, Chicago, Thessaloniki, Helsinki), em. o. Professor für Byzantinistik an der Universität Wien, Inhaber des Wilhelm-Hartel-Preises der Österreichischen Akademie der Wissenschaften, des Theodor-Innitzer-Preises des Kardinal-Innitzer-Studienfonds, des Preises der Stadt Wien für Geisteswissenschaften 1979, des Österreichischen Ehrenzeichens für Wissenschaft und Kunst, des Großen goldenen Ehrenzeichens für Verdienste um die Republik Österreich, des Großen Goldenen Ehrenzeichens der Stadt Wien, des Großen Verdienstkreuzes mit Stern der Bundesrepublik Deutschland und Großkommandeur des Griechischen Phönixordens, wirkliches Mitglied und Altpräsident der Österreichischen Akademie der Wissenschaften in Wien, auswärt. Mitglied der Akademie der Wissenschaften in Athen, der Bulgarischen Akademie der Wissenschaften in Sofia, der Societas Scientiarum Fennica in Helsinki, der Königlich Dänischen Akademie der Wissenschaften in Kopenhagen, der Serbischen Akademie der Wissenschaften und Künste in Belgrad, der Tschechoslowakischen Akademie der Wissenschaften in Prag, der Akademie der Wissenschaften und der Literatur in Mainz und der Holländischen Gesellschaft der Wissenschaften in Haarlem, Associé der Academie Royale de Belgique in Brüssel, korresp. Mitglied der Bayerischen Akademie der Wissenschaften in München, der Heidelberger Akademie der Wissenschaften und der British Academy in London, Socio straniero Accademia di Scienze in Palermo, Socio ordinario non resistente Accademia Pontaniana in Neapel, Mitglied der American Philosophical Society in Philadelphia, Ehrenmitglied der Ungarischen Akademie der Wissenschaften in Budapest und der Royal Irish Academy in Dublin, o. Mitglied des Deutschen Archäologischen Instituts in Berlin-Dahlem, geb. 9. XII. 1914 in Wien, A-1030 Wien, Weißgerberlände 40/23, Tel. 7340382 (10. X. 1980).

Ivić, Milka, Dr. phil., em. o. Professor für Slawistik, Serbokroatik und allgemeine Sprachwissenschaft an der Universität Novi Sad, o. Mitglied der Serbischen Akademie der Wissenschaften und Künste in Beograd, korresp. Mitglied der Königlich Norwegischen Akademie der Wissenschaften in Oslo und der Slowenischen Akademie der Wissenschaften und Künste in Ljubljana, geb. 11. XII. 1923 in Beograd, SFR Jugoslawien, 11000 Beograd, Ohridska 7, Tel. 4-38-619 (8. VI. 1979).

Jarceva, Viktorija Nikolaevna, Dr. phil., Professor, korresp. Mitglied der Akademie der Wissenschaften der UdSSR und Leiter der Sektion für germanische Sprachen des Instituts für Sprachwissenschaft der Akademie der Wissenschaften der UdSSR, geb. 3. XI. 1906 in St. Petersburg, Moskva, ul. Marksa i Engelsa 1/14 (15. X. 1976).

Jedlička, Alois, Dr. phil., em. o. Professor für Tschechische Sprache an der Karls-Universität Prag, Inhaber der goldenen Josef-Dobrovský-Medaille für Verdienste um die Gesellschaftswissenschaften, des Klement-Gottwald-Staatspreises (1958) und des

Preises der Tschechoslowakischen Akademie der Wissenschaften (1972), Mitglied der Societas linguistica europae und der International Association of Applied Linguistics (AILA), Vorsitzender der Internationalen Kommission für slawische Schriftsprachen beim Internationalen Slawistenkomitee, geb. 20. VI. 1912 in Brno, 10000 Praha 10, Kišiněvská 16, Tel. 743962 (10. X. 1980).

Ladendorf, Heinz, Dr. phil., em. o. Professor für Kunstgeschichte an der Universität Köln, Träger des Ordens Officier des Palmes Académiques, Commendatore dell'Ordine al Merito, o. Mitglied des Deutschen Archäologischen Instituts in Berlin-Dahlem, geb. 29. VI. 1909 in Leipzig, 5000 Köln 41, Kunsthistorisches Institut, Albert-Magnus-Platz, Tel. 4704476 und 5000 Köln 41, Kerpener Straße 4, Tel. 0221/449658 (4. III. 1955).

Lomov, Boris F., Dr. phil., Professor für Psychologie des Instituts für Psychologie bei der Akademie der Wissenschaften der UdSSR in Moskau, Vizepräsident des Exekutivkomitees der International Union of Psychological Sciences, korresp. Mitglied der Akademie der Wissenschaften der UdSSR und der Akademie der Pädagogischen Wissenschaften der UdSSR, geb. 28. I. 1927 in Gorkij, Institut für Psychologie der Akademie der Wissenschaften der UdSSR, 129336 Moskva, ul. Jaroslavskaja 13 (14. IV. 1978).

Mayrhofer, Manfred, Dr. phil., Dr. of Letters h. c. (University of Illinois, Urbana), o. Professor für Allgemeine und Indogermanische Sprachwissenschaft an der Universität Wien, Kommandeur des kaiserlich-iranischen Humāyūn-Ordens, Träger des Österreichischen Ehrenzeichens für Wissenschaft und Kunst sowie des Ritterkreuzes I. Klasse des finnländischen Ordens der Weißen Rose, wirkliches Mitglied der Österreichischen Akademie der Wissenschaften in Wien, auswärt. Mitglied der Sowjetischen Akademie der Wissenschaften, der Accademia di Scienze e Lettere in Mailand, der Königlich Schwedischen Akademie für Literatur, Geschichte und Altertümer in Stockholm und der Soumalais-Ugrilainen Seura [Finnisch-Ugrische Gesellschaft] in Helsinki, korresp. Mitglied des Institut de France/Académie des Inscriptions et Belles-Lettres in Paris, der Heidelberger Akademie der Wissenschaften, der Bayerischen Akademie der Wissenschaften in München, der Königlich Dänischen Akademie der Wissenschaften in Kopenhagen, der Akademie der Wissenschaften in Göttingen und der Polnischen Akademie der Wissenschaften in Warschau, Corresponding Member of the Staff of the School of Oriental and African Studies, Universität London, Ehrenmitglied der Ungarischen Akademie der Wissenschaften in Budapest, der American Oriental Society (New Haven, Conn.), der Linguistic Society of America (Washinton D. C.) und der Linguistic Society of India in Calcutta, gewähltes Mitglied des „Cercle Ferdinand de Saussure“ in Genf, geb. 26. IX. 1926 in Linz a. d. Donau (Österreich), A-1190 Wien, Bauernfeldgasse 9/II/6, Tel. 362500, Post: Institut für Allgemeine und Indogermanische Sprachwissenschaft der Universität Wien, A-1010 Wien, Dr.-Karl-Lueger-Ring 1, Tel. 4300/2440 (12. XI. 1971).

Mitchell, Terence Frederick, Bachelor of Arts, em. Professor für Linguistik an der Universität Leeds, früher Direktor des Department of Linguistics & Phonetics dieser Universität, Mitglied der Philological Society, Linguistics Association of Great Britain in London, seit 1977 Vorstandsmitglied dieser Gesellschaft, früher Mitglied der Linguistic Society of America, geb. 3. V. 1919 in Torquay (England), 27 Spencer Gardens, Shillingstone, Blandford Forum, Dorset DT 11 OTL, Tel. 0258-861306 (8. VI. 1979).

Ogris, Werner, Dr. jur., Universitätsprofessor für Deutsches Recht und Österreichische Verfassungs- und Verwaltungsgeschichte an der Universität Wien, Preisträger des Theodor-Körner-Stiftungsfonds zur Förderung von Wissenschaft und Kunst, wirkliches Mitglied der Österreichischen Akademie der Wissenschaften in Wien, ausländisches Mitglied der Königlich Niederländischen Akademie der Wissenschaften in Amsterdam, geb. 9. VII. 1935 in Wien, A-1060 Wien, Mariahilfer Straße 71/III/21, Tel. 564157; dienstlich: A-1010 Wien, Juridicum, Schottenbastei 10—16, Tel. 4300/3269 (22. III. 1985).

Peek, Werner, Dr. phil., em. o. Professor für klassische Philologie an der Martin-Luther-Universität Halle—Wittenberg, Honorarprofessor an der Universität Bielefeld, Nationalpreisträger, Inhaber der Verdienstmedaille der Martin-Luther-Universität, auswärt. Mitglied der Akademie der Wissenschaften der DDR, korresp. Mitglied der Heidelberger Akademie der Wissenschaften, o. Mitglied des Deutschen Archäologischen Instituts in Berlin-Dahlem, auswärt. Mitglied der Akademie der Wissenschaften in Athen und der Kommission für die archäologische Erforschung Kleinasiens bei der österreichischen Akademie der Wissenschaften in Wien, Ehrensenator der Griechischen Archäologischen Gesellschaft, Ehrenpräsident der Deutsch-Griechischen Gesellschaft in Bielefeld, geb. 6. VI. 1904 in Bielefeld, 4800 Bielefeld 1, Dornberger Straße 86a (7. XII. 1959).

Petschow, Herbert, Dr. phil. et jur., em. o. Professor für antike Rechtsgeschichte an der Ludwig-Maximilians-Universität in München, ehem. Gastprofessor für altorientalische Rechtsgeschichte an der Karl-Marx-Universität Leipzig, o. Mitglied der Bayerischen Akademie der Wissenschaften in München, Mitglied der Deutschen Morgenländischen Gesellschaft in Mainz, der Deutschen Orient-Gesellschaft in Berlin und der Société Jean Bodin pour l'Histoire comparative des Institutions in Brüssel, geb. 26. XII. 1909 in Dresden, 8730 Bad Kissingen, Heinrich-von-Kleist-Straße 2—4, Parkwohnstift, Tel. 0971/8032657 (10. XII. 1962).

Poulík, Josef, Dr. phil., o. Professor an der Universität J. E. Purkyně Brno, Direktor des Archäologischen Instituts der Tschechoslowakischen Akademie der Wissenschaften in Brno, Staatspreisträger, Ehrenbürger von Mikulčice, o. Mitglied der Tschechoslowakischen Akademie der Wissenschaften in Prag, auswärt. Mitglied der Akademie der Wissenschaften der DDR und der Bulgarischen Akademie der Wissenschaften in Sofia, Vizepräsident der Union Internationale d'Archéologie Slave, Mitglied des Conseil Permanent des Sciences Pré- et Protohistoriques, geb. 6. VIII. 1910 in Jiřikovice bei Brno, 60200 Brno, Mášova 10, ČSSR; Institutsanschrift: 66203 Brno, sady Osvobození 19, ČSSR (9. XI. 1974).

Schmid, Wolfgang Paul Rudolf, Dr. phil., o. Professor für vergleichende Sprachwissenschaft an der Universität Göttingen, o. Mitglied der Akademie der Wissenschaften und der Literatur in Mainz, korresp. Mitglied der Akademie der Wissenschaften in Göttingen, Mitglied des International Committee of Onomastic Sciences, Louvain, Mitglied des Johann-Gottfried-Herder-Forschungsrates, Marburg/Lahn, seit 1985 Vorstandsmitglied und Mitglied der Indogermanischen Gesellschaft, der Philological Society, London, geb. 25. X. 1929 in Berlin, Sprachwissenschaftliches Seminar der Universität Göttingen, Humboldtallee 13, 3400 Göttingen, Tel. 0551-395481/2; privat: Schladeberg 20, 3403 Friedland 5 (OT. Niedernjesa), Tel. 05509-1336 (13. V. 1988).

Szulc, Aleksander, Dr. phil., Dr. phil. h. c. (Uppsala), o. Professor für germanische Philologie, Inhaber des schwedischen Nordstjärneordens, der Medaille und der Ehrennadel in Gold der Liga für Völkerfreundschaft der DDR, des Jacob- und Wilhelm-Grimm-Preises der DDR, Mitglied der Polskie Towarzystwo Językoznawcze, des Internationalen Deutschlehrerverbandes, der Linguistic Society of America, der Gesellschaft für Angewandte Linguistik, des Niederdeutschen Sprachvereins, des Instituts für Deutsche Sprache, Mannheim, der Vereinigung für germanische Sprach- und Literaturwissenschaft, Mitglied und Vorsitzender der Bilateralen Germanistenkommission DDR—VR Polen, geb. 22. III. 1924 in Poznań, Universytet Jagielloński, Instytut Filologii Germańskiej UJ, 30-120 Kraków, Al. Mickiewicza 9/11, Tel. 336377, App. 317, privat: PL 30-048 Kraków, ul. Urzędnicza 41 m. 5, Tel. 339152 (13. V. 1988).

Tackenberg, Kurt, Dr. phil., em. o. Professor für Vor- und Frühgeschichte an der Westfälischen Wilhelms-Universität Münster, Träger des großen Verdienstkreuzes des Niedersächsischen Verdienstordens 1974, Mitglied der Historischen Kommission für Niedersachsen und des Deutschen Archäologischen Instituts in Berlin-Dahlem, Ehrenmitglied des Niedersächsischen Landesvereins für Urgeschichte in Hannover und der Archäologischen Kommission für Westfalen, geb. 30. VI. 1899 in Tschammendorf (Schlesien), 4400 Münster (Westf.), St. Mauritz, Parkallee 2, Tel. Münster 315158 (19. X. 1959).

Telegdi, Zsigmond, Dr. phil., em. o. Professor für allgemeine Sprachwissenschaften an der Eötvös-Loránd-Universität Budapest, Träger des Verdienstordens der Arbeit der VR Ungarn und Inhaber der Erinnerungsmedaille zum Jubiläum der Befreiung der VR Ungarn, Mitglied der Ungarischen Gesellschaft für Sprachwissenschaft und der Kőrösi-Csoma-Gesellschaft in Budapest, geb. 29. XII. 1909 in Enying (Ungarn), 1025 Budapest, Pusztaszeri út. 49/I, em. 6 (15. X. 1976).

Thieme, Paul, Dr. phil., em. Professor für Indologie und vergleichende Sprachwissenschaft an der Eberhard-Karls-Universität Tübingen, korresp. Mitglied der Bayerischen Akademie der Wissenschaften in München, geb. 18. III. 1905 in Berlin, 7400 Tübingen, Spemannstraße 14, Tel. 07071/64144 (12. XI. 1949).

von Weizäcker, Carl Friedrich Freiherr, Dr. phil., Dr. jur. h. c. (Freie Universität Amsterdam), Dr. theol. h. c. (Tübingen), Dr. rer. nat. h. c. (Leipzig), Dr. phil. h. c. (TH Berlin-Charlottenburg, TH Aachen), Wissenschaftliches Mitglied (em.) der Max-Planck-Gesellschaft zur Förderung der Wissenschaften, München, Mitglied des Ordens Pour le mérite für Verdienste um die Wissenschaft und um die Künste, Träger des Großen Verdienstkreuzes mit Stern der Bundesrepublik Deutschland und des Österreichischen Ehrenzeichens für Wissenschaft und Kunst, Inhaber der Goldenen Wilhelm-Bölsche-Medaille der Kosmos-Gesellschaft der Naturfreunde in Stuttgart, der Max-Planck-Medaille des Verbandes Deutscher Physikalischer Gesellschaften in Braunschweig, der Hans-Thoma-Medaille der Hans-Thoma-Gesellschaft in Reutlingen, des Heinrich-Heine-Preises der Stadt Düsseldorf 1983, des Goethe-Preises der Stadt Frankfurt (Main), des Prix Arnold Reymond der Universität Lausanne, des Friedenspreises des Deutschen Buchhandels, des Erasmus-Preises der Stiftung „Prämium Erasmianum“ der Niederlande, des Ernst-Hellmut-Vits-Preises der Gesellschaft zur Förderung der Universität Münster, des Templeton-Preises für den Fortschritt der Religion, der Verdienstmedaille der Deutschen Akademie der Naturforscher Leopoldina in Halle und des Theodor-Heuß-Preises 1989 der Theodor-Heuß-Stiftung, o. Mitglied der Akademie der Wissenschaften in Göttingen, Mitglied der Deutschen Akademie der Naturforscher Leopoldina in Halle, der Deutschen Akademie für Sprache und Dichtung in Darmstadt und der Joachim-Jungius-Gesellschaft der Wissenschaften in Hamburg, korresp. Mitglied der Bayerischen Akademie der Wissenschaften in München und der Österreichischen Akademie der Wissenschaften in Wien, Associé Etranger der Académie des Sciences Morales et Politiques in Paris, geb. 28. VI. 1912 in Kiel, 8135 Söcking, Alpenstraße 15, Dienstadresse: 8130 Starnberg, Bahnhofplatz 4, Arbeitsgruppe Afheldt (13. VI. 1966).

Wieacker, Franz, Dr. jur., Dr. phil. h. c. (Freiburg i. Br.), Dr. jur. h. c. (Uppsala, Florenz), Ll. D. h. c. (Glasgow), em. o. Professor für römisches und bürgerliches Recht an der Georg-August-Universität Göttingen, Honorarprofessor der Universität Freiburg i. Br., Mitglied des Ordens Pour le mérite für Verdienste um die Wissenschaft und um die Künste, o. Mitglied der Akademie der Wissenschaften in Göttingen, korresp. Mitglied der Bayerischen Akademie der Wissenschaften in München, der Heidelberger Akademie der Wissenschaften, der Accademia Nazionale dei Lincei in Rom, der Königlichen Gesellschaft der Wissenschaften in Uppsala und des Istituto Lombardo in Mailand, geb. 5. VIII. 1908 in Stargard (Pommern), 3400 Göttingen, Otfried-Müller-Weg 10 (14. VI. 1941).

Žmegač, Viktor, Dr. phil., o. Professor für Deutsche Literaturgeschichte an der Universität Zagreb, Direktor des Instituts für Literaturwissenschaft an der Universität Zagreb, Inhaber der Goethe-Medaille in Gold des Goethe-Instituts in München, Träger des Kulturpreises der Stadt Zagreb 1977, des Wissenschaftspreises der Teilrepublik Kroatien „Božidar Adžijä“ 1980, des Nazor-Preises für Literaturwissenschaft 1986, des Gundolf-Preises der Deutschen Akademie für Sprache und Dichtung in Darmstadt und des Großen Verdienstkreuzes der Bundesrepublik Deutschland, geb. 21. III. 1929 in Podravska Slatina, Yu-41001 Zagreb, Rapska 37 A., Tel. 513017, dienstlich: Odsjek za germanistiku, Filozofski fakultet, Yu-41000 Zagreb, Đure Salaja 3, Tel. 513155 (22. III. 1985).

TODESFÄLLE

Ordentliche Mitglieder
der mathematisch-naturwissenschaftlichen Klasse

Schubert, Manfred, Dr.-Ing., o. Professor für Verfahrenstechnik an der TU Dresden, geb. 30. III. 1930 in Reichenstein (Schlesien), gest. 7. VIII. 1987 in Berlin.

Strack, Erich, Dr. med., Dr. phil., Dr. med. h. c., Dr. rer. nat. h. c., Diplom-Chemiker, em. Professor mit Lehrstuhl für physiologische Chemie an der Karl-Marx-Universität Leipzig, geb. 20. XI. 1897 in Wollin (Pommern), gest. 2. X. 1988 in Leipzig.

Das ordentliche Mitglied
der philologisch-historischen Klasse

Dietze, Walter, Dr. phil., Dr. phil. h. c., Professor für Germanistik, geb. 22. V. 1926 in Leipzig, gest. 11. IX. 1987 in Weimar.

Auswärtige Mitglieder
der philologisch-historischen Klasse

Ligeti, Lajos, Dr. phil., Dr. litt., em. Professor mit Lehrstuhl für innerasiatische Studien an der Eötvös-Loránd-Universität Budapest, geb. 25. X. 1902 in Balassagyarmat, gest. 24. V. 1987 in Budapest.

Udal'cova, Zinaida Vladimirovna, Dr. hist., Professor für byzantinische und mittelalterliche Geschichte an der Akademie der Wissenschaften der UdSSR in Moskau, geb. 5. III. 1918 in Kislovodsk, gest. 29. IX. 1987 in Baku.

Peukert, Herbert, Dr. phil., em. o. Professor für slawische Sprachen an der Friedrich-Schiller-Universität Jena, geb. 29. IV. 1907 in Reichenau (Sachsen), gest. 24. XI. 1987 in Kaufbeuren.

Vossler, Otto, Dr. phil., em. o. Professor für mittlere und neuere Geschichte an der Johann-Wolfgang-Goethe-Universität Frankfurt am Main, geb. 14. II. 1902 in Heidelberg, gest. 26. XII. 1987 in Frankfurt an Main.

Bruford, Walter Horace, M. A. Ll. D. h. c., D. Litt. h. c., em. Professor für Germanistik an der Universität Cambridge (England), geb. 14. VII. 1894 in Manchester (England), gest. 28. VI. 1988 in Edinburgh.

Heimpel, Hermann, Dr. phil., Dr. jur. h. c., em. o. Professor für mittelalterliche und neuere Geschichte an der Georg-August-Universität Göttingen, geb. 19. IX. 1901 in München, gest. 23. XII. 1988 in Göttingen.

Białostocki, Jan, Dr. phil., Dr. litt. h. c., o. Professor für neuere Kunstgeschichte an der Universität Warschau, geb. 14. VIII. 1921 in Saratov (USSR), gest. 25. XII. 1988 in Warschau.

ZUWAHLEN

(siehe Mitgliederverzeichnis)
Am 13. Mai 1988 wurden gewählt

Auswärtige Mitglieder
der mathematisch-naturwissenschaftlichen Klasse

Erwin Nick *Hiebert*
Karl Alexander *Müller*
Olga *Oleinik*
Mitsugi *Senda*

Auswärtige Mitglieder
der philologisch-historischen Klasse

Bohuslav *Chropovský*
Thomas V. *Gamkrelidze*
Wolfgang P. *Schmid*
Aleksander *Szulc*

Am 3. Juni 1988 wurden gewählt

Ordentliche Mitglieder
der mathematisch-naturwissenschaftlichen Klasse

Klaus *Arnold*
Klaus Beyer
Uwe-Fritjof *Haustein*
Bernd *Wilhelmi*

Ordentliche Mitglieder
der philologisch-historischen Klasse

Reiner *Groß*
Peter *Nagel*
Heinz *Schuster-Šewc*

EHRUNGEN

Nobelpreisträger

Das auswärtige Mitglied

Müller, Karl Alexander 1987 Physik

Träger des Karl-Marx-Ordens

Das ordentliche Mitglied

Poppe, Eberhard

Nationalpreisträger der DDR für Wissenschaft und Technik

Ordentliche Mitglieder

Bahner, Werner	1987	Markov, Walter	1961
Beckert, Herbert	1965	Neumann, Werner	1973
Bethge, Heinz	1967	Rathmann, Lothar	1972, 1983
Dietze, Walter †	1973	Strack, Erich†	1960
Emons, Hans-Heinz	1970, 1982	Stubbe, Hans†	1949, 1960
Fanghänel, Egon	1983	Träger, Claus	1984
Hiebsch, Hans†	1982	Uhlmann, Armin	1973
Keller, Ott-Heinrich	1966	Ullmann, Ernst	1985
Krug, Herbert	1981	Werner, Ernst	1966
Lehmann, Edgar	1983	Wilhelmi, Bernd	1981
Lehmann, Nikolaus Joachim	1964	Wittich, Dieter	1981
Lösche, Artur	1958		

Auswärtige Mitglieder

Bredt, Heinrich†	1954	Hund, Friedrich	1949
Erben, Johannes	1961	Peek, Werner	1961

Träger des Vaterländischen Verdienstordens

Ordentliche Mitglieder

Bahner, Werner
Bethge, Heinz
Busch, Karl-Heinz
Coblenz, Werner

Dietze, Walter†
Emons, Hans-Heinz
Eßbach, Hasso
Fanghänel, Egon
Felix, Werner
Jordan, Herbert
Lehmann, Edgar
Lehmann, Nikolaus Joachim
Lieberwirth, Rolf
Lösche, Artur
Markov, Walter
Möbius, Friedrich
Müller, Fritz
Neumann, Werner
Oelßner, Wilhelm
Poppe, Eberhard
Rathmann, Lothar
Schubert, Manfred†
Strack, Erich†
Stubbe, Hans†
Uhlmann, Armin
Ullmann, Ernst
Werner, Ernst
Werner, Hans-Georg
Woschni, Eugen-Georg

Träger des Ordens „Banner der Arbeit“

Ordentliche Mitglieder

Czok, Karl
Fanghänel, Egon
Fröhlich, Klaus
Groß, Reiner
Günther, Rigobert
Lehmann, Nikolaus Joachim
Müller, Fritz
Neubert, Albrecht
Rathmann, Lothar
Schubert, Manfred†
Stubbe, Hans†

Hervorragender Wissenschaftler des Volkes

Ordentliche Mitglieder

Bethge, Heinz
Lehmann, Nikolaus Joachim
Markov, Walter
Stubbe, Hans†
Watznauer, Adolf†

Verdienter Hochschullehrer der DDR

Ordentliche Mitglieder

Beckert, Herbert
Busch, Karl-Franz
Lösche, Artur
Markov, Walter
Rösler, Hans Jürgen
Träger, Claus
Werner, Ernst
Woschni, Eugen-Georg

Verdienter Arzt des Volkes

Ordentliche Mitglieder

Dürwald, Wolfgang
Jordan, Herbert
Oelßner, Wilhelm
Sachsenweger, Rudolf

Verdienter Techniker des Volkes

Ordentliche Mitglieder

Busch, Karl-Franz
Hülsenberg, Dagmar
Schubert, Manfred†
Woschni, Eugen-Georg

Held der Arbeit

Ordentliche Mitglieder

Busch, Karl-Franz
Dürwald, Wolfgang
Emons, Hans-Heinz

Medaille für Kämpfer gegen den Faschismus 1933—1945

Das ordentliche Mitglied

Markov, Walter

Verdienstmedaille der DDR

Ordentliche Mitglieder

Bethge, Heinz
Brüning, Eberhard
Coblenz, Werner
Diesner, Hans-Joachim
Dörter, Klaus
Emons, Hans-Heinz
Felix, Werner
Freimuth, Ulrich
Haase, Günter
Hennig, Horst
Hiebsch, Hans†
Hülsenberg, Dagmar
Krug, Herbert
Lieberwirth, Rolf

Müller, Fritz
Neumann, Werner
Parthier, Benno
Poppe, Eberhard
Rathmann, Lothar
Ricken, Ulrich
Rösler, Hans Jürgen
Růžička, Rudolf
Träger, Claus
Werner, Ernst
Werner, Hans-Georg
Wittich, Dieter
Woschni, Eugen-Georg

Verdienstmedaille des Friedensrates der DDR

Das ordentliche Mitglied

Diesner, Hans-Joachim

Johann-Heinrich-Pestalozzi-Medaille

Ordentliche Mitglieder

Brüning, Eberhard
Czok, Karl
Diesner, Hans-Joachim
Dietze, Walter†
Dudek, Gerhard
Eichler, Ernst
Felix, Werner
Große, Rudolf
Günther, Rigobert
Möbius, Friedrich
Neubert, Albrecht
Rathmann, Lothar
Ricken, Ulrich
Růžička, Rudolf
Träger, Claus
Werner, Jürgen
Wittich, Dieter

Das auswärtige Mitglied

Peukert, Herbert†

KOMMISSIONEN

Mathematisch-naturwissenschaftliche Klasse

Kommission für spezielle Umweltprobleme

7010 Leipzig, Goethestr. 3—5, Tel. 292886

Leiter: Dörter
Mitglieder: Beckert, Buchheim, Busch, Dörter, Freimuth, Fröhlich, Haase, Hänsel, Jordan, E. Lehmann, Lieberwirth, Oelßner, Penzlin, Poppe, Ries, Strack†, D. Uhlmann, Watznauer†
Wiss. Sekretär: Dr. Gerald Wiemers, Dr. Lutz Zerling (ab. 1. 5. 1988)

Biologisches Alter

7010 Leipzig, Johannisallee 32, Tel.: 397558, 397596

Leiter: Ries
MTFA: Erika Schmidt
MTFA: Erika Koch

1. Organisation

Die Arbeitsstelle befindet sich in der Abteilung für Gerontologie der Klinik für Innere Medizin der Karl-Marx-Universität.
Die Forschungsvorhaben werden im Rahmen des Forschungsprojektes „Gerontologie" des Ministeriums für Gesundheitswesen der DDR durchgeführt. Das Thema lautet: „Einfluß von Umwelt und Ernährungsmaßnahmen auf das Alter". Außer dem Arbeitsgruppenleiter und genannten Mitarbeitern der SAW sind folgende Wissenschaftler an den Untersuchungen beteiligt: MR Prof. Dr. sc. med. Ingrid Hunecke, Doz. Dr. sc. med. Wolfgang Reuter und Dr. rer. nat. Ilse Sauer. Die Arbeiten wurden vom Wissenschaftlichen Rat des Forschungsprojektes unter der Plan-Nr. 31120018 bestätigt.

2. Zielstellung

Die Studien zur Erfassung des biologischen Alters konzentrierten sich im Jahre 1988 weiterhin auf medizinische und soziale Risikofaktoren des Alterns, insbesondere auf Störungen im Sinne des metabolischen Syndroms. Dabei hat sich die in früheren Jahren entwickelte Testbatterie bewährt. Das Verfahren ist verallgemeinerungsfähig, wie die Anwendung im Bezirkskrankenhaus Halberstadt gezeigt hat. Die Einrichtung eines gleichartigen Laboratoriums an der Klinik für Innere Medizin (Charité) der Humboldt-Universität wurde von der Arbeitsgruppe durch Konsultationen und Hospitationen unterstützt. Das Leipziger Verfahren entspricht prinzipiell ähnlichen Methoden, die in den letzten Jahren in verschiedenen Ländern (UdSSR, USA, Australien, Japan, Niederlande, Finnland u. a.) entwickelt und mit unterschiedlichen Zielstellungen eingesetzt wurden. Die Testbatterie wurde in das Werk „Measurement of Biological Age" von Ward Dean, dem Leiter des „Biogerontological Center" von Kalifornien, aufgenommen. Das Buch vermittelt eine Übersicht über alle z. Zt. eingesetzten Testbatterien zur Bestimmung des biologischen Alters.

3. Ergebnisse

3.1. Die seit 1977 in einem Leipziger Großbetrieb laufende Längsschnittstudie wurde systematisch fortgesetzt. Eine umfassende Analyse aller eingesetzten Parameter bei 98 Probanden zeigte erneut Anzeichen der Voralterung übergewichtiger Personen, die nicht nur körperliche, sondern auch psychische Merkmale betrafen.

3.2. In einer weiteren Studie wurde das biologische Alter von Diabetikern ermittelt. Zur Untersuchung gelangten drei Kollektive:

— 25 insulinpflichtige Diabetiker (Typ I), Durchschnittsalter 34 Jahre
— 40 insulinpflichtige Diabetiker (Typ I), Durchschnittsalter 66 Jahre
— 40 nichtinsulinpflichtige (Typ II), Durchschnittsalter 67 Jahre

Bei den insulinabhängigen jugendlichen Diabetikern zeigte sich im Vergleich zur Referenzpopulation eine Voralterung von 5 Jahren. Dagegen konnte bei den Kollektiven der höheren Lebensalter weder eine Abweichung von der Normalkurve noch eine Differenz zwischen beiden Typen ermittelt werden. Bei Patienten mit langdauernder Insulintherapie sowie bei extrem übergewichtigen Diabetikern fanden sich Zeichen der Voralterung.

3.3. In verschiedenen internationalen und nationalen Studien zeigte sich ein günstiger Einfluß maritimer Nahrungsmittel auf Fettstoffwechselstörungen im Sinne der Hyperlipoproteinämien. In diesem Sinne wurde ein Fischölpräparat (Makrelen-Diät) an 22 Patienten (16 Männer, 6 Frauen) über 6 Monate verabreicht. Neben deutlichen Effekten auf das Verhalten bestimmter Blutfettanteile ergab sich bei 9 Patienten eine Besserung des biologischen Alters, nicht nur bei körperlichen, sondern auch bei psychischen Parametern. Eingehende Analysen der Befunde sind noch im Gang.

3.4. Vom 14. Mai bis 9. Juli 1988 beteiligte sich die Arbeitsgruppe an einer Gesundheitsausstellung, die vom Deutschen Hygiene-Museum der DDR in Erfurt veranstaltet wurde. Zum Einsatz gelangte eine speziell entwickelte Testbatterie zur Bestimmung des biologischen Alters in einem praktikablen Schnellverfahren. Mit der Methode wurden über 1400 Besucher getestet. Außerdem stellte die Arbeitsgruppe einzelne Methoden der Leipziger Testbatterie zur Bestimmung psychologischer Merkmale zur Verfügung (Konzentrationsfähigkeit, Koordinationsvermögen, optische und akustische Reaktionsleistungen). Die Auswertung der vielfältigen Ergebnisse erfolgt z. Zt. in einer medizinischen Diplomarbeit.

Publikationen

Ergebnisse der Arbeitsgruppe wurden auf nationalen und internationalen Tagungen vorgetragen:

Ries, W.: Untersuchungen zur Bestimmung des biologischen Alters. 20. Bad Sodener Geriatrisches Gespräch. Bad Soden (BRD), 6. Mai 1988

—: Zur praktischen Bedeutung von Messungen des biologischen Alters. 7. Wiener Symposium über experimentelle Gerontologie, Wien, 13. Mai 1988

—: Untersuchungen zum biologischen Alter von Diabetikern. 1. Nationaler Diabetes-Kongreß der DDR, Berlin, 5. Oktober 1988

—: Untersuchungen zur Bestimmung des biologischen Alters. 5. Allunionstagung der Gesellschaft für Gerontologie und Geriatrie der UdSSR, Tblissi, 25. November 1988

Weitere Veröffentlichungen zur Thematik:

Ries, W.: Altern — eine unheilbare Krankheit? Leipzig 1988

Sauer, I., W. Ries, E. Werner: Zur Problematik der präventiven Beeinflussung von Risikofaktoren. Z. Alternsforsch. 43 (1988) 319—323

Werner Ries

Untersuchungen über Wirkungsmechanismen von Neurohormonen

6900 Jena, Erbertstraße 1, 27122

Leiter: Penzlin
Wiss. Mitarbeiter: Dr. sc. nat. Klaus Richter, Dr. sc. nat. Eckehard Baumann (bis 1. 3. 88), Dr. Gustav-Adolf Böhm, Dr. Heiner Birkenbeil, Dr. Lothar Sobek, Dr. Ulrich Scherf (ab. 1. 7. 88)
WTA: Rita Leser (bis 1. 10. 88), Rosemarie Meißner, Gisela Radtke
Sekretärin (halbtags): Inge-Dorothea d'Ambly

Im Zeitraum 1987/88 wurden die Arbeiten im Rahmen der langfristig festgelegten Forschungskonzeption zielstrebig fortgeführt. Sie konzentrierten sich — aufbauend auf den in den Vorjahren erzielten Ergebnissen — auf folgende drei Problemkreise:

1. Die Häutungsdrüsenaktivität und ihre nervale Steuerung
2. Die Beeinflussung der Insektenhäutung durch Pflanzenextraktstoffe
3. Der Abbau des Neurohormon D und seine Beeinflussung durch Insektizide.

Mit den Arbeiten wird langfristig das Ziel verfolgt, durch genauere Kenntnisse der komplexen physiologischen Zusammenhänge und Gesetzmäßigkeiten bei der Insektenhäutung Beiträge zur Entwicklung neuartiger Prinzipien im Rahmen der Schadinsektenbekämpfung zu liefern. In diesem Zusammenhang beteiligte sich die Gruppe auch an der wissenschaftlichen Vorbereitung und Durchführung des internationalen Symposiums „Insecticides — Mechanisms of Action and Resistance“ (Veranstalter: Akademie der Landwirtschaftswissenschaften der DDR, Institut für Pflanzenschutzforschung Kleinmachnow und die Biologische Gesellschaft der DDR) im April 1988 in Reinhardsbrunn.

1. Die Häutungsdrüsenaktivität und ihre nervale Steuerung

Die Stereoidsynthese (Ecdyson) in der Häutungsdrüse der Schaben ist mit dynamischen Veränderungen in den synthetisierenden Zellen verbunden. In elektronenmikroskopischen Untersuchungen konnten diese strukturellen Änderungen während der Synthese des Steroidhormons Ecdyson, das bei Insekten die Häutung steuert, auf zellulärer Ebene erfaßt und charakterisiert werden. Insbesondere konnte die Korrelation der Produktion des Häutungshormons mit dem Auftreten spezieller zytologischer Strukturen in den Zellen der Häutungsdrüse aufgezeigt werden. Zytologische Messungen ergaben eine Zuordnung von bestimmten Zellorganellen sowie der Zellgröße zum Grad der Hormonproduktion in der Häutungsdrüse, d. h. zur Aktivität der Drüse.

Elektronenmikroskopisch wurde in Verfolgung einer längerfristigen Fragestellung weiterhin die Innervation der Häutungsdrüse bei weiteren vier verschiedenen Insektengruppen geprüft.

Die Untersuchungen zur immuncytochemischen Markierung des Häutungshormons Ecdyson am Targetorgan (Imaginalscheiben von *Galleria*) wurden zielstrebig fortgeführt mit dem Ergebnis, daß Ecdyson immuncytochemisch bis zu einem Konzentrationsbereich von 100 ng/ml spezifisch nachgewiesen werden kann. Die Schritte der Markierungsprozedur wurden standardisiert und die optimalen Fixierungsbedingungen für Ecdyson *in vitro* und *in situ* ausgearbeitet. Damit wurden die methodischen Voraussetzungen für weiterführende experimentelle Arbeiten geschaffen.

Experimentell konnte nachgewiesen werden, daß die nervale Steuerung der Häutungsdrüse bei Schaben einer Hemmung durch den Neurotransmitter γ-Aminobuttersäure vom Unterschlundganglion aus unterliegt. Als exzitatorischer Transmitter kommt in diesem System nach den bisherigen experimentellen Befunden Octopamin in Frage. Weiterhin konnte nachgewiesen werden, daß Octopamin auch die Freisetzung des glandotropen Neurohormons PTTH (prothorakotropes Hormon) aus dem Gehirn bei Larven der Wachsmotte *Galleria* steigert.

Durch elektrische Reizung der Häutungsdrüsen konnte die Abgabe von Häutungshormon aus der Düse gezielt induziert werden. Diese Ergebnisse bilden die notwendige Voraussetzung für weitere experimentelle Arbeiten über die Rolle des Nervensystems und von Transmittersubstanzen bei der Steuerung der Häutungsdrüse, sowie der Kopplung der verschiedenen Steuermechanismen.

2. Die Beeinflussung der Insektenhäutung durch Pflanzenextraktstoffe

Die häutungshemmende Wirkung von Inhaltsstoffen der einheimischen Blütenpflanze *Ajuga reptans* (kriechender Günsel) an Schaben konnte mit licht- und elektronenmikroskopischen Methoden (Abb. 1) weiter charakterisiert werden. Es wurde gefunden, daß das Wirkprinzip in einer Störung des an der Häutungsregulation beteiligten neuroendokrinen Steuerzentrums im Gehirn besteht.

Diese Arbeiten wurden in Zusammenarbeit mit dem Institut für Biochemie der Pflanzen der AdW der DDR in Halle intensiv weitergeführt. Zur chemischen Charakterisierung des gefundenen Wirkprinzips aus der Pflanze *Ajuga reptans* wurden weitere methodische Varianten erprobt. Darüber hinaus wurden verschiedene in Pflanzen vorkommende Steroide und andere Inhaltsstoffe in ihrer Wirksamkeit auf die Insektenhäutung geprüft. Für einige dieser Substanzen konnten häutungshemmende Effekte gefunden (Abb. 2, 3) und ihre Wirkungsmechanismen charakterisiert werden.

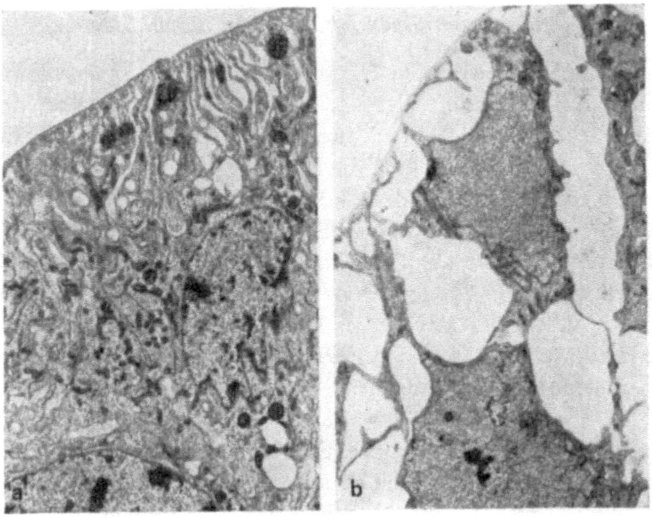

Abb. 1: Elektronenoptische Aufnahmen (Vergr. 7300 ×) der Häutungsdrüse der Schabe *Periplaneta americana* L.

a. Zustand in einem unbehandelten Kontrolltier 17 Tage nach der letzten Larvenhäutung
b. Zustand in einer Larve, deren Häutung durch Verfütterung eines Ethanolextraktes aus der Pflanze *Ajuga reptans* verzögert wurde (38 Tage nach der letzten Larvenhäutung)

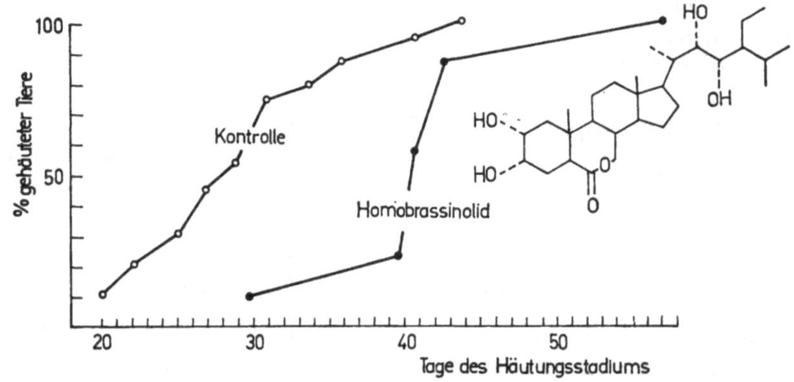

Abb. 2: Prozentsatz der gehäuteten Tiere in Abhängigkeit von der Zeit nach der letzten Larvenhäutung bei der Schabe *Periplaneta americana*: Unbehandelte Kontrollen und Larven, die 22S,23S-Homobrassinolid mit dem Futter verabreicht bekommen haben (50 mg/4 g Futter/10 Larven)

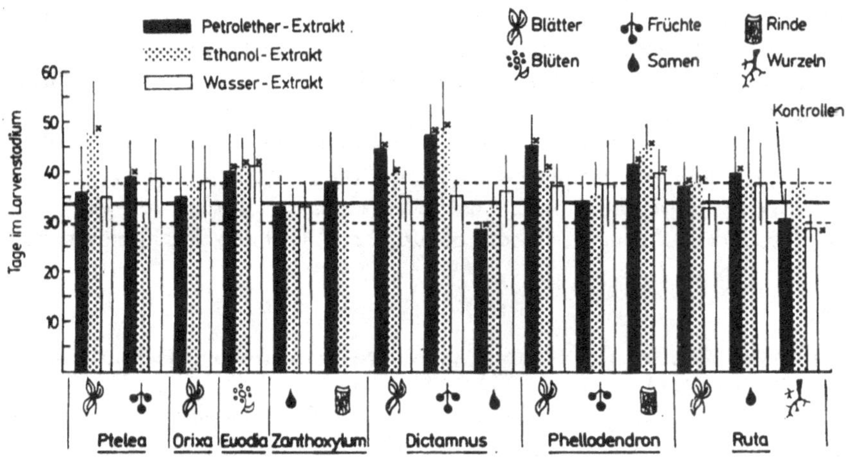

Abb. 3: Die Wirkung von Extrakten aus verschiedenen Rutaceen-Arten auf den Häutungstermin bei der Schabe *Periplaneta americana.* Mittlere Dauer des letzten Larvenstadiums bei oraler Aufnahme der Pflanzenextrakte ($\bar{x} \pm s_m$, $n \geqq 10$). × Signifikanz für $P \leqq 1\%$. Die horizontale Linie gibt den Mittelwert für die unbehandelten Kontrollen an ($n = 20$), gestrichelte Linie: Vertrauensintervall für $P \leqq 0{,}05$

3. Der Abbau des Neurohormon D und seine Beeinflussung durch Insektizide

Im Jahre 1984 war uns die chemische Charakterisierung des Neurohormon D als Octopeptid (Jahrbuch der SAW 1983/84) gelungen.

Mit dem Auffinden einer Enzymaktivität (Protease) in den Malpighischen Gefäßen von Schaben, die den natürlichen Abbau des Neuropeptids Neurohormon D bewirkt, konnte jetzt zum ersten Male ein enzymatisches Abbauprinzip für Neuropeptide bei wirbellosen Tieren charakterisiert werden. Durch Entwicklung besonders dafür angepaßter Trenntechniken wurde das Enzym gelchromatographisch gereinigt. Mit einem spezifi-

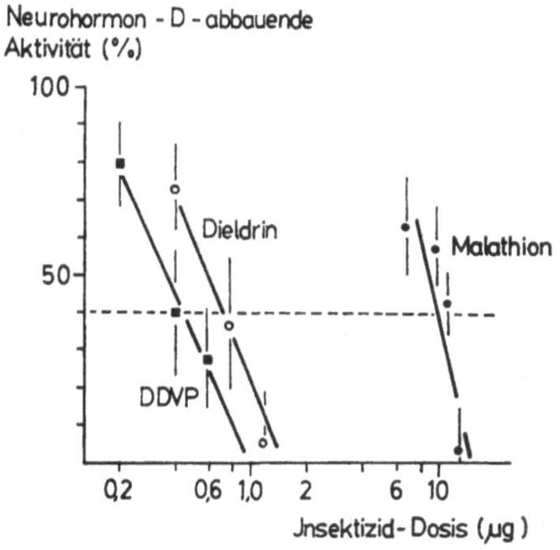

Abb. 4: Dosis-Wirkungskurven von Insektiziden: Die Kapazität der Malpighischen Gefäße, das Neurohormon D zu inaktivieren, nimmt linear mit dem Logarithmus der Dosis des Insektizids zu (DDVP: Dichlorvos = 0,0-dimethyl-2,2-dichlorovinyl-phosphonat)

schen Testverfahren, das die Wirksamkeit des Neurohormon D am Insektenherzen zur Grundlage hat, wurde gefunden, daß verschiedene Insektizide dieses Enzymsystem empfindlich hemmen (Abb. 4). Außerdem zeigte sich, daß auch die häutungshemmenden Extrakte aus *Ajuga reptans* an diesem Enzymsystem wirksam sind.

Eine insektizid-sensitive Fraktion, die Neurohormon D zerstört, konnte durch Gelfiltration aus Extrakten von Malpighi-Gefäßen gewonnen werden. Es ist zu vermuten, daß die Hemmung der Neurohormon D-Inaktivierung durch Insektizide einen wichtigen Schritt bei der Herbeiführung des Todes des Insektes durch das Insektizid darstellt.

Publikationen

Agricola, H., Hertel, W. u. Penzlin, H.: Octopamin — Neurotransmitter, Neuromodulator, Neurohormon, Review. Zool. Jb. Physiol. *92* (1988), 1—45

Baumann, E. u. Penzlin, H.: Inactivation of neurohormon D by Malpighian tubules in an insect, *Periplaneta americana.* J. comp. Physiol. *157* (1987) 511—517

Baumann, E. and Penzlin, H.: Influence of insecticides on the mechanism of inactivation of an insect neurohormone. In: Endocrinological Frontiers in Physiological Insect Exology. Proc. Internat. Conf. (Sehnal, F., Zabża, A., Denlinger, D. L., eds.) Wrocław 1988, 759—762

Birkenbeil, H. and Penzlin, H.: Correlation of ecdysteroid production with ultrastructure of the prothoracic gland in *Periplaneta americana.* Zool. Jb. Physiol. *92* (1988) 313—321

Böhm, G.-A., Sobek, L. and Penzlin, H.: Regulation of prothoracic gland activity in *Galleria mellonella.* In: Endocrinological Frontiers in Physiological Insect Ecology. Proc. Internat. Conf. Wrocław 1988. pp. 677—680

Hertel, H., Pass, G. and Penzlin: The effects of the neuropeptide proctolin and of octopamine on the antennal heart of *Periplaneta americana.* In: Symposia Biologica Hungarica 36: Neurobiology of Invertebrates. Akadémiai Kiadó, Budapest 1988, pp. 351—362

Liebermann, B., Ihn, W., Tresselt, D., Baumann, E.: Isolierung und Strukturaufklärung von zwei cyclischen Peptiden aus Kulturfiltraten des Pilzes *Alternaria alternata.* Z. Chem. *27* (1987), 173

Liebermann, B., Ihn, W., Baumann, E. and Tresselt, D.: Dihydrotentoxin and a related dipeptide produced by *Alternaria alternata.* Phytochemistry *27* (1988) 357—359

Pass, G., Agricola, H., Birkenbeil, H., and Penzlin, H.: Morphology of neurones associated with the antennal heart of *Periplaneta americana* (Blattodea, Insecta). Cell Tissue Res. *253* (1988) 319—326

Pass, G., Sperk, G., Agricola, H., Baumann, E., Penzlin, H.: Octopamine in a neurohaemal area within the antennal heart for the American cockroach. J. exp. Biol. *135* (1988) 495—498

Pass, G., Sperk, G., Agricola, H , Baumann, E. and Penzlin, H.: The antennal heart of the American Cockroach. A neurohormonal release site containing octopamine. In: Symposia Biologica Hungarica *36* (1988) 341—350

Pass, G., Sperk, G., Agricola, H., Baumann, E. und Penzlin, H.: Das Antennenherz der Schabe — Kreislaufmotor und Neurohämalorgan. Verhdlg. Dt. Zool. Ges. *80* (1988) 100

Penzlin, H.: Zur Verantwortung des Biologen. In: Alma mater jenensis. Studien zur Hochschul- und Wissenschaftsgeschichte H. 4: Wissenschaft und Verantwortung in der Geschichte. Friedrich-Schiller-Universität Jena 1987, S. 130—135

Penzlin, H.: Das wissenschaftliche Werk Julius Schaxels. In: Theoret. Grundlagen u. Probleme der Biologie. Wiss. Beiträge der FSU 1988, 19—44

Penzlin, H.: Das physikalische Weltbild und das Lebensproblem. In: Theoret. Grundlagen u. Probleme der Biologie. Wiss. Beiträge FSU 1988, 97—118

Penzlin, H.: Der Nervenwachstumsfaktor — seine Entdeckung und Charakterisierung. Biol. Rdsch. *25* (1988) 343—353

Penzlin, H.: Ordnung — Organisation — Organismus. Zum Verhältnis zwischen Physik und Biologie. Sitzungsber. SAW, Nath.-Nat. Klasse *120* H. 6. 1988, 32 Seiten

Penzlin, H.: Erwin Schrödinger — aus der Sicht des Biologen. Biol. Zbl. *107* (1988) 617—629

Penzlin, H., Agricola, H., Blechschmidt, K., Eckert, M., Hertel, W., Kusch, T., Sobek, L., Stoya, G., Ude, J.: Das Neuropeptid Proctolin — sein Vorkommen und seine Wirksamkeit bei *Periplaneta americana* (Insecta, Blattaria). Wiss. Z. FSU, Naturwiss. R. *37* (1988) 711—739
Penzlin, H., Stoya, G., Agricola, H., Eckert, M.: Control of oviduct movement in *Periplaneta americana*. Symposia Biologica Hungarica *36* (1988) 569—579
Penzlin, H., Weiss, A., und Sallam, A. H.: Einfluß von Peptiden auf das Lernen bei Insekten. Aus: Verhaltensbiologie — Internat. Symp. 1983 (Hrsg.: G. Tembrock, R. Siegmund, M. Nichelmann). Wiss. Schriftenreihe HU zu Berlin 1986, S. 78—85
Richter, K.: Zur Evolution peptiderger Informationsübertragung — Tatsachen und Gedanken. Biol. Rdsch. *25* (1987) 93—108
Richter, K., Adam, G. u. Vorbrodt, H. M.: Inhibiting effect of 22S,23S-homobrassinolide on the moult of the cockroach *Periplaneta americana* (L.) (Orthoptera, Blattidae). Z. angew. Entomologie *103* (1987) 532—534
Richter, K. and Birkenbeil, H.: The effect of extracts of *Ajuga reptans* on moult regulation in *Periplaneta americana*. J. Insect Physiol. *33* (1987) 933—939
Richter, K. and Birkenbeil, H.: The effect of extracts of *Ajuga* on moult regulation in *Periplaneta americana*. In: Endocrinological Frontiers in Physiological Insect Ecology. Proc. Internat. Conf. Wrocław 1988, 113—116

Heinz Penzlin

Untersuchungen über Naturhaushalt und Gebietscharakter

8027 Dresden, Zellescher Weg 19, Tel. 4633275, und
8010 Dresden, Augustusstraße 2, Tel. 4955031

Leiter: Haase
Abteilungsleiter: Dr. rer. nat. Arnd Bernhardt
Wiss. Mitarbeiter: Dr. rer. nat. Olaf Bastian, Dipl.-Geogr. Kart.-Ing. Joachim Bieler, Dr. sc. nat. Karl Mannsfeld, Dr. sc. nat. Eberhard Sandner
Wiss.-techn. Assistentin: Karin Kießling
Mitarbeiterin: Kart.-Ing. Evelin Schiller

Im Berichtszeitraum wurden drei neue Forschungsthemen aufgenommen, die mit Partnern aus der Volkswirtschaft bzw. staatlichen Organen des Bezirkes Dresden vertraglich vereinbart werden konnten:

1. Wissenschaftliche Grundlagen für die Entwicklung eines Generallandschaftsplanes für den Bezirk Dresden (Partner: Büro des Bezirksarchitekten beim Rat des Bezirkes Dresden)
2. Landschaftsanalyse des Einzugsgebietes der Großen Röder (oberhalb des geplanten Speichers Radeburg) zur Bestimmung des diffusen Stoffeintrags in Fließgewässer (Partner: Wasserwirtschaftsdirektion Obere Elbe/Neiße, Dresden)
3. Erkundung von Standorteigenschaften und Beurteilung von Neuanlagen im Intensiv-Obstbau als Grundlage einer Bewertung der Landschaftsbelastung (Partner: VEG Obstbau Borthen bei Dresden).

Diese Vereinbarungen tragen langfristigen Charakter. Dabei zeigte sich erneut, daß die vertragliche Bindung von Forschungsarbeiten die von der Akademie angestrebte Vertiefung der erkundenden Grundlagenforschung wesentlich zu stimulieren vermag und die materiell-technischen Voraussetzungen für moderne Forschungsansätze erweitert. Das ist gerade bei geo- und biowissenschaftlichen Feldarbeiten eine wichtige Voraussetzung für die ausreichende Daten- und Informationsgewinnung.

Im Mittelpunkt standen zunächst die Arbeiten zur wissenschaftlichen Begründung und konzeptionellen Vorbereitung eines Generallandschaftsplanes für den Bezirk Dresden. Bis zum Jahresende 1988 konnte eine umfangreiche Studie (82 Seiten, dazu 7 Anlagen mit zahlreichen Tabellen und Karten) dem Vertragspartner übergeben werden. Die weiteren Arbeiten zu diesem Thema konzentrieren sich auf die Entwicklung geo- und bioökologischer Prinzipien für die Nutzung und Gestaltung von ausgewählten Landschaftsschutzgebieten, da die Landschaftsplanung eines größeren Territoriums durch die detailliertere Projektierung von landeskulturellen Maßnahmen ergänzt und untersetzt werden muß.

Ein Generallandschaftsplan hat die Aufgabe, Voraussetzungen für die rationelle, die dialektischen Beziehungen von Ökonomie, Sozialem und Ökologie beachtende Nutzung der Landschaftsbedingungen eines bestimmten Gebietes zu schaffen. Die Landschaft wird dabei als eine Integration von Naturraum- und Landnutzungsstruktur aufgefaßt, die sich in ständiger Dynamik und Veränderung befindet. Der Generallandschaftsplan ist ein Instrument für die Vorbereitung von Entscheidungen in der regionalen Planung und der Projektbearbeitung in den landnutzenden Wirtschaftszweigen und gesellschaftlichen Bereichen. Ausgehend von der gegebenen ökologischen Situation, dem landeskulturellen Zustand eines Gebietes, und der geplanten bzw. zu erwartenden Entwicklung der Volkswirtschaft werden Lösungsvorschläge erarbeitet, die es erlauben, eine effektive, langfristig angelegte Mehrzwecknutzung der Landschaft zu erreichen, Belastungen des Naturhaushalts abzubauen bzw. zu vermeiden und Nutzungskonflikte zu minimieren. Dabei gelten als „Leitbilder“ für die Landschaftsplanung u. a.: Bewahrung und Erhöhung der Lebensqualität für den Menschen, Gewährleistung und Erweiterung der produktiven Nutzung von Naturressourcen, Gestaltung einer sinnvollen Mehrfachnutzung der Landschaft, Schutz der Fauna und Flora sowie Sicherung der langfristigen Nutzungsmöglichkeiten in der Landschaft. Insgesamt stellt sich Landschaftsplanung das Ziel, bei der Inanspruchsahme des Naturdargebots das Nachhaltigkeitsprinzip so weit wie möglich durchzusetzen, um auch nachfolgenden Generation ein entsprechendes Lebensmilieu zu gewährleisten.

Die Konzentration eines Generallandschaftsplanes für einen Bezirk baut auf wissenschaftlich-methodischen Ansätzen der interdisziplinären Landschaftsforschung auf. In der Abbildung ist das durch die Arbeiten der AG weiterentwickelte Schema des vierstufigen Ansatzes der Landschaftsanalyse, Landschaftsdiagnose, Landschaftsprognose und Landschaftsbehandlung („land management“) wiedergegeben. Vor allem Ansätze und Verfahren der Landschaftsdiagnose — dem Kernstück der wissenschaftlichen Begründung von Landschaftsplanung — wurden vertieft und vervollständigt.

Die Landschaftsdiagnose zeichnet sich ebenso durch einen mehrstufigen Ansatz aus. Er umfaßt

- die Analyse der gesellschaftlichen Funktionen der Landschaft (bzw. bestimmter Landschaftsteile), wobei die gegenwärtige Nutzung und perspektivisch mögliche Nutzungen zu betrachten sind;
- die Beurteilung der geosynergetischen und bioökologischen Eigenschaften der Landschaft (bzw. bestimmter Landschaftsteile) in bezug auf die gesellschaftlichen Nutzungsanforderungen und die damit verbundenen Einwirkungen auf Naturausstattung und Naturhaushalt;
- die Analyse der Wirkungsbeziehungen in der Landschaft — einschließlich der Neben- und Folgewirkungen — und der durch die gegenwärtige, die vergangene und/oder die

vorgesehene Nutzung ausgelösten Veränderungen bzw. Einschränkungen hinsichtlich der Erfüllung bestimmter gesellschaftlicher Anforderungen und Funktionen; und

- die gesellschaftliche (ökonomische, soziale, ökologische) Bewertung der gegenwärtigen und angestrebten Nutzungsformen, Herausstellung der Konflikte bei Mehrfachnutzung und Mehrfachbeanspruchung von Landschaftsteilen, Ableitung von Entscheidungsvorschlägen für die Lösung der gestellten Aufgaben.

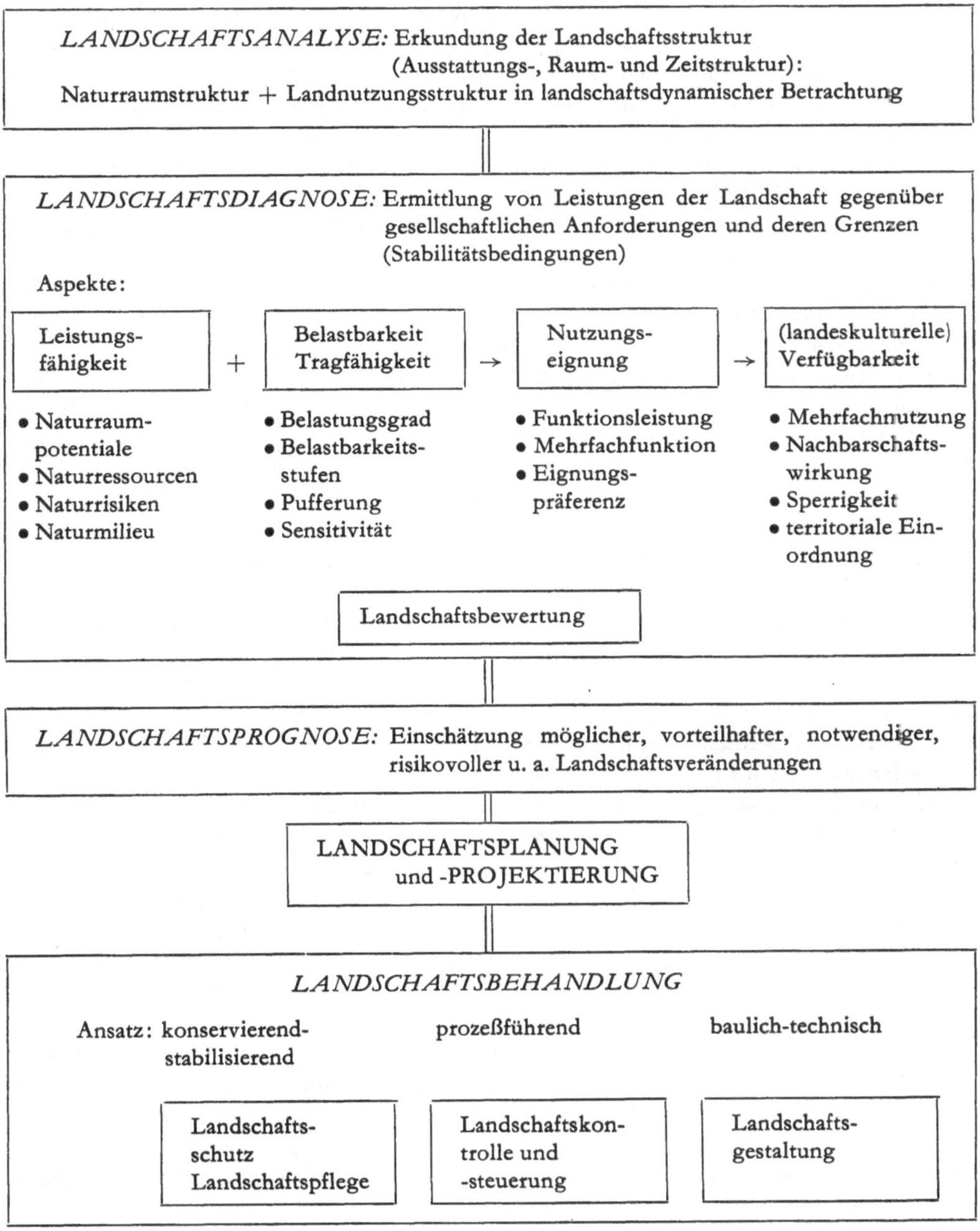

Die Landschaftsdiagnose konzentriert sich auf einige Verfahrensbereiche, die von bestimmten Indikatorgruppen als Merkmalen des landeskulturellen Zustandes von Gebieten und ihrer Veränderlichkeit gekennzeichnet werden:

— ressourcenbezogene Indikatorgruppe zur Kennzeichnung der „Leistungsfähigkeit" der Landschaft: Ermittlung und (kartographische) Darstellung der Potentialeigenschaften von Naturräumen (partielle NRP, Eignungsbestimmungen), Ableitung der terrestrischen Gefüge von nutzbaren Naturressourcen; Kennzeichnung von Naturrisiken bei bestimmten Nutzungsformen; Vergleich von Naturpotentialen und Naturrisiken im Territorium zur Charakteristik des Naturmilieus für das Leben der Gesellschaft;
— rezirkulativ-stabilisierende Indikatorgruppe zur Kennzeichnung von Belastbarkeit und Tragfähigkeit der Landschaft: Ermittlung der Belastungsgrade und von Grenzen der Belastbarkeit von Landschaften in bezug auf bestimmte Nutzungsanforderungen; Bestimmung von Pufferungs- und Persistenzeigenschaften sowie der Sensitivität von Landschaften; raum-zeitliche Differenzierung dieser Merkmale/Parameter hinsichtlich einzelner Umweltmedien, wie Luftverschmutzung (Immissionstypen), Wasserverunreinigung (Belastungsstufen), Biotopqualität und Habitatfunktionen, „technogene" Substrattypen (Deponiekörper) u. a.;
— territorial-organisatorische Indikatorgruppe zur Kennzeichnung der Verfügbarkeit (Disponibilität) von Landschaftsteilen: Beurteilung von Nachbarschaftswirkungen verschiedener Nutzungsformen und natürlicher Standorteigenschaften; Bestimmung und Bewertung von Mehrfachnutzungsformen; Wirkungen der Sperrigkeit von Nutzungsformen in Nutzflächengefügen; Funktions-Lage-Beziehungen in Nutzflächengefügen verschiedener Hierarchiestufe.

Im Rahmen der Landschaftsdiagnose wird schließlich die Bestimmung optimaler und/oder nichtkonkurrierender Nutzungseignungen für Landschaften (bzw. deren Landschaftselemente) im Rahmen bestehender Nutzflächengefüge vorgenommen. Dazu müssen spezifische Verfahren der ökonomischen, sozialen und ökologischen Bewertung von landeskulturellen Zuständen und Maßnahmen eingesetzt werden. Von grundsätzlicher Bedeutung ist für die Landschaftsdiagnose die widerspruchsfreie Übertragung der naturwissenschaftlich oder mit technischen Parametern formulierten Analyseergebnisse in die angestrebte gesellschaftlich-funktionale Aussageform. Dabei sind detaillierte naturwissenschaftlich-technische Parameter in normative oder qualitative Kennwerte umzuformen oder zusammenzufassen („Indikatorprinzip"), die für den ökonomisch-technischen Planungs- und Projektierungsprozeß aussagekräftig sind.

Jede räumliche Planung und Projektierung muß verschiedene Hierarchieebenen ihres Objektbereiches beachten. Diesen entsprechen jeweils unterschiedliche räumliche Bezugseinheiten, die einer Landschaftsplanung zugrunde gelegt werden können. Für den Bezirk Dresden wurden als Beispiel Landschaftseinheiten im Maßstab 1:400000 ausgewiesen und gekennzeichnet. Auf der Ebene eines Kreises (territoriale Entwicklungskonzeptionen, Landschaftsrahmenpläne) liegen am Beispiel von Dresden-Land mehrere auf Nanogeochoren bzw. Nutzflächengefüge bezogene Diagnosekennzeichnungen im Maßstab 1:50000 vor.

Die Landschaftsplanung erfordert schließlich eine umfangreiche Datengrundlage, die nur als EDV-gestütztes räumliches Informationssystem (RIS) entwickelt, für den laufenden Verarbeitungs- und Interpretationsbetrieb bereitgestellt und in den Landschaftsveränderungen laufend gehalten werden kann. Die im internationalen Rahmen und in der DDR verfügbaren RIS wurden auf ihre Einsatzmöglichkeiten im Bezirk Dresden geprüft und daraus erste konzeptionelle Vorschläge abgeleitet.

Die Studie schließt mit einem Vorschlag für die Entwicklung eines Generallandschaftsplanes für den Bezirk Dresden ab, der die gegenwärtige Informationsgrundlage berücksichtigt. Er enthält ein 3-Stufen-Programm

Stufe A: Einschätzung der gegenwärtigen ökologischen Situation des Bezirkes Dresden

Stufe B: Generelle volkswirtschaftliche Entwicklung des Bezirkes in bestimmten Prognosezeiträumen und deren ökologische Konsequenzen sowie daraus sich ergebende landeskulturelle Maßnahmen

Stufe C: Festlegung von Maßnahmen zur ständigen Vervollkommnung, Verfeinerung und Aktualisierung der Generallandschaftsplanung.

Vom Rat des Bezirkes Dresden wurde inzwischen ein Beschluß gefaßt, die Arbeiten am Generallandschaftsplan zielstrebig fortzusetzen. Die AG „Naturhaushalt und Gebietscharakter" wird daran beteiligt sein.

Die Arbeiten zu den beiden anderen Forschungsthemen bezogen sich im Berichtszeitraum insbesondere auf mobile Geländeerkundungen und die laboranalytische Untersuchung von Wasser- und Bodenproben. Im VEG Borthen konnten Bodenaufnahmen und -kartierungen für > 200 ha Neuanlageflächen und Altobstanlagen vorgenommen werden. Über die erreichten Ergebnisse wird im folgenden Jahresbericht informiert.

Publikationen

Bastian, O.: Vegetationswandel durch Intensivobstbau — Eine Fallstudie im Bezirk Dresden. — Hercynia NF *24* (4) 1987, S. 395—403

Bastian, O.: Zur Vegetation der Fichten- und Kiefernforste des Nordwestlausitzer Berg- und Hügellandes. — Veröff. d. Museums d. Westlausitz Kamenz *10* (1987) 11—20

Bastian, O.: Ökologische Freilandforschung als Grundlage der Landschaftsplanung. — Abh. u. Ber. d. Mus. f. Naturkunde Görlitz *60* (1), 1987, S. 55—58

Bernhardt: Naturräumliche Differenzierung der Sächsischen Schweiz. In: Ber. d. Arbeitskreises Sächs. Schweiz d. Geogr. Ges. d. DDR, Bd *VI* (1988) S. 63—93 (8 Tab., 3 Karten)

Bernhardt: Worte am Sarg von ERNST NEEF. In: Broschüre: Ernst Neef 16. 4. 1908 bis 7. 7. 1984 — Nachrufe. Dresden, 1988, S. 3—4

Bernhardt (im Autorenkollektiv): Freiberger Land. Werte unserer Heimat, Bd *47* (Berlin 1988) (ges. Phys. Geographie)

Haase, G.: The Concept of Pedochores as a Basis of Medium Scale Soil Mapping and Land Management. Berichte XIII. Congress of the International Society of Soil Science, 13.—20. 8. 1986 in Hamburg, B. *V.*, S. 246—257, 1987

Haase, G.: Naturraumerkundung als Beitrag zur rationellen Bewirtschaftung und zum Schutz von Naturressourcen. In: Probleme der Ökologie. Veröff. des Forschungsbereiches Geo- und Kosmoswissenschaften der AdW der DDR, H. 13, S. 75—101

Haase, G.: Zur Beurteilung von Merkmalsvariabilität, Kontrast und Arealheterogenität von landwirtschaftlichen Nutzungseinheiten (mit R. Altmann). In: Archiv f. Naturschutz u. Landschaftsforschung, Berlin *27* (4) 1987, S. 211—227

Haase, G.: Meeting „Naturressourcen und Landnutzung — geoökologische Diagnose und Prognose" am 23. und 24. 5. 1986 in Halle (mit W. Roubitschek). In: Leopoldina (R. 3) *32* (1986) [1988], S. 97—106

Haase, G.: Geoökologische Grundlagen der Naturraumerkundung im mittleren Maßstab. In: Probleme der pedologisch-hydrologischen Regionalforschung und ihre Umsetzung in die Praxis. Abhandlungen SAW Bd. 56 (1988), H. 4, S. 131—145

Mannsfeld, K., Bernhardt, A. u. J. Bieler: Unwettergefährdete Gebiete im Westteil des Bezirkes

Dresden. Ein Anwendungsbeispiel mikrochorischer Naturraumerkundung. In: Hallesches Jb. f. Geowissenschaften, *12* (1987) S. 77—87
Mannsfeld, K.: Grundzüge der naturräumlichen Gliederung der Oberlausitz unter besonderer Berücksichtigung der bodengeographischen Differenzierung. Abh. und Ber. des Mus. f. Naturkunde Görlitz, *60*, (1) 1987, S. 49—52; (gemeins. mit A. Bernhardt, J. Bieler)
Sandner, E.: Beiträge zur Entwicklung der landschaftskundlichen Karten. — 1987. — 208 S. — Halle/S., MLU Halle—Wittenberg, Fak. f. Naturwiss.-Diss. B
Sandner, E.: Aufnahme- und darstellungsmethod. Probleme des Nutzungswandels am Beispiel eines Gebietes nordwestl. von Dresden. In: Petermanns Geogr. Mitt. — Gotha *132* (1988) 3. — S. 191—197

Günter Haase

Limnologie von Talsperren

Hydrobiologisches Laboratorium Neunzehnhain (Erzgeb.),
9343 Lengefeld (Erzgeb.), PF 30, Tel. Lengefeld 2281

Leiter: D. Uhlmann
Wiss. Mitarbeiter: Dr. rer. nat. Wolfgang Horn,
Dr. rer. nat. Heidemarie Horn
Mitarbeiter: wiss.-techn. Assistentin Carola Appelt, Abiturient Martin Hensel (Sept. 1987 bis August 1988),
Abiturientin Michaela Palm (Sept. 1988—August 1989)

Die im Berichtszeitraum durchgeführten Arbeiten konzentrierten sich auf die Fortführung der Erfassung wichtiger Wasserqualitätsparameter der Talsperren Saidenbach und Neunzehnhain einschließlich ihrer Zuflüsse und Vorsperren. Außerdem wurde die umfassende Auswertung der bereits vorliegenden Meßreihen vorgenommen. Dabei galt es vor allem zu prüfen, ob die steigende Tendenz beim wichtigsten Nährstoffaktor des Phytoplanktonwachstums, dem Phosphor, auch bei weiteren chemischen Parametern zu beobachten ist, und welche Auswirkungen die Veränderungen auf die Organismen und die zwischen ihnen bestehenden Wechselwirkungen und damit auf die Qualität des Rohwassers für die Trinkwassergewinnung haben. Die Bearbeitung der Problematik wurde durch eine Integration der Ergebnisse von 12 vorliegenden Untersuchungsjahren (1975—1986) ermöglicht, wobei mehr als eine Million Einzelwerte Berücksichtigung fanden. Der Abschlußbericht wurde als G4-Leistung im Juni 1988 verteidigt. Die gewonnenen Ergebnisse bildeten auch die Grundlage für Beiträge auf Tagungen in České Budějovice (International Conference on Reservoir Limnology and Water Quality), in Gera (Jahrestagung des Fachverbandes Wasserchemie) und in Bad Saarow (4. Tagung Sekundärproduktion der Gesellschaft für Ökologie in der Biologischen Gesellschaft der DDR, unter Mitverantwortung der AG organisiert), sowie für mehrere Publikationen. Der Leiter der Arbeitsgruppe war mit Beiträgen auf Veranstaltungen vertreten, die unter der Schirmherrschaft der UNESCO organisiert wurden (Weiterbildungsseminar „Bewertung der Umweltverträglichkeit von Talsperrenprojekten", Nanjing, März 1987, Symposium „Wasserversorgung und Abwasserbehandlung in tropischen Ländern", Havanna, Februar 1988). Ihm wurde auf dem 23. Kongreß der International Association of Limnology die Medaille „De limnologia optime merito" verliehen.

Auf die Tendenz einer zunehmenden Phosphor-Belastung der Talsperre Saidenbach über die Zuflüsse infolge der relativ dichten Besiedlung und intensiven landwirtschaftlichen Nutzung des Einzugsgebietes wurde bereits im letzten Jahrbuch eingegangen. Auch für das hygienisch bedenkliche, vor allem aus mineralisch gedüngten oder begüllten Böden ausgewaschene Nitrat zeichnet sich eine solche Entwicklung ab. Während in den 50er Jahren noch Konzentrationen zwischen 7 und 16 mg NO_3^-/l gemessen wurden (LINGELBACH 1961, KLAPPER 1961), gibt es seit 1980 keine Meßwerte mehr mit weniger als 20 mg/l (Jahresdurchschnitt 1987/88: 28,7 mg NO_3^-/l). Besonders hoch ist die Nitratbelastung der Talsperre im Frühjahr, wenn infolge Tauwetters eine intensive Auswaschung des Bodens erfolgt und zugleich ein Verbrauch durch die Vegetation noch nicht stattfindet. In dieser Jahreszeit liegen die Werte bis zu 6 mg/l über dem Jahresdurchschnitt. Sie erreichten in den letzten 2 Jahren mit 35 mg NO_3^-/l schon fast den für Trinkwasser als Lebensmittel festgesetzten Grenzwert von 40 mg/l, bei dessen Überschreitung mit gesundheitlichen Risiken zu rechnen ist. Das gleiche Problem besteht in vielen anderen Wassereinzugsgebieten mit intensiver landwirtschaftlicher Nutzung. Für die Eutrophierung, also die übermäßige Produktion von Phytoplanktonbiomasse mit all ihren nachteiligen Folgen, hat dieser im Überschuß vorliegende Nährstoff jedoch keine Bedeutung.

Nach wie vor wirkt trotz zunehmender Belastung das Orthophosphat wachstumslimitierend. Im Frühjahr allerdings wird die Phytoplanktonproduktion seit 1980 nicht mehr durch das Nährstoffangebot, sondern ausschließlich durch das Wettergeschehen reguliert. Wenn die während der Zirkulationsperiode auftretenden Turbulenzen zu geringe Intensitäten aufweisen und von zu kurzer Dauer sind, werden die normalerweise stattfindenden Massenentwicklungen der Kieselalgen vorzeitig abgebrochen oder ganz verhindert, und es kommt zu einem „Ertragsverlust". Die Abb. 1 verdeutlicht diesen Sachverhalt: Je länger die Vollzirkulation andauert, um so mehr von den Nährstoffen, die während des Winters weit über den Bedarf hinaus in den Zellen gespeichert worden sind, können in Biomasse umgesetzt werden. Ein Ende der Frühjahrsmassenentwicklung als Folge einer Erschöpfung des Phosphat-Vorrates gab es seit 1980 nicht mehr, da stets schon vorher ein Abbruch durch die beginnende Stagnation des Wasserkörpers einsetzte. Die auf Grund

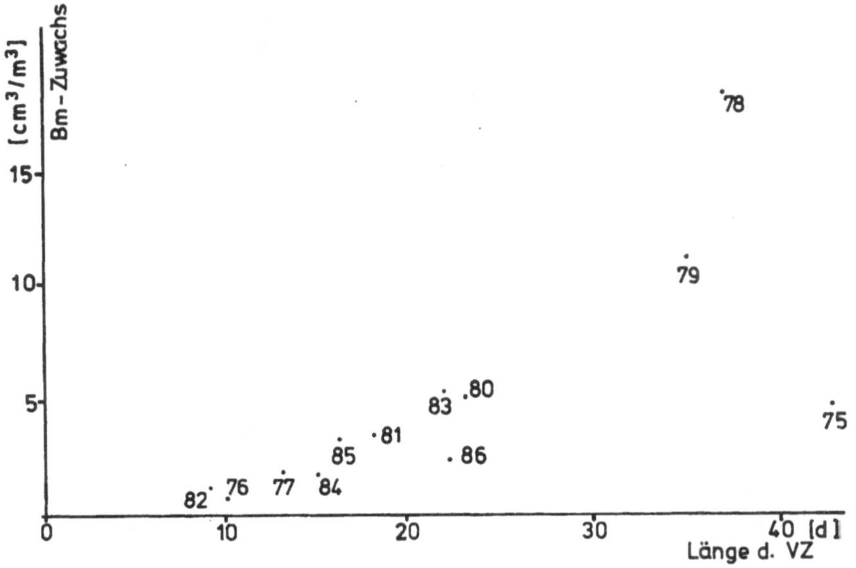

Abb. 1: Abhängigkeit des Biomassezuwachses während der Frühjahrsmassenentwicklung in der Talsperre Saidenbach von der Länge der Vollzirkulationsperiode

ihrer relativ hohen Dichte schnell sedimentierenden Arten von planktischen Kieselalgen tragen so erheblich zur P-Elimination aus dem Freiwasser bei (seeinterne 3. Reinigungsstufe). Extreme Frühjahrsmassenentwicklungen, die auf Grund des hohen P-Angebotes möglich gewesen wären, wurden also bisher durch günstige Umstände verhindert. Mit ihnen muß aber jederzeit gerechnet werden.

Kommt in der Hauptsperre keine Frühjahrsmassenentwicklung der Kieselalgen zustande, werden die im Winter akkumulierten P-Mengen nur in unbedeutendem Umfang verringert, und der vorhandene Vorrat verbleibt bis in die Sommermonate im Freiwasser. Damit sind günstige Voraussetzungen für starke und ausdauernde Algenentwicklungen gegeben. Diese halten vor allem dann lange an, wenn kleine, kaum aussinkende Nanoplankter oder andere Formen mit gutem Schwebevermögen, wie die Blaualgen, dominieren. Letztere finden bei hohen Wassertemperaturen und einem Si:P-Verhältnis < 100 gute Wachstumsbedingungen. Sie können schon bei relativ niedrigen absoluten P-Konzentrationen zur Massenentwicklung kommen, weil in der betreffenden Jahreszeit die Kieselalgen Si-limitiert sind und die Grünalgen entweder noch an P-Mangel leiden (besonders die großen, koloniebildenden Formen) und deshalb noch nicht konkurrenzstark genug sind oder (vor allem die kleinen Arten) durch die Filtrierer leicht niedergehalten werden können. In der Untersuchungsperiode 1981—1986 wurde diese Wechselbeziehung zwischen Blau- und Kieselalgen besonders deutlich (Abb. 2): Die sommerliche Massenentwicklung der Kieselalge *Fragilaria crotonensis* wird durch einen niedrigen Si-Gehalt des Wassers (im Epilimnion $< 0{,}05$ mg Si/l) gestoppt. Durch die „ungenutzten“ P-Reserven werden wiederum erhebliche Blaualgen-Entwicklungen begünstigt. Auf Grund der unterschiedlichen Nährstoffansprüche wurde in all diesen Jahren die Entwicklung der Kieselalge *Fragilaria* durch eine Blaualgen-Wasserblüte abgelöst.

Dieses Beispiel verdeutlicht, wie die Algensukzession sowohl von der absoluten Höhe als auch dem relativen Verhältnis der Nährstoffe gesteuert wird. Zugleich zeigt es, daß die

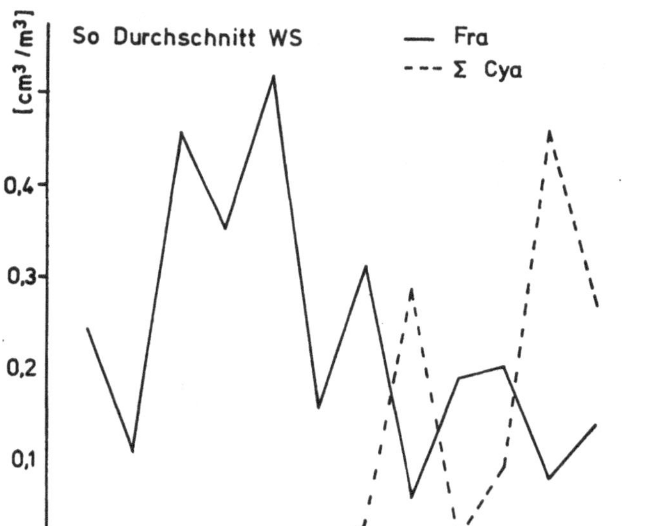

Abb. 2: Durchschnittliche Konzentration der Biomasse von *Fragilaria crotonensis* und der Summe aller planktischen Blaualgen in der Talsperre Saidenbach im Sommer

„autokatalytische" P-Verarmung des Wassers durch die Massenentwicklungen planktischer Kieselalgen mit ihrer regulierenden und stabilisierenden Wirkung auf die Wasserbeschaffenheit zugleich auch günstige Bedingungen für die Dominanz der Kieselalgen schafft. Dieser für das Gewässer wichtige „Schutz"mechanismus versagt dann, wenn die Orthophosphat-Konzentration weiter ansteigt oder die P-Limitation ganz aufgehoben ist, weil dann Phytoplankter vorherrschen, bei denen die Absinkverluste sehr gering sind. Dadurch unterbleibt der Transport des (durch die Algenzellen gebundenen) Phosphors in das thermisch isolierte und lichtlose untere Stockwerk des Wasserkörpers. Außerdem geht der Abbau abgestorbener Phytoplanktonbiomasse bei den hohen sommerlichen Temperaturen so schnell vonstatten, daß die Nährstoffe fast vollständig im *Epilimnion* verbleiben und sich ein intensiver kurzgeschlossener Nährstoff-Kreislauf ausbildet.

Die koloniebildenden Blaualgen werden auch durch die filtrierenden Zooplankter nicht in nennenswertem Umfang beseitigt. Sie werden aus verschiedenen Gründen gar nicht oder nur wenig als Nahrung aufgenommen bzw. verdaut. Dies ist besonders dann der Fall, wenn es sich um toxische Stämme handelt oder aber die Kolonien die für Nahrungspartikel maximal mögliche „Korngröße" überschreiten. Das gut ingestierbare Nanoplankton wiederum wird oftmals nicht genügend eliminiert, wenn die als Filtrierer besonders leistungsfähigen *Daphnien* fehlen. Dies ist in der Saidenbachtalsperre wahrscheinlich die Folge eines nicht mehr zu kompensierenden hohen Fraßdruckes der zooplanktivoren Fische. Der seit 1987 häufiger gewordene Ruderfußkrebs *Eudiaptomus* vermag aber die *Daphnien* hinsichtlich ihrer Funktion nicht zu ersetzen, denn er ist den Makrofiltrierern zuzurechnen. Eine ökologische Konsequenz dieses Sachverhaltes verdeutlicht die Abb. 3. Sie zeigt, daß die Sichttiefe des Wassers (d. h. die Tiefe, bei der eine im Wasser versenkte weiße Scheibe von 25 cm Durchmesser gerade noch sichtbar ist) im Sommer keine Beziehung zur Biomasse aller planktischen *Crustaceen* aufweist, aber signifikant von der Biomasse der *Daphnien* abhängig ist.

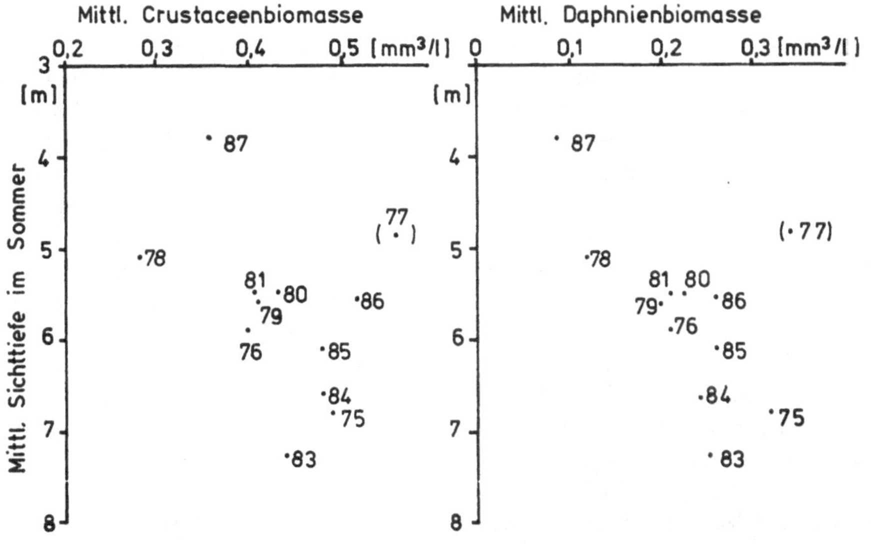

Abb. 3: Die Abhängigkeit der durchschnittlichen Sichttiefe von der mittleren Crustaceen- bzw. Daphnienbiomasse im Sommer in der Talsperre Saidenbach. Das Jahr 1977 wurde wegen ungewöhnlich hohem mineralischem Trübstoffanteil ausgeklammert

Gegenstand weiterer Untersuchungen war die Bindung und Freisetzung von Phosphor aus dem Bodensediment von Talsperren. Durch Kombination von chemischen, elektronenmikroskopischen und röntgenspektrometrischen Untersuchungen konnte wahrscheinlich gemacht werden, daß dabei Bakterien eine ausschlaggebende Rolle spielen und je nach Sauerstoffangebot eine P-Elimination oder eine „innere Düngung" bewirken können.

Das Problem der Versauerung (= Verlust der Neutralisationskapazität von Boden und Wasser), dem sich die Arbeitsgruppe (mit sehr begrenzter Kapazität) ebenfalls widmet, spielt in eutrophen Gewässern wegen des natürlicherweise relativ hohen Elektrolytgehaltes in der Regel keine Rolle. Anders liegen die Verhältnisse in den oligotrophen Weichwässern. Diese von Natur aus ohnehin schwach gepufferten Wässer reagieren empfindlich gegen

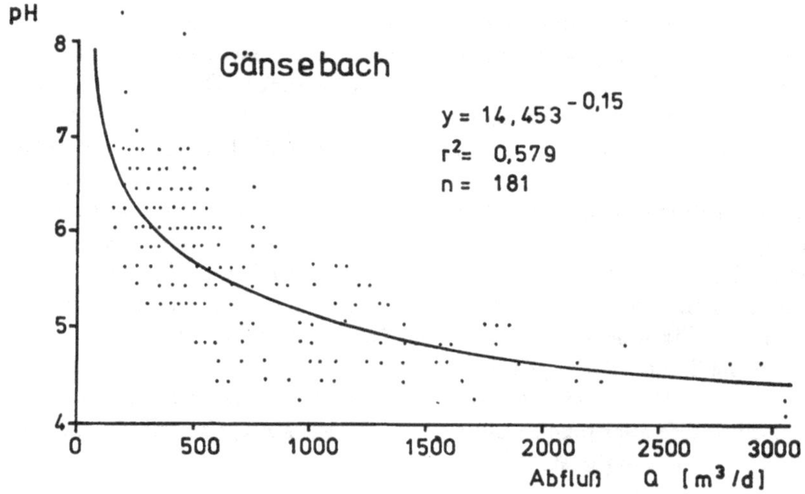

Abb. 4. Die Beziehung zwischen Abfluß und pH-Wert im Gänsebach (aus Horn und Brettfeld 1989)

Veränderungen des H-Ionenhaushaltes durch pH-Wert-Verschiebung. Die versauernd wirkenden Protoneneinträge treten vor allem in Schüben auf, z. B. bei Schneeschmelze (Freisetzung der Depositionen) und Starkregen (Auswaschung der Atmosphäre). Es ist deshalb verständlich, daß mit hohem Abfluß eine erhebliche pH-Wert-Erniedrigung einhergehen kann (Abb. 4). Werden dabei bestimmte artspezifische Grenzwerte unterschritten, treten Störungen auf, die von Änderungen des Verhaltens, der Fortpflanzung und der Konkurrenzfähigkeit bis zu akuten Schädigungen reichen. Meistens verschwinden die betroffenen Arten ganz. Es genügt dabei schon, wenn der kritische Wert einmal kurzzeitig innerhalb einer Generationsfolge auftritt, um die Art aus dem Ökosystem zu eliminieren. Als Störquelle wirken nicht nur die Wasserstoffionen. Infolge der Absenkung des pH-Wertes verbessert sich auch die Löslichkeit von Metallen. Bei den gelösten Al-Hydroxiden werden beispielsweise Konzentrationen gefunden, welche die fischtoxischen Werte z. T. um mehr als eine Größenordnung übersteigen. Die direkten toxischen Effekte und die sich daraus ergebenden indirekten Folgen, beispielsweise die Umstrukturierung des Nahrungsnetzes oder die Verminderung der Remineralisierungsgeschwindigkeit, führen zu einer Arten-Verarmung, die in Abb. 5 am Beispiel des Makrozoobenthos dargestellt ist. Dadurch verliert das Ökosystem einen erheblichen Teil seiner Selbstreinigungskapazität und seines Regenerationsvermögens.

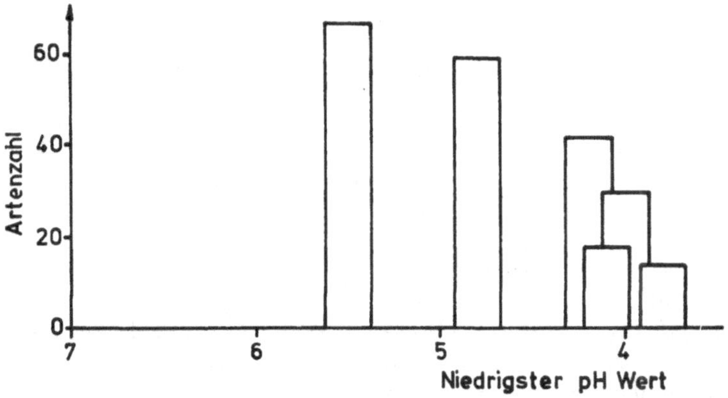

Abb. 5: Die Abhängigkeit der Artenzahl des Makrozoobenthos vom niedrigsten beobachteten pH-Wert (aus Horn und Brettfeld 1989)

Auch die letztgenannten Untersuchungen stellen einen Beitrag zur Kennzeichnung der Belastbarkeitsgrenzen dar, die bei der Bewirtschaftung der Ökosysteme unbedingt beachtet werden müssen und für den Aufbau eines Umwelt-Überwachsungssystems genutzt werden können.

Publikationen

Horn, H., W. Horn u. M. Kohlsdorf: Theoretical and Practical Investigations on the Heterogeneous Distribution of Plankton in the Main Basin of the Saidenbach Storage Reservoir. In: Acta hydrochim. hydrobiol. *15* (1987) 4, S. 327—350.

Horn, W. u. R. Brettfeld: Biologische und chemische Untersuchungen an Bergbächen unterschiedlichen Versauerungsgrades. In: Acta hydrochim. hydrobiol. *17* (1989) 4, S. 417—435.

Horn, W. and H. Horn: Field Studies concerning the Fecundity of Daphnia galeata, its Causes and Consequences. In: Int. Revue ges. Hydrobiol. *72* (1987) 5, S. 559—573.

Horn, W., H. Horn, L. Paul u. D. Geissler: Eutrophierungsmechanismen in der Talsperre Saidenbach. Abschlußbericht G4 (1988). 105 S. u. 7 Anlagen.

Henker, J.: Anteil des Mikrophytobenthos an der Struktur der Sediment-Wasser-Kontaktschicht in der Saidenbachtalsperre. Diplomarbeit TU Dresden, Sekt. Wasserwesen, Ber. Hydrobiologie. 1987. 97 S.

Kalmarova, A.: Planktische und benthische Algen als Indikatoren der Versauerung. Belegarbeit TU Dresden, Sekt. Wasserwesen, Ber. Hydrobiologie. 1987. 25 S.

Klapper, H.: Die Eutrophierung von Trinkwassertalsperren und ihre möglichen Auswirkungen, dargestellt am Beispiel der Saidenbachtalsperre. In: WZ KMU math.-nat. R. *10* (Leipzig 1961) 1, S. 81—87.

Lingelbach, H.: Betrachtungen über die chemischen Verhältnisse in der Saidenbach- und Unteren Neunzehnhainer Talsperre und ihre Auswirkungen. In: WZ KMU math.-nat. R. *10* (Leipzig 1961) 1, S. 103—105.

Uhlmann, D. u. T. Guderitz: The significance of the internal nutrient load to hypertrophic shallow waters. In: Int. Revue ges. Hydrobiol. 73 (1988) 3, S. 275—295.

Dietrich Uhlmann

Territoriale Umweltforschung

7010 Leipzig, Talstraße 35, Tel. 7165389, 7165394, 7165357

Leiter: Hänsel
Wiss. Mitarbeiter: Dipl.-Biol. Thomas Guderitz (bis 15. 10. 1987), Dipl.-Chem. Christiane Hanisch (ab 1. 1. 1988), Dipl.-Geophys. Friedrich Karl Jendryschik (ab. 1. 4. 1987), Dr. rer. nat. Ansgar Müller (ab 1. 4. 1987), Dr. rer. nat. Reinhard Richter (ab. 1. 3. 1987), Dr. agr. Lutz Zerling (ab. 1. 5. 1988)
WTA: Romy Lösche (ab. 1. 3. 1988)

Die Gründung der Arbeitsgruppe erfolgte entsprechend einer 1986 zwischen dem Rat des Bezirkes Leipzig, der Sächsischen Akademie der Wissenschaften und der Karl-Marx-Universität Leipzig abgeschlossenen Vereinbarung. Ihre Aufgabe ist es, Beiträge zur Erforschung der Umweltbedingungen in der Bergbaufolgelandschaft zu leisten mit dem Ziel, Empfehlungen für die Gestaltung und Nutzung der Bergbaufolgelandschaft abzuleiten. Die Arbeitsthemen wurden in Absprache mit dem Rat des Bezirkes Leipzig in Übereinstimmung mit einer Arbeitskonzeption für die Jahre 1987—1990 festgelegt.
Im Berichtszeitraum ging es darum, die Arbeitsbedingungen für die Gruppe zu schaffen und in einem ersten Untersuchungsobjekt mit den Forschungsarbeiten zu beginnen.

1. Untersuchungen zur Gestaltung und Nutzung von Tagebaurestlöchern

Die Arbeiten begannen mit der Bestandsaufnahme an einem bereits gestalteten und in Nutzung begriffenen Tagebaurestgewässer, dem Restlochsee Kulkwitz-Miltitz. Erste limnologische (bes. hydrochemische und hydrodynamische), morphographische und hydrogeologische Untersuchungen fanden ihren Niederschlag in einem dem Rat des Bezirkes Leipzig als Kooperationspartner übergebenen vorläufigen Bericht.
Die wesentlichsten Ergebnisse sind:

— Der See befindet sich derzeit in einem oligotrophen (bezüglich Sauerstoffgehalt und Sichttiefe) bis mesotrophen (Nährstoffgehalt) Zustand, d. h. die Wasserbeschaffenheit ist gut.
— Die Nährstoffbelastung liegt, was den Phosphor als die Biomasseproduktion begrenzenden Faktor anbetrifft, mit größenordnungsmäßig 450 mg $P/m^2 \cdot a$ um rund das Zwanzigfache über dem zulässigen Wert, bei dem eine Eutrophierung vermieden würde. Wegen der hohen Pufferkapazität des Gewässers ist trotzdem erst nach langwährender Nährstoffzufuhr mit einer Eutrophierung zu rechnen. Dieser könnte dann allerdings nur schwer und mit enormen Aufwand begegnet werden.
— Maßnahmen zur Verringerung des Nährstoffeintrags werden empfohlen.
— Der Wiederanstieg des Grundwasserspiegels war 25 Jahre nach Beendigung der Bergbautätigkeit noch nicht völlig beendet; die voraussichtliche Lage und die zu erwartenden Schwankungen des sich endgültig einstellenden Seespiegels werden berechnet und Maßnahmen zu Stabilisierung des Wasserspiegels vorgeschlagen.

2. Methodische Arbeiten zur Überwachung von Vereunreinigungen der Luft

Mit dem Ziel, die Schwebstaubbelastung bodennaher Luftschichten kontinuierlich und repräsentativ erfassen zu können, wurde gemeinsam mit Mitarbeitern der Karl-Marx-Universität Leipzig, Sektion Physik, WB Geophysik, ein Verfahren zur optischen Trans-

Rissionsmessung mittels Laserstrahl über eine größere Strecke hinweg weiterentwickelt. Das Verfahren befindet sich in der Testphase im Hinblick auf die künftige Aufnahme des moutine-Meßbetriebes.

3. Quartärgeologische Untersuchungen

Die Beantwortung quartärgeologischer Fragestellungen, insbesondere solche stratigraphischer, lithologischer und paläogeographischer Art, bildet eine der Voraussetzungen für zielgerichtete Arbeiten für die Wiedernutzbarmachung bergbaulich devastierter Gebiete. Vor Aufnahme weiterer Arbeiten in dieser Richtung wurden zwei durch jetzige Mitarbeiter der Arbeitsgruppe an anderen Institutionen begonnene Teilthemen an der Sächsischen Akademie der Wissenschaften zum Abschluß gebracht.

Zum einen geht es dabei um Schwerminerale in fluviatilen Sedimenten des mittleren Saale-Elbe-Gebietes. Die Einzugsgebiete der Flüsse dieses Gebietes sind durch deutlich unterscheidbare Schwermineralgemeinschaften gekennzeichnet. Mit ihrer Hilfe können Laufverlegungen der Flüsse nachgewiesen und zeitliche Einstufungen vorgenommen werden; die ehemaligen Flußläufe lassen sich bis in die Mündungsgebiete verfolgen.

Im zweiten Teilthema geht es um Sedimente, Strukturen und Prozesse im Quartär des mittleren Elbegebietes zwischen Riesa und Dessau unter Einschluß der Dahlener und der Dübener Heide. Die Analyse dieses Raumes lieferte Beiträge zur Gliederung der Elster- und der Saaleeiszeit anhand der Bewertung der vielgliedrigen Sedimentationsprozesse sowie zur eiszeitlichen Gletscherdynamik mit ihren vorwiegend gravitativ angelegten Ausräumungszonen (Elbtal-Glazialwanne) und Strauchgebieten (Schmiedeberger Stauchendmoräne).

Publikationen

Müller, A.; Ortmann, R.; Eissmann, L.: Die Schwerminerale im fluviatilen Quartär des mittleren Saale-Elbe-Gebietes. Ein Beitrag zur mitteleuropäischen Flußgeschichte. Altenburger Naturwiss. Forsch., Altenburg *4* (1988). 70 S., 26 Abb., 9 Tab.

Müller, A.: Das Quartär im mittleren Elbegebiet zwischen Riesa und Dessau. Diss. A Univ. Halle 1988. IX + 129 S., 15 Abb., 15 Tab., 45 Anl., 137 Lit.

Müller, A.: Bau und Geschichte der Elbtal-Glazialwanne im Gebiet Torgau—Wittenberg, ein Beitrag zu Stratigraphie und Prozessen im mittleren Pleistozän von Mitteleuropa. In: Eissmann, L. & Wimmer, R. (Hrsg.): Exkursionsführer „Das Quartär des Saale-Elbe-Raums und seine Bedeutung für die mitteleuropäische Quartärforschung (Stratigraphie, Paläogeographie, exogene Tektonik)". Ges. Geol. Wiss. der DDR (GGW), Berlin 1988, S. 17—20.

Christian Hänsel

Strukturprobleme und Umweltaspekte des Wassers, insbesondere der therapeutisch nutzbaren Wässer im Süden der DDR

Leiter: Watznauer †, Fröhlich, Jordan
Wiss. Mitarbeiter: Dr. Ulrich Koch, Dr. Jens Heinicke, Dipl.-Geol. Mathias Krbetschek
Der Bericht über die Arbeiten erfolgt im Jahrbuch 1989—1990

Kommission für J. C. Poggendorff

Biographisch-Literarisches Handwörterbuch der exakten Naturwissenschaften

7010 Leipzig, Goethestr. 3—5, Tel. 281081

Vorsitzender: Wußing
Mitglieder: Beckert, Buchheim, Fanghänel, Keller, N. J. Lehmann, Lösche, A. Uhlmann, Wollgast

Arbeitsstelle für Geschichte der Naturwissenschaften und Mathematik

7010 Leipzig, Beethovenstr. 6, Tel. 3913310, App. 84, 88, 89

Leiter: Dr. sc. Karl-Heinz Schlote
Wiss. Mitarbeiter: Dipl.-Math. Michael Gebel (ab 1. 9. 1988), Dr. Heidi Kühn (ab. 1. 1. 1988), Dipl.-Päd. Christine Marschallek (ab 1. 1. 1988)

Poggendorff-Redaktion

Leiterin: Dipl.-Chem. Margot Köstler
Für die Schlußredaktion verantwortlich: Dr. Lebrecht Weichsel, Dipl.-Chem. Margot Köstler
Wiss. Mitarbeiterinnen: Dipl.-Germ. Marta Fischerová, Dipl.-Phil. Winnifred Schenk (bis 31. 1. 1989), Dr. Heidi Kühn (bis 31. 12. 1987), Dipl.-Päd. Christine Marschallek (bis 31. 12. 1987)
Bibliothekarin: Gudrun Scheibe
WTA: Lona Meischner
Forschungsfacharbeiterin: Johanna Henschel
Mitarbeiterin im Honorarvertrag: Dipl.-Chem. Ursel Gerhardt

Sitzungen und andere wissenschaftliche Veranstaltungen

Die Arbeitsgruppe für Geschichte der Naturwissenschaften und Mathematik führte gemeinsam mit dem Karl-Sudhoff-Institut der Karl-Marx-Universität im Jahre 1987 zehn und 1988 neun Kolloquia zu Fragen der Mathematik-, Physik- und Astronomiegeschichte sowie zu allgemeinen Problemen der Geschichte der Naturwissenschaften durch.

Forschungen zur Geschichte der Naturwissenschaften und Mathematik

Im Berichtszeitraum wurde mit der geplanten, langfristigen Synthese von wissenschaftshistorischer und bibliographischer Forschung begonnen. Die schrittweise Ausdehnung der Arbeit am Nachschlagewerk Poggendorff zu einer wissenschaftshistorischen Arbeitsstelle ist deutlich vorangekommen. Insbesondere wurde ein erstes, vertraglich gebundenes Projekt „Chronologie zur Geschichte der Naturwissenschaften, Technik und Technikwissenschaften“ in Zusammenarbeit mit Wissenschaftlern der TU Dresden in Angriff genommen.

Es wurde begonnen, aus dem für das Fachgebiet „Mathematik“ gesammelten biobibliographischen Material nach einer neuerarbeiteten Konzeption die zweibändigen „Mathematikerbiobibliographien“ zusammenzustellen.

Poggendorff-Redaktion

Die Arbeiten am Poggendorff-Band VIIb wurden kontinuierlich fortgesetzt. In den Jahren 1987 und 1988 erschienen die Lieferungen 3 und 4 des 8. Teilbandes. Das Manuskript für die 5. Lieferung des 8. Teilbandes befindet sich in der Druckerei. Gegenwärtig werden die Biobibliographien für die 1. Lieferung des 9. Teilbandes für den Druck vorbereitet. Für den Abschlußband VIII des Poggendorff wurde mit vorbereitenden Arbeiten begonnen.

Die Auskunftstätigkeit beider Arbeitsgruppen wurde rege in Anspruch genommen.

Publikationen

Kühn, Heidi: Die Mathematik im deutschen Hochschulwesen des 18. Jahrhunderts (unter besonderer Berücksichtigung der Verhältnisse an der Leipziger Universität). Diss. A. Leipzig 1987.

Schlote, Karl-Heinz: Hermann Grassmann. Beitrag zur Algebrentheorie. In: Janus *LXXII* (1985) 4, S. 225—255.

—: Entwicklungsetappen der Algebrentheorie im 19. Jahrhundert. In: Tagungsband: Algebra-Tagung Halle 1986. Hrsg. R. Fritzsche, H.-J. Hoehnke. Halle (Saale) 1987. S. 225—238.

—: Die Entwicklung der Algebrentheorie bis zu ihrer Formierung als abstrakte algebraische Theorie. Diss. B. Leipzig 1987.

Hans Wußing

Historische Kommission

7010 Leipzig, Goethestr. 3—5, Tel. 7197329

I. Personalstand

Leiter: Coblenz
Stellvertretender Leiter: Czok
Beisitzer: Dr. phil. Hans Eberhardt
Mitglieder: die ordentlichen Mitglieder der Philologisch-historischen Klasse: Coblenz, Czok, Diesner, Eichler, Forberger, Groß, Große, Lehmann, Lieberwirth, Markov, Ullmann, Werner, Wollgast; weitere Fachgelehrte (§ 3 der Arbeitsordnung vom 22. 01. 1973): Prof. Dr. Friedrich Beck, Dozent Dr. phil. habil. Karlheinz Blaschke, Prof. Dr. sc. Helmut Bräuer, Dr. phil. Dietmar Debes, Dr. phil. Hans Eberhardt, Dr. phil. Lieselott Enders, Prof. Dr. phil. habil. Gerhard Heitz, Prof. Dr. phil. habil. Siegfried Hoyer, Prof. Dr. sc. theol. Dr. phil. h. c. Helmar Junghans, Prof. Dr. phil. Martin Kasper, Dipl.-Hist. Manfred Kobuch, Prof. Dr. phil. habil. Ernst-Heinz Lemper, Prof. Dr. phil. habil. Dr. Ing. Joachim Mrusek, Prof. Dr. phil. habil. Günter Mühlpfordt, Dr. sc. Gert Richter, Dr. sc. Klaus Schillinger, Prof. em. Dr. phil. habil. Max Steinmetz, Prof. Dr. phil. Manfred Unger, Prof. Dr. sc. phil. Hans Walther, Prof. Dr. sc. phil. Hartmut Zwahr.
Wiss. Sekretärin: Dr. phil. Elisabeth Lea
Wiss. Mitarbeiterin: Dr. phil. Angelika Monden
Wiss. Mitarbeiter: Dipl.-Hist. Hans-Joachim Kessler
Wiss.-techn. Mitarbeiterin: Renate Pohlers
Mitarbeiterin im Honorarvertrag: Irmintrud Kölling

II. Unternehmungen

1. Thomas-Müntzer-Ausgabe

a) Briefwechsel Thomas Müntzer: Bearbeiter Dipl.-Hist. M. Kobuch/Dr. S. Bräuer
Die im Zentralen Forschungsplan der DDR stehende Neuausgabe des „Briefwechsels von Thomas Müntzer“ wurde wie auch der Abschnitt „Quellen zum Leben Thomas Müntzers“ in der Berichtszeit ganz wesentlich gefördert.
Die vorliegenden Editionen der Briefe (Böhmer/Kirn 1931 und Franz 1968) mußten nach den Originaldokumenten völlig neu erarbeitet werden und erfuhren dabei noch wesentliche Ergänzungen durch bisher unbekannte Schriftstücke und aus anderen Quellen zusätzlich Erschließbarem. Nunmehr sind über 150 Briefe erfaßt, dazu 40 verlorene, doch nachweisbare Schriftstücke festgestellt und datiert. Der Autopsie wegen mußten auch die in der Staatlichen Leninbibliothek in Moskau befindlichen Originale eingearbeitet werden, ebenso die Bestände der Archive in Marburg, Nürnberg und St. Gallen. Zu der mit vorbildlicher Akribie und hohem Können von Herrn Kobuch völlig neubearbeiteten Briefwiedergabe kommt ein mustergültiger und umfassender Sachkommentar von Herrn Dr. Bräuer, Berlin. Es konnten z. T. völlig neue Erkenntnisse

gewonnen werden. Im Müntzer-Jahr wird das geschlossene Manuskript einschließlich der Sachkommentare vorliegen.

b) Quellen zum Leben Thomas Müntzers: Bearbeiter Prof. Dr. S. Hoyer/Dr. W. Held Anhand von ca. 150 Schriftstücken verschiedenster Art in gesicherter chronologischer Folge konnte eine weitere Bereicherung unserer Kenntnisse über das Leben des Revolutionärs und die damaligen Zeitumstände gewonnen werden. Das Manuskript wurde im Herbst 1988 entsprechend der Vorgabe im Zentralen Forschungsplan abgeliefert.

2. *Sächsische Geschichte*

Redaktion: Unsere Mitglieder K. Czok, R. Groß und M. Unger; Hg. K. Czok
Das Sammelwerk ist soweit gediehen, daß der Druck im 1. Halbjahr 1989 abgeschlossen werden kann. Die Revisionskorrekturen sind beendet, die Register befinden sich in Korrektur. Der Gesamtumfang des Werkes, von dessen 10 Autoren 7 Mitglieder unserer Historischen Kommission sind, beträgt ohne die Register 599 Seiten.

3. *Jahrbuch für Regionalgeschichte*

Leitung und Redaktion: Czok/Dr. L. Enders (Literaturberichte, Rezensionen, Annotationen)
Ausgeliefert wurden im Berichtszeitraum die Bände 14 (535 S.), 15/I (506 S.) und 15/II (467 S.). Durch die von Band 13 an starke Erweiterung des Umfanges durch Einbeziehung der Nordbezirke der DDR (ehemals gesondertes Greifswald-Stralsunder Jahrbuch) erscheinen ab 1988 jeweils zwei Halbbände, deren Einzelumfang schon die Gesamtstärke der vorherigen Jahrbücher 1—13 übersteigt. Der Band 14 ist im Aufsatzteil dem Herausgeber anläßlich seines 60. Geburtstages gewidmet. Zum Jahresende 1988 befinden sich die Bände 16/I und II sowie 17/I beim Verlag.

4. *Quellen und Forschungen zur sächsischen Geschichte*

Dozent Dr. phil. Karlheinz Blaschke und Prof. Dr. sc. phil. Hans Walther

a) In der von unserer Kommission herausgegebenen Reihe erschien 1988 der 9. Band: Volkmar Weiss/Karl Butter, Familienbuch für Zschocken/Krs. Zwickau 1540—1720 (Rekonstruktion der Familien eines großen Bauerndorfes ohne Kirchenbücher aus den Gerichtsbüchern und den archivalischen Quellen der Nachbarorte).

b) „Die Siedlungsgeschichte des Saalkreises und der beiden Mansfelder Kreise" — hinterlassenes Manuskript unseres verstorbenen Mitgliedes E. Neuß — soll in zwei Teilen auf je 200 S. gekürzt in den „Quellen und Forschungen zur sächsischen Geschichte" erscheinen. Die Überarbeitung hat die Tochter des Verstorbenen, Frau Dr. Schwarze, Halle, dankenswerterweise übernommen. Sie schlug auch eine neue Gliederung der Gesamtarbeit vor, die angenommen wurde.

c) Zinsurbare der Oberlausitz. Bearbeiter: W. Huth
Die vorliegenden Materialien von W. Haupt werden druckfertig aufbereitet, um sie dann in den Quellen und Forschungen zur sächsischen Geschichte der Öffentlichkeit vorlegen zu können. Um den günstigsten redaktionellen Rahmen zur nutzbringendsten und übersichtlichsten Darstellung machten sich unsere Mitglieder R. Groß und Dipl.-Hist. M. Kobuch, beide Staatsarchiv Dresden und Herr Dr. phil. habil. Karlheinz Blaschke besonders verdient.

5. Politische Korrespondenz des Herzogs und Kurfürsten Moritz von Sachsen

Leiter: Prof. Dr. sc. theol. Dr. phil. h. c. Helmar Junghans
Bearbeiter: Dr. theol. Johannes Herrmann, Dr. sc. phil. Günther Wartenberg, Ingeborg Herrmann, Dipl.-Theol. Dorothea Kriewald
Die Lektorierung von Band 4 wurde abgeschlossen (wesentlich ergänzt). Zusätze ergaben sich nach der Fertigstellung des Registers und aus der Auswertung der Aushängebögen des sich im Druck befindlichen Melanchthonbriefwechsels. Die Regesten für Band 5 und das Gesamtregister wurden wesentlich gefördert, wobei neue Materialien in- und ausländischer Archive (Dresden, Merseburg, Bamberg, Würzburg, Nürnberg, Braunschweig, Lüneburg, Marburg, Berlin (W) und die Bibliothek in Wolfenbüttel) den Grundstock der Ergänzung bildeten. Die Vorbereitungen für den Fürstenkrieg 1551/52 gegen Kaiser V. und die Ausgleichsverhandlungen mit Magdeburg nach Ächtung der Stadt und im Rahmen des antikaiserlichen Feldzuges und Bündnisses konnten weiter geklärt werden.

6. Codex Diplomaticus Saxoniae Regiae

Hauptteil I, Bd. 3: Urkunden des Markgrafen von Meißen und Landgrafen von Thüringen
Leiter: Dipl.-Hist. Manfred Kobuch
Bearbeiter: Dr. phil. Elisabeth Boer
Das abgeschlossene Manuskript hat M. Kobuch zur druckfertigen Überarbeitung übernommen.

7. Erschließung der Handschriftenbestände im Archiv der Franckeschen Stiftung in Halle

Leiter: Lieberwirth
Bearbeiter:. Renate Rochler
Die Arbeit am Ortsregister geht zügig voran. Die vorhandenen Karteikarten sind zum größten Teil als Druckmanuskript verarbeitet.

8. Akten und Briefe zur Kirchenpolitik des Herzogs Georg von Sachsen

Das vorliegende Manuskript der verstorbenen Bearbeiterin Dr. phil. Elisabeth Werl soll ab 1990 von unserem Mitglied R. Groß als Band 3 und 4 der Gesamtpublikation druckfertig gemacht werden.

III. Sitzungen und andere wissenschaftliche Veranstaltungen

Die Sitzungen der Historischen Kommission dienten der Berichterstattung über den Stand der laufenden Arbeiten, den Abschluß und die Verwertung einzelner wissenschaftlicher Unternehmungen und die Vorbereitung neuer Themen. Sie wurden durch wissenschaftliche Vorträge und jeweils daran anschließende lebhafte Diskussionen bereichert.

a) Die Frühjahrssitzung 1987 mußte wegen Erkrankung des vorgesehenen Vortragenden Prof. Dr. Droz, Paris, leider ausfallen. Dafür fand am 26. 5. 1987 ein Ehrenkolloquium für den Leiter der Kommission anläßlich seines 70. Geburtstages statt, in dessen Mittelpunkt Fragen der Ur- und Frühgeschichte standen.

b) Sitzung am 13. 11. 1987 mit einem Vortrag von Herrn Kobuch, Staatsarchiv Dresden, zum Stand und über Probleme der Neuausgabe von Thomas Müntzers Briefwechsel. Die Ausführungen wurden ergänzt durch einen Beitrag von Herrn Dr. S. Bräuer, Berlin, zur Kommentierung der Briefe.

c) Sitzung am 13. 5. 1988 mit einem Vortrag von Akademie-Mitglied S. Wollgast zur Kulturgeschichte des Dresdner Raumes. Aufgaben, Ergebnisse, Probleme.

d) Sitzung am 11. 11. 1988 mit einem Vortrag von Akademie-Mitglied R. Groß über Sachsen und die Wettiner — Chancen und Realitäten (gleichzeitig als Vorbereitung auf den 900. Jahrestag — 1989) der Belehnung des Hauses Wettin mit der Markgrafschaft Meißen, dem Kerngebiet des späteren Landes Sachsen.

Die Historische Kommission führte gemeinsam mit der Forschungsgruppe Regionalgeschichte der Karl-Marx-Universität Leipzig zwei weitere Tagungen zur Sächsischen Handwerkgeschichte durch:

4. Tagung am 18. 9. 1987 (Leitung Czok) zum Thema: Quellenkundliche Fragen zur Geschichte des Handwerkeralltags

mit folgenden Beiträgen:

— Über Quellen zur Erforschung des Alltags erzgebirgischer, vogtländischer und westlausitzischer Textilproduzenten des 18./19. Jh. aus der Perspektive des Volkskundlers (Dr. B. Schöne, AdW der DDR, Dresden)
— Aspekte des Leipziger Handwerkeralltages im 16. Jh. (Dr. K. Keller, Sektion Geschichte der KMU, Leipzig)
— Nachlaßinventare als Quellen zur Geschichte des Handwerkeralltages in Ungarn (18./19. Jh.), (Dr. K. Dóka, Staatsarchiv Budapest)
— Gewerbliche Entwicklungen in Schleswig-Holstein zwischen 1700 und 1930. Zu Quellen und neuen Forschungen aus dieser Region (Dr. K. Lorenzen-Schmidt, Staatsarchiv Hamburg)
— Zünftiges in sächsischen Archiven. Bemerkungen zu Bestandsstruktur und -entwicklung (Prof. Dr. H. Bräuer, Sektion Geschichte der KMU, Leipzig)
— Schlußbemerkungen (Prof. Dr. K. Czok)

5. Tagung am 15. 12. 1988 (Leitung: unser Mitglied Prof. Dr. H. Bräuer) zum Thema: Bruderschaften und Handwerk in Sachsen zwischen Mittelalter und früher Neuzeit

mit folgenden Beiträgen:

— Anfragen an das Thema „Bruderschaften und Handwerk“ (Prof. Dr. H. Bräuer, KMU, Leipzig)
— Bruderschaften im sächsisch-thüringischen Raum (Prof. Dr. S. Hoyer, KMU, Leipzig)
— Zur Stellung Luthers zu den Bruderschaften und zur Verwirklichung seiner Vorstellungen im reformatorischen Prozeß in Sachsen (Doz. Dr. G. Wartenberg, KMU, Leipzig)
— Bruderschaften im mittelalterlichen Handwerk (Landesarchivrat Dr. W. Reininghaus, Westfälisches Wirtschaftsarchiv Dortmund)
— Bruderschaften im Leipziger Handwerk (Dr. K. Keller, KMU, Leipzig)

Weitere Kolloquien behandelten:

a) Sozial- und Wirtschaftsgeschichte in der Schweiz: Tendenzen der neueren Forschung (Frau Dr. Dubler/Bern, 18. 4. 1988).
b) Rechtliche und soziale Folgen wirtschaftlicher Konzentrationsprozesse im Mansfelder Revier in der 1. Hälfte des 16. Jh. (Prof. Dr. Westermann/Karlsruhe, 12. 5. 1988).
c) Probleme der böhmischen Mediävistik im deutsch-tschechischen Dialog (Prof. Dr. Prinz/München, 29. 11. 1988).
d) Frühmittelalterliche Hagiographie als Quelle für Sozial- und Mentalitätsgeschichte (Prof. Dr. Prinz/München, 29. 11. 1988).

Hinzu kam auch ein Ehrenkolloquium anläßlich des 60. Geburtstages unseres Mitgliedes S. Hoyer (15. 6. 1988), Laudatio und 16 Einzelbeiträge, davon ein großer Teil von Mitgliedern und Mitarbeitern zu Arbeitsthemen der Historischen Kommission). Die Kolloquien wurden gemeinsam mit der KMU Leipzig veranstaltet.

Mitglieder der Historischen Kommission legten für die verschiedensten Zeitabschnitte zur sächsischen und deutschen Geschichte eine größere Anzahl von Einzelarbeiten vor, von denen ein beachtlicher Teil auch im Ausland erschien. Ihre umfangreiche Aufstellung überschritte den Rahmen des Berichtes, die der Akademiemitglieder erscheinen ohnehin im Jahrbuch der Sächsischen Akademie der Wissenschaften zu Leipzig. Begutachtungen von Druckmanuskripten fremder Autoren wurden in reichem Maße gegeben, ebenso solche für Dissertationen und Diplomarbeiten.

Werner Coblenz

Publikationen

Lea, Elisabeth u. Wiemers, Gerald: Eine Sächsische Gesellschaft der Wissenschaften „zum Flor und Ruhme unserer Universität". In: Wissenschafts- und Universitätsgeschichte in Sachsen im 18. und 19. Jahrhundert. Nationale und internationale Wechselwirkung und Ausstrahlung. Beiträge des internationalen Kolloquiums zum 575. Jahr der Universitätsgründung am 26. und 27. November 1984 in Leipzig. Herausgegeben im Auftrage der Sächsischen Akademie der Wissenschaften zu Leipzig und ihrer Historischen Kommission von Karl Czok. Berlin 1987, S. 185—206 (= Abhandlungen der SAW, phil.-hist. Kl., Bd 71, H. 3).

Wiemers, Gerald und Christian Kleint: Biobibliographie Gustav Hertz. In: WZ KMU, math.-nat. R. 36 (1987) 6, S. 721—735.

Wiemers, Gerald: Matija Murko im Spannungsfeld der Leipziger Universität 1917—1920. In: Ernst Eichler/Gerald Wiemers: Zwei Beiträge zur Geschichte der Slawistik. Berlin 1988. S. 21—54 (= Sitzungsberichte SAW, phil.-hist. Kl. Bd. 128, H. 2).

Sprachwissenschaftliche Kommission

7010 Leipzig, Goethestr. 3—5, Tel. 281081

Leiter: Große
Stellv. Leiter: Neubert
Beisitzer: Prof. Dr. Heinz Mettke

Mitglieder: Bahner, Eichler, Hiebsch, Lerchner, Neubert, Růžička, Schuster-Šewc, Werner, Prof. Dr. phil. Wolfgang Fleischer, Prof. Dr. phil. Heinz Mettke, Prof. Dr. phil. Hans Walther
Wiss. Sekretär: Dr. Gunter Bergmann

Althochdeutsches Wörterbuch

7010 Leipzig, Goethestr. 3—5, Tel. 7197, App. 349

Leiter: Große
Leiter der Arbeitsstelle: Dr. Siegfried Blum (ab. 1. 3. 1988), Dr. Heinrich Götz (bis 29. 2. 1988)
Wiss. Mitarbeiter: Dr. Juliane Brandsch (bis 31. 1. 1987), Dr. Siegfried Blum (bis 29. 2. 1988), Dr. Sybille Blum, Dr. Heinrich Götz (ab 1. 3. 1988 bis 30. 6. 1988 Mitarbeiter im Honorarvertrag), Dipl.-Päd. Irmgard Hagl (ab 1. 9. 1988), Dr. Rolf Heller, Dr. Ingeborg Köppe, Dipl.-phil. Bernhard Langer, Dipl.-Germ. Ulrike Seeger (ab 1. 9. 1987).

Brandenburg-Berlinisches Wörterbuch

1086 Berlin, Leipziger Straße 3—4, Tel. 2236396; 2236391

Leiter der Arbeitsstelle: Dr. Joachim Wiese
Wiss. Mitarbeiter: Dr. Klaus-Dieter Gansleweit (ab 1. 8. 1987)
Dipl.-Phil. Annemarie Wiese (bis 30. 6. 1987)
Dr. sc. Teodolius Witkowski
Wiss.-techn. Assistentin: Ingelore Weise

Mecklenburgisches Wörterbuch

2530 Rostock-Warnemünde, Seestr. 15, Tel. Rostock 58344 bis 58346

Leiter der Arbeitsstelle: Dr. Jürgen Gundlach
Wiss. Mitarbeiter: Dr. Christian Rothe, Dr. Eva-Sophie Dahl
Wiss.-techn. Assistentin: Liesel Eschenburg
Mitarbeiterin im Honorarvertrag: Dipl.-phil. Erika Krackow

Pommersches Wörterbucharchiv

2200 Greifswald, R.-Petershagen-Allee 1, Tel. 2103

Verwaltung des Archivs: Dr. Renate Herrmann-Winter

Thüringisches Wörterbuch

6900 Jena, Universitätshochhaus, 8. Etage, Tel. 822 41 38, 822 48 52

Leiter der Arbeitsstelle: Dr. Karl Spangenberg
Wiss. Mitarbeiter: Dr. Rainer Petzold, Dr. Heinz Rosenkranz (im Honorarvertrag)
Wiss.-techn. Assistentin: Stephanie Niebel (1. 1. 1988—31. 10. 1988)
Sachbearbeiterin: Herta Rädlein (bis 31. 12. 1987)

Wörterbuch der obersächsischen Mundarten

7010 Leipzig, Goethestr. 3—5, Tel. 7197338, 7197325

Leiter der Arbeitsstelle: Dr. Gunter Bergmann
Wiss. Mitarbeiter: Dipl.-phil. Ingrid Eichler, Dr. Dagmar Helm, Dipl.-phil. Lothar Wezel, Dipl.-phil. Hartmut Wittkowski, Dipl.-phil. Ingrid Wittkowski
Mitarbeiterin im Honorarvertrag: Dr. Isolde Neumann

Mitarbeit am Siebenbürgisch-Sächsischen Wörterbuch

Wiss. Mitarbeiter: Dr. Helmut Protze

Forschungen zum gesellschaftspolitischen Wortschatz

7010 Leipzig, Goethestr. 3—5, Tel. 7197340

Leiter: Bahner, Neubert
Leiter der Arbeitsstelle: Dr. Christina Schäffner
Wiss. Mitarbeiter: Dr. Eberhard Fischer, Dr. Beate Herting, Dipl.-Germ. Knuth Noke (bis 31. 8. 1987), Dr. Sylvia Trommer (ab 1. 10. 1987), Dipl.-Sprachm. Uwe Wiesemann; Dr. Helga Bergmann (ab. 1. 10. 1988)

Untersuchungen zur sozialpsychologisch orientierten Sprachpsychologie

6900 Jena, Universitätshochhaus, 19. Etage, Tel. 8224219

Leiter: Hiebsch
Wiss. Mitarbeiter: Dr. Matthias Leiße, Dr. Olaf Suchanek

Sitzungen und andere wissenschaftliche Veranstaltungen

Die Frühjahrssitzungen der Kommission fanden am 4. Mai 1987 und am 22. April 1988 statt. Die Arbeitspläne der ihr zugeordneten wissenschaftlichen Institutionen lagen zur Begutachtung und Genehmigung vor. Die Kontrolle ihrer Einhaltung erfolgte jeweils am Jahresende. Am 17. Juni 1987 fand anläßlich der wissenschaftlichen Konferenz in Jena eine zusätzliche Sitzung der anwesenden Kommissionsmitglieder und der Leiter der Arbeiststellen statt. Dabei berichtete u. a. der Leiter der Kommission, Herr Große, über die Arbeitstagung der Redaktion des „Atlas Linguarum Europae" vom 9. bis 12. Juni in Moskau, an der er teilgenommen hatte.

In Weiterführung der Diskussion zu den Problemen der Dialektlexikographie, der die Konferenz in Jena vom 15. bis 17. Juni 1987 gewidmet war, standen am 22. April 1988 Fragen der historischen Lexikographie zur Debatte, wozu Prof. Dr. Hartmut Schmidt vom Zentralinstitut für Sprachwissenschaft der AdW der DDR ein einführendes Referat hielt.

Auch 1987/88 konnten mehrere angesehene Gäste zu Vorträgen mit anschließender Diskussion begrüßt werden:

am 4. Mai 1987 Prof. Dr. U. Maas aus Osnabrück zu: Modernisierung der sprachlichen Verhältnisse in den norddeutschen Städten der frühen Neuzeit,

am 15. Mai 1987 Dr. R. Post aus Kaiserslautern zu: Germanisch-romanische Beziehungen im Wortschatz des Westmitteldeutschen,

am 29. Oktober 1987 Frau Prof. Dr. R. Schmidt-Wiegand aus Münster zu: Bilderhandschriften spätmittelalterlicher Rechtsbücher als Zeugnisse fragmentarischer Schriftlichkeit und

am 17. Mai 1988 Prof. Dr. J. Koivulehto aus Helsinki zu: Probleme der Etymologie und der historischen Wortgeographie (zeitliche Schichten germanisch-finnischer Lehnwortbeziehungen).

Althochdeutsches Wörterbuch

Im Berichtszeitraum erschienen die Doppellieferung 3/4 und die 5. Lieferung des 4. Bandes, die bis zum Artikel *gotathêhtîgo* reicht. Im Druck befinden sich die Doppellieferung 6/7 und die 8. Lieferung des 4. Bandes, die bereits Wörter der Buchstabenfolge *Ha-* enthält. Ausgearbeitet wurden Artikel in der Buchstabenfolge *He-*. Zur Druckeröffnung des Buchstabens *H* wurde das gesamte Belegmaterial für diesen Buchstaben auf Verweise durchgesehen. Die Verzettelung und Lemmatisierung von zahlreichen Nachträgen zu den althochdeutschen Quellen wurde weitergeführt.

Brandenburg-Berlinisches Wörterbuch

Im Berichtszeitraum wurden die Lieferungen III/3 und III/4 erarbeitet, die den Alphabetabschnitt melken — Pank enthalten. Publiziert wurden die Lieferungen III/2 (*löcken — Melkeimer*) und III/3 (*melken — Nachbar*) mit einem Gesamtumfang von 256 Druckspalten, die auch 9 Sprachkarten enthalten. Das Archiv wurde durch die Auswertung von Quellenwerken ergänzt, die im Berichtszeitraum erschienen sind.

Mecklenburgisches Wörterbuch

1987 erschienen die 66. Lieferung als neunte, 1988 die 67. Lieferung als zehnte des VII. Bandes, womit das Alphabet nunmehr bis zum Stichwort weigern 'weigern, verweigern' bewältigt ist.

Das Manuskript der 68. Lieferung wurde fertiggestellt. Die Übernahme von Wortgut aus dem sprachlichen Nachlaß Richard Wossidlos wurde abgeschlossen. Die Mitarbeit an der von Ulrich Bentzien und Siegfried Neumann herausgegebenen Mecklenburgischen Volkskunde wurde ebenfalls abgeschlossen.

Pommersches Wörterbucharchiv

Das Wörterbucharchiv wurde kontinuierlich durch niederdeutsches Wortgut der Gegenwart aus verschrifteten Tonbandtexten und niederdeutscher Mundartliteratur erweitert. Auf der Grundlage des Pommerschen Materials erschien 1988 eine Sammlung von 333 plattdeutschen Sagwörtern.

Thüringisches Wörterbuch

In Zusammenarbeit mit der Abt. Mundartforschung der Sektion Sprachwissenschaft an der Friedrich-Schiller-Universität Jena wurde die Publikation des Thüringischen Wörterbuchs mit den Lieferungen 7 und 8 des VI. Bandes fortgesetzt (*Wasenheu — Winterapfel*). Im Druck befindet sich die Lieferung 9; in Arbeit sind die Lieferungen 10 und 11, die den Bd. VI mit dem Buchstaben Z abschließen, sowie ein Kartenteil, der als Beiheft geplant ist.

Anläßlich des 80. Jahrestages der Begründung des Thüringischen Wörterbuches wurde von der Arbeitsstelle eine Dialektologenkonferenz in Jena ausgerichtet (15. bis 17. Juni 1987). Die Referate und Diskussionsbeiträge wurden veröffentlicht in: Dialektlexikographie (Wissenschaftliche Beiträge der Friedrich-Schiller-Universität Jena 1988). In Auswertung der einschlägigen Literatur und vor allem der eigenen Erfahrungen wurden folgende Probleme diskutiert: Stichwortansatz und Artikelaufbau, Darstellung der Semantik, grammatische Angaben, Diatopik und Historizität.

Wörterbuch der obersächsischen Mundarten

Der Fortgang der Arbeiten am Manuskript verlief planmäßig. Im Berichtszeitraum wurde der Abschnitt „Seil — Üchsel" ausgearbeitet. Die Auszählung ergab, daß er 340 Druckspalten ergeben wird. Der Verlauf der Publikation des Werkes ist seit Herbst 1988 in einem Herausgebervertrag mit dem VEB Bibliographisches Institut Leipzig festgelegt. Dieser sieht die Abgabe des Manuskripts zum Band *L—Z* (etwa 2000 Druckspalten) für 1990 und zum Band *A—K* für 1998 vor.

Wortatlas der städtischen Umgangssprache

Soziolinguistische Kommentierungen der Karten für den Wortatlas der städtischen Umgangssprache der DDR wurden weitergeführt. In Vorbereitung einer Karte für den „Atlas Linguarum Europae" wurden die Belege durchgesehen und zusammengefaßt.

Forschungen zum gesellschaftspolitischen Wortschatz

Zur theoretischen Fundierung der Beschreibung politischer Wortbedeutungen erfolgte seit 1987 eine kritische Auseinandersetzung mit bisherigen Analysen zum politischen Wortschatz (im Deutschen, Französischen und Russischen). Parallel dazu wurde an der Entwicklung eines Erklärungsinventars zur Beschreibung politischer Wortbedeutungen unter dem Aspekt der Nutzbarkeit des Prototypen- und Frame-Konzepts weitergearbeitet. Fragen des Verhältnisses von Kohärenz und Argumentationsstruktur (in politischen Texten), der Beschreibbarkeit von Lexikonausschnitten über den politischen Wortschatz standen dabei im Mittelpunkt und wurden in mehreren Publikationen erörtert.

Untersuchungen zur sozialpsychologisch orientierten Sprachpsychologie

In den Jahren 1987/88 nahm die Arbeitsgruppe eine neue Thematik auf, die in das umfassende Thema „Die Funktion der Sprache — und anderer Kommunikationssysteme — als Regulator sozialer Interaktion und zwischenmenschlicher Beziehungen" eingeordnet werden kann. Mit der Bearbeitung dieses sozialpsychologischen Aspektes sollen Lücken in der Sprachpsychologie ausgefüllt werden. Als Grundlage dient die Beschreibung von Interaktionsprozessen, wie sie von H. Hiebsch vor allem mit den Begriffen der externen und der internen Kontingenz und deren Determinanten eingeführt wurde. Zum Untersuchungsgegenstand wählte die Gruppe das Gespräch, und in der ersten Untersuchungsphase wurden Beratungsgespräche (Problemlösungsgespräche) aufgezeichnet und analysiert, um schon mit den ersten Ergebnissen gewisse praktische Anwendungen — bezüglich der effektiven Anwendung von Beratungsgesprächen — ableiten zu können.

Vor den empirischen Untersuchungen jedoch mußten längere theoretische Vorarbeiten unternommen werden. Dabei konnten zwei Fragen herausgearbeitet werden, die zuerst geklärt werden mußten: (1) Wie und mit welchen sprachlichen (teilweise auch nichtsprachlichen) Mitteln wird die Gesprächsorganisation — im Sinne der Aufrechterhaltung der externen und der internen Kontingenz — gesichert? (2) Wie und mit welchen ... Mitteln werden zwischenmenschliche Beziehungen im Gespräch und durch das Gespräch aufgenommen, aufrechterhalten und auch verändert? Die wichtigste untersuchungspraktische Frage dabei war, welche (statischen oder dynamischen) Merkmale des manifesten Gesprächstextes als Indikatoren verwendet werden können, um diese beiden Fragen zu beantworten. Diese Frage ist bis jetzt nur zum Teil gelöst.

Die bisher durchgeführten empirischen Untersuchungen hatten Beratungsgespräche in realen und unbeeinflußten Situationen zum Gegenstand. Es wurden Gespräche aus der Versicherungs-, Rechts-, Rehabilitations- und Erziehungsberatung aufgezeichnet, protokolliert, und analysiert. Bei einem Teil dieser Gespräche wurden Vorerhebungen, u. a. zu den Vorstellungen und Erwartungen der Partner, durchgeführt, und bei einigen wurden die Teilnehmer in die Analyse einbezogen, nachdem sie mit dem aufgezeichneten Gespräch konfrontiert worden waren. — Die wesentlichen Ergebnisse der Analysen können wie folgt kurz zusammengefaßt werden:

- Es konnte ein für solche Kommunikationen charakteristischer „Handlungsplan“, wie er zuerst 1981 von Schank beschrieben wurde, sowie seine inhaltsabhängigen Variationen ermittelt werden. (Das ist eine der Grundlagen für praktische Anwendungen.)
- In sorgfältigen, aber noch nicht ausgeschöpften Einzelfallstudien konnte gezeigt werden, wie Diskrepanzen der Gesprächsteilnehmer in den Erwartungen, Perspektiven und Zielen, die sie in das Gespräch einbringen, zu Konflikten und damit auch zu Kommunikationsbarrieren, also zum Mißverstehen und zum Fehlgehen der Beratungsintention führen.
- Es konnte der Einfluß gegebener interpersoneller Beziehungen auf den Ablauf des Gesprächs wie auch die Veränderung der Beziehungen durch das Gespräch an einigen wenigen Beispielen erfaßt werden.
- Für weitere Untersuchungen konnten wichtige methodische Erfahrungen gesammelt werden. Zur Verfügung stehen jetzt einige vorläufig geprüfte Verfahren zur Vor- und Nachexploration der Partner sowie Verfahren, wie Gesprächsteilnehmer mit eigenen Aussagen konfrontiert werden sollen, damit sie bei der Tiefenanalyse der Gespräche mitwirken können.

In den geplanten Untersuchungen, die experimentell bzw. „quasiexperimentell“ durchgeführt werden, sollen diese Prozeduren mit dem Ziel weiter ausgebaut werden, die der Gesprächsorganisation zugrunde liegenden Regulationsmechanismen zu erkunden.

Publikationen

Althochdeutsches Wörterbuch

Heller, Rolf: Bemerkungen zu den „irischen“ Namen in der Laxdœla saga. In: Arkiv för nordisk filologi *103* (Lund 1988) S. 142—149.

Brandenburg-Berlinisches Wörterbuch

Wiese, Joachim: Berliner Wörter und Wendungen. Berlin 1987, 160 S.

—: Slawische Wörter im Berlinischen. In: ZfSl *32* (1987) S. 599—605.

Gansleweit, Klaus Dieter: Bomsdorfer Humor (Mundarttext). In: Heimatkalender für den Stadt- und Landkreis Eisenhüttenstadt 1987. S. 66.

—: Zur siedlungsgeschichtlichen Auswertung der sorbischen Mikrotoponymie im Gebiet des slawischen Burgwalls „Groddisch“ bei Wiesenau, Kreis Eisenhüttenstadt. In: Veröffentlichungen des Museums für Ur- und Frühgeschichte Potsdam Bd *22* (1988) S. 135—141.

—: Die Schwerzkoer Mühle — technisches Denkmal im Dorchetal. In: Heimatkalender für den Stadt- und Landkreis Eisenhüttenstadt 1988. S. 74—79.

— u. H.-D. Krausch: Gubener Flurnamen. In: Gubener Heimatkalender 1988. S. 73—79.

Witkowski, Teodolius: Grammatische Angaben im Dialektwörterbuch. In: Dialektlexikographie. Jena 1988. S. 58—65 (= Wissenschaftl. Beiträge der Friedrich-Schiller-Universität Jena).

—: [Nachr.] H. H. Bielfeldt zum Gedenken. In: Namenkundl. Informationen *53* (Leipzig 1988) S. 27—30.

Mecklenburgisches Wörterbuch

Gundlach, Jürgen: Ständschen un Fackeltog un Festeten. Ein Besuch Fritz Reuters in Wismar. In: Wismarer Beiträge *4* (1987) S. 49—55 (= Schriftenreihe des Stadtarchivs Wismar).

—: Volkssprache. In: Mecklenburgische Volkskunde. Hrsg. von Ulrich Bentzien und Siegfried Neumann. Rostock 1988. S. 423—438.

— u. Christian Rothe: Diatopik und Historizität im Dialektwörterbuch, dargestellt am Beispiel des Mecklenburgischen Wörterbuchs. In: Dialektlexikographie. Berichte und Analysen zur Arbeit an Dialektwörterbüchern. Jena 1988. S. 65—85 (= Wiss. Beiträge der Friedrich-Schiller-Universität Jena).

Pommersches Wörterbucharchiv

Herrmann-Winter, Renate: Kleines Plattdeutsches Wörterbuch für den mecklenburgisch-vorpommerschen Sprachraum. 2. Aufl. Rostock 1987.

—: Spass möt sin. Wat de Lüd säden. 333 plattdeutsche Sagwörter. Rostock 1988.

—: Niederdeutsch in der Metakommunikation. Befragungen zur Leistungsfähigkeit einer sprachlichen Varietät. In: WZ Universität Rostock *35* (1986) H. 8, S. 108—112.

—: Zum Zusammenhang von Verwendungsweisen und Bewertungen des Niederdeutschen im Norden der DDR. In: ZPSK 40 (1987) S. 822—829.

Thüringisches Wörterbuch

Petzold, Rainer: Bemerkungen zur Darstellung von Eigennamen in Dialektwörterbüchern. In: Dialektlexikographie. Jena 1988. S. 98—102 (= Wiss. Beiträge der Friedrich-Schiller-Universität Jena).

Rosenkranz, Heinz: Der volkskundliche Aspekt im Dialektwörterbuch. Ebda S. 86—91.

Spangenberg, Karl: Thüringisches Wörterbuch — Geschichtlicher Werdegang und wissenschaftliche Zielstellung. Ebda S. 14—26.

—: Stichwortansatz und Artikelaufbau im Dialektwörterbuch. Ebda S. 35—46.

— [Hrsg.] u. W. Fahning: Dialektlexikographie. Berichte und Analysen zur Arbeit an Dialektwörterbüchern. Jena 1988. 159 S. (= Wiss. Beiträge der Friedrich-Schiller-Universität Jena).

Wörterbuch der obersächsischen Mundarten

Bergmann, Gunter: Zur Darstellung der Semantik im Obersächsischen Wörterbuch. In: Dialektlexikographie. Jena 1988. S. 47–57 (= Wiss. Beiträge der Friedrich-Schiller-Universität Jena).

—: Tagungsbericht: Sprache in der sozialen und kulturellen Entwicklung (Leipziger Kolloquium vom 22.–24. Juli 1986 zu Ehren des 100. Geburtstages von Th. Frings). In: Sprachwissenschaft *11* (1986) S. 200–209.

Protze, Helmut: Einbeziehung junger Entlehnungen aus Nachbarsprachen in Dialektwörterbüchern von Sprachinseln. In: Dialektlexikographie. Jena 1988. S. 103–111 (= Wiss. Beiträge der Friedrich-Schiller-Universität Jena).

—: Zum mitteldeutschen und bairischen Anteil an der Kanzleisprache von Gelnica/Göllnitz (Unterzips) in frühneuhochdeutscher Zeit anhand des ältesten Stadtbuches. In: Studien zum Frühneuhochdeutschen. Emil Skála zum 60. Geburtstag am 20. November 1988. Göppingen 1988. S. 283–301 (= Göppinger Arbeiten zur Germanistik).

Forschungen zum gesellschaftspolitischen Wortschatz

Schäffner, Christina u. Gregory M. Shreve, Uwe Wiesemann: A. Procedural Analysis of Argumentative Political Texts. Case studies from „The Economist". In: ZAA *35* (1987) H. 2, S. 205–117.

—: Semantische Variationen im politischen Wortschatz. In: Klaus Hansen (Hrsg.): Studien zur Sprachvariation (unter besonderer Berücksichtigung des Englischen). Humboldt-Universität, Sektion Anglistik/Amerikanistik. Berlin 1987. S. 232–241.

—: Stufen der Äquivalenz bei der Übersetzung politischer Texte. In: Gert Jäger/Albrecht Neubert (Hrsg.): Semantik, Kognition und Äquivalenz. Leipzig 1988. S. 52–61 (= Übersetzungswissenschaftliche Beiträge 11).

— u. Uwe Wiesemann: Further Remarks on Political Argumentative Texts. In: ZAA *36* (1988) H. 4, S. 339–348.

—: Politischer Wortschatz und Lexikontheorie. In: Der Ginkgo Baum. Germanistisches Jahrbuch für Nordeuropa. Achte Folge. Helsinki 1988. S. 110–113.

Fischer, Eberhard u. Knuth Noke: Eine textuelle Analyse der sprachlichen Präsentation politischer Meinungen in Leitartikeln der bürgerlichen Presse. In: ZPSK (1987) H. 4, S. 504–524.

Herting, Beate: Lexikalisch-pragmatische Verschiebungen bei der Übersetzung von Texten aus „Le Monde" für den „Guardian Weekly". In: G. Jäger u. A. Neubert (Hrsg.): Semantik, Kognition und Äquivalenz. Leipzig 1988. S. 62–69 (= Übersetzungswissenschaftliche Beiträge 11).

—: Arten, Ursachen und Auswirkungen von lexikalisch-pragmatischen Verschiebungen bei der Übersetzung. Dargestellt am Beispiel der Übersetzung von Texten aus „Le Monde" für den „Guardian Weekly". Karl-Marx-Universität Leipzig 1987 (Diss. A).

Trommer, Sylvia: Unterschiede zwischen dem Amerikanischen Englisch und dem Englischen Englisch im Bereich der Gambits. In: K. Hansen (Hrsg.): Studien zur Sprachvariation (unter besonderer Berücksichtigung des Englischen). Humboldt-Universität, Sektion Anglistik/Amerikanistik. Berlin 1987. S. 82–87.

—: Gambits im Englischen – Versuch eines Beschreibungsmodells unter besonderer Berücksichtigung textlinguistischer und gesprächsanalytischer Aspekte. Karl-Marx-Universität Leipzig 1987 (Diss. A).

Wiesemann, Uwe: Varianten der Textsorte Leitartikel in der britischen Presse. In: K. Hansen (Hrsg.) Studien zur Sprachvariation (unter besonderer Berücksichtigung des Englischen). Humboldt-Universität, Sektion Anglistik/Amerikanistik. Berlin 1987. S. 216–224.

Rudolf Große

SITZUNGEN 1987 UND 1988

Mathematisch-naturwissenschaftliche Klasse

9. Januar 1987

Vortrag von Herrn A. Uhlmann: „Erwin Schrödinger und seine Gleichung", erschienen in den Sitzungsberichten der math.-nat. Klasse, Band 121 (1989) H. 3.

Vorgelegt werden Schriften von: Egon Fanghänel, Christian Hänsel, Horst Hennig, Ernst Hölder, Dagmar Hülsenberg, Wilhelm Oelßner, Heinz Penzlin, Eugen-Georg Woschni.

13. Februar 1987

Vortrag von Herrn Hennig: „Photonen — interessante chemische Reagenzien".

Vorgelegt werden Schriften von: Karl-Franz Busch, Klaus Dörter, Hans-Heinz Emons, Egon Fanghänel, Günter Haase, Herbert Jordan, Werner Ries, Joachim-Hermann Scharf, Nikon Danilovič Tomašov.

6. März 1987

Vortrag von Herrn Krug: „Die Entstaubungstechnik — integrierender Bestandteil der Umweltschutztechnik und abproduktarmer Technologien".

Vorgelegt werden Schriften von: Albrecht Gläser, Horst Hennig, Jakov Mikhailovič Kolotyrkin, Heinz Penzlin, Kurt Schwabe, Zoltán Gábor Szabó, Dietrich Uhlmann, Vasilii Sergejevič Vladimirov, Adolf Watznauer.

8. Mai 1987

Vortrag von Herrn Woschni: „Heinrich Barkhausen und die Entwicklung der Elektronik", erschienen in den Sitzungsberichten der math.-nat. Klasse, Band 120 (1988) H. 7.

Vorgelegt werden Schriften von: Ján Benetin, Klaus Fröhlich, Horst Hennig, Ernst Hölder, Dagmar Hülsenberg, Hans Jürgen Rösler, Kurt Schwabe, Hans Stubbe, Eugen-Georg Woschni.

19. Juni 1987

Vortrag von Herrn Hänsel: „Planetenatmosphären — Zustände, Eigenschaften, Evolutionen".

Vorgelegt werden Schriften von: Wolfgang Dürwald, Egon Fanghänel, Horst Hennig, Herbert Jordan, Nikolaus Joachim Lehmann, Heinz Penzlin, Joachim-Hermann Scharf, Eugen-Georg Woschni.

9. Oktober 1987

Vortrag von Frau Hülsenberg: „Glas — ein Werkstoff der Zukunft“, erschienen in den Sitzungsberichten der math.-nat. Klasse, Band 121 (1989) H. 2.

Vorgelegt werden Schriften von: Klaus Dörter, Egon Fanghänel, Robert Finn, Albrecht Gläser, Christian Hänsel, Herbert Jordan, Heinz Penzlin, Hans Jürgen Rösler, Rudolf Sachsenweger, Joachim-Hermann Scharf, Nikon Danilovič Tomašov, Dietrich Uhlmann, Hans Wußing.

11. Dezember 1987

Vortrag von Herrn Fröhlich: „Isotopenphysikalische Diagnose von Grundwasserressourcen“.

Vorgelegt werden Schriften von: Horst Hennig, Benno Parthier, Hans Jürgen Rösler, Rudolf Sachsenweger, Hans Wußing.

15. Januar 1988

Vortrag von Herrn Berg: „Fotodynamische Krebstherapie, Stand und Perspektiven“, erschienen in den Sitzungsberichten der math.-nat. Klasse, Band 121 (1989) H. 4.

Vorgelegt werden Schriften von Klaus Dörter, Robert Finn, Dagmar Hülsenberg, Dietrich Uhlmann, Adolf Watznauer, Eugen-Georg Woschni.

12. Februar 1988

Vortrag von Herrn Beckert: „Bemerkungen zur Theorie der Wahrscheinlichkeit“, erschienen in den Sitzungsberichten der math.-nat. Klasse, Band 122 (1990) H. 1.

Vorgelegt werden Schriften von Albrecht Gläser, Dagmar Hülsenberg, Dietrich Uhlmann.

4. März 1988

Vortrag von Herrn Dietrich Uhlmann: „Umwelt- und Wasserprobleme der Entwicklungsländer“.

Vorgelegt werden Schriften von Wolfgang Dürwald, Albrecht Gläser, Herbert Jordan, Benno Parthier, Heinz Penzlin, Joachim-Hermann Scharf.

13. Mai 1988

Vortrag von Herrn Oelßner: „Halb- und Ganzkörperbestrahlungen“.

Vorgelegt werden Schriften von Egon Fanghänel, Günter Haase, Dagmar Hülsenberg, Hans Jürgen Rösler, Eugen-Georg Woschni.

3. Juni 1988

Vortrag von Herrn Parthier: „Distickstoff-Bindung in Wurzelknöllchen — 100 Jahre nach ihrer Entdeckung durch Hermann Hellriegel“, erschienen in den Sitzungsberichten der math.-nat. Klasse, Band 121 (1990) H. 5.

Vorgelegt werden Schriften von Günter Haase, Heinz Penzlin, Armin Uhlmann.

14. Oktober 1988

Vortrag von Herrn Dürwald: „Der nichtnatürliche Tod — zentraler Untersuchungsgegenstand der gerichtlichen Medizin".

Vorgelegt werden Schriften von Egon Fanghänel, Christian Hänsel, Herbert Jordan, Artur Lösche, Wilhelm Oelßner, Heinz Penzlin, Dietrich Uhlmann, Adolf Watznauer, Hans Wußing.

9. Dezember 1988

Vortrag von Herrn Sachsenweger: „Aktuelle Probleme der Ätiologie, Prophylaxe und Therapie der Kurzsichtigkeit".

Philologisch-historische Klasse

9. Januar 1987

Vortrag von Herrn Jürgen Werner: „'Die Welt hat nicht mit den Griechen angefangen' — zum Leben und Werk von Franz Dornseiff".

Vorgelegt wurden Schriften von: Jes Peter Asmussen, Eberhard Brüning, Ernst Eichler, Johannes Erben, Hans Hiebsch, Walter Markov, Terence Frederick Mitchell, Klaus Mylius, Claus Träger, Ernst Ullmann, Jürgen Werner.

13. Februar 1987

Vortrag von Herrn Felix: „Wie familiär war J. S. Bach?", erschienen im Anhang des Jahrbuches der SAW 1985—1986 (Berlin 1988) S. 287—295.

Vorgelegt werden Schriften von: Werner Coblenz, Gerhard Dudek, Ernst Eichler, Herbert Hunger, Gotthard Lerchner, Rolf Lieberwirth, Klaus Mylius, Albrecht Neubert, Zsigmond Telegdi, Jürgen Werner, Dieter Wittich, Siegfried Wollgast.

6. März 1987

Vortrag von Herrn Möbius: „Die Dorfkirche im Jahrhundert der Kathedrale. Periodisierungsfragen in der deutschen Baukunst des 13. Jahrhunderts", erschienen in den Sitzungsberichten der phil.-hist. Klasse, Band 128 (1988) H. 3.

Vorgelegt werden Schriften von: Jan Białostocki, Walter Dietze, Rudolf Große, Alois Jedlička, Gotthard Lerchner, Klaus Mylius, Werner Ogris, Rudolf Růžička, Zsigmond Telegdi, Claus Träger, Ernst Ullmann, Jürgen Werner.

8. Mai 1987

Vortrag von Herrn Diesner: „Historische Kontinuität im Vergleich".

Vorgelegt werden Schriften von: Werner Bahner, Werner Coblenz, Rigobert Günther, Jost Hermand, Edgar Lehmann, Klaus Mylius, Albrecht Neubert, Eberhard Poppe, Max Vasmer.

19. Juni 1987

Vortrag von Herrn Mylius: „Altindische Ritualistik — neue Wege zur Erschließung ihrer Quellen", erschienen in den Sitzungsberichten der phil.-hist. Klasse, Band 128 (1989) H. 6.

Vorgelegt werden Schriften von: Hans-Joachim Diesner, Jaques d'Hondt, Friedrich Möbius, Claus Träger, Ernst Ullmann, Siegfried Wollgast.

9. Oktober 1987

Vortrag von Herrn d'Hondt: „Hegel und Frankreich", erschienen in den Sitzungsberichten der phil.-hist. Klasse, Band 128 (1988) H. 4.

Vorgelegt werden Schriften von: Werner Bahner, Jacques d'Hondt, Gerhard Dudek, Edgar Lehmann, Gotthard Lerchner, Rolf Lieberwirth, Klaus Mylius, Albrecht Neubert, Lothar Rathmann, Claus Träger, Ernst Ullmann, Hans-Georg Werner, Siegfried Wollgast.

11. Dezember 1987

Vortrag von Herrn Wittich: „Ein folgenreicher Dialog mit sowjetischen Philosophen zur Determination des Erkennens: Der Londoner Kongreß zur Wissenschaftsgeschichte 1931", erschienen in den Sitzungsberichten der phil.-hist. Klasse, Band 130 (1990) H. 5.

Vorgelegt werden Schriften von: Kurt Aland, Werner Bahner, Hans-Joachim Diesner, Rudolf Große, Rigobert Günther, Rudolf Meyer, Klaus Mylius, Claus Träger, Jürgen Werner.

15. Januar 1988

Vortrag von Herrn Forberger: „Zur bildlichen Darstellung der Industriellen Revolution in Sachsen".

Vorgelegt werden Schriften von: Hans-Joachim Diesner, Ernst Eichler, Johannes Erben, Rigobert Günther, Klaus Mylius, Eberhard Poppe, Ernst Ullmann, Ernst Werner, Siegfried Wollgast.

12. Februar 1988

Vortrag von Herrn Ernst Werner: „Die hussitische Revolution: Revolutionsbegriff und Revolutionsergebnis im Spiegel marxistischer, in Sonderheit tschechoslowakischer Forschung", erschienen in den Sitzungsberichten der phil.-hist. Klasse, Band 129 (1989) H. 1.

Vorgelegt werden Schriften von: Heinz Ladendorf, Rolf Lieberwirth, Klaus Mylius, Claus Träger, Ernst Werner, Jürgen Werner, Siegfried Wollgast, Viktor Žmegač.

4. März 1988

Vortrag von Herrn Träger: „Geschichtliche Entwicklungsformationen der Literatur".

Vorgelegt werden Schriften von: Werner Coblenz, Ernst Eichler, Friedrich Möbius, Klaus Mylius.

13. Mai 1988

Vortrag von Herrn Ullmann: „Das Münchener Leonardofragment und der Hochaltar von SS. Annunziata", erschienen in den Sitzungsberichten der phil.-hist. Klasse, Bd. 130 (1990) H. 1.
Vorgelegt werden Schriften von Werner Felix, Rudolf Große, Eberhard Poppe, Ernst Ullmann, Jürgen Werner, Siegfried Wollgast.

3. Juni 1988

Vortrag von Herrn Wollgast: „Karl Christian Friedrich Krause (1781—1832) — Anmerkungen zu Leben und Werk", erschienen in den Sitzungsberichten der phil.-hist. Klasse, Band 129 (1989) H. 5.
Vorgelegt werden Schriften von Werner Bahner, Eberhard Brüning, Hans-Joachim Diesner, Ernst Eichler, Klaus Mylius, Albrecht Neubert, Rudolf Růžička, Ernst Ullmann, Dieter Wittich.

14. Oktober 1988

Vortrag von Herrn Lieberwirth: „Das Privileg Erzbischof Wichmanns und das Magdeburger Recht", erschienen in den Sitzungsberichten der phil.-hist. Klasse, Band 130 (1990) H. 3.
Vorgelegt werden Schriften von: Eberhard Brüning, Rudolf Große, Gotthard Lerchner, Rolf Lieberwirth, Klaus Mylius, Albrecht Neubert, Werner Ogris, Claus Träger, Ernst Ullmann, Hans-Georg Werner, Jürgen Werner, Siegfried Wollgast.

9. Dezember 1988

Vortrag von Herrn Brüning: „Eugene O'Neill und die Mündigkeit des amerikanischen Theaters", erschienen in den Sitzungsberichten der phil.-hist. Klasse, Band 130 (1990) H. 2.
Vorgelegt werden Schriften von: Werner Bahner, Eberhard Brüning, Werner Coblenz, Gerhard Dudek, Ernst Eichler, Werner Felix, Rudolf Große, Rigobert Günther, Gotthard Lerchner, Rolf Lieberwirth, Klaus Mylius, Peter Nagel, Claus Träger, Ernst Ullmann, Siegfried Wollgast.

Öffentliche Gesamtsitzungen

10. April 1987

Begrüßung und Ansprache des Präsidenten, Herrn Bahner, Bericht des Vizepräsideten, Herrn Lösche, über die Arbeiten beider Klassen, — Vortrag des Herrn Penzlin: „Ordnung — Organisation — Organismus", erschienen in den Sitzungsberichten der math.-nat. Klasse, Band 120 (1988) H. 6.

13. November 1987

Begrüßung des Präsidenten, Herrn Bahner, Verleihung des Friedrich-Weller-Preises der Sächsischen Akademie der Wissenschaften und der Karl-Marx-Universität an Dozentin

Dr. Marlene Njammasch (Humboldt-Universität Berlin) und Dozent Dr. Manfred Taube (Karl-Marx-Universität Leipzig), Würdigung von Gustav Hertz anläßlich seines 100. Geburtstages durch den Vizepräsidenten, Herrn Lösche, — Vortrag des Herrn Poppe: „Menschenrechte im Wandel", erschienen in den Sitzungsberichten der phil.-hist. Klasse, Band 128 (1988) H. 5.

15. April 1988

Begrüßung und Ansprache des Präsidenten, Herrn Bahner, Bericht des Vizepräsidenten, Herrn Lösche, über die Arbeiten beider Klassen. — Vortrag des Herrn Hans-Georg Werner: „Über die Modernität der literarischen Romantik in Deutschland", erschienen in den Sitzungsberichten der phil.-hist. Klasse, Band 129 (1989) H. 6.

11. November 1988

Begrüßung und Ansprache des Präsidenten, Herrn Bahner, Verleihung des Kurt-Schwabe-Preises an die Herren Herbert Mohry vom Institut für Energetik und Horst Müller und Michael Suder von der TH Zittau. — Vortrag des Herrn Emons: „Anorganische Salze — natürlicher Schatz unserer Erde", erschienen in den Sitzungsberichten der math.-nat. Klasse, Band 122 (1990) H. 3.

ANSPRACHE DES PRÄSIDENTEN, HERRN BAHNER
bei der öffentlichen Gesamtsitzung am 10. April 1987

Sehr verehrtes Auditorium!

Zur heutigen Öffentlichen Frühjahrssitzung der Sächsischen Akademie der Wissenschaften zu Leipzig heiße ich Sie alle herzlich willkommen. Eine besondere Freude ist es mir, führende Repräsentanten der Bezirksleitung der SED Leipzig und des Rates des Bezirkes Leipzig unter unseren Gästen zu wissen. Sehr herzlich begrüße ich den Sekretär der Bezirksleitung der SED, Dr. *Wötzel*, und den 1. Stellvertreter des Vorsitzenden des Rates des Bezirkes und Vorsitzenden der Bezirksplankommission, Dr. *Poppe*. Einen sehr freundlichen Willkommensgruß entbiete ich auch dem Vertreter des Ministeriums für Wissenschaft und Technik, Dr. *Liebe*, sowie dem Konsul der UdSSR in Leipzig, Herrn *Orechow*, und dem Generalkonsul der VR Polen in Leipzig, Herrn *Kotlorz*. Sehr erfreut sind wir darüber, leitende Persönlichkeiten von Akademien, Universitäten, Hochschulen und kulturellen Institutionen unseres Landes begrüßen zu können, mit denen wir auf vielfältige Weise bei der Lösung wissenschaftlicher und bildungspolitischer Aufgaben freundschaftlich verbunden sind. Ich begrüße den Generalsekretär der Akademie der Wissenschaften der DDR, Professor Dr. *Grote*, den Rektor der Martin-Luther-Universität Halle, Magnifizenz *Isbaner*, den Rektor der Technischen Hochschule Leipzig, Magnifizenz *Altner*, den Rektor der Pädagogischen Hochschule Leipzig, Magnifizenz *Müller*, und den Generaldirektor der Nationalen Forschungs- und Gedenkstätten Johann Sebastian Bach, unser Mitglied Werner *Felix*.

Ganz besonders erfreut sind wir darüber, daß ausländische Gelehrte international hochangesehener Akademien unter uns weilen. Sehr herzlich willkommen heiße ich den Repräsentanten der Akademie der Wissenschaften der ČSSR, Professor Dr. *Ryšavý*, Mitglied des Präsidiums dieser Akademie, und den Vizepräsidenten der Slowakischen Akademie der Wissenschaften, Prof. Dr. *Filkorn*. Ebenso herzlich begrüße ich die Auswärtigen Mitglieder unserer Akademie, die Herren *Białostocki* und *Klimaszewski* aus der Volksrepublik Polen sowie Herrn *von Weizsäcker* aus der Bundesrepublik Deutschland.

Einen herzlichen Willkommensgruß entbiete ich auch unseren Mitgliedern und ihren Ehefrauen, den Witwen unserer verstorbenen Mitglieder sowie den Mitarbeitern der Sächsischen Akademie der Wissenschaften. Gruß und Dank gelten ferner jenen Damen und Herren, die durch den Besuch unserer Öffentlichen Sitzung ihr Interesse am wissenschaftlichen Leben unserer Akademie bekunden.

Auch diesmal obliegt uns die traurige Pflicht, unserer seit der letzten Öffentlichen Frühjahrssitzung verstorbenen Mitglieder zu gedenken.

Am 20. Mai 1986 starb im Alter von 82 Jahren unser Auswärtiges Mitglied Willem *Pée*, em. Professor für Niederländische Sprachwissenschaft an der belgischen Universität Gent.

Im Alter von 78 Jahren verschied am 14. Juli 1986 unser Auswärtiges Mitglied Vladimir *Georgiev*, em. Professor für allgemeine und indoeuropäische Sprachwissenschaft an der Universität Sofia.

Am 20. September 1986 verstarb unser Auswärtiges Mitglied Iorgu *Iordan* wenige Tage vor Vollendung seines 98. Lebensjahres, em. Professor für romanische Philologie an der Universität Bukarest.

Unser Auswärtiges Mitglied Georgij Vladimirovič *Stepanov*, Direktor des Sprachwissenschaftlichen Instituts der Akademie der Wissenschaften der UdSSR, verschied am 28. Oktober 1986 im Alter von 67 Jahren.

Am 6. November 1986 verstarb im Alter von 85 Jahren unser Ordentliches Mitglied Erich *Rammler*, em. Professor für Brennstofftechnik, Wärmewirtschaft und Brikettierung an der Bergakademie Freiberg.

Im Alter von 77 Jahren verschied am 28. November 1986 unser Ordentliches Mitglied Peter Friedrich *Matzen*, em. Professor für Orthopädie an der Karl-Marx-Universität Leipzig.

Am 25. November 1986 verstarb unser Auswärtiges Mitglied Hamao *Umezawa* im Alter von 72 Jahren, em. Professor für Molekularbiologie und Biochemie an der Universität Tokyo.

Erst in den letzten Monaten erhielten wir Nachricht vom Ableben unserer Auswärtigen Mitglieder Remus *Răduleţ*, Bukarest, am 6. Februar 1984, Miroslav *Karšulin*, Zagreb, am 12. Februar 1984, und Şerban *Ţiţeica*, Bukarest, am 28. Mai 1985.

Sie haben sich zum ehrenden Gedenken unserer verstorbenen Mitglieder von den Plätzen erhoben. Dafür danke ich Ihnen.

Willem *Pée*, der seit 1971 unserer Akademie angehörte, ist in der internationalen Fachwelt vor allem durch seine Arbeiten zur niederländischen Dialektologie bekannt geworden. Maßgeblichen Anteil hatte er an der Orthographiereform der niederländischen Schriftsprache.

Vladimir *Georgiev*, im Februar 1968 von unserer Akademie zugewählt, trug mit zahlreichen Publikationen wesentlich zur sprachgeschichtlichen Aufhellung des südosteuropäischen Raumes bei. Seine Studien über das Mykenisch-Griechische, das Pelasgische, das in das östliche Sprachgebiet des Griechischen einwirkende Hethitische und vor allem über das Thrakische haben ihn weit über die Indogermanistik hinaus bekannt gemacht.

Iorgu Iordan, seit März 1958 Auswärtiges Mitglied, hat als Romanist zur Methodologie seines Faches, zur Herausbildung der romanischen Sprachen und zur Entwicklung und Struktur der rumänischen Gegenwartssprache wichtige Monographien vorgelegt.

Georgij Vladimirovič *Stepanov*, seit Oktober 1982 Mitglied unserer Akademie, ist mit vielbeachteten Arbeiten zur spanischen Sprache und Literatur, vor allem in Lateinamerika, sowie zu stilistisch-ästhetischen Aspekten der Literatursprache hervorgetreten.

Erich *Rammler* war seit November 1958 Mitglied unserer Akademie. Auf dem Gebiet der Brennstofftechnik und Kohleveredelung vollbrachte er Pionierleistungen, die nicht nur in forscherischer Hinsicht große internationale Beachtung fanden, sondern vor allem auch für die Volkswirtschaft unseres Landes enorme Bedeutung besaßen.

Peter Friedrich *Matzen* gehörte unserer Akademie seit Dezember 1964 an. Er verstand es ausgezeichnet, ärztliche Tätigkeit, akademisches Lehramt und wissenschaftliche Forschungsarbeit miteinander zu verbinden. Besonders erfolgreich war er bei der Operation von Skoliosen und der Behandlung der Luxationshüfte im Kindesalter.

Hamao *Umezawa*, der erst im März 1985 als Auswärtiges Mitglied zugewählt worden war, galt als einer der bedeutendsten japanischen Biochemiker. Er hat eine Reihe von Antibiotica aufgefunden.

Remus *Răduleț*, seit Oktober 1966 Mitglied unserer Akademie, war als Elektrotechniker an der Entwicklung von Elektromotoren maßgeblich beteiligt. Wesentlich beeinflußt hat er den Ausbau des Schiffahrts- und Wasserkraftsystems am Eisernen Tor.

Miroslav *Karšulin*, im November 1974 zugewählt, erwarb sich als Physikochemiker große Verdienste durch seine Arbeiten zu photogalvanischen Erscheinungen sowie durch seine Untersuchungen zu den Vorgängen der Korrosion und deren Verhütung.

Şerban *Ţiţeica*, seit Oktober 1966 unser Mitglied, trug als theoretischer Physiker mit seinen Forschungen zur Absorption und Fluktuation von Korpuskularstrahlen, besonders von schweren Ionen, zum Aufbau der kernphysikalischen Meßtechnik bei.

Meine Damen und Herren!

Gottfried Wilhelm *Leibniz*, dessen Akademiegedanken wir uns verpflichtet fühlen, stellte den Gelehrten Gesellschaften die Aufgabe, „alle geistigen Kräfte im Dienste produktiven Schaffens zu sammeln". Sie sollen Stätten des wissenschaftlichen Meinungsaustausches sein, der gründlichen, umfassenden Diskussion fundamentaler Probleme dienen, bei der Fülle aufgeworfener Fragen helfen, Prioritäten zu setzen, und sie sollen die Einheit von Theorie und Praxis im Blickfeld haben. Keinesfalls wollte er Gelehrte Gesellschaften als bloß repräsentative Gremien verstanden wissen, die mehr zeremoniellen Gepflogenheiten im wissenschaftlich-kulturellen Leben entsprechen und dabei tradierten Ritualen folgen.

Dieser lebendige wissenschaftliche Dialog zwischen den Disziplinen ist heute angesichts der für den einzelnen Forscher dringenden Notwendigkeit, sich zum weiteren Erkenntnisgewinn auf sehr enge Wissensgebiete zu konzentrieren, mehr denn je erforderlich. Spezialisten, die von immer weniger immer mehr wissen, brauchen übergreifende Orientierungs- und Anhaltspunkte, bedürfen der wissenschaftlichen Integration. Zwar ist es hilfreich, wenn bei dem einzelnen Forscher das vertiefte Spezialwissen mit einem breiten Überblickswissen einhergeht, doch liegt darin wohl nicht die Lösung. Unter den Bedingungen zurückliegender Zeiten allerdings bot dies zumindest noch eine verheißende Möglichkeit, forscherisch voranzukommen. Jacob *Burckhardt*, der bekannte Basler Historiker, gelangte Ende des vergangenen Jahrhunderts in seinen „Weltgeschichtlichen Betrachtungen", die bei aller konservativen Grundhaltung manch hellsichtigen Ausblick erkennen ließen, zu folgendem Schluß: „In den Wissenschaften ... kann man nur noch in einem begrenzten Zweige Meister sein, nämlich als Spezialist, und irgendwo soll man dies sein. Soll man aber nicht die Fähigkeit der allgemeinen Übersicht ... einbüßen, so sei man noch an möglichst vielen andern Stellen Dilettant ..., sonst bleibt man in Allem was über die Spezialität hinausliegt, ein Ignorant und unter Umständen im Ganzen ein roher Geselle."

Sicherlich sollte dies der einzelne Gelehrte beherzigen, doch führt dies heute nicht mehr ohne weiteres aus der Schwierigkeit heraus, die vorangetriebene Spezialisierung auf höherer Ebene zu integrieren, d. h. das durch Hochspezialisierung gewonnene Einzelwissen zur Beleuchtung neuer Zusammenhänge zu nutzen, um im Anschluß daran weitere Impulse für das Vorgehen auf der Spezialstrecke zu erhalten.

Gelehrte Gesellschaften wie unsere Akademie sehen eine wesentliche Aufgabe darin, eine solche wissenschaftliche Integration zu fördern. Der Dialog zwischen den Disziplinen hilft nicht nur, gegenseitig von neuesten Forschungsergebnissen Kenntnis zu nehmen. Er schärft auch den Blick für übergreifende Zusammenhänge und gemeinsame Entwicklungstendenzen. Zugleich signalisiert diese Art wissenschaftlicher Kommunikation aber auch, wo sich jeweils spezifikbedingte Sprachbarrieren auftun. Diese zur Gewährleistung des nötigen Dialogs zu überwinden, ist gewiß von nicht zu unterschätzender Bedeutung.

Ebenso vermag die Beschäftigung mit der Wissenschaftsgeschichte klärend im Dialog der Disziplinen zu wirken. Nicht zufällig hat die Wissenschaftsgeschichtsschreibung in neuester Zeit einen mächtigen Aufschwung erfahren, erwartet man doch von der Aufdeckung der in der Wissenschaftsentwicklung sich abzeichnenden Gesetzmäßigkeiten und wirksam gewordenen Triebkräfte auch Einsichten, die für eine rationale Gestaltung des gegenwärtigen außerordentlich komplexen wissenschaftlichen Lebens Relevanz besitzen.

Als in der zweiten Hälfte des 17. Jahrhunderts die 1662 gegründete „Royal Society" in London und die 1666 ins Leben gerufene „Académie Royale des Sciences" in Paris dokumentierten, wie hier eine der genauen Beobachtung und dem Experiment verschriebene Wissenschaftsgesinnung einen institutionellen Rahmen erhalten hatte, machte sich auch das Bestreben bemerkbar, den in der Wissenschaft erreichten Stand zu bilanzieren und selbstbewußt den neuen Denkeinsatz herauszustellen. In beispielhafter Weise gelang dies dem langjährigen ‚Secrétaire perpétuel' der Französischen Akademie der Wissenschaften Bernard *de Fontenelle*, der seine zahlreichen Nachrufe auf verstorbene Akademiemitglieder zu wissenschaftsgeschichtlichen Exkursen ausweitete und so einen Überblick über Entwicklungstendenzen in einzelnen Fächern vermittelte. Als Ständiger Sekretär der Französischen Akademie der Wissenschaften von 1697 bis 1740 verfolgte er intensiv die Wissenschaftsentwicklung und bereitete auf dieser Grundlage die Anfänge einer Wissenschaftsgeschichtsschreibung vor, an die dann *D'Alembert* und *Condorcet* in gleicher Funktion anknüpfen sollten. U. a. stammte aus seiner Feder eine Würdigung des 1708 verstorbenen Frühaufklärers Ehrenfried Walter *von Tschirnhaus*, des ersten deutschen Gelehrten der Französischen Akademie der Wissenschaften, und eines der ersten umfangreicheren wissenschaftlichen Porträts von Gottfried Wilhelm *Leibniz*, der am 14. November 1716 verstorben war und auf dessen Bedeutung damals in Deutschland kaum hingewiesen wurde. *Fontenelle*, der zu den frühesten und zugleich ältesten Vertretern der französischen Aufklärung zählte — er starb 1757 einen Monat vor Vollendung seines 100. Geburtstages — ist vielfach verkannt worden. Neuere Forschungen haben indessen verdeutlicht, daß *Fontenelle* ein tiefer Denker war, der noch im hohen Alter eine erstaunliche geistige Mobilität bewies und auf jüngere französische Aufklärer maßgeblich einwirkte. Er trug insbesondere zur Entwicklung eines geschichtlichen Weltbildes bei, indem er die in der Renaissance verbreitete Kreislauftheorie überwand. Mit der neuentdeckten Dimension der Geschichte gewann die Erkenntnis der vergangenen Wege für die Aufklärungsbewegung in Frankreich einen hohen Stellenwert, da sich dadurch die Gegenwart ihrer Sendung bewußt werden konnte. *Fontenelle* wandte sich dagegen, die Entwicklung der Menschheit mit derjenigen der Individuen zu vergleichen. Der Fortschritt ergibt sich für ihn daraus, daß immer auf den Erfahrungen und dem Wissen der Vorgänger aufgebaut werden kann und die Vernunft gleichmäßig unter den Menschen verteilt ist. Er plädiert für eine Geschichte des menschlichen Geistes, in die er die Wissenschaftsgeschichte eingeschlossen sieht. Diese soll nicht nur zeigen, wie es zu entscheidenden neuen Erkenntnissen kam, sondern auch, welche Hemmnisse dem Durchbruch der Vernunft entgegenstanden. *Fontenelle* erblickte im geschichtlichen Fortschritt nicht einen automatisch funktionierenden Mechanismus. Er wußte um die den Fortschritt immer wieder behindernden Gefahren. Insbesondere machte er darauf aufmerksam, wie zählebige Traditionen, Gewohnheitsmechanismen und ausgefahrene Bahnen des Denkens neuen Erkenntnismöglichkeiten zum Schaden der Menschheit den Weg versperren. Eine Haltung, die sich trotz besseren Wissens von bisher begangenen Wegen des Denkens nicht freimachen will, beschwört seines Erachtens beträchtliche Gefahren herauf.

So griff *Fontenelle* schon im Zeitalter der Aufklärung Themen auf, die in unsere gegenwärtige Selbstverständigung hineinreichen. Heute, wo die vordringlichste Aufgabe darin besteht, eine nukleare Katastrophe von der Menschheit abzuwenden, gilt es mehr denn je, neue Bahnen des Denkens zu beschreiten. Michail *Gorbatschow*, der Generalsekretär der KPdSU, hat mit Recht darauf hingewiesen, daß die Welt von heute ein neues politisches Denken braucht. Das alte Denken, konstatiert er, „das mit bewaffneter Gewalt als Mittel zur Erreichung politischer Ziele, mit der Darstellung anderer Völker in einem ‚Feindbild' zusammenhing, hat zu zwei weltweiten mörderischen Kriegen geführt. Es hat den ‚kalten Krieg' und die heutige äußerst gefährliche Situation hervorgebracht, hat die Welt an eine Grenzlinie geführt, deren Überschreiten nicht vorhersagbare Folgen hätte."

Die Idee und die Politik der ‚nuklearen Abschreckung', die katastrophale Risiken in sich bergen, leiten sich zweifellos von diesem alten zu überwindenden Denken her. Bei allen grundsätzlichen Unterschieden zwischen den in der heutigen Welt bestehenden gesellschaftlichen Systemen braucht unsere Gegenwart indessen ein Denken, das von gemeinsamer Verantwortung für den Fortbestand und die Weiterentwicklung der Menschheit getragen wird und das friedlichen Wettstreit und Partnerschaft zu verbinden weiß. Mit der Durchsetzung eines solchen neuen Denkens wird auch die Wissenschaft in die Lage versetzt werden, die globalen Probleme auf Weltebene in einer bisher nicht gekannten Dimension anzupacken und so wesentlich stärker und zielgerichteter als bisher zum gesellschaftlichen Fortschritt beitragen.

ANSPRACHE DES PRÄSIDENTEN, HERRN BAHNER

bei der öffentlichen Gesamtsitzung am 13. November 1987

Meine sehr geehrten Damen und Herren!

Zur Öffentlichen Herbstsitzung der Sächsischen Akademie der Wissenschaften heiße ich Sie alle sehr herzlich willkommen. In der Novembersitzung gedenkt unsere Akademie nach altem Brauch ihres geistigen Vaters, des Philosophen und Universalgelehrten Gottfried Wilhelm *Leibniz*, der vor 271 Jahren, am 14. November 1716, in Hannover verstarb. Leibniz entwickelte als erster den modernen Akademiegedanken in umfassender Weise und verband damit eine zutiefst humanistische Gesinnung. Immer wieder betonte er, daß es das Ziel der Wissenschaft sein müsse, im Dienste des menschlichen Fortschritts und der Völkerverständigung zu wirken.

Das Bestreben unserer Akademie ist darauf gerichtet, hierzu in vielfältigen Formen einen Beitrag zu leisten und in diesem Sinne das wissenschaftliche Leben in unserem Lande zu stimulieren, so auch durch die Verleihung von Preisen für sehr gute wissenschaftliche Leistungen.

Mit dem Friedrich-Weller-Preis wollen wir zum einen das wissenschaftliche Vermächtnis einer Persönlichkeit wie Friedrich *Weller* wachhalten und zum anderen die Wissenschaftler auszeichnen, die im Anschluß an fortschrittliche Traditionen und bewährte Leistungen neue Erkenntnisse in denjenigen Disziplinen gewonnen haben, die sich mit der Geschichte, Sprache, Literatur und Kunst der asiatischen Völker, unter besonderer Berücksichtigung Indiens und des Fernen Ostens, beschäftigen.

Friedrich *Weller*, der vor sieben Jahren, am 19. November 1980, im Alter von 91 Jahren in Leipzig verschied, hat als Ordentliches Mitglied die beachtlichen orientalistischen Traditionen der Sächsischen Akademie der Wissenschaften auf hervorragende Weise repräsentiert und die Indologie an der Leipziger Universität in Lehre und Forschung entscheidend geprägt und gefördert. Er war sich bewußt, daß die eigene Disziplin und die benachbarten orientalistischen Fächer sich ebenso der modernen Zeit wie dem Altertum in Forschung und Lehre widmen mußten. Die Regierung unseres Landes würdigte die bedeutenden wissenschaftlichen Leistungen Friedrich Wellers durch die Verleihung des Nationalpreises und des Titels „Verdienter Wissenschaftler des Volkes“. Friedrich Weller setzte unsere Akademie testamentarisch als Erben seines Nachlasses ein. Dieses Erbe im Sinne seines Vermächtnisses für die Förderung der orientalistischen Studien in der DDR zu nutzen, erachtet die Sächsische Akademie der Wissenschaften, im kooperativen Einvernehmen hierbei mit der Karl-Marx-Universität, als verpflichtende Aufgabe.

Die Sächsische Akademie der Wissenschaften und die Karl-Marx-Universität Leipzig verleihen im Jahre 1987 den Friedrich-Weller-Preis an Frau Dr. Marlene *Njammasch*, Dozentin für Alte Geschichte Südasiens an der Sektion Asienwissenschaften der Humboldt-Universität Berlin, und an Herrn Dr. Manfred *Taube*, Dozent für tibetische und mongolische Philologie an der Sektion Afrika- und Nahostwissenschaften der Karl-Marx-Universität Leipzig.

Frau Dr. Marlene *Njammasch* beschäftigt sich seit vielen Jahren erfolgreich mit der Sozialgeschichte Altindiens. Auf diesem Gebiet hat sie zahlreiche vielbeachtete Aufsätze in internationalen Fachzeitschriften publiziert und vor allem mit ihrer 1984 erschienenen Monographie „Zur Genesis des Feudalismus in Indien" einen bemerkenswerten forscherischen Beitrag hierzu erbracht. In diesem Buch beleuchtet sie eingehend die Herausbildung feudaler Verhältnisse im Schoße der altorientalischen Klassengesellschaft Indiens auf der Basis solider philologisch-historischer Quellenauswertung von Hunderten von Sanskritinschriften des nordindischen Raumes. Durch Vergleiche mit anderen altorientalischen Staaten, mit der antiken Sklavenhaltergesellschaft sowie mit frühen Feudalgesellschaften Asiens und Westeuropas gelingt es ihr zugleich, Allgemeines, Besonderes und Nichtvereinbares in der Feudalentwicklung der einzelnen Länder hervorzuheben und die spezifischen Aspekte des frühen Feudalismus in Altindien deutlich herauszuarbeiten. Damit hellte sie nicht nur die sozialökonomische Entwicklung Altindiens auf, sondern brachte auch wertvolle Gesichtspunkte ein in die theoretisch-methodologischen Überlegungen zur dialektisch-materialistischen Theorie von den Gesellschaftsformationen.

Herr Dr. Manfred *Taube* widmet sich in seinen Forschungen seit über dreißig Jahren der Geschichte und Kultur der Völker Zentralasiens und folgte dabei vielfach den Spuren seines akademischen Lehrers Friedrich *Weller*. Dr. Taube befaßte sich zunächst mit der Erschließung der in der Deutschen Demokratischen Republik vorhandenen tibetischen und mongolischen Handschriften und Blockdrucke. Dann arbeitete er dieses Material in Form von Editionen und annotierter Übersetzungen ausgewählter Texte auf. Eine herausragende Leistung war in dieser Hinsicht seine 1980 veröffentlichte Arbeit „Die Tibetica der Berliner Turfansammlung". Ebenso bemerkenswert erwies sich sein 1981 publiziertes Werk „Beiträge zur Geschichte der medizinischen Literatur Tibets", in welchem er sämtliche einschlägigen Angaben der einheimischen Texte zusammengestellt und die tibetischen heilkundlichen Schriften nach ihrer chronologischen Einordnung und wechselseitigen Abhängigkeit untersucht hat. Die Bearbeitung der Mongolica der Berliner Turfansammlung, die zum ältesten und besonders schwer zu erschließenden mongolischen Schrifttum gehören, hat. Dr. *Taube* in einem demnächst beim Akademie-Verlag erscheinenden Band vorgenommen. Darin werden sämtliche mongolischen Fragmente dieser berühmten Sammlung in ihren paläographischen, grammatischen, lexikographischen und inhaltlichen Aspekten präsentiert. Mit dieser erstmaligen Gesamtedition der Turfan-Mongolica wird ein Werk vorliegen, das für die Erforschung der frühmongolischen Kultur- und Literaturgeschichte von großer Bedeutung sein wird.

ANSPRACHE DES PRÄSIDENTEN, HERRN BAHNER

bei der öffentlichen Gesamtsitzung am 15. April 1988

Verehrtes Auditorium!

Zur heutigen Öffentlichen Frühjahrssitzung der Sächsischen Akademie der Wissenschaften zu Leipzig heiße ich Sie alle herzlich willkommen. Unser besonderer Gruß gilt dem Sekretär der Bezirksleitung der SED, Dr. *Wötzel*, dem Stellvertretenden Vorsitzenden des Rates des Bezirkes Leipzig, Dr. *Poppe*, und dem Vertreter des Ministeriums für Wissenschaft und Technik, Dr. *Liebe*.

Herzlich willkommen heiße ich auch leitende Persönlichkeiten von Akademien, Universitäten, Hochschulen und kulturellen Institutionen unseres Landes, mit denen wir auf vielfältige Weise bei der Lösung wissenschaftlicher und bildungspolitischer Aufgaben freundschaftlich verbunden sind. Ich begrüße den Präsidenten der Deutschen Akademie der Naturforscher Leopoldina, unser Mitglied Heinz *Bethge*, den Präsidenten der Kammer der Technik, unser Mitglied Dagmar *Hülsenberg*, den Rektor der Karl-Marx-Universität, unser Mitglied Magnifizenz *Hennig*, den Rektor der Friedrich-Schiller-Universität Jena, Magnifizenz *Wilhelmi*, den Rektor der Technischen Hochschule Ilmenau, Magnifizenz *Kemnitz*, den Rektor der Pädagogischen Hochschule Leipzig, Magnifizenz *Müller*, und den Generaldirektor der Deutschen Bücherei, Professor *Rötzsch*. Wir freuen uns, den Konsul der VR Polen in Leipzig, Herrn *Kotlorz*, und den Träger der Wilhelm-Ostwald-Medaille, der höchsten wissenschaftlichen Auszeichnung unserer Akademie, Professor *Geiseler*, unter uns zu sehen.

Zahlreiche ausländische Akademien bekunden ihr Interesse an unserer Arbeit durch die Anwesenheit ihrer Vertreter. Unser herzlicher Willkommensgruß gilt dem Vizepräsidenten der Akademie der Wissenschaften der ČSSR, Professor *Bucha*, dem Altpräsidenten der Göttinger Akademie der Wissenschaften, Professor *Fleckenstein*, und dem Vertreter und Wirklichen Mitglied der Österreichischen Akademie der Wissenschaften, Werner *Ogris*, Auswärtiges Mitglied unserer Akademie.

Herzlich begrüße ich auch unsere Mitglieder und ihre Ehefrauen, die Witwen unserer verstorbenen Mitglieder, die Mitarbeiter der Sächsischen Akademie der Wissenschaften sowie alle übrigen Gäste.

Auch diesesmal obliegt uns die traurige Pflicht, unserer seit der letzten Öffentlichen Frühjahrssitzung verstorbenen Mitglieder zu gedenken.

Am 24. Mai 1987 verstarb wenige Monate vor Vollendung seines 85. Lebensjahres unser Auswärtiges Mitglied Lajos *Ligeti*, o. Professor für innerasiatische Studien an der Universität Budapest.

Im Alter von 57 Jahren verschied am 7. August 1987 unser Ordentliches Mitglied Manfred *Schubert*, o. Professor für Verfahrenstechnik an der Technischen Universität Dresden und langjähriger Präsident der Kammer der Technik

Am 11. September 1987 verstarb im Alter von 61 Jahren unser Ordentliches Mitglied Walter *Dietze*, emeritierter Generaldirektor der Nationalen Forschungs- und Gedenkstätten der Klassischen Deutschen Literatur in Weimar, Honorar-Professor für Geschichte der Deutschen Literatur an der Karl-Marx-Universität Leipzig.

Am 29. September 1987 verstarb im 70. Lebensjahr Frau Zinaida *Udal'cova*, Auswärtiges Mitglied unserer Akademie, Professor für Byzantinistik und Direktor des Instituts für Allgemeine Geschichte der Akademie der Wissenschaften der UdSSR in Moskau.

Am 24. November 1987 verstarb im Alter von 80 Jahren unser Auswärtiges, ehemals Ordentliches Mitglied Herbert *Peukert*, emeritierter o. Professor für slawische Sprachen an der Friedrich-Schiller-Universität Jena.

Im Alter von 85 Jahren verschied am 26. Dezember 1987 unser Auswärtiges Mitglied Otto *Vossler*, emeritierter o. Professor für mittlere und neuere Geschichte an der Johann-Wolfgang-Goethe-Universität Frankfurt a. M.

Sie haben sich zum ehrenden Gedenken unserer verstorbenen Mitglieder von den Plätzen erhoben. Dafür danke ich Ihnen.

Manfred *Schubert*, der seit Oktober 1981 unserer Akademie als Ordentliches Mitglied angehörte, erwarb sich große Verdienste bei der Entwicklung der Verarbeitungs- und Verfahrenstechnik in unserem Lande.

Walter *Dietze*, seit Oktober 1975 Ordentliches Mitglied unserer Akademie, entwickelte eine umfassende wissenschaftliche, editorische und publizistische Tätigkeit. Das Feld seiner Studien zur deutschen Literaturgeschichte erstreckt sich vom spätmittelalterlichen Volksschwank über Aufklärung, Weimarer Klassik, Vormärz bis zum 20. Jahrhundert. Besondere Aufmerksamkeit schenkte er auch theoretischen Fragen der Literaturwissenschaft.

Herbert *Peukert* gehörte unserer Akademie seit Mai 1965 an, bis 1977 als Ordentliches, dann als Auswärtiges Mitglied. Er war ein ausgezeichneter Kenner der südslawischen Volksdichtung; auch seinen Beiträgen zur Erforschung der deutsch-slawischen Wechselbeziehungen im Bereich der Kultur und Wissenschaft kommt eine grundlegende Bedeutung zu.

Lajos *Ligeti* war seit Januar 1965 Auswärtiges Mitglied unserer Akademie. In der internationalen Fachwelt gilt er als einer der besten Kenner innerasiatischer Kulturen. In Verbindung mit diesen Studien befaßte er sich auch mit der Urgeschichte seines eigenen Volkes.

Zinaida Vladimirovna *Udal'cova*, Mitglied unserer Akademie seit Oktober 1982, war eine international anerkannte Byzantinistin. In ihren Untersuchungen beschäftigte sie sich vor allem mit methodologischen und theoretischen Fragen ihres Faches und mit der sozialökonomischen Entwicklung und Ideologiegeschichte des frühen Byzanz.

Otto *Vossler*, der im Juni 1942 zum Mitglied unserer Akademie gewählt worden war, widmete sich als Historiker vor allem der Ideengeschichte des 18. und 19. Jahrhunderts. Er untersuchte in speziellen Abhandlungen die Entwicklung des Nationalgedankens von Rousseau bis Ranke und die amerikanischen Revolutionsideale in ihrem Verhältnis zu den europäischen.

Meine Damen und Herren!

Gottfried Wilhelm *Leibniz* stellte den Gelehrtengesellschaften einst das Ziel, „alle geistigen Kräfte im Dienste produktiven Schaffens zu sammeln". Diese Orientierung ist in ihrem Kern auch heute noch gültig. Gewiß spielen hierbei die Gelehrtengesellschaften nicht mehr die zentrale Rolle. Die wissenschaftliche Forschung hat inzwischen mächtige Ausmaße angenommen, sich institutionell in vielfältiger Weise ausgedehnt und ihre soziale Dimension wesentlich verbreitert. Doch sind die Gelehrtengesellschaften dadurch nicht überflüssig geworden. Ihre Funktion im Gesamtfeld des wissenschaftlichen Lebens erfährt vielmehr eine schärfere Konturierung und dient ebenso dem übergreifenden Ziel, immer tiefer in die Gesetzmäßigkeiten von Natur und Gesellschaft einzudringen und die hierbei gewonnenen Erkenntnisse für das Wohl der Menschen zu nutzen. Eine Gelehrtengesellschaft wie die Sächsische Akademie der Wissenschaften erfüllt mit ihren kleinen Forschungsgruppen nicht nur ganz spezifische Aufgaben auf historisch-philologischem Gebiet oder in ökologisch-regionaler Hinsicht, sondern sie erblickt ebenso in der Förderung des Dialogs zwischen den Disziplinen eine ihrer wesentlichen Aufgaben.

Mit der modernen Wissenschaftsentwicklung, die durch zunehmende Arbeitsteilung und das wachsende Bedürfnis nach Kooperation und interdisziplinäre Zusammenarbeit gekennzeichnet ist, hat die gegenseitige Information einen bemerkenswerten Stellenwert erhalten. Sie bildet eine grundlegende Voraussetzung für das Verständnis genereller disziplinübergreifender Entwicklungstendenzen. Ebenso erleichtert sie den Zugang zu den Grenz- bzw. Überlappungsgebieten mehrerer Disziplinen, die sich in neuerer Zeit als besonders ergiebig für neue, vielfach fundamentale Einsichten erwiesen haben. Bei einem solchen gegenseitigen Informationsfluß kann schließlich auch auf die Wissenschaftsgeschichte nicht verzichtet werden, sollen Dynamik und Komplexität weiterhin relevanter Prozesse hervortreten. Durch umfassende Einblicke in wissenschaftsgeschichtliche Prozesse, insbesondere durch Aufhellung des dialektischen Verhältnisses von Tradition und Neuerung, von Konstanz und Innovation in einzelnen wissenschaftlichen und geistig-kulturellen Bereichen, gelingt es zweifellos besser, die Aufgaben der Gegenwart im Hinblick auf die Zukunft anzupacken.

Die Zukunft ist heute näher denn je an uns herangerückt. Nicht zufällig ertönt immer häufiger und stärker der Ruf nach wissenschaftlicher Voraussicht. Nicht verheißende Prophetien, nicht futurologische Konstruktionen, sondern wissenschaftliche Prognosen sind gefragt, die auf soliden Daten und gesicherten Informationen basieren. Analytisch-prognostische Tätigkeit wird in zunehmendem Maße integrierender Bestandteil forscherischen Bemühens.

Ohne Zweifel haben sich die Maßstäbe der Zeitorientierung verändert. Mit der wissenschaftlich-technischen Revolution und ihren Auswirkungen sind wir in ein rascheres Entwicklungstempo eingetreten. Gegenüber früheren Phasen der Menschheitsentwicklung ist eine nicht zu übersehende Akzeleration festzustellen. In jüngerer Zeit hat sich innerhalb eines durchschnittlichen Lebensalters mehr verändert als früher in einem Jahrhundert, ja in mehreren Jahrhunderten. Denken wir beispielsweise an die durchgreifenden Veränderungen auf den Gebieten des Verkehrs oder der Kommunikation. Die ganze Entwicklung der Fliegerei von den Versuchen Lilienthals und der Brüder Wright bis zum modernen Düsenflugzeug oder die rasante Entwicklung der Weltraumfahrt mit der ersten Landung eines sowjetischen Sputniks auf dem Mond erfolgten innerhalb der Spanne eines Menschenlebens. In einem relativ kurzen Zeitraum sind über Satelliten weltumspannende Kommunikationsverbindungen entstanden, haben Funk und Fernsehen wesentlich dazu beigetragen, die kommunikative Erreichbarkeit breitester Schichten zu erhöhen. Auch in der Produktion vollziehen sich gegenwärtig verhältnismäßig rasch einschneidende Veränderungen in der Entwicklung und Nutzung von Arbeitsmitteln. Über viele Jahrhunderte erstreckte sich einst die Phase in der Menschheitsgeschichte, in der handwerkliche Fertigung dominierte. Diese Phase wurde dann durch diejenige abgelöst, in der zirka zwei Jahrhunderte lang die Werkzeugmaschine bestimmend war. Letztere wiederum macht nunmehr derjenigen Platz, in der die automatische Fertigung immer mehr vorherrscht, flexible Fertigungssysteme benötigt werden.

Mit den Auswirkungen der wissenschaftlich-technischen Revolution zeichnet sich zugleich eine größere wechselseitige Abhängigkeit der einzelnen Gebiete ab, werden die Beziehungen komplexer. Auf der anderen Seite vollziehen sich die Veränderungen in den einzelnen gesellschaftlichen Bereichen nicht im gleichen Tempo, sind die jeweiligen sozialökonomischen Verhältnisse entscheidend, in welchem Maße für auftretende Widersprüche eine Lösung gefunden wird oder diese sich zu systeminhärenten Antinomien verschärfen. Der mit den Prozessen der wissenschaftlich-technischen Revolution jeweils verbundene soziale Gehalt erweist sich immer wieder von grundlegender Bedeutung.

Wir wissen, daß für unser Land die Beschleunigung des wissenschaftlich-technischen Fortschritts, die Meisterung der Schlüsseltechnologien und die umfassende Intensivierung der Volkswirtschaft von sehr fundamentaler Bedeutung für die weitere Zukunft sind, weil sie ganz entscheidend helfen, die notwendige Basis für die dynamischen Veränderungen in der Abstimmung von Wirtschafts- und Sozialpolitik zu schaffen. Diese Prozesse, welche die Wissenschaftler unseres Landes vor hohe Aufgaben stellen, zeitigen in wachsendem Maße tiefgreifende Wirkungen, die in alle gesellschaftliche Sphären hineinreichen, deutlich den wechselseitigen Zusammenhang von Ökonomie, Wissenschaft, Kultur, Bildung und gesellschaftlicher Mitverantwortung und Mitbestimmung hervortreten lassen und sich bis hin zu den sozialen Beziehungen und Kommunikationsverhältnissen erstrecken.

Zugleich sind wir uns bewußt, daß es heute in der Welt mehr denn je nötig ist, den antihumanen Mißbrauch wissenschaftlicher Erkenntnisse energisch zu verhindern, insbesondere die Völker davor zu bewahren, daß sie auf ein atomares Inferno zusteuern. Mit Freude begrüßen wir deshalb den in Washington von der Sowjetunion und den USA unterzeichneten Vertrag über die Beseitigung der nuklearen Raketen mittlerer und kürzerer Reichweite. Er stellt in der Tat einen historischen Akt von enormer Bedeutung und Tragweite dar, der zu der Hoffnung ermutigt, daß bald weitere entscheidende Abrüstungsschritte folgen werden. Erst wenn der Rüstungswahn beendet sein wird, werden sich auch bessere Perspektiven für die Lösung der globalen Probleme im Weltmaßstab abzeichnen. Erst dann wird das durch die wissenschaftlich-technische Revolution beschleunigte Zeitmaß zu Verhältnissen führen, unter denen sich die menschlichen Wesenskräfte wirklich optimal zu entfalten vermögen.

Sicherlich ist es nicht zufällig, daß die philosophische Diskussion über die Kategorie der Zeit beträchtlichen Auftrieb erfahren hat. In der modernen Wissenschaftsentwicklung rücken Probleme wie das Verhältnis von Kausalität und Zeit und dessen Verknüpfung mit der Gerichtetheit der Zeit, mit der Rhythmik und Zyklizität in Entwicklungsprozessen verstärkt ins Blickfeld. Die kulturelle Zeitdimension hingegen, die sich auf die Entwicklung der menschlichen Gesellschaft erstreckt, die also die gesellschaftlich bedingte Gestaltung der Zeit als kulturelles Phänomen meint, bringt Bezüge zwischen objektiver Zeitstruktur und subjektivem Zeitempfinden zur Geltung. Das Verhältnis zwischen realer Zeit, sozialhistorisch gesehen, und Zeitbewußtsein wird zu einem Mißverhältnis, wenn sich das Zeitbewußtsein als überlebt erweist. Es birgt in diesem Fall Konflikte in sich und erzeugt Unsicherheit.

Aber auch dann, wenn zwischen realer Zeit und Zeitbewußtsein kein Mißverhältnis erkennbar wird, ergeben sich durchaus Spannungen zwischen dem Gegebenen und dem Möglichen, zwischen dem Erreichten und dem Erreichbaren.

Nehmen wir beispielsweise die sprachliche Kommunikation, so ist sie zwar sehr vielgestaltig, je nach Milieu, Partner, Konstellation, Situation und Zweck, doch ob sie jeweils wirklich effektiv gestaltet wird, hängt von vielen Faktoren ab. Mit der weiteren gesellschaftlichen Entwicklung in unserem Lande, das ist absehbar, wird die polyfunktionale deutsche Hochsprache als wichtigstes Kommunikationsmittel zweifellos weiter an Geltung und Bedeutung gewinnen. Wie wir mit ihr umgehen, ob wir sie nur als etwas Äußeres, als bloße Hülle betrachten, oder ob wir sie in ihrer Vielschichtigkeit, verflochten mit menschlicher Kreativität und sozialem Verhalten, begreifen lernen, entscheidet mit darüber, ob hier ebenfalls von Kultur gesprochen werden kann oder nicht.

Die neuere sprachwissenschaftliche Forschung hat mit ihrer Hinwendung zu den Aspekten der Sprachverwendung und des Kommunikationsablaufs bessere Voraussetzungen zur Erklärung und damit auch Förderung dieser Prozesse geschaffen. Auch die Einsicht, daß Sprachpflege und Sprachkritik linguistischer Fundierung bedürfen, gewinnt erfreulicherweise an Boden. Der seit der positivistischen Sprachforschung geltende Grundsatz, daß sich die Linguistik auf die Deskription sprachlicher Phänomene zu beschränken habe und keinesfalls präskriptive Ambitionen verfolgen dürfe, läßt sich heute nur schwer aufrechterhalten. Wir benötigen in der Tat eine moderne, auf linguistischen Erkenntnissen aufbauende Sprachpflege, die sich ihrer gesellschaftlichen Verantwortung bewußt ist und zur Lösung konkreter Probleme der kommunikativen Praxis beiträgt. Eine solche Sprachpflege unterscheidet sich grundsätzlich von jener nationalistischen deutschen Sprachpflege im 19. und 20. Jahrhundert, die von einem Fremdenhaß erfüllt war und sich von einer konservativen Abwehrhaltung heraus gegen offenkundige sprachliche Entwicklung kategorisch sperrte. Wenn auf die Beachtung der bestehenden sprachlichen Normen und auf die sinnvolle Nutzung der sprachlichen Möglichkeiten für eine jeweils adäquate Aussage besonderer Wert gelegt wird, dann liegt darin nichts Pedantisches, Weltfremdes. Zugleich darf natürlich nicht vergessen werden, daß mit den realen Kommunikationsbedürfnissen auch Veränderungen in der Sprache erfolgen. Die Dynamik der Sprachentwicklung macht um die Hochsprache und ihre Normen keinen Bogen. Ob eine Neuerung sich durchsetzt, hängt vielfach davon ab, wie stark Gewicht, Einfluß und Widerstand der sich dagegen stemmenden Kräfte sind. Vor allem aber dürfte entscheidend sein, ob eine Neuerung inneren Gesetzmäßigkeiten der Sprachentwicklung entspricht, zunehmende Verbreitung findet und der Sanktionierung bedarf. Neue sprachliche Ausdrucksformen hingegen, die nicht mit der inneren Sprachstruktur konform gehen, denen Imponiergehabe und schludriger Sprachgebrauch zugrunde liegen, sollten scharfer Kritik unterzogen werden.

Es wäre sicherlich verfehlt, in sprachlichen Veränderungen schlechthin Zeichen der Sprachverwilderung zu erblicken. Bei aller notwendigen Kritik an Fällen sprachlichen Fehlverhaltens besteht kein Grund, darüber zu klagen, daß es mit unserer Sprache unaufhaltsam bergab gehe. Keinesfalls sollte in diesem Zusammenhang allerdings außer acht gelassen werden, daß eine auf Verständlichkeit und Angemessenheit orientierende Sprachkultur mehr denn je nötig sein wird. Hier kommt neben der Schule vor allem den Massenmedien eine erhöhte Verantwortung zu.

Mit den Auswirkungen der wissenschaftlich-technischen Revolution stellen sich neue Ausdrucks- und Verständigungsbedürfnisse ein. Auf diese gilt es mit den Möglichkeiten unserer Sprache, wie diese von der Struktur her gegeben sind, flexibel und kreativ zu reagieren. Auch in der weiteren gesellschaftlichen Entwicklung werden wir mit dem Problem konfrontiert sein, daß unsere Muttersprache sowohl als Kommunikationsmittel dient als auch ein Kulturgut darstellt. Unsere Akademie sucht mit ihren Forschungen beiden Aspekten gerecht zu werden. Vor allem aber ist sie bemüht, im Plenum den interdisziplinären Dialog über solche Probleme zu führen, von deren Lösung wichtige Impulse zur Förderung unserer weiteren Entwicklung auf wissenschaftlichem und kulturellem Gebiet erwartet werden können.

ANSPRACHE DES PRÄSIDENTEN, HERRN BAHNER

bei der öffentlichen Gesamtsitzung am 11. November 1988

Sehr verehrtes Auditorium!

Zur Öffentlichen Herbstsitzung der Sächsischen Akademie der Wissenschaften heiße ich Sie alle sehr herzlich willkommen, und ich danke Ihnen für Ihr Erscheinen.

In wenigen Wochen wird sich zum vierzigsten Male ein bedeutsames Datum in den Annalen unserer Akademie jähren: Am 8. Dezember 1948 erfolgte in einer feierlichen Sitzung im Leipziger Schauspielhaus die Wiedereröffnung der Sächsischen Akademie der Wissenschaften. Der Sowjetischen Militäradministration, ihrem Verständnis und ihrer Unterstützung war es wesentlich mit zu danken, daß bereits wenige Jahre nach der Zerschlagung des verbrecherischen Naziregimes, nach dem Ende des wohl grausamsten und opferreichsten Krieges eine Gelehrtengesellschaft wie unsere Akademie wieder die Möglichkeit erhielt, im Sinne von Gottfried Wilhelm Leibniz „alle geistigen Kräfte im Dienste produktiven Schaffens zu sammeln".

Auf dieser Veranstaltung im Leipziger Schauspielhaus erklärte Theodor *Frings* als Präsident unserer wissenschaftlichen Institution: „Die alte Sächsische Akademie der Wissenschaften ist nach einem Jahrhundert des Glanzes in härtester Stunde neugeboren ... Der neue Bereich um die geistigen Mittelpunkte Dresden, Freiberg, Halle, Jena, Leipzig mag das zusammenführen, was an Kräften lebt, und nicht nur, um in altem Sinne allein zu fragen nach der Geschichte des Menschen und den Geheimnissen der Welt, sondern gerade auch nach dem, was dem Menschen nützt." In diesen Worten kam eine für die weitere Entwicklung fruchtbare Orientierung zum Ausdruck, die sowohl auf Leibniz zurückging als auch auf die notwendige Verbindung von wissenschaftlich-technischem und sozialem Fortschritt hindeutete. Zugleich war sich Theodor *Frings* in jenen Jahren des Neubeginns zutiefst bewußt, daß es nach den materiellen und geistigen Verheerungen, die der Faschismus angerichtet hatte, mehr denn je darum ging, die humanistische Verantwortung der Wissenschaftler zu betonen. Nach den finsteren, bitteren Jahren eines menschenverachtenden Regimes gab es seines Erachtens nur einen Ausweg. Es sollten sich nunmehr, wie er formulierte, „Geist und Leben in neuen gesellschaftlichen Ordnungen zusammenfinden".

Die Sächsische Akademie der Wissenschaften war von Eingriffen des Naziregimes nicht verschont geblieben. Ihr Ordentliches Mitglied Georg *Steindorff*, ein international anerkannter Ägyptologe, war seiner rassischen Herkunft wegen von der Leipziger Universität vertrieben worden. Die im Jahre 1943 erfolgte Zuwahl von Walter *Baetke* und von Friedrich *Weller* zu Ordentlichen Mitgliedern unserer Akademie wurde vom sächsischen Kultusministerium aus politischen Gründen nicht bestätigt. Erst nach der Befreiung vom Faschismus konnten beide Gelehrte offiziell in die Reihen unserer Akademie aufgenommen werden. Walter *Baetke* hatte früh bereits alle ahistorischen und pseudohistorischen Versuche, insbesondere von nazistischer Seite, mittelalterliche Vorstellungen auf das germanische Altertum zu übertragen, in wissenschaftlich fundierter Weise zurückgewiesen. Und Friedrich *Weller*, der mit seinen philologischen Beiträgen zur Indologie und zum

Buddhismus international Maßstäbe gesetzt hatte, erschien den nazistischen Machthabern von Anfang an suspekt wegen seiner philanthropisch-freimaurerischen Einstellung und wegen seiner kontinuierlichen Zusammenarbeit mit jüdischen Kollegen.

In den ersten Nachkriegsjahren zeigte sich in besonders deutlicher Weise, daß der antifaschistisch-demokratische Neuaufbau im Bereich der Wissenschaften nicht nur eine materiell-technische und organisatorische, sondern ebenso eine geistig-moralische und politisch-ideologische Aufgabe war. Werner *Krauss*, im Februar 1949 zum Ordentlichen Mitglied unserer Akademie gewählt, hob damals besonders eindringlich diesen Aspekt und die sich daraus ergebenden Konsequenzen in Forschung und Lehre hervor. Er hatte der antifaschistischen Widerstandsorganisation Schulze-Boysen/Harnack, der „Roten Kapelle", angehört und war in den Wirren der letzten Kriegswochen noch aus faschistischen Kerkern entkommen. Seit Herbst 1947 lehrte er an der Leipziger Universität und orientierte in jenen Jahren des Neubeginns mit überzeugender Argumentation und in geschliffener Form auf die nunmehr an den Hochschulen anstehenden Aufgaben. Die auf gesellschaftlichem und geistigem Gebiet nötigen Umwandlungen machten hier ebenfalls eine Neubesinnung erforderlich. Werner *Krauss* formulierte: „In dieser Situation wird das Verlangen nach Rechenschaft unabweisbar und greift auch auf die bis dahin unberührbaren Gedankenkreise eines wissenschaftlichen Spezialistentums über ... Die methodologische Fragestellung rückt nunmehr vom Rand in die Mitte jeder ernsthaften Wissensbemühung. Die Traditionen können jetzt keine sichere Stütze mehr bieten. Die Traditionen können dem geistigen Ruhebedürfnis nicht mehr entgegenkommen, sobald sie einmal in offenen Widerspruch mit dem wirklichen Stand der Dinge geraten."

In der Tat war hier mit Nachdruck auf eine Seite aufmerksam gemacht worden, die ins Innere der insbesondere historischen und philologischen Fächer traf. Es ging um nichts weniger als um die wissenschaftlichen Prinzipien und die gesellschaftliche Funktion dieser Disziplinen. In diesem Zusammenhang mußte gerade bei den mit der eigenen Geschichte, Sprache und Kultur befaßten Fächern vorrangig die Frage aufgeworfen werden, inwieweit durch ihre Repräsentanten dem ideologisch der Weg bereitet worden war, was sich dann zwischen 1933 und 1945 im nazistischen Unrechtsstaat ereignete. Daß bestimmte Strömungen seit dem 19. Jahrhundert, vor allem dann in den zwanziger Jahren unseres Jahrhunderts maßgeblich das Terrain hierfür durch chauvinistische und irrationalistische Konzepte vorbereitet hatten, ließ sich dabei unschwer erkennen. Eine fundierte Auseinandersetzung mit diesen Richtungen, die eine radikale Abrechnung mit deren Einbindungen in nazistische Ideologie und Politik einschloß, war daher dringend vonnöten. Ein Rückzug auf positivistische Positionen genügte nicht mehr. Damit war es nicht mehr getan. Vielmehr stand eine theoretisch-methodologische Neubesinnung auf der Tagesordnung, die der neuen historischen Situation angemessen sein mußte.

Daß auch die deutsche Sprache während der faschistischen Gewaltherrschaft von nazistischer Ideologie nicht unberührt geblieben war, darüber waren sich die antifaschistischen Kräfte unterschiedlichster Richtung bald recht klar geworden. Ausdrücke des faschistischen Ungeistes bot die gleichgeschaltete Publizistik in stattlicher Zahl. Einige davon setzten sich sogar in der Umgangssprache fest. Victor *Klemperer* notierte und kommentierte sie in seinen Tagebuchaufzeichnungen „LTI".

Im Jahre 1942 schrieb Johannes R. Becher in der sowjetischen Emigration, den Blick in die Zukunft gerichtet: „Es gilt auch, die deutsche Sprache wieder ehrlich zu machen, sie zu befreien von der Verwahrlosung und Verlotterung, sie zu säubern von all dem terminologischen, begrifflichen Unrat, von der verlorenen irrealistischen Begriffsverschwommenheit und Unbegreifbarkeit, wie sie der Nazisprache eigentümlich ist, dieser

Mischung aus okkultem Geschwätz und Kaschemmenjargon. Unser Sprachschatz muß sich des schmierigen Wortes entledigen, das nur dazu diente, die Wahrheit zu verschmieren." Sprachpflege war somit als eine höchst politische Aufgabe zu begreifen und mußte demokratischer Selbstbesinnung dienen. Nazistische oder durch offiziösen Sprachgebrauch nazistisch gefärbte Termini wurden vereinzelt nach 1945 mehr oder weniger systematisch zusammengestellt, gleichsam um Warnschilder zu errichten, so von Dolf *Sternberger* in einer Artikelserie der Zeitschrift „Die Wandlung" unter dem Titel „Aus dem Wörterbuch des Unmenschen". Bezeichnenderweise wurden nach dem 8. Mai 1945 solche Wörter, die offensichtlich nazistischer Gesinnung waren, systematisch gemieden. Daneben gab es aber auch eine Reihe von Ausdrücken, die zwar bei faschistischen Kreisen beliebt waren, doch nicht so abgestempelt erschienen, daß sie in anderen sprachlichen Kontexten nicht auch Verwendung finden konnten.

Bertolt *Brecht* unterschied konsequent zwischen deutscher Sprache des Faschismus und deutscher Sprache im Faschismus. In seinem im Dezember 1939 in Paris veröffentlichten Aufsatz „Fünf Schwierigkeiten beim Schreiben der Wahrheit" behandelte er u. a. den Gebrauch der Sprache im antifaschistischen Widerstandskampf. Brechts Aufsatz wurde damals unter verschieden getarnten Titeln nach Nazi-Deutschland verschickt, so beispielsweise als „Praktischer Wegweiser für erste Hilfe". *Brecht* empfahl, sich bei der Bezeichnung der anzutreffenden Verhältnisse von den Realitäten leiten zu lassen, nicht von gängigen, aber verschwommenen Benennungen, die nazistischer Ideologie Vorschub zu leisten vermochten. Er warnte vor der sprachlichen Ansteckungsgefahr, die von nazistischer Propaganda ausgehen konnte, und suchte hier entgegenzuwirken. Er besaß soviel Vertrauen zur deutschen Sprache, daß er meinte, mit ihren Worten wahrheitsgetreu das Vorgefundene beschreiben zu können. Es kam nur auf das Denkvermögen, auf die kritische Einsicht an.

Wenige Jahre nach dem Zusammenbruch der faschistischen Gewaltherrschaft fehlte es nicht an Interpreten, die sich zu der Ansicht verstiegen, daß die deutsche Sprache dem braunen Terror von sich aus entgegenkam, sich als besonders disponibel für die Sprache des Unmenschen zeigte. Eine solche Konzeption lief nicht nur bei aller antifaschistischen Einstellung ihrer Verfechter auf eine ungerechtfertigte Entlastung der nazistischen Anhänger in Deutschland hinaus, sie stellte auch das Verhältnis von Sprache und Denken auf den Kopf. Die vermittelnde Zeichenfunktion der Sprache wurde fälschlich in eine Identifikation von Sprache und Denken verwandelt.

Der Mißbrauch der deutschen Sprache erfolgte seitens der nazistischen Gewalthaber in Form einer bewußt durchgeführten und administrativ verfügten Sprachregelung sowie durch ein Sondervokabular, das neben Neuprägungen und neubelebten Archaismen zahlreiche Wörter aufwies, die durch die faschistische Blickrichtung einen neuen Sinn erhielten. Letztlich handelte es sich um ein Sondervokabular, das damals nur einen sehr kleinen Ausschnitt im Gesamtwortschatz der deutschen Sprache repräsentierte und die Alltagssprache kaum tangierte. Diesen Parolen gelang kein breiter Einbruch in die deutsche Umgangssprache, da sie für diese sprachliche Existenzform nicht geeignet waren oder auch ihre besonderen politischen Intentionen zu evident markierten.

Es war sicherlich nicht zufällig, daß anläßlich der Wiedereröffnung unserer Akademie der Festvortrag von Theodor *Frings* unter dem Titel „Antike und Christentum an der Wiege der deutschen Sprache" einem Thema gewidmet war, das sich auf die geschichtlichen Grundlagen unserer Muttersprache bezog. Dies entsprach notwendig gewordener Besinnung und orientierte zugleich auf eigene, in der Zukunft zu bewältigende Aufgaben. Zum einen wurde so der Blick auf ein Unternehmen der Sächsischen Akademie der Wissenschaften gelenkt, dessen Realisierung nunmehr zielgerichtet vor sich zu gehen hatte: Das Althochdeutsche Wörterbuch, das das gesamte Wortgut der ältesten, von 750 bis 1050 reichenden deutschen Sprachperiode erfaßt und von dem die ersten Lieferungen bereits im Jahre 1952 erschienen. Zum anderen sollte damit auf die inneren, vielfach und vielfältig vermittelten Verflechtungen von Sprache und Kultur hingewiesen werden, die in historischen Dimensionen geformte Wertbezüge anvisierten und sich gegenüber dem in realen geschichtlichen Prozessen herausbildenden Neuen als flexibel erwiesen. Symptomatisch war in dieser Hinsicht ebenso, daß unsere Akademie gleich in den ersten Jahren nach ihrer Wiedereröffnung zielstrebig daran ging, sich forscherisch intensiv mit den deutsch-slawischen Beziehungen im Mittelalter zu beschäftigen und dabei vor allem jene sprach- und siedlungsgeschichtlichen Kontakte untersuchte, welche die Frühphase der deutschen Sprachgeschichte deutlicher aufzuhellen vermochten. In enger Kooperation zwischen Universität und Sächsischer Akademie entstand in Leipzig in diesem Zusammenhang ein Zentrum onomastischer Forschung, das sich in den folgenden Jahrzehnten auch international zunehmend eines beachtlichen Rufes erfreuen konnte.

Auch nach ihrer Wiedereröffnung behielt unsere Akademie den Charakter einer Gelehrtengesellschaft. Durch einzelne wissenschaftliche Unternehmen trägt sie zwar gezielt zur Erforschung bestimmter naturwissenschaftlich ökologischer, historischer und sprachwissenschaftlicher Probleme bei, doch ihre Hauptaufgabe erblickt sie in der Förderung des Dialogs zwischen den Disziplinen, im interdisziplinären Ideen- und Erfahrungsaustausch durch gegenseitige Information. Die Möglichkeit solcher Kommunikation bildet heute mehr denn je eine wichtige Voraussetzung für das Verständnis genereller disziplinübergreifender Entwicklungstendenzen. Dadurch kann das für die Inangriffnahme wissenschaftlicher Projekte vorhandene Problembewußtsein stärker entwickelt werden. Zahlreiche Vorträge im Plenum unserer Akademie und die sich daran anschließenden Diskussionen erwiesen sich sowohl für den interdisziplinären Dialog als auch für die weitere Entwicklung der jeweiligen Disziplin als anregend und fruchtbar. Die in den Abhandlungen und Sitzungsberichten unserer Akademie dargestellten Forschungsergebnisse legen davon Zeugnis ab.

Darüber hinaus sind die beiden Klassen unserer Akademie bestrebt, den wissenschaftlichen Dialog über die Landesgrenzen hinweg in fruchtbarer Weise zu führen. Die Zuwahl Auswärtiger Mitglieder spielt hierbei eine wichtige Rolle. Dadurch werden engere Kontakte geknüpft, die den internationalen wissenschaftlichen Dialog im Sinne der gemeinsamen Verantwortung und der verbindenden Völkerfreundschaft fördern helfen. Unter diesen Gesichtspunkten wählte die Sächsische Akademie der Wissenschaften in ihrer diesjährigen Mai-Sitzung folgende Wissenschaftler zu Auswärtigen Mitgliedern: In die mathematisch-naturwissenschaftliche Klasse wurden aufgenommen

Erwin *Hiebert*, ordentlicher Professor für Geschichte der Naturwissenschaften an der Harvard-Universität Cambridge (Mass.)

Karl Alexander *Müller*, ordentlicher Professor für Physik an der Universität Zürich

Olga *Oljeinik*, ordentlicher Professor für Mathematik an der Lomonossow-Universität Moskau

Mitsugi *Senda*, ordentlicher Professor für Elektrochemische Biotechnologie an der Universität Kyoto,

und in die philologisch-historische Klasse

Bohuslav *Chropovsky*, ordentlicher Professor für Vor- und Frühgeschichte, Direktor des Archäologischen Instituts der Slowakischen Akademie, Nitra

Thomas *Gamkrelidze*, Direktor des Instituts für Orientalistik in Tbilissi und Ordentliches Mitglied der Akademie der Wissenschaften der UdSSR, Moskau

Wolfgang P. *Schmid*, ordentlicher Professor für vergleichende Sprachwissenschaft der Universität Göttingen

Aleksander *Szulc*, ordentlicher Professor für Germanistik an der Universität Krakow.

Zu den wesentlichen Voraussetzungen für eine fruchtbare interdisziplinäre Kommunikation, wie sie in Gelehrtengesellschaften angestrebt und gepflegt wird, gehört, daß innerhalb der mathematisch-naturwissenschaftlichen und der philologisch-historischen Klasse die hauptsächlichen Fachgebiete zu Wort kommen und daß dies von Wissenschaftlern wahrgenommen wird, die mit bemerkenswerten, von der internationalen Fachwelt beachteten Forschungsergebnissen hervorgetreten sind und im Sinne von Leibniz Theorie und Praxis zum Wohle und Nutzen unserer Gesellschaft zu verbinden verstehen. Aus diesem Grund mißt unsere Akademie stets auch der Zuwahl neuer Ordentlicher Mitglieder großes Gewicht bei. Sie erblickt darin eine mit viel Umsicht und Verantwortung durchzuführende Aufgabe, entscheidet sie doch damit maßgeblich über ihre eigene Zukunft. Ob eine Gelehrtengesellschaft unter voller Nutzung ihrer Möglichkeiten die weitere Entwicklung der Wissenschaft tatsächlich fördert, hängt ja entscheidend davon mit ab, was ihre Mitglieder zu leisten imstande sind, inwieweit sie auf ihrem Gebiet den Erkenntnisgewinn voranbringen und in welchem Maße sie den Gedanken- und Erfahrungsaustausch mit Vertretern anderer Fächer konstruktiv zu führen verstehen. Unter diesen Gesichtspunkten hat das Plenum unserer Akademie am 3. Juni dieses Jahres folgende Herren zu Ordentlichen Mitgliedern gewählt:

mathematisch-naturwissenschaftliche Klasse

Klaus *Arnold*, ordentlicher Professor für Biophysik an der Karl-Marx-Universität Leipzig

Klaus *Beyer*, ordentlicher Professor für Mathematik an der Karl-Marx-Universität Leipzig

Uwe-Frithjof *Haustein*, ordentlicher Professor für Dermato-Venerologie an der Karl-Marx-Universität Leipzig

Bernd *Wilhelmi*, ordentlicher Professor für Experimentalphysik an der Friedrich-Schiller-Universität Jena,

philologisch-historische Klasse

Reiner *Groß*, Direktor des Staatsarchivs Dresden

Peter *Nagel*, außerordentlicher Professor für Koptologie an der Martin-Luther-Universität Halle—Wittenberg

Heinz *Schuster-Šewc*, ordentlicher Professor für Sorabistik an der Karl-Marx-Universität Leipzig.

Ich heiße die neuen Ordentlichen Mitglieder in unseren Reihen herzlich willkommen und bin überzeugt, daß sie erfolgreich und impulsgebend zur Gestaltung des wissenschaftlichen Lebens in unserer Akademie beitragen werden.

Meine sehr geehrten Damen und Herren!

Im Dezember 1984 wurde von der Sächsischen Akademie der Wissenschaften zu Leipzig und der Kammer der Technik zum zweiten Mal der Kurt-Schwabe-Preis der Sächsischen Akademie der Wissenschaften ausgeschrieben. Er wird zur Würdigung hervorragender wissenschaftlich-technischer Leistungen mit hohem persönlichen Einsatz auf dem Gebiet des Umweltschutzes und der Materialerhaltung im Jahr 1988 verliehen.

Der Preis wird für die Erarbeitung neuer Lösungen vergeben, die durch abproduktfreie bzw. abproduktarme Verfahrensgestaltung oder durch Nutzung bisheriger Abprodukte als Sekundärrohstoffe vornehmlich zur Reinhaltung der Luft beitragen. Im einzelnen handelt es sich um folgende Aufgabenstellungen:

— die Belastung der Umwelt durch Abprodukte, insbesondere Schadstoffe, zu verringern bzw.
— den Aufwand für die schadlose Beseitigung der Abprodukte zu senken und gleichzeitig durch verringerte Inanspruchnahme natürlicher Ressourcen bzw. bessere Nutzung von Rohstoffen, Hilfsstoffen und Energie die Material- und Energieökonomie zu verbessern.

Die von dem Auszeichnungsausschuß festgelegten Preisträger haben diese Aufgabenstellung und alle weiteren Festlegungen erfüllt. Der Kurt-Schwabe-Preis der Sächsischen Akademie der Wissenschaften zu Leipzig 1988 wird zu gleichen Teilen vergeben an den Umweltbeauftragten des Ministeriums für Kohle und Energie, Herrn Dr. sc. techn. *Mohry* und an das Kollektiv von Prof. Dr. sc. techn. *Müller* und wissenschaftlichen Assistenten Dipl.-Ing. *Suder*, Technische Hochschule Zittau.

Herr Dr. *Mohry* erhält den Preis für seine Arbeit „Projekt zur Erarbeitung der abproduktarmen und abproduktfreien Technologie in der Kohle- und Energiewirtschaft der DDR". Mit dieser Arbeit liegt erstmalig eine geschlossene Strategie für die notwendigen Forschungs- und Entwicklungsarbeiten auf der Basis umfassender Recherchen der nationalen und internationalen Entwicklung vor. Der Beitrag zur Reinhaltung der Luft und der Senkung der Umweltbelastung durch Abprodukte ist durch die Reduzierung der Schadstoffemissionen und der umfassenden Durchsetzung der Strategie der abproduktarmen Technologie in überzeugender Weise erbracht. Die wissenschaftliche Leistung und die Originalität der Arbeit liegen vornehmlich in einer gründlichen und kritischen Erfassung sowohl des Istzustandes als auch in der Angabe von umfangreichen Vorschlägen zu realen Möglichkeiten der Veränderung der bestehenden Situation bis hin zu gedanklichen Vorstellungen für die weitere Entwicklung. Besonders anzuerkennen ist die durchgängige Betrachtung, die die stofflichen, energetischen und umweltschutztechnischen Erfordernisse immer als Einheit umfaßt. Die Anwendung verfahrenstechnischer Grundoperationen und die Grundprozesse zur Lösung der Aufgabenstellung bis hin zur Prüfung der Einsatzmöglichkeit der Schlüsseltechnologie Biotechnologie wurden umfassend einbezogen. Die Arbeit wird bereits teilweise in der Praxis verwendet.

Das Kollektiv Prof. Dr. *Müller* und Dipl.-Ing. *Suder* erhält den Preis für die Arbeit „Ausnutzung der Abgaswärme von Kraftwerken". Der Beitrag zur Reinhaltung der Luft, zur Senkung der Umweltbelastung durch Abprodukte und zur Verringerung der Inanspruchnahme natürlicher Ressourcen sowie zur besseren Nutzung von Rohstoffen ist durch die Reduzierung der SO_2-Emission durch Rauchgasentschwefelung und Reduzierung der zur Wärmegewinnung zu verbrennenden Braunkohlenmenge durch bessere Nutzung des Wärmeinhaltes der Rauchgase sowie durch die Nutzung der Asche als

Sorptionsmittel erbracht. Die Lösung der wissenschaftlichen Aufgabe ist originell. Das betrifft sowohl die technische Konzeption als auch ihre apparatetechnische Umsetzung in den Kontaktkolonnen. Sie kombiniert das zur Erreichung hoher Entschwefelungsgrade bewährte Naßverfahren und eine vergleichsweise hohe Wärmerückgewinnung auf zwei Niveaus, vorzugsweise im Niedertemperaturbereich. Vorteilhaft erscheint auch der Verzicht auf eine ansonsten notwendige Entstaubungsanlage. Der Nachweis der Einsatzmöglichkeit in der Praxis wurde durch den Nachweis der Effekte an einer Laboranlage, an einer kleintechnischen und an einer großtechnischen Anlage erbracht.

BERICHT DES VIZEPRÄSIDENTEN, HERRN LÖSCHE, ÜBER DEN STAND DER ARBEITEN DER AKADEMIE

erstattet in der öffentlichen Sitzung am 10. April 1987

„Bericht über die Arbeiten der Sächsischen Akademie der Wissenschaften ...“, bereits hier sollte ein aufmerksamer Zuhörer nachdenklich werden. Was sind Arbeiten einer Akademie, einer Gelehrtengesellschaft mit einem nach heutigen Begriffen doch recht kleinen Mitarbeiterkreis? Sind das die regelmäßig gedruckt erscheinenden Sitzungsberichte oder die Abhandlungen, die man käuflich erwerben kann? Sind es Patente, die bei Untersuchungen über die Reinigung von Abwässern oder die Rückgewinnung von Ölen anfallen, oder Wörterbücher von Mundarten, die Wortschätze festhalten, sie konservieren, die Auskunft über die kulturelle Entwicklung von Volksgruppen geben, eine Aufgabe, die heute und schnell getan werden muß, weil mit Hilfe moderner Verkehrsmittel die verschiedenen Mundarten immer mehr verschwinden; sind es Untersuchungen über die Wiederverwendung ausgekohlter Tagebaue, über die industrielle Entwicklung Sachsens oder die Entwicklung der Kunst im 12. Jahrhundert?

Ich würde keinen Teil dieser lückenhaften Aufzählung ausschließen, und doch ist das längst nicht alles. Unter Arbeit verstehen wir gleichermaßen den ständigen Gedankenaustausch erfahrener Fachwissenschaftler in Kommissionen, in Klassen- und Plenarsitzungen, der echt interdisziplinären Charakter trägt und vielfach befruchtende Anstöße über Fach- und Klassengrenzen hinweg gibt. Dieser nicht wägbare Anteil unserer Arbeit ist in gewissem Sinn wesentlicher, bleibender als die konkreten, faßbaren Ergebnisse. Da jedes Mitglied ja als ausgewiesener Vertreter seines Faches aus einem anderen Wirkungsbereich kommt, fließen in den gemeinsamen Beratungen Erfahrungen aus einem wesentlich größeren Kreis zusammen, als die Anzahl unserer Mitglieder vermuten läßt. Darin sind auch internationale Kontakte eingeschlossen, die letztlich durch unsere auswärtigen Mitglieder verkörpert werden.

Es hat sich bewährt, die Bearbeitung bestimmter Themenkomplexe in Kommissionen zusammenzufassen, in denen Mitglieder unserer Akademie, zum Teil gemeinsam mit Vertretern aus Universitäten und anderen wissenschaftlichen Einrichtungen, sehr fruchtbare, vielseitige Arbeit leisten. Das kommt besonders in der Historischen Kommission zum Ausdruck, die von Herrn *Coblenz* und stellvertretend von Herrn *Czok* geleitet wird. Ihr gehören neben 13 Mitgliedern der Philologisch-historischen Klasse 23 weitere Gelehrte an, die zusammen 10 Untersuchungen bearbeiten.

Herr *Große* leitet, unterstützt von Herrn *Neubert*, die Sprachwissenschaftliche Kommission, in der neben 7 Mitgliedern der SAW 4 weitere Wissenschaftler ihr Wissen und Können vereinen. Das besondere Kennzeichen dieser Kommission ist die Unterstützung durch 7 Arbeitsgruppen, in denen regional- und anwendungsbezogener Wortschatz gesammelt und geordnet wird. Große praktische Bedeutung, das läßt der Name bereits ahnen, hat die Kommission für spezielle Umweltprobleme, mit Herrn *Dörter* an der Spitze; sie wird zwar von der Mathematisch-Naturwissenschaftlichen Klasse getragen, hat aber stark interdisziplinäre Züge, wie die Zusammensetzung ihrer 16 Mitglieder zeigt.

Besonderen Problemen steht die Poggendorff-Kommission gegenüber, deren Vorsitz am Anfang des Berichtszeitraumes Herr *Wußing* übernommen hat. Der Begründer dieses Unternehmens, die Herausgabe eines biographisch-literarischen Handwörterbuches der exakten Naturwissenschaften, Christian Poggendorff, konnte vor rd. 120 Jahren nicht ahnen, in welchem Maß die Anzahl der Naturwissenschaftler zunehmen würde. Was damals noch möglich war, die auf diesem Gebiet tätigen Wissenschaftler — sie arbeiteten fast ausschließlich in Universitäten und einige in Akademien — und die von ihnen geschriebenen Artikel und Bücher mit Hilfe weniger Mitarbeiter zu erfassen, ist heute undenkbar. Eine Konzentration auf bestimmte Gebiete ist unumgänglich; hierzu wurden erste Maßnahmen eingeleitet, mit denen zwar nicht der umfassende Anspruch, aber doch das geistige Ziel des „alten Poggendorff" erhalten werden soll.

Neben der Knüpfung interdisziplinärer Kontakte gehört die Traditionspflege zum Wesen der Akademie. Sie leitet sich nicht aus dem Durchschnittsalter ihrer Mitglieder ab, sondern aus der Verpflichtung der Gegenwart, aus der Vergangenheit, aus der das Heute hervorgegangen ist, die Zukunft aufzubauen. Tradition ist nicht Rückblick schlechthin, sondern Grundlage des Morgen.

Auch in diesem Sinn kommt dem internationalen Kolloquium „Sprache in der sozialen und kulturellen Entwicklung", das vom 22.—24. 7. 1986 in Leipzig stattfand und gemeinsam mit der Karl-Marx-Universität organisiert wurde, eine herausragende Bedeutung zu. Mehr als 200 Wissenschaftler ehrten damit Theodor *Frings*, dessen Geburtstag sich 1986 zum 100. Male jährte. 30 Jahre lang hatte Theodor *Frings* den Lehrstuhl für deutsche Sprache und ältere deutsche Literatur an der Alma mater Lipsiensis inne; zahlreiche Ideen und Impulse, die von ihm ausgingen, wirken heute noch, wie dieses Symposium überzeugend zeigte. Die Sächsische Akademie der Wissenschaften ist ihrem ersten Präsidenten in der Zeit des Wiederbeginns nach dem letzten Krieg zu größtem Dank verpflichtet.

Für 1987 wird eine Konferenz aller Dialektlexikographen der DDR in Jena vorbereitet, in der allgemeine Probleme der Mundartwörterbücher erörtert werden sollen; diese Tagung wird anläßlich des 80jährigen Bestehens des „Thüringischen Wörterbuches" durchgeführt.

Es kann hier nicht auf die vielen Einzelaktivitäten, Vorträge, Seminare, Veröffentlichungen und Rezensionen aller Mitarbeiter unserer Arbeitsstellen eingegangen werden; ich möchte mich auf einige wenige abgeschlossene Arbeiten beschränken.

1986 erschien das „Kleine sächsische Wörterbuch" von Gunter *Bergmann*, gewissermaßen als Vorauswahl des großen mehrbändigen Wörterbuches der obersächsischen Mundarten. Die große Resonanz in breiten Bevölkerungsschichten zeigt nicht nur, welche Bedeutung dem „Sächsischen" eingeräumt wird, sondern auch, daß ein echtes Bedürfnis der Bevölkerung nach gut fundierten Hinweisen auf Wortgeschichte und -gebrauch vorhanden ist. Ähnliches trifft auf das von Joachim *Schildt* herausgegebene Buch „Berlinisch. Geschichtliche Einführung in die Sprache einer Stadt" zu, für das Joachim *Wiese* ein „Kleines Berliner Wörterverzeichnis" beigesteuert hat. Das ebenfalls von Joachim *Wiese* fertiggestellte Buch „Berliner Wörter und Wendungen", das voraussichtlich im Frühjahr 1987 erscheinen wird, kommt zum 750jährigen Jubiläum Berlins gerade richtig.

Die Arbeitsgruppe Gesellschaftspolitischer Wortschatz hat sich weiter profiliert und in zahlreichen Beiträgen ihre Arbeitsmethode und deren Ergebnisse vorgestellt. Hier wie in den anderen Arbeitsgruppen (Thüringisches Wörterbuch, Siebenbürgisch-Sächsisches Wörterbuch, Mecklenburgisches Wörterbuch und Althochdeutsches Wörterbuch) gingen die Arbeiten an den großen Vorhaben planmäßig weiter.

Im Rahmen der Unternehmungen der Historischen Kommission wurden mehrere Manuskripte abgeschlossen: Band 4 der politischen Korrespondenz des Herzogs und

Kurfürsten Moritz von Sachsen (Prof. Dr. H. *Junghans*), Band 10 der Quellen und Forschungen zur Sächsischen Geschichte (Dr. V. *Weiß*, *K. Butter*), Band 14 des Jahrbuches für Regionalgeschichte, die Festschrift zum 60. Geburtstag von Karl *Czok* (Band 12 und 13 erschienen 1986), Akten und Briefe zur Kirchenpolitik des Herzogs Georg v. Sachsen (Dr. E. *Werl*) und Sächsische Geschichte (Herausgeber Karl *Czok*), werden wir, hoffentlich bald gedruckt, in die Hand nehmen können.

5 Vortragssitzungen und die 3. Tagung zur sächsischen Handwerksgeschichte gaben reichlich Gelegenheit zur Diskussion und förderten damit weitere Unternehmungen.

In der Kommission für spezielle Umweltprobleme wurden die Arbeiten nach den im Vorjahr auf dem Symposium in Masserberg erarbeiteten Richtlinien erfolgreich fortgesetzt. Es geht hierbei ja nicht um Umwelt schlechthin, dazu wären die Möglichkeiten unserer Akademie viel zu klein. Die Sächsische Akademie ist vielmehr bestrebt, die in ihr vertretenen Gelehrten interdisziplinär zusammenzuführen, diese personell und materiell — soweit möglich — zu unterstützen, um ganz spezielle Fragen aufzugreifen. In Richtung einer derartigen Profilierung sind im Berichtszeitraum einige Fortschritte erzielt worden.

Die Arbeitsgruppe Halle, Reinigung von Abwässern mit Hilfe von Adsorbentien, hat die Arbeiten im Sinn des Anfang 1986 verstorbenen Leiters, unser Mitglied Herr *Wolf*, mit großem Einsatz unter der kommissarischen Leitung von Herrn *Dörter* weitergeführt und zum Abschluß gebracht. Untersuchungen über die Adsorption von nichtionischen und Kationtensiden an Rotliegendsandstein, darüber wurde bereits vor Jahresfrist berichtet, insbesondere über den Einfluß von Zusätzen von Polymerelektrolyten, wurden abgeschlossen. Die gewonnenen Erkenntnisse sind für die Erdgasförderung wichtig und wurden dem VEB Erdgas und Erdöl Gommern zur weiteren Nutzung übergeben. Überall dort, wo Dampf als Energieträger verwendet wird, fallen z. T. geringfügig verunreinigte Kondensate an, deren Wiederverwendung nicht unerhebliche Kosten für Frischwasser spart. Das Problem liegt in der geringen Konzentration und der Verschiedenartigkeit der Verunreinigungen. Auch hier fand das Kollektiv um Frau Dr. *Lindau* Wege, um unter Verwendung der vom Chemischen Kombinat Bitterfeld angebotenen Wofatit-Adsorberpolymere Lösungen zu finden, die nunmehr z. B. im Kunstseidenwerk „Friedrich Rädel“, Pirna, genutzt werden.

Diese Gruppe, die auf eine über 25jährige fruchtbare Arbeit zurückblicken kann, sie wurde bereits von Franz *Runge* begründet, beendet, bedingt durch den zu frühen Tod Friedrich *Wolfs*, mit dem 1. Quartal ihre Arbeit. Allen Mitarbeitern sei auch an dieser Stelle für ihre jahrzehntelange, erfolgreiche Arbeit herzlich gedankt. Die frei werdenden Kapazitäten werden zur Unterstützung anderer Aufgaben verwendet.

Mit Beginn des Jahres 1986 übernahm Herr *Haase* die Leitung der Arbeitsgruppe „Naturhaushalt und Gebietscharakter“. Dadurch werden die im Dresdner Raum gesammelten Erfahrungen mit denen des Instituts für Geographie und Geoökologie der AdW der DDR gekoppelt, woraus sich insgesamt bessere Entwicklungsmöglichkeiten ergeben. Die bisherigen Arbeiten zur Naturraumerkundung und -kartierung werden künftig auch die Naturraum- und Landschaftsdynamik mit einbeziehen. Durch Einarbeitung moderner Text- und Bildverarbeitungssysteme und Nutzung eines Luftbild-Auswertegeräts, die Geräte stehen im Zentrum für Geofernerkundung der TU Dresden zur Verfügung, hat diese Arbeitsgruppe Zugang zu hochmoderner Forschungstechnologie.

Der von der Arbeitsgruppe bisher erarbeitete geoökologische Datenfundus erfaßt 70% des Territoriums des Bezirks Dresden, so daß in steigendem Maß das wachsende Informationsbedürfnis von Organen des Staatsapparates und von landnutzenden Betrieben befriedigt werden kann. Von großer Bedeutung sind vor allem die hierbei entwickelten Methoden, da sie auch von anderen Bezirken angewandt werden können. Die hier wie auch auf anderen Gebieten erzielten Erfolge, die durch zahlreiche Veröffentlichungen und Vorträge belegt werden können, bilden die Grundlage von Leistungsverträgen, die im Laufe dieses Jahres abgeschlossen werden.

Die Jenaer Arbeitsgruppe unter Leitung von Herrn *Penzlin*, dem heutigen Vortragenden, hat die Untersuchungen von Neurohormonen fortgesetzt und sich speziell mit Fragen der Häutungsregulation bestimmter Insekten und dem Wirkungsmechanismus von Insektiziden befaßt. Es zeigte sich u. a., daß äußerlich applizierte Insektizide bei Schaben irreversible Schädigungen auslösen. Aus einigen einheimischen Blütenpflanzen wurden Extrakte gewonnen, die bei Schaben die Häutung verhindern. Diese Arbeiten werden in Verbindung mit dem WB Tierpsychologie der Sektion Biologie der Friedrich-Schiller-Universität Jena durchgeführt.

Im Rahmen einer Staatsplanaufgabe über eine Kausalanalyse und Prognose ökologischer Regulations-, Stabilisierungs- und Regenerationsmechanismen in Stand- und Fließgewässern ist die Arbeitsgruppe von Herrn Dietrich *Uhlmann* für die Untersuchung von Eutrophierungsmechanismen in der Saidenbachtalsperre verantwortlich. Der seit 1975 ständig zunehmende Nährstoffgehalt dürfte auf den steigenden Lebensstandard zurückzuführen sein; Schwankungen in Abhängigkeit von der Menge des zugeflossenen Wassers und von der Jahreszeit sind Grundlage von Modellberechnungen, die in der Wassergütebewirtschaftung und für den Gewässerschutz gebraucht werden.

Mit relativ bescheidenem Aufwand wurden die Untersuchungen von α-Aktivitäten und der ^{14}C-Konzentration in Bad Brambach, insbesondere im Röthenbachtal und im damals leeren Kurparkteich, fortgesetzt. Die Geologie und die Geochemie dieses Gebietes läßt noch viele Fragen offen, die Dr. *Koch* durch systematische Messungen und mathematische Modellierung zu lösen versucht.

In diesem Jahr begeht Bad Brambach das 75jährige Jubiläum als Radon-Heilbad. Im Mai findet daher ein mehrtägiges Symposium mit internationaler Beteiligung statt, das Herr *Jordan* mit vorbereitet hat, in dem die bisherigen medizinischen Ergebnisse und auch Probleme diskutiert werden sollen. Die Arbeiten unserer Brambacher Arbeitsgruppe dienen letztlich dazu, die Kontinuität dieses Heilbades zu sichern.

Forschungen über das Altwerden haben in unserer Akademie eine gute Tradition. Unser ehemaliges Mitglied Max *Bürger* hat schon vor 40 Jahren auf diese Problematik hingewiesen und wesentliche Anstöße zur Untersuchungsmethodik gegeben. Das biologische Alter ist ja nicht einfach durch eine Zahl festlegbar. Ursachen und Formen des Alterns sind schwer zu erkennen; jeder Mensch ist anderen Belastungen, Krankheiten, äußeren Bedingungen ausgesetzt. Hieraus die entscheidenden Faktoren zu isolieren, die das Altwerden bedingen, ist mühsame Kleinarbeit. Herr *Ries*, der diese Arbeiten von Max *Bürger* schon seit vielen Jahren erfolgreich weiterführt, hat mit seiner Arbeitsgruppe, die an der Medizinischen Klinik der Karl-Marx-Universität tätig ist, im Berichtsjahr den Einfluß medizinischer Risikofaktoren auf das biologische Alter untersucht; dafür standen 378 Probanden im Alter von 18 bis 80 Jahren zur Verfügung. U. a. zeigte sich, daß arteriosklerotische Durchblutungsstörungen der Beine erst vom 50. Lebensjahr an zu einer Voralterung führen; weiterhin wurden der Einfluß von bestimmten Medikamenten und von Bypass-Operationen bei bestimmten Herzkrankheiten analysiert. Dabei bestätigte sich immer wieder die Brauchbarkeit der entwickelten Methode.

Die zuletzt von Herrn Fritz *Müller* geleitete Arbeitsgruppe „Klinische Anwendung von Carnitin" hat eine Studie abgeschlossen, in der sie speziell die Anwendung des Carnitins bei chronischen Nierenerkrankungen und bei Dialysepatienten prüft. Sie wurde von einem DDR-Gutachter-Ausschuß bestätigt; damit wurde eine der Voraussetzungen für die Einführung des Carnitins als Medikament erbracht. Diese Arbeitsgruppe ist inzwischen ganz von der Karl-Marx-Universität übernommen worden.

Die Psychologie spielt wohl im täglichen Leben — und nicht nur dort — eine größere Rolle, als man ihr schlechthin einzuräumen gedenkt. Die Arbeitsgruppe von Herrn *Hiebsch* befaßt sich mit methodologischen Fragen, insbesondere mit der Rolle bzw. der Aussagefähigkeit des Experiments, mit dem Verhältnis von Theorie und Experiment und mit dem Verhältnis von Experiment und Forschungsgegenstand. 1986 wurden Vorarbeiten für ein neues Thema begonnen, das die Funktion der Sprache für die Regulation von Interaktionsprozessen zum Gegenstand hat.

In der öffentlichen Frühjahrssitzung 1986 wurde erwähnt, daß zwischen dem Rat des Bezirkes Leipzig, der Karl-Marx-Universität und der Sächsischen Akademie der Wissenschaften ein Vertrag über die Zusammenarbeit bei der Gestaltung der Bergbaunachfolgelandschaften abgeschlossen wurde, eine Problematik, deren Bedeutung jeder einsieht, der von Leipzig nach Süden, Westen oder Norden blickt. Unter Leitung von Herrn *Hänsel* ist eine Arbeitsgruppe gebildet worden, die Kontakte mit den Partnern aufgenommen hat.

In 9 Plenarsitzungen, davon 2 öffentlichen, wurden von beiden Klassen insgesamt 16 Themen zur Diskussion gestellt, denen Ergebnisse von z. T. jahrzehntelanger Forschung zugrunde lagen. Historische Aspekte beherrschten die Vorträge über die sozialpädagogische Komponente des Urchristentums, über Kurfürst August von Sachsen, über die naturwissenschaftliche Revolution des 17. Jahrhunderts und über Karl Preusker, den Begründer der sächsischen Volksbibliotheken. Beiträge der Sprachwissenschaft zur slawischen Altertumskunde leiteten von historischen zu mehr sprachwissenschaftlichen und literaturwissenschaftlichen Themen über; dazu gehörten Literarischer Text und Kommunikatives Handeln, Beiträge über Lessing und die literarische Aufklärung, auch über Leibniz und die Entwicklung der Problematik Sprache — Erkenntnis in der deutschen Aufklärung und Untersuchungen über Turgenjews Roman „Rudin". Die naturwissenschaftlichen Themen spannten den Bogen von der Frühzeit der Erde über die genetische Mineralogie bis zur ersten deutschen Rechenmaschinenfertigung in Glashütte vor 109 Jahren und das geoökologische Konzept in der Landschaftsforschung. Goethes Farbenauffassung bietet auch heute noch Stoff für physikalische Betrachtungen, Möglichkeiten, Silberhalogenide in der Photographie zu vermeiden, sind heute sehr gefragt; ob die Diazotypie dazu geeignet ist, wurde eingehend behandelt.

Wenn man hört, daß Anfänge einer systematischen Anatomie bereits im alten Babylon zu finden sind, dann sieht man, daß historische und naturwissenschaftlich-medizinische Forschungen kaum zu trennen sind, und man spürt einen Hauch der Zusammengehörigkeit aller Teilwissenschaften, der ja auch die Sächsische Akademie der Wissenschaften verschworen ist.

Mit diesen Leistungen, mit dem weiteren Programm gliedert sich die Sächsische Akademie der Wissenschaften in das Forschungsprogramm der DDR ein. Wir sind uns aber bewußt, daß diese Arbeit nur im Frieden weitergeführt werden kann. Die Vorschläge des Generalsekretärs der KPdSU Michail *Gorbatschow* zur Abrüstung haben der Welt neue Hoffnungen gegeben.

BERICHT DES VIZEPRÄSIDENTEN, HERRN ARTUR LÖSCHE ÜBER DEN STAND DER ARBEITEN DER AKADEMIE

Erstattet in der öffentlichen Sitzung am 15. April 1988

Es ist kein Zufall, daß die Sächsische Akademie der Wissenschaften zu Leipzig den Bericht über die im vergangenen Kalenderjahr geleisteten Arbeiten auf der ersten öffentlichen Sitzung des darauffolgenden Jahres vorstellt. Als eine Einrichtung, die von der Gesellschaft getragen wird, fühlt sie sich dieser Gesellschaft verpflichtet. Sie hält es für eine ihrer Aufgaben, die Öffentlichkeit über ihre Untersuchungen, Unternehmungen und Ziele zu informieren, nicht im Sinne einer Abrechnung, sondern um die Gemeinschaft, in und mit der sie lebt, an ihren Aktivitäten teilnehmen zu lassen, um auch auf diese Weise mit ihr in Wechselwirkung zu treten, denn was wäre eine Akademie ohne die sie tragende Gesellschaft.

Es ist nicht denkbar, in der gebotenen Zeit über alles, was die rund 70 Mitglieder der beiden Klassen, die vier Kommissionen und die 14 Arbeitsgruppen gedacht und vollbracht haben, zu sprechen.

Ich möchte daher diesmal die Unternehmungen voranstellen, in denen sich die Akademie an die Öffentlichkeit wendet. Der Begriff Öffentlichkeit ist hierbei nicht eng zu fassen; gemeint sind damit auch Hinwendungen zu anderen wissenschaftlichen Einrichtungen, die Einbeziehung anderer Fachgebiete im Rahmen von Tagungen, Kolloquien, Diskussionskreisen u. ä. Hier werden ausgereifte oder zur Reife drängende Probleme diskutiert; das ist vergleichbar mit dem Betrachten der Knospen, der Blätter, Blüten und Früchte eines Baumes, die ihre Kraft, ihr Wachstumsvermögen aus dem Stamm, aus den nicht sichtbaren Wurzeln erhalten. Auch in der Wissenschaft sind Ergebnisse die Früchte intensiver, oft mühsamer Arbeit, getragen von vielen nicht genannten Mitarbeitern, genährt vom Fundus des heutigen Wissens, in das die Erfahrungen von Wissenschaftlern vieler Länder und vieler Generationen eingegangen sind. Auch daran sollte man bei der Würdigung großer Leistungen denken und nicht nur das jeweils letzte Glied einer Erfolgskette bewerten.

In der Forschung nimmt heute die Zusammenarbeit verschiedener Fachgebiete immer mehr zu. Das ist ein an sich ganz natürlicher Vorgang: In dem Maße, wie das Grundwissen eines Gebietes wächst, sprengt es den ursprünglich eng gesteckten Rahmen, neue Fragen entstehen in enger Kopplung mit anderen Wissenschaftsgebieten. Dieser interdisziplinären Arbeit kommt große Bedeutung zu, da hier noch viele neue Erkenntnisse erschlossen weren können.

Wir müssen uns auch bewußt sein, daß die Einteilung der Wissenschaften in Disziplinen bis zu einem gewissen Grade willkürlich ist, sie hängt von heute z. T. überholten Vorstellungen, auch von den Wahrnehmungsmöglichkeiten des Menschen ab. Wie sähe z. B. unser Weltbild aus, wenn wir Organe hätten, mit denen wir Röntgenstrahlen oder auch elektromagnetische Wellen im MHz-Bereich „sehen" könnten? Ja bereits eine Verschiebung des Spektralbereiches, für den unsere Augen empfindlich sind, um 1 bis 2 Oktaven würde uns ein ganz anderes Bild von unserer Umgebung verschaffen.

Man kann diese Hinwendung zur interdisziplinären Arbeit auch anders sehen: Die Einteilung der Natur, zu der ich in diesem Zusammenhang auch die Gesellschaft zähle, in Wissenschaftsgebiete erfolgte nach dem Prinzip der Überschaubarkeit. Die Grunddisziplinen sind nach bestimmten begrenzenden Merkmalen entstanden, die eine theoretische und experimentelle Durchdringung erleichtern. So schließt z. B. die Physik zunächst alle Arten der Stoffumwandlung oder der Evolution aus. Nur so war es möglich, gestützt auf die Mathematik, ein ziemlich umfassendes Verständnis der gewissermaßen verstümmelten Natur zu gewinnen. Erst in neuerer Zeit werden Fragen der Entwicklung, der Prozeßdynamik, die eigentlich zur Biowissenschaft bzw. zur Chemie gehören, auch mit Methoden der Physik behandelt. Ähnliche Tendenzen kann man wohl für alle Zweige der Wissenschaft beobachten, ja sie gehören einfach zur Wissenschaftsentwicklung dazu. Ich möchte mich aber nicht in allgemeinen Betrachtungen erschöpfen, sondern zeigen, wie sich diese Tendenz in den Arbeiten unserer Akademie widerspiegelt.

Vom 15. bis 17. Juni 1987 fand in Jena eine wissenschaftliche Konferenz der Dialektgeographen der DDR statt, die Mitglieder der Sprachwissenschaftlichen Kommission, Mitarbeiter der Mundartwörterbücher und des Zentralinstituts für Sprachwissenschaft der AdW der DDR vereinigte. Anlaß war der 80. Jahrestag der Gründung der Arbeitsstelle Thüringisches Wörterbuch, die auch gemeinsam mit der Sektion Sprachwissenschaften der Friedrich-Schiller-Universität dieses Treffen organisierte. In Vorträgen und Diskussionen wurden semantische, sprachpragmatische und soziolinguistische Probleme behandelt, die über das spezielle Interessengebiet der einzelnen Teilnehmergruppen weit hinausgingen. Die Erörterung moderner Probleme der Lexikographie zeigte viele Querverbindungen auf. Die Vorträge werden im Rahmen einer Schriftenreihe der Friedrich-Schiller-Universität veröffentlicht.

Die Arbeitsgruppe Gesellschaftspolitischer Wortschatz, die vom Präsidenten unserer Akademie und unserem Mitglied, Herrn *Neubert*, geleitet wird, bereitete eine interdisziplinäre Diskussion zum Prototypenkonzept vor, die Anfang dieses Jahres (22. 1. 1988) Vertreter der Linguistik, der kognitiven Psychologie, der Sozialpsychologie und der Philosophie vereinte. Diese Arbeitsgruppe hat umfangreiche empirische Textanalysen zur Ermittlung von Themawörtern zum NATO-Doppelbeschluß in bürgerlichen Medien der BRD, Großbritanniens und Frankreichs durchgeführt und wendet sich nunmehr einer vertieften linguistischen Erklärung der Spezifik des politischen Wortschatzes zu. Es zeigte sich immer wieder, daß zentrale ideologierelevante Begriffe wie Frieden, Gleichgewicht, Abschreckung u. a. durch textuelle Determination eine spezifische Bedeutung entwickeln. Derartige temporäre semantische Verfestigungen ermöglichen einen manipulativen Mißbrauch. Es entsteht die Frage, ob dadurch auch die Lexikonbedeutung solcher Begriffe beeinflußt wird bzw. wie sich die gegenseitigen Wechselbeziehungen linguistisch erklären lassen. Hierzu wurde das in der Psychologie entwickelte Prototypen-Konzept herangezogen, also die Bezugnahme auf den repräsentativsten Vertreter einer Kategorie. Dabei zeigte sich, daß bei der semantischen Beschreibung des politischen Wortschatzes die Auffassungen von einem Prototyp z. T. recht verschieden sind. In der erwähnten Diskussionsrunde sollten Vor- und Nachteile des Prototypen-Konzepts, seine Grenzen, Bedeutung und Universalität geklärt werden.

Für die Analyse der Sprachentwicklung beim Kind, bei der konzeptuellen Kategorisierung von Erfahrung, ist das Prototypen-Konzept offenbar von großem Nutzen, während der Vorteil für die Linguistik noch näher geprüft werden muß. Allgemein zeigt sich, daß im Gegensatz zu den Forderungen der semantischen Komponentenanalyse Bedeutungen nicht restfrei in Merkmale aufgelöst werden können.

Auch hier zeigt sich deutlich, daß derartige Probleme nicht nur von einer Seite her betrachtet werden dürfen. Dieses Herangehen ist — so glaube ich — beispielhaft auch für die Bedeutungsanalyse in ganz anderen Sprachbereichen.

Die Historische Kommission, deren Leiter unser Mitglied, Herr *Coblenz*, ist, veranstaltete gemeinsam mit der Karl-Marx-Universität im September 1987 unter Leitung von Herrn *Czok* die 4. Tagung zur Sächsischen Handwerksgeschichte, deren Bedeutung über die rein historischen Aspekte, auch über die Grenzen Sachsens, weit hinausging. Das beweist u. a. die Teilnahme von Vertretern der Staatsarchive Budapest und Hamburg.

Die Untersuchung von Umweltproblemen nimmt seit Jahren im Bereich unserer Akademie eine hervorragende Stellung ein. Die Kommission für spezielle Umweltprobleme unter Leitung unseres Mitgliedes, Herrn *Dörter*, hat die Ergebnisse der Masserberger Tagung weiter analysiert und daraus Schlußfolgerungen gezogen. Vom 11. bis 24. Mai 1987 fand in Bad Brambach unter wissenschaftlicher Leitung unseres Mitgliedes, Herrn *Jordan*, ein Symposium „75 Jahre Radontherapie in Bad Brambach" statt, das sich mit den geowissenschaftlichen Voraussetzungen, mit den Problemen und medizinischen Ergebnissen der Radon-Therapie befaßte. Viele Ergebnisse unserer Arbeitsstelle Bad Bambach, auch unserer Mitglieder sind in das Arbeitsmaterial eingegangen, das für die weitere Erschließung der Staatsbäder Bad Brambach und Bad Elster große Bedeutung hat. Neben Wissenschaftlern der DDR beteiligten sich Vertreter der UdSSR, Polens, Ungarns und Japans. In den Diskussionen wurden auch Fragen der Strahlenbelastung von Patienten und medizinischem Personal, Aspekte der Behandlung von Rheumaerkrankungen u. ä. gestreift.

Am 3. 9. 1987 führte eine Exkursion, die im Rahmen des Vertrages zwischen dem Rat des Bezirkes Leipzig, der Karl-Marx-Universität und der Sächsischen Akademie der Wissenschaften — ich hatte 1986 über diesen Vertrag berichtet — stattfand, und die von unserem Mitglied, Herrn *Hänsel*, vorbereitet wurde, in die Bergbaugebiete im Süden Leipzigs. Vor Ort berieten Vertreter des Rates des Bezirkes, Praktiker und Mitarbeiter der Sächsischen Akademie über Gestaltung und Nutzung ehemaliger Bergbaubetriebe; die hinterlassene Landschaft gab genügend Hinweise auf die Größe dieser Aufgabe.

Diese Problematik wird 1989 Gegenstand einer mehrtägigen Veranstaltung „Bergbaufolgelandschaft, Umweltgestaltung in der Tagebaulandschaft" sein, die von der Arbeitsgruppe „Territoriale Umweltforschung" vorbereitet wird und die bei dieser Gelegenheit die bis dahin erzielten Ergebnisse vorlegen wird. Man spricht oft so leichthin von der Seenlandschaft um Leipzig in 100 Jahren, die aus den mit Wasser gefüllten Restlöchern der Braunkohletagebaue entstehen wird. Da ein Wasseraustausch in diesen Standgewässern sehr langsam erfolgt, kommt es darauf an, von Anfang an für Wasser guter Qualität zu sorgen. Das ist kein leichtes Problem, wie jeder, der diese Gegend näher kennt, sofort einsehen wird.

Auf die Bedeutung der Arbeiten über Mundarten hatte ich bereits früher hingewiesen; sie sind Teile der Aufgaben der Sprachwissenschaftlichen Kommission, die unter Leitung unseres Mitgliedes, Herrn *Große*, steht. Es werden Änderungen und Bewegungen von Dialekten erforscht und registriert, woraus sich Aufschlüsse über Besiedlung, Völkerwanderungen u. ä. ergeben. Die Aufzeichnungen sind z. T. so detailliert, daß man das Anlegen neuer Eisenbahnlinien im vorigen Jahrhundert verfolgen kann; die Bevölkerung war damals längs einer Bahnlinie beweglicher als quer dazu. Das spürt man an sprachlichen Vermischungen. Siedlungen weitab solcher Verkehrsadern bewahrten ihre sprachlichen Sonderheiten viel länger.

Die Arbeiten am Althochdeutschen, am Brandenburg-Berlinischen, am Mecklenburgischen, am Thüringischen, am Siebenbürgisch-Sächsischen Wörterbuch und am Wörterbuch der obersächsischen Mundarten wurden planmäßig weitergeführt.

An derartigen Unternehmungen sind nicht nur spezielle Sprachwissenschaftler interessiert; das zeigt z. B. der Absatz populärwissenschaftlicher Ausgaben (populär bezieht sich hier nur auf den geringeren, handlichen Umfang). So war die 2. Auflage des 1986 erstmalig erschienenen „Kleinen sächsischen Wörterbuches" von Dr. *Bergmann* sofort wieder vergriffen. Ähnlich ging es dem von Dr. *Wiese* herausgegebenen Buch „Berliner Wörter und Wendungen". Das sollte vielleicht Anlaß sein, auch andere Dialektwörterbücher in Kurzfassungen für die Öffentlichkeit vorzubereiten. Mundarten entstehen ja nicht durch unsauberen Gebrauch einer Standardsprache — das gilt auch für die sächsischen Mundarten — sie haben vielmehr eine geschichtliche Entwicklung, deren Kenntnis für das Verständnis der Gegenwart nützlich ist.

Das wird besonders deutlich bei den Dialekten von Volksgruppen, die geographisch vom übrigen deutschen Sprachraum abgetrennt sind, wie z. B. bei den siebenbürgisch-sächsischen Mundarten. Es ist erfreulich, wenn auch die Bevölkerung unseres Landes hierfür Interesse zeigt.

Von gleichermaßen allgemeiner, d. h. grundlegender Bedeutung sind zahlreiche Arbeiten der Historischen Kommission, von denen hier nur einige genannt seien. Die Ausgaben des „Briefwechsels von Thomas Müntzer" und der „Quellen zum Leben vom Thomas Müntzer" mußten völlig neu erarbeitet werden, um inzwischen aufgefundene, bisher unbekannte Texte mit einbeziehen zu können. Das Manuskript zur „Sächsischen Geschichte" ist seit 1987 druckfertig; das „Jahrbuch für Regionalgeschichte" erscheint nun jährlich in 2 Teilbänden. Aber auch Arbeiten zu ganz begrenzten Themen können von allgemeiner Bedeutung sein, wenn sie mit Sorgfalt ausgeführt werden; hierzu würde ich genealogische Forschungen aus Zschocken, Kreis Zwickau, rechnen, wo versucht wird, die Familiengeschichten eines großen Bauerndorfes ohne Kirchenbuch zu rekonstruieren.

Die Poggendorff-Redaktion hat die Manuskripte des Teilbandes VIIb fertiggestellt. Damit ist vielleicht der letzte, allgemeine Teilband im Sinne des Begründers abgeschlossen. Über die Problematik der Weiterführung hatte ich bereits 1987 gesprochen; zur Realisierung sind zunächst noch weitere konzeptionelle Arbeiten notwendig. An dieser Stelle möchte ich einmal aufmerksam machen, wie mühselig es ist, aus oft unvollständigen Angaben mit Hilfe von Literatur-Recherchen, Nachschlagewerken usw. ein möglichst vollständiges Bild vom Leben und Wirken einer Persönlichkeit zu gewinnen. Es ist mehr als einmal vorgekommen, daß unsere Mitarbeiter Autoren auf Veröffentlichungen hingewiesen haben, die diese selbst völlig vergessen hatten. Wenn man dann allerdings die stattliche Liste von Dank- und Anerkennungsschreiben aus aller Welt sieht, dann spürt man, daß die internationale Öffentlichkeit diese Gründlichkeit und Zuverlässigkeit wohl zu schätzen weiß.

Die Ergebnisse der Arbeitsgruppe Biologisches Alter gehen uns — hoffentlich — alle an. Wir sind dankbar, daß unser Mitglied, Herr *Ries*, obwohl er von $1^1/_2$ Jahren emeritiert wurde, seine Arbeiten in und mit Unterstützung der Klinik für Innere Medizin der Karl-Marx-Universität weiterführen kann. In den letzten Jahren hat diese Gruppe eine Komplexmethode zur Erfassung des biologischen Alters entwickelt, das sich aus Messungen physischer, psychischer und sozialer Parameter im Rahmen einer sog. Testbatterie berechnen läßt. Die Verallgemeinerungsfähigkeit dieses Verfahrens, das zunächst an Hand von Untersuchungsreihen an etwa 100 Werktätigen eines Leipziger Betriebes entwickelt wurde, konnte durch Untersuchungen in anderen Kreisen und Bevölkerungsschichten geprüft und bestätigt werden. Damit steht es nun als gesichertes Kriterium für gezielte Fragestellungen zur Verfügung. Als Beispiel hierzu sei nur genannt: Werden durch Gewichtsreduktion von Übergewichtigen auch die bei dieser Gruppe vorliegenden Risikofaktoren verringert?

Wer hat wohl bei den reichlichen Niederschlägen im März d. J. nicht auf die Standfestigkeit der Talsperren gehofft, die ein Überschwappen der Wassermassen verhindern sollen. Ein anderes „Umklappen“ von Fließ- und Standgewässern verfolgt die Arbeitsgruppe „Limnologie von Talsperren“ in Neunzehnhain. Langjährige Meßreihen zur Erfassung der wesentlichen Parameter zur Charakterisierung der Wasserbeschaffenheit sind die Grundlage zur Erkennung von Wechselbeziehungen zwischen physikalischen Bedingungen, biologischer Struktur, hydrophysikalischen Verhältnissen, Nährstoffen und Gehalt an Phyto- und Zooplankton, von denen die Wassergüte abhängt. Im Sediment der Saidenbachtalsperre wurden erstmalig polyphosphatspeichernde Bakterien nachgewiesen, die einer Eutrophierung und damit einem Umklappen der Wassergüte entgegenwirken; dieser Effekt wird auch nicht durch Nitratsauerstoff gemindert. Die durch die Überdüngung landwirtschaftlich genutzter Flächen bedingte Zunahme des Phosphatgehaltes unserer Gewässer kann auf diese Weise vielleicht wenigstens zum Teil kompensiert und die Gefahr einer Eutrophierung gemildert werden. Die Bedeutung dieser Arbeiten für die Wasserversorgung liegt auf der Hand. Der Leiter dieser Arbeitsgruppe, unser Mitglied Dietrich *Uhlmann*, hat damit aber auch international hohe Anerkennung gefunden; er wurde mit der Medaille „De Limnologia optime merito“, der höchsten Auszeichnung der International Association of theoretical and applied Limnology, geehrt.

Die Schädlingsbekämpfung ist nicht nur in Ländern hoher Bevölkerungsdichte und Zivilisation von Bedeutung, in tropischen Gebieten ist sie zur Bekämpfung von Krankheiten, aber auch von Getreideschädlingen notwendig. Die Zeiten, in denen man glaubte, alles mit chemischen Mitteln erledigen zu können, sind vorbei. Viele auf dieser Basis entwickelte Insektizide zerstörten auch die Umwelt; Vögel und Lurche, die zur Aufrechterhaltung des natürlichen Gleichgewichtes notwendig sind, gingen ein oder wanderten ab, manche Gifte brachten auch Menschen in Gefahr. Es wäre wesentlich günstiger, wenn man Entwicklungsstadien der Insekten stören könnte, die eben nur für diese schädlichen Kerbtiere charakteristisch sind. Unter diesem Blickwinkel ist der von der Arbeitsgruppe Wirkungsmechanismen von Neurohormonen, die unter Leitung unseres Mitglieds, Herrn *Penzlin*, in Jena arbeitet, eingeschlagene Weg sehr vielversprechend. Wenn es gelingt, die hormonale und nervale Steuerung der Insektenhäutung zu beeinflussen, hat man ein ganz spezifisches Mittel zur Hand. Im Berichtsjahr wurde die häutungshemmende Wirkung von Inhaltsstoffen der einheimischen Blütenpflanze *Ajuga reptans*, des kriechenden Günsels, untersucht. Die Ergebnisse brachten neue Erkenntnisse über die hemmende Wirkung auf den Abbau des Neurohormons D; das scheint ein wesentlicher Schritt bei der Auslösung letaler Effekte durch derartige Insektizide zu sein.

Die Arbeitsgruppe „Naturhaushalt und Gebietscharakter“ hat 1987, verantwortlich ist unser Mitglied, Herr *Haase*, ihre jahrelangen Erfahrungen auf dem Gebiet der Landschaftsforschung in zwei Ergebnisberichten zu theoretischen und methodischen Fragen vorgelegt. Eine Monographie wurde vorbereitet, „Naturraumerkundung und Landnutzung — Geochorologische Verfahren zur Analyse, Kartierung und Bewertung von Naturräumen“, in der erstmalig die Entwicklung dieser Arbeitsverfahren, ihre theoretische Begründung und methodischen Lösungswege zusammenfassend dargestellt wurden.

Die Arbeitsgruppe, geleitet von Dr. *Bernhard*, unterstützt mit ihren Arbeiten zur Naturraum- und Landschaftsanalyse auf wertvolle Weise die territoriale Planung im Bezirk Dresden; bewährte Methoden, über die 1986 und 1987 bereits berichtet wurde, und die Vorbereitung neuer Forschungsvorhaben zeugen davon. Diese Arbeitsgruppe ist in eine Vielzahl von Kooperationsbeziehungen eingebunden.

Die sich bereits Ende 1986 abzeichnende Umprofilierung der Arbeitsgruppe Psychologie unter Leitung unseres Mitglieds, Herrn *Hiebsch*, hat nach einer personellen Neubesetzung stattgefunden. Im Berichtszeitraum wurde die Bearbeitung des Themas Gesprächsanalyse aus sozialpsychologischer Sicht begonnen. Ausgehend von den manifesten Gesprächsstrukturen, die vor allem aus Beratungsgesprächen gewonnen werden, wird sich die Analyse auf die kognitiven Mechanismen der internen Repräsentation und Regulation von Gesprächen bzw. der Tätigkeit Gespräch überhaupt richten.

Im Jahre 1996 wird die Sächsische Akademie der Wissenschaften ihr 150jähriges Jubiläum feiern. In Vorbereitung dieses Ereignisses haben Dr. *Wiemers*, der Leiter des Archivs, und Frau Dr. *Lea* die ersten Studien über die Gründung der Akademie veröffentlicht; weitere Bände der Abhandlungen unserer Akademie — „Probleme der pedologisch-hydrologischen Regionalforschung und ihre Umsetzung in die Praxis“ und „Sprache in der sozialen und kulturellen Entwicklung“ — wurden zum Druck vorbereitet. Die SAW steht, mit 435 Partnern im Ausland, davon 103 in sozialistischen Ländern, im Schriftenaustausch durch den der Bibliotheksbestand ständig erweitert wird.

Im Berichtsjahr fanden wiederum neun wissenschaftliche Plenarsitzungen statt, darunter zwei öffentliche, auf denen insgesamt 16 Vorträge gehalten wurden; in einem Ehrenkolloquium im Mai ehrte die Historische Kommission ihren Vorsitzenden, unser Mitglied Herrn *Coblenz*, anläßlich seines 70. Geburtstages.

In der Januarsitzung sprach Herr Armin *Uhlmann* über Erwin *Schrödinger* und seine Gleichung, und in der öffentlichen Novembersitzung würdigte der Vizepräsident kurz unser ehemaliges Mitglied Gustav *Hertz*; beide Nobelpreisträger wären im Juli 1987 100 Jahre alt geworden.

Der 60. Geburtstag unseres Präsidenten war in der Junisitzung Anlaß für eine besondere Würdigung. In der Dezembersitzung erinnerte Herr *Meyer* anläßlich des 100. Geburtstages unseres ehemaligen Mitglieds Otto *Eißfeldt* an dessen Wirken.

Das Spektrum aller Vorträge zeigte wieder die Vielfalt, die einer gelehrten Gesellschaft zukommt. Alle Themen wurden im Plenum, also in der gemeinsamen Sitzung beider Klassen, behandelt; die i. a. breite Diskussion ist für alle anregend. Darin kommt auch das Ziel unserer Akademie zum Ausdruck, nämlich als gelehrte Gesellschaft einen Beitrag zur Integration der Wissenschaften zu liefern.

VERÖFFENTLICHUNGEN DER AKADEMIE IN DEN BERICHTSJAHREN

Jahrbuch 1985—1986. Berlin 1988. 303 S., 11 Tafeln und 8 Abbildungen im Text

Mathematisch-naturwissenschaftliche Klasse

Sitzungsberichte

Band 119

Heft 4: Herbert Jordan: „Basimetry“: Ansätze einer chronotherapeutischen Urteilsbildung. 1987. 31 S., 16 Abb., 1 Tab.

Heft 5: Harald Hilbig: Existenzsätze für einige Totwasserprobleme der Hydrodynamik. 1987. 101 S., 21 Abb.

Heft 6: Matthias Sachsenweger, Ulrich Sachsenweger: Das Raumsehen bei bewegten Objekten auf der Basis der dynamischen Stereoskopie und der Bewegungsparallaktoskopie sowie seine Bedeutung für Arbeits- und Verkehrsmedizin. 1988. 155 S., 27 Abb., 7 Tab.

Band 120

Heft 1: Hermann Berg u. a.: Kanzerostatische Anthrazykline, physikochemische Eigenschaften und Wirkungsmechanismen. 1988. 125 S., 42 Abb., 20 Tab.

Heft 2: Artur Lösche: Der Kernspin: Von der Hypothese zum modernen Analysenwerkzeug (Eine beinahe geschichtliche Betrachtung um der Sache willen). 1988. 25 S., 18 Abb.

Heft 3: Joachim-Hermann Scharf: Anfänge von systematischer Anatomie und Teratologie im alten Babylon. 1988. 63 S., 18 Abb.

Heft 4: Hans Jürgen Rösler: Was sagt ein Mineral über seine Geschichte aus? Betrachtungen zur Genetischen Mineralogie. 1988. 29 S., 19 Abb.

Heft 5: Fritz Müller, Werner Mühle: Die Zöliakie — eine besondere Form der Eiweißunverträglichkeit. 1988. 43 S., 21 Abb., 6 Tab.

Heft 6: Heinz Penzlin: Ordnung — Organisation — Organismus. Zum Verhältnis zwischen Physik und Biologie. 1988. 32 S., 6 Abb.

Heft 7: Eugen-Georg Woschni: Heinrich Barkhausen und die Entwicklung der Elektronik. 1988. 25 S., 13 Abb., 1 Tab.

Abhandlungen

Band 56

Heft 4: Klaus Dörter, Karl-Franz Busch (Hrsg.): Probleme der pedologisch-hydrologischen Regionalforschung und ihre Umsetzung in die Praxis. 1989 [1988]. 191 S., 32 Abb., 15 Tab.

Sitzungsberichte

Band 127

Heft 2: Dieter Wittich: Zur Entstehungs- und Rezeptionsgeschichte von W. I. Lenins Werk „Materialismus und Empiriokritizismus". 1986. 36 S.

Heft 3: Rudolf Forberger: Die Widerspiegelung der Industriellen Revolution in Sachsen (1800—1861) in der zeitgenössischen Belletristik. 1987. 48 S., 12 Abb.

Heft 4: Juliane Brandsch: Bezeichnungen für Bauern und Hofgesinde im Althochdeutschen. 1987. 74 S., 4 Tafeln.

Heft 5: Gerhard Dudek: I. S. Turgenjews „Rudin" — individuelle Romanform und Romantypus. 1987. 33 S., 6 Tafeln.

Heft 6: Gotthard Lerchner: Literarischer Text und kommunikatives Handeln. 1987. 74 S.

Heft 7: Rigobert Günther: Die sozialutopische Komponente im frühen Christentum bis zum 2. Jahrhundert. 1987. 19 S.

Band 128

Heft 1: Siegfried Wollgast: Ehrenfried Walther von Tschirnhaus und die deutsche Frühaufklärung. 1988. 93 S.

Heft 2: Ernst Eichler, Gerald Wiemers: Zwei Beiträge zur Geschichte der Slawistik. 1988. 54 S.

Heft 3: Friedrich Möbius: Die Dorfkirche im Zeitalter der Kathedrale (13. Jh.). Plädoyer für eine strukturgeschichtliche Vertiefung des Stilbegriffs. 1988. 67 S., 52 Abb.

Heft 4: Jacques D'Hondt: Hegel und Frankreich. 1988. 17 S.

Heft 5: Eberhard Poppe: Menschenrechte im Wandel. 1988. 24 S.

Abhandlungen

Band 71

Heft 3: Karl Czok (Hrsg.): Wissenschafts- und Universitätsgeschichte in Sachsen im 18. und 19. Jahrhundert. Nationale und internationale Wechselwirkung und Ausstrahlung. Beiträge des internationalen Kolloquiums zum 575. Jahr der Universitätsgründung am 26. und 27. November 1984 in Leipzig. 1987. 243 S., 7 Abb.

Heft 4: Ernst Eichler, Hans Walther (Hrsg.); Johannes Schultheis (Redakt.): Onomastica Slavogermanica XVII. 1988. 228 S.

Mit Unterstützung der Akademie erschienen im Berichtszeitraum:

Thesaurus Linguae Latinae

Vol. I	Fasc. IX *amitto — Amyzon* 4. Aufl. Leipzig 1988.
Vol. II	Fasc. III—IV *ardalio — astringo* 4. Aufl. Leipzig 1988.
Vol. III	Fasc. IV *cedo — cesso* 4. Aufl. Leipzig 1987.

	Fasc. V—VI *cesso — coetus*
	4. Aufl. Leipzig 1988.
	Fasc. VII *coetus — colo*
	4. Aufl. Leipzig 1987.
	Fasc. VIII *colo — commodo*
	4. Aufl. Leipzig 1988.
Vol. IV	Fasc. I—IV *con — cornix*
	4. Aufl. Leipzig 1988.
Vol. V Pars 1	Fasc. V—VI *dicio — disputatio*
	4. Aufl. Leipzig 1987.
	Fasc. IX *dolor — donec*
	4. Aufl. Leipzig 1987.
	Fasc. XI *duco — dze*
	4. Aufl. Leipzig 1987.
Vol. V Pars 2	Fasc. II—V *efficax — erogo*
	4. Aufl. Leipzig 1988.
	Fasc. XII—XIII *expono — ezoani*
	4. Aufl. Leipzig 1987.
Vol. VI [Pars 1]	Fasc. II—V *familia — forum*
	4. Aufl. Leipzig 1987.
	Fasc. VII—VIII *frustum — gemo*
	4. Aufl. Leipzig 1988.
Vol. VI [Pars 2]	Fasc. IX—XII *gemo — gytus*
	4. Aufl. Leipzig 1987—1988. Sp. 1761—2388.
Vol. VI [Pars 3]	Fasc. XIII—XIV *h — hic*
	4. Aufl. Leipzig 1987.
	Fasc. XVII *hospes — hystrix*
	5. Aufl. Leipzig 1988.
Vol. VII Pars 1	Fasc. I *i — ico*
	4. Aufl. Leipzig 1988.
	Fasc. III—IV *ignotus — implico*
	4. Aufl. Leipzig 1987.
	Fasc. VII *inclutus — inde*
	5. Aufl. Leipzig 1988.
	Fasc. X *infirmo — inhorresco*
	4. Aufl. Leipzig 1987.
	Fasc. XI *inhorresco — inordinatus*
	4. Aufl. Leipzig 1988.
Vol. VII Pars 2	Fasc. I *intestabilis — invenustus*
	4. Aufl. Leipzig 1987.
	Fasc. III *iocus — is*
	3. Aufl. Leipzig 1988.
	Fasc. VI *laboro — laqueo*
	2. Aufl. Leipzig 1987.
	Fasc. X *linearius — locus*
	2. Aufl. Leipzig 1987.
Vol. VIII	Fasc. II *malachoth — mano*
	4. Aufl. Leipzig 1988.

	Fasc. VI *mercor — militia*
	4. Aufl. Leipzig 1987.
Vol. IX Pars 2	Fasc. IV *oenanthe — onocrotalus*
	2. Aufl. Leipzig 1987.
	Fasc. VI—VII *oppugnatio — os*
	2. Aufl. Leipzig 1988.
Vol. X Pars 1	Fasc. IV *pars — patefio*
	Leipzig 1988.
Vol. X Pars 2	Fasc. V *preafiguro — praepotens*
	Leipzig 1987.

VERÖFFENTLICHUNGEN VON AKADEMIEMITGLIEDERN IN DEN JAHREN 1987 UND 1988

Mathematisch-naturwissenschaftliche Klasse

Arnold, Klaus u. O. Zschörnig, W. Herold, D. Barthel: Effect of PEG on the electrophoretic mobility of liposomes. In: Mol. Cryst. Liq. Cryst. *152* (1987) S. 357–362.
– O. Zschörnig, D. Wiegel u. K. Arnold: Interaction of Beta-adrenergic blocking agents with human LDL detected by EPR. Ebda S. 363–367.
– K. Gawrisch, R. Thunich, U. Schulze u. K. Arnold: The influence of PEG on ion binding to membrane surfaces. Ebda S. 333–341.
– O. M. Panasenko, O. A. Azizova, K. Arnold u. M. L. Borin: Alterations of surface charges of plasma lipoproteins in ischemic heart disease, In: Biomed. Biochim. Acta *46* (1987) S. 97 bis 102.
– O. Zschörnig, K. Arnold, R. Krahl u. H.-P. Kertscher: Interaction of cations with negatively charged vesicles formed from headgroup modified phospholipids I. Microelectrophoresis. In: stud. biophys. *118* (1987) S. 35–44.
– O. Zschörnig, K. Arnold u. H.-P. Kertscher: Interactions of cations with negatively charged vesicles formed from headgroup modified phospholipids II. EPR measurements. Ebda S. 45 bis 51.
– u. A. Hermann, K. Gawrisch, L. Pratsch: Water-mediated effects of PEG on membrane properties and fusion. In: Molecular Mechanisms of Membrane Fusion. Ed. by S. Ohki. New York 1988. S. 255–272.
– M. Krumbiegel, O. Zschörnig, K. Arnold, O. Panasenko, K. Herrmann, T. Volnova, A. A. Azizova, A. J. Deev: Interaction of Glycosaminoglycans with LDL and Liposomes detected by Alterations of Surface Potentials. In: Chem. Phys. Lipids *48* (1988) S. 83–89.
– K. Gawrisch, K. Arnold, K. Dietze u. U. Schulze: Hydration Forces between Phospholipid. Membranes and the PEG induced Fusion. In: Elektromagnetic Fields and Biomembranes Ed. by M. Markov and M. Blank. New York and London 1988. S. 9–18.
– u. O. Zschörnig, L. Pratsch, E. Donath, D. Barthel, A. Herrmann: Exclusion of PEG from Membrane Surfaces and Aggregation of liposomes and lipoproteins. In: stud. biophys. *127* (1988) S. 113–120.
– D. Barthel, O. Zschörnig, K. Lange, R. Lenk, K. Arnold: Interaction of charged drug molecules with phospholipid-membranes. In: Biochim. Biophys. Acta *945* (1988) S. 361–366.
– A. V. Yakhyaer, K. Arnold, E. B. Deeva, A. N. Osipov, O. A. Azizova, B. T. Velichkovsky: Complex Characterization of Surface Properties of Fibrogenic Dusts. In: stud. biophys. *126* (1988) S. 167–176.
– J. Arnhold, W. Herold, K. Arnold, A. I. Deev: Reduction of aminogroups and changes of the surface charge of liposomes on methylation and peroxidation. Ebda *128* (1989) S. 45–50.

Beckert, Herbert: Fixpunktsätze mehrdeutiger Abbildungen auf der Sphäre. In: Sonderf. Ber. 256, Rhein. Friedrich Wilhelm-Universität Bonn (1987) Reihe no. 7, S. 1–7.
– Mathematik und Erfahrung. In: Mitteil. der Deutschen Akademie der Naturforscher Leopoldina Reihe *3* (1986) S. 107–109.
– [Hrsg.] u. W. Purkert: Leipziger mathematische Antrittsvorlesungen 1889–1922. Leipzig 1988. 240 S. (= Teubner-Archiv zur Mathematik Bd. 8).
– Über die Approximation von Eigenwerten und Greenschen Tensoren linearer elliptischer Differentialgleichungen. In: Nova acta Leopoldina NF *61* (1988) Nr. 267, S. 1–6.

Benetin, Ján u. K. Jůva: Porušovanie vodného režimu pod. In: D. Zachár, K. Jůva a kol.: Využití a ochrana vod ČSSR, Praha 1987. S. 155–161.
— u. K. Jůva: Rekultivácia pôd poškodených vodou. Ebda S. 198–205.
— u. K. Jůva: Sústavy v oblastiach Slovenska. Ebda S. 454–459.
— S. Kratochvil u. J. Benotin: Koncepce budování vodárenských soustav. Ebda S. 485–491.
— u. K. Jůva: Regulácia vodného režimu pôdy odvodnením. Ebda S. 188–193.
— J. Antal u. J. Benetin: The Determination of the Critical Periods for Application of the Chemical Substancies with Regard to the Groundwater Protection. Internat. Symp. on Integrat. Land Use Planning and Ground water Protection Management in Rural Areas. 19th Congr. of IAH. Prague–Karlovy Vary, 1986.
— u. A. Šoltész: Determination of fundamental design parameters of irrigation and drainage systems by means of mathematical modelling of soil-water regime. Irrigation and Water Allocation Symp. IAHS Congr., Vancouver, IAHS Publ. NÅ 169, 1987.
— u. A. Šoltész: Die Bestimmung grundlegender Entwurfsgrößen von Hydromeliorationssystemen mittels mathematischer Modellierung des Bodenwasserregimes. Konf. Meliorative und landeskulturelle Maßnahmen zur weiteren Intensivierung der Pflanzenproduktion. Wissenschaftliche Beiträge der Martin-Luther-Universität Halle–Wittenberg 1987.
— u. J. Martoň, A. Šoltész: Hydrological balance changes in urbanized territory. Internat. Symp. Hydrological Processes and Water Management in Urban Areas. UNESCO, Duisburg 1988.
— u. J. Dvořák,J. Fídler, P. Kabina: Odvodňovanie. Bratislava 1987. 584 S.

Berg, Hermann: Electrotransfection and electrofusion of cells and electrostimulation of their metabolism. In: studia biophysica *119* (1987) S. 17–29.
— E. Bauer, H.-E. Jacob, H. Berg: Electrostimulation of CO_2-production in yeast cells. Ebda S. 137–140.
— 1036 — Bioelectrochemistry in Biotechnology: Results and Trends of the XIth Jena Symposium, 1986, Erfurt: In: Bioelectrochem. & Bioenerg. *17* (1987) S. 161–163.
— Biotechnologie im 9. Großbothener Gespräch. In: Spektrum *18* (1987) 2
— u. H.-E. Jacob: Elektrische Felder und biologische Prozesse. In: Wissenschaft und Fortschritt *37* (1987) S. 145–147.
— H. Fritzsche u. H. Berg: Analysis of equilibrium, kinetic and structural data of anthracycline-DNA interaction. In: Gazzetta Chimica Italiana *117* (Roma 1987) S. 331–352.
— Electrofusion of cells. In: Handbook of Modern Bioelectricity. Ed. A. A. Marino, Shreveport, M. Dekker, New York 1988. S. 365–389.
— Tropics of Bioelectrochemistry extended by electromagnetic field effects. In: Electromagnetic Fields and Biomembranes. Hrsg. M. Markov, M. Blank. Plenum Press 1988. S. 79–88.
— H.-H. Große, E. Bauer, H. Berg: Electrostimulation during fermentation. In: Bioelectrochemistry and Bioenergetics *20* (1988) S. 279–285.
— u. H. Fritzsche, W. Ihn, P. Mühlig, W. Pohle, K.-E. Reinert, H. Schütz, E. Stutter, D. Tresselt, H. Triebel, A. Walter, K. Weller: Kanzerostatische Anthrazykline, physikochemische Eigenschaften und Wirkungsmechanismen. Berlin 1988. 125 S., 42 Abb., 20 Tab. (= Sitzungsber. SAW math.-nat. Kl., Bd 120 H. 1).
— Photodynamic tumour therapy and cancer multistep therapy. In: J. Photochem. Photobiol. *2* (1988) S. 399
— E. Stutter, H. Schütz, H. Berg: Quantitative determination of cooperative anthracycline-DNA binding. In: Anthracycline and Anthracenedione — Based Anticancer Agents. Hrsg. J. W. Lown, bioactive molecules. Amsterdam 1988. S. 245–293.

Beyer, Klaus: Gleichgewichtsfigur magnetischer Flüssigkeiten. In: Z. Anal. Anw. *7* (1) (1988) S. 67–76.
— Zu den Integralgleichungen für Polarisation und Magnetisierung. In: Rostock. Math. Kolloq. *33* (1988) S. 65–74.

Budevski, Evgeni Bogdanov: The meaning of exchange current densities in electrocrystallization. In: J. Electroanalyt. Chem. *229* (1987) S. 423—427.
— R. G. Barradas, T. J. Vandernoot, W. Obretenow, V. Bostanov u. E. Budevski: Statistical analysis of the two-dimensional point pattern of silver monolayer deposition on a single crystal silver electrode. Ebda *244* (1988) S. 39—52.
— G. Staikov, E. Budevski: Survey of beta battery R&D in the central laboratory of electrochemical power sources at the Bulgarian Academy of Sciences. In: Proc. 7th Beta Battery Workshop, Toronto, Canada. June 1—3 1988.
— A. Popov, N. Dimitrov, O. Velev, T. Vitanov, E. Budevski, E. Schmidt, H. Siegenthaler: Non-equilibrium phenomena at the early stage of formation of lead underpotential adsorbates on electrolytically grown Ag(111) electrode surface. In: Electrochim. Acta *34* (1989) S. 265 bis 268.
— A. Popov, N. Dimitrov, D. Kashchiev, T. Vitanov, E. Budevski: A Model of the structural transformation processes in lead adsorbates on Ag(111) faces at low coverages. Ebda S. 269 to 271.

Busch, Karl-Franz: Vorträge zum Ehrenkolloquium anläßlich des 70. Geburtstages, Dresden, Sektion Wasserwesen der Techn. Universität Dresden. 1987. 26 S.
— Abschnitt 15: Wasserwirtschaft. In: Bautechnische Berechnungstafeln. Hrsg. H. Pörschmann. 22. Aufl. Leipzig 1988. S. 15.1—15.31; Berlin (West) 1987. S. 15.1.—15.35.
— BI-Taschenlexikon Wasser. 2., durchgeseh. Aufl. Leipzig 1988. 367 S., zahlr. Abb., 24 Fototafeln.
— Problematik des Eintrages von Schwermetallionen durch Abwasser, Abwasserschlamm und Abprodukte bei der Abwasserbehandlung. In: K. Dörter, K. F. Busch (Hrsg.): Probleme der pedologisch-hydrologischen Regionalforschung und ihre Umsetzung in die Praxis. Berlin 1989. S. 119—120 (= Abhandl. SAW, math.-nat. Kl. Bd 56, H. 4).

Dörter, Klaus [Hrsg.]: Meliorative und landeskulturelle Maßnahmen zur weiteren Intensivierung der Pflanzenproduktion. 40 Jahre Kulturtechnik, Meliorationen und Landeskultur an der Martin-Luther-Universität Halle—Wittenberg. Kongress- und Tagungsberichte der MLU, Wissenschaftliche Beiträge *32* (1987) 120 S.; darin: Überblick zur Entwicklung der Kulturtechnik und des Meliorationswesens von 1947 bis 1987 an der Martin-Luther-Universität Halle—Wittenberg. S. 10—22.
— [Mithrsg.] Ergebnisse und Erfahrungen bei der umfassenden Anwendung des WTF in den LPG und kooperativen Einrichtungen der Agrar-Industrie-Vereinigung Querfurt von 1977 bis 1987. Querfurt 1987. 537 S.
— D. Eich, K. Dörter, M. Danderstädt: Aufgaben, Maßnahmen und Ergebnisse zur planmäßigen Steigerung der Bodenfruchtbarkeit in der AIV Querfurt. Ebda S. 227—233.
— u. U. Kamm, G. Zeugner: Darstellung des Gebietsniederschlages für den Kreis Querfurt. Ebda S. 306—314.
— u. a.: Erosionsschutz durch Flurholzanbau auf deflationsgefährdeten Lößstandorten der AIV Querfurt. Ebda S. 315—324.
— [Hrsg.] Übersicht der Wissenschaftlichen Veröffentlichungen 1947 bis 1987 der Sektion Pflanzenproduktion, Wissenschaftsbereich Standortkunde — Landwirtschaftliche Meliorationen und Landeskultur. Martin-Luther-Universität Halle—Wittenberg 1987. 28 S.
— u. G. Schilling, H. Schmalz, H. Scholz: Die Entwicklung der Landwirtschaftswissenschaften an der Martin-Luther-Universität Halle—Wittenberg. Halle 1987. 51 S.
— [Mitautor] Technik-Wörterbuch Geowissenschaften. Hrsg. A. Watznauer. Englisch-Deutsch. 3. Aufl. Berlin 1987. 387 S.; Deutsch-Englisch. 3. Aufl. Berlin 1988. 360 S.
— M. Pretzschel, G. Böhme, K. Dörter u. G. Pflock: Zur Ökonomie des Flurholzanbaues an Beispiel der LPG Pflanzenproduktion Barnstädt. In: V. Konferenz für Wissenschaft und Technik der Agrar-Industrie-Vereinigung Querfurt. Teil II; 2 (1987) S. 271—274.
— Bedeutung der Boden- und Grundwasserwissenschaften für die Landwirtschaft und die Um-

weltgestaltung. In: Vorträge zum Ehrenkolloquium für Prof. K.-F. Busch anläßlich seines 70. Geburtstages. Technische Universität Dresden, Sektion Wasserwesen 1987, S. 13–17.
— [Rez.] H. Weinitschke: Naturschutz und Landnutzung. Jena 1987. 293 S., 100 Abb. In: Archiv für Naturschutz und Landschaftsforschung *28* (Berlin 1988) H. 1, S. 79–80.
— u. S. Lindau: Reinigung von Abwässern mit Hilfe von Adsorbenzien. In: Jahrbuch der SAW *1985–1986* (Berlin 1988) S. 64–75.

Dürwald, Wolfgang: Gerichtliche Medizin. 3., durchgeseh. Aufl. Leipzig 1987. 324 S., 136 Abb., 21 Tab.
— [Hrsg.] E. Stelzer, O. Prokop, W. Dürwald: Kriminalistik und forensische Wissenschaften. Schriftenreihe für Theorie und Praxis der sozialistischen Kriminalistik und der forensischen Wissenschaften, zugleich Organ der Gesellschaft für gerichtliche Medizin der DDR Heft 65/66 (Berlin 1987) 221 S.; Heft 67/68 (Berlin 1987) 232 S.; Heft 69/70 (Berlin 1988) 196 S.; Heft 71/72 (Berlin 1988) 220 S.
— u. O. Prokop, A. Rackwitz, I. Ritter: Über A_4B: Übersehen und erkannt. In: HAIMA – Immunreport *2* (1987) H. 2, S. 11–13.
— H. Walther, H. Hunger, W. Dürwald, B. Weigel u. G. Wunderlich: Erste Erfahrungen bei der Todeszeitbestimmung mittels des digitalen Temperaturmeßgerätes DTM 7. In: Kriminalistik und forensische Wissenschaften Heft 65/66 (1987) S. 210–212.
— A. Du Chesne, A. Naumann, H. Bachmann, W. Göhler u. W. Dürwald: Untersuchungen zur Koppelung von Blutgruppen und *Morbus Wilson* an informativen Familien. Ebda S. 107–111.
— H. Strauch, E. Lignitz, G. Geserick u. W. Dürwald: Gerichtsmedizinische Erfahrungen bei der Untersuchung der Opfer des Flugzeugabsturzes in Berlin-Bohnsdorf. Ebda Heft 71/72 (1988) S. 207–213.
— u. R. K. Müller: Beiträge zur Geschichte der Gerichtlichen Medizin. Symposium zum 20jährigen Bestehen der Gesellschaft für gerichtliche Medizin der DDR. Leipzig 1988. 90 S.

Emons, Hans-Heinz u. H.-H. Walter: Alte Salinen in Mitteleuropa. Leipzig 1988. 279 S., 208 Bilder, 6 Ktn.
— u. M. Fedtke, P. Hellmold, G. Landschulz, R. Pöschl, W. Pritzkow, M. Rätzsch, G. Zimmermann: Lehrbuch der Technischen Chemie. 5., durchges. Aufl. Leipzig 1988. 432 S., 191 Bilder, 70 Übersichten, 73 Tab.
— Axel König, H.-H. Emons u. J. Nyvlt: The Influence of Sodium Chloride on the Driving Force of the Crystallization of Potassium Chloride from Aqueous Solutions at 25°C. In: Cryst. Res. Technol. *22* (1987) 1, S. 13–19.
— Axel König u. H. H. Emons: Kinetic of Crystallization of Potassium Chloride from Aqueous Solution at 30°C. Ebda 2, S. 199–207.
— Th. Fanghänel, K. Kravshuk, W. Voigt u. H. H. Emons: Solid-Liquid Phase Equilibria in the System $KCl-MgCl_2-H_2O$ at Elevated Temperatures. I. The binary System $MgCl_2-H_2O$ at 130–250°C. In: Z. anorg. allg. Chem. *547* (1987) S. 21–26.
— u. H. Voigt, T. Pohl, R. Naumann: Thermoanalytical Investigations on the Decomposition of Double Salts. II. The Decomposition of Double Salts $MeCl \cdot MgCl_2 \cdot 6H_2O$ (Me: NH_4, Rb, Cs). In: Thermochim. Acta *121* (1987) S. 151–163.
— Anita König. Axel König u. H. H. Emons: Crystallization Kinetics of $MgSO_4 \cdot 7H_2O$ at Higher Ranges of Driving Force. In: Cryst. Res. Technol. *22* (1987) 9, S. 1127–1137.
— Zu Erfahrungen und Problemen bei der Heranbildung des wissenschaftlichen Nachwuchses. In: Das Hochschulwesen *35* (1987) 10, S. 272–275.
— u. A. Dittrich, W. Voigt: Thermodynamic properties of molten Magnesium Chloride. In: Proceedings of the Joint International Symposium on Molten Salts *87-7* (1987) S. 111–129.
— u. R. Naumann, K. Köhnke, K. Pollmer, M. Siedler: The Thermal Behaviour of Solvates in the $Li(MgCl_2, AlCl_3)$-Water-1,4-Dioxane Systems, In: J. Thermal Anal. *32* (1987) S. 1969 to 1978.

– u. D. Kießling, W. Horlbeck, K. Wittenbecher: Vapous Pressures of Molten Mixtures. Alkali Halide-Alkaline Earth Halides. In: Rev. Roum. Chim. *32* (1987) 9–10, S. 855–862.
– Salzhydrate als Wärmespeichermedien. In: Ö. Chem. Z. (1987) 12, S. 274–281.
– Über das Verhalten von Metallen in Salzschmelzen. In: Proceedings der XIII. Hüttenmännischen Materialprüfertagung (20.–22. 4. 88), Vol. *II* (1988) S. 261–274.
– u. M. Siedler, B. Thomas, A. Porzel: Untersuchungen an Systemen aus Salzen und gemischten Lösungsmitteln. XXXIV[27] Al- und ^{1}H-NMR-spektroskopische Untersuchungen an Lösungen des Systems $AlCl_3$-Wasser-N,N-Dimethylformamid. In: Z. anorg. allg. Chem. *558* (1988) S. 231–239.
– V. M. Valjashko, M. A. Urusova, W. Voigt u. H.-H. Emons: General Thermodynamic Characteristics of the System $MgCl_2$–H_2O within abroad range of Temperature and Concentration. In: Zh. Neorg. Khim. *33* (1988) 1, S. 228–232.
– Axel König, Anita König u. H. H. Emons: Ermittlung der Kristallisationsenthalpie von Ammoniumsulfat aus wäßriger Lösung bei 25 °C. In: WZ PH „Dr. Theodor Neubauer“ Erfurt/Mühlhausen, math.-nat. R. *24* (1988) 1, S. 106–113.
– u. H. Voigt: Struktur-Eigenschaftsbeziehungen der Carnallite. In: Kali, Steinsalz, Spat, Reihe A *12* (1988) 6, S. 157–175.
– Th. Fanghänel u. H. H. Emons: Solid-Liquid Phase Equilibria in the System KCl–$MgCl_2$-H_2O at Elavated Temperatures. II. Isotherms at 130°, 140° and 150 °C. In: Z. anorg. allg. Chem. *562* (1988) S. 165–169.
– Mechanism and Kinetics of Formation and Decomposition of Carnallitic Double Salts. In: J. Thermal Anal. *33* (1988) S. 113–120.
– Structure and Properties of Molten Salt Hydrates. In: Electrochim. Acta *33* (1988) 9, S. 1243 bis 1250.
– Anita König u. H. H. Emons: Crystallization Kinetics of $MgSO_4 \cdot 7H_2O$ in Presence of Tenside. In: Cryst. Res. Technol. *23* (1988) 3, S. 319–326.
– u. P. Brand, To Pohl, K. Köhnke: Crystal Chemistry of $MX \cdot MgX_2 \cdot 6H_2O$ Type Compounds. In: Z. anorg. allg. Chem. *563* (1988) S. 180–184.
– Gedanken zum Verhältnis von Wissenschaft und Gesellschaft. In: Das Hochschulwesen *36* (1988) 10, S. 273–275.
– u. M. Siedler, B. Thomas, E. Hallas: Untersuchungen an Systemen aus Salzen und gemischten Lösungsmitteln. XXXVI. ^{1}H- und ^{27}Al-NMR-Untersuchungen des Solvatationsverhaltens in konzentrierten Lösungen des Systems $AlCl_3$-Wasser-Alkohol. In: Z. anorg. allg. Chem. *566* (1988) S. 169–179.
– Axel König, Anita König u. H. H. Emons: Untersuchungen zur Kristallisationskinetik leichtlöslicher Salze bei hohen Übersättigungen. In: FFH, Reihe A, *A 776* (1988) S. 113–124.
– Ansprache des scheidenden Rektors der Bergakademie. In: Neue Bergbautechnik *18* (1988) 12, S. 442–444.
– R. Naumann, Th. Fanghänel u. H.-H. Emons: Thermoanalytical Investigation of Sodium Acetate Trihydrate for Application as a Latent Heat Thermal Energy Storage Material. In: J. Thermal. Anal. *33* (1988) S. 685–688.

Fanghänel, Egon u. a.: Organikum – Organisch-chemisches Grundpraktikum. 17. Aufl. 1988, 751 S., 210 Tab., 1 Beilage u. a.: Lehrwerk Chemie; Chemische Kinetik; AB 6, 3. durchgesehene Aufl. 212 S., 14 Abb., 23 Tab.
– u. J. Böckelmann, N. Großmann, D. Pfeifer: Synthese von 5-Nitro-2,3-dihydrobenzo(b)-furanen aus 2-Methylentriethyl-ammonio-4-nitrophenolat und 2-Chlor-1,3-dicarbonylverbindungen. In: J. prakt. Chem. *328* (1986) S. 724–728.
– W. Waclawek, H. Frey, J. Kyziol, E. Fanghänel: The Structure of 9,9′-Diethyl-3,3′-azocarbazole as Elucidated by Dipole Moment Measurements. Ebda S. 546–550.
– A. Weise, H. Mustroph, B. Winnig, N. Großmann, E. Fanghänel: Spektralverhalten von Pyrazolin-5-on-Azomethinfarbstoffen – Quantenchemische Beschreibung der Substituenteneinflüsse. In: J. prakt. Chem. *329* (1987) S. 119–125.

— M. S. Akhlaq, N. Großmann, E. Pasbrig, E. Pasbrig, E. Fanghänel: Zur Kupplung von 4-substituierten 2-Pyrazolin-5-onen mit p-Chinondiiminkationen; Nachweis isokinetischer Beziehungen. Ebda S. 217—223.
— N. Großmann, B. Winnig, A. Weise, E. Fanghänel: Azomethinfarbstoffe — Sensibilisatoren, Löscher und Reaktionspartner für Singulettsauerstoff. Ebda S. 767—774.
— A. M. Richter, J. M. Richter, N. Beye, E. Fanghänel: Organische Elektronenleiter und Vorstufen. V. Synthese von Poly(organylthio-acetylene). Ebda S. 811—816.
— W. Ortmann, E. Fanghänel: Fotochemische Primärprozesse von Xanthenfarbstoffen. VIII. Zum Einfluß von gemischten Mizellen auf die fotochemischen Primärprozesse von Selenopyronin und Erythrosin sowie die sensibilisierte Diazoniumsalzfotolyse. Ebda S. 1015—1024.
— u. W. Ortmann, A. Hennig: 1,2,3-Triazabutadiene. XX. Untersuchungen zur Fotoisomerisierung, Fotolyse, Protonierung und sauren Spaltung von 1-Aryl-3-3-methyl-benzthiazolinyliden-(2)-triazen in mizellarer Lösung. In: J. prakt. Chem. *330* (1988) S. 27—34.
— u. B. Bode, K.-H. Bedemann, R. Radeglia: Kinetischer HD-Isotopeneffekt der Fotooxidation von 5-Dimethyl-1,1-dioxo-2-(p-tolyl)-1,2-thiazin durch Singulettsauerstoff. Ebda S. 79—83.
— u. H. Hasan, K. Voigt, K. Mielke, A. Ullrich, R. Radeglia: Synthese von Thiocyano- und Thiocyanomethyl-1,1-dioxo-1,2-thiazinen; Einfluß der NCS-Gruppe auf die ^{1}H-chemischen Verschiebungen von substituierten 1,1-Dioxo-1,2-thiazinen. Ebda S. 142—146.
— N. Großmann, V. Wehner, A. Weise, B. Winnig, E. Fanghänel: Fotosensibilisierte Ausbleichung von Azomethinfarbstoffen. Ebda S. 204—212.
— K. Behrmann, C. Richter, E. Fanghänel: Untersuchungen zur Synthese und den Eigenschaften von amphiphilen Polymeren. Ebda S. 271—283.
— u. J. Kriwanek: Struktur-Eigenschaftsbeziehungen an kernhalogenierten p-Dimethylaminobenzendiazoniumsalzen (p-DABS): IR- und UV-Vis-spektroskopisches Verhalten und Fotolyseeigenschaften. Ebda S. 349—360.
— u. K.-H. Kühnemund, A. M. Richter: Heterocyclisch substituierte Arendiazoniumsalze mit erweiterter spektraler Empfindlichkeit — Teil I: Monomethine und Azamethine. Ebda S. 590—606.
— Ch. Tschötsch, A. Richter u. E. Fanghänel: Das 2-Arensulfonyldithioliumkation — ein reaktives Elektrophil. In: Z. Chem. *27* (1987) S. 26—27.
— W. Ortmann, V. Pazitkova, E. Fanghänel: Fotochemische Primärprozesse von Xanthenfarbstoffen. Zum Einfluß ionischer Mizellen auf die Kinetik der Triplettlöschung durch Cu^{+}- und SCN^{-}-Ionen. Ebda S. 177.
— W. Ortmann, E. Fanghänel: Fotochemische Primärprozesse von Xanthenfarbstoffen; Erythrosin als Sonde zur Bestimmung der mittleren Aggregationszahl kationischer Mizellen. In: Z. Chem. *28* (1988) S. 221—222.
— A. M. Richter, N. Beye, E. Fanghänel: Organische Elektronenleiter und Vorstufen: Tri-4,5-(1,3-dithiol)ylene: Potentielle Ausgangsstoffe für die Synthese von organischen Elektronenleitern und Ferromagnetika. Ebda S. 284.
— W. Ortmann, H. Kreß, E. Fanghänel: Zur Bestimmung der mittleren Aggregationszahl ionischer Mizellen durch blitzlichtspektroskopische Untersuchungen an solubilisierten Farbstoffen. In: VI. Internationale Tagung über Grenzflächenaktive Stoffe (Tagungsbericht) S. 351—355.
— H. Poleschner, R. Radeglia, M. Kuprat, A. M. Richter, E. Fanghänel: Organylselenoacetylene und Selenocyanate; ^{77}Se- und ^{13}-C-NMR-chemische Verschiebungen und //se^{13}C-Spin-Kopplungskonstanten. In: J. Organomet. Chem. *327* (1987) S. 7—15.
— u. W. Ortmann, K. Behrmann, S. Willscher, N. J. Turro, I. R. Gould: Photochemical Primary Processes of Xanthene Dyes. 7. Xanthene Dyes as Probes for the Characterization of Anionic Micelles. In: J. Phys. Chem. *91* (1987) S. 3700—3703.
— A. M. Richter, N. Beye, E. Fanghänel: Organic Electronic Conductors and Precursors. VI. Synthesis of 4,8-Bis(organylthio)-1,3,5,7-tetrathia-s-indacene-2,6-dithiones. In: Sulfur Letters *6* (1987) S. 135—138.
— J. Kriwanek, E. Fanghänel: Fotophysikalische und fotochemische Eigenschaften kernhalogenierter 4-Dialkylaminobenzendiazoniumsalze. In: Fotografia Academica „82" (Tagungsband) S. 155—169.

– H. Gruber, H. K. Roth, E. Fanghänel: V. Q. Trinh: Properties of Polymeric Tetrathiafulvalenes. In: Materials Science *XIV* (1988) S. 1.
– u. K.-D. Remmler: Zur Chemie der 1,4,2-Dithiazine und 1,4,3-Thiaselenazine. In: Wiss. Zeitschr. TH Leuna–Merseburg *29* (1987) S. 705–720.
– G. Schukat, A. M. Richter, E. Fanghänel: Synthesis, Reactions and selected Physico-chemical Properties of 1,3- and 1,2-Tetrachalcogenafulvalenes. In: Sulfur Reports *7* (1987) S. 155–240.
– E. A. Do Nascimento, U. Schuchardt, K.-G. Häusler, R. Richter, E. Fanghänel: Zur Charakterisierung von Koks aus Eucalyptus-Lignin mittels Verdampfungsanalyse. In: Chem. Techn. *40* (1988) S. 301–303.
– G. Israel, A. Leistner, J.-U. Bauroth, K. Bedemann, E. Fanghänel: Untersuchungen zur Sensibilisierung von organischen Fotoleitern mit Polymethin-Farbstoffen. In: J. Inf. Rec. Mater. *16* (1988) S. 295–301.
– H.-K. Roth, H. Gruber, E. Fanghänel: Trinh vu Quang: ESR on polymer semiconductors of poly(tetrathiafulvalene). In: Progr. Colloid Polym. Sci. *78* (1988) S. 75–78.
– Neujahrsgruß des Vorsitzenden der Chemischen Gesellschaft der DDR. In: Mitt.-bl. Chem. Ges. der DDR *34* (1987) S. 1
– Ansprache zur Eröffnung der Hauptjahrestagung 1986 der Chemischen Gesellschaft der DDR. Ebda S. 84–85.
– Ansprache zur Eröffnung der Chemiedozententagung der Chemischen Gesellschaft der DDR. Ebda S. 131–132.
– Ansprache zur Eröffnung der Hauptjahrestagung 1987 der Chemischen Gesellschaft der DDR. Ebda S. 272–273.
– Neujahrsgruß des Vorsitzenden der Chemischen Gesellschaft der DDR. In: Mitt.-bl. Chem. Ges. der DDR *35* (1988) S. 1–2.
– Ansprache zur Eröffnung der Chemiedozententagung der Chemischen Gesellschaft der DDR. Ebd. S. 157–158.
– 35 Jahre Chemische Gesellschaft der DDR. Ebda 217–220.
– Auf ein Wort. In: Chem. Schule *35* (1988) S. 1–2.
– Erich-Correns-Schülerpreis für Chemie. In: Urania (1988) H. 11, S. 8–9.

Patentpublikationen

A. Weise, N. Großmann, B. Winnig, S. Willscher, E. Fanghänel: Lichtempfindliches farbfotografisches Silberhalogenidmaterial. WB G 03 C/283 162 4; Anmeldetag 25. 11. 1985 (Veröff. 1. 2. 1987)

Chr. Roth, D. Plaschnik, W. Kroha, W. Nette, H. Täubert, M. Gebauer, E. Fanghänel, N. Großmann: Verfahren zur Dispergierung von hydrophoben fotografischen Zusätzen. WP G 03 C/2306822; Anmeldetag 10. 06. 1981 (Veröff. 28. 01. 1987)

A. Leistner, K. Behrmann, E. Fanghänel, R. Ackermann, H.-H. Hörhold, J. Opfermann: Elektrofotografisches Aufzeichnungsmaterial. WP G 03 C/2849424; Anmeldetag 20. 12. 1985 (Veröff. 08. 04. 1987)

F. Hoppe, E. Fanghänel, G. Bach: Verfahren zur Herstellung von Oxacarbocyaninen. WP C 09 B/2517672; Anmeldetag 06. 06. 1983 (Veröff. 29. 04. 1987)

A. Leistner, R. Ackermann, A. Richter, M. Rätzsch, E. Fanghänel, H. Pietsch: Elektrofotografisches Aufzeichnungsmaterial. WP G 03 C/2744192; Anmeldetag 26. 03. 1985 (Veröff. 20. 05. 1987)

A. Leistner, K. Behrmann, R. Ackermann, E. Fanghänel, G. Israel, H. Baumann: Elektrofotografisches Aufzeichnungsmaterial. WP G 03 C/2876925; Anmeldetag 10. 03. 1986 (Veröff. 10. 06. 1987)

u. A. Richter, Chr. Tschötsch: Verfahren zur Herstellung von 1-Heterocycliden-1,2,3-triaza-prop-2-en-1-yl-3-arendiazoniumsalzen. WP C 07 C/2693718; Anmeldetag 12. 11. 1984 (Veröff. 05. 08. 1987)

K.-H. Kühnemund, A. Richter: Verfahren zur Herstellung von (Heterocycliden-methyl)-arendiazoniumsalzen. WP C 07 C/271 2015; Anmeldetag 20. 12. 1984 (Veröff. 12. 08. 1987)
u. A. Richter, N. Proske, J. Marx, R. Watzke, V. Neumann: Diazotypiematerial. WP G 03 C/ 277 2557; Anmeldetag 11. 06. 1985 (Veröff. 04. 11. 1987)
u. A. Richter, Chr. Tschötsch, F. Walkow, J. Marx, R. Watzke: Diazotypiematerial. WP G 03 C/ 276 1587; Anmeldetag 10. 05. 1985 (Veröff. 14. 10. 1987)
u. A. Richter, K.-H. Kühnemund, F. Walkow, J. Marx, R. Watzke: Diazotypiematerial; Anmeldetag 10. 05. 1985 (Veröff. 04. 11. 1987)
J. Böckelmann, E. Fanghänel, N. Großmann, H. Rühl, F. Kraft, B. Schabrodt, J. Leistner, R. Ebisch: Verfahren zur Herstellung von 1-Aryl-3-acylaminopyrazolin-5-onen. WP C 07 D/257 6738; Anmeldetag 09. 12. 1983 (Veröff. 27. 01. 1988)
A. Richter, B. Kordts, E. Fanghänel: Verfahren zur Herstellung von 3H,6H-2,5-Bis-aryl-1,2-thiazolino-[5,4-d]1,2-thiazolin-3,6-dithionen, 3H,6H-3-Arylimino-1,2-dithiolo[4,3-c]1,2-dithiol-6-thionen und 3H,6H-3,6-Bis-arylimino-1,2-dithiolo[4,3-c]1,2-dithiolen. WP C 07 D/296 6541; Anmeldetag 26. 11. 1986 (Veröff. 10. 02. 1988)
E. Pasbrig, E. Fanghänel, N. Großmann, B. Walczak: Verfahren zur Herstellung von neuen 4-Carbonimidoylmercapto-pyrazolin-5-onen. WP C 07 D/258 2295; Anmeldetag 20. 12. 1983 (Veröff. 16. 03. 1988)
U. Pfeifer, N. Großmann, J. Leistner, E. Fanghänel: Verfahren zur Herstellung von 2-Chlor-4,6-dimethylanilin. WP C 07 C/244 7690; Anmeldetag 11. 11. 1982 (Veröff. 27. 04. 1988)
u. N. Großmann, U. Pfeifer, H. Rühl: Verfahren zur Herstellung von 4-Carbalkoxy-5-hydrazino-3-methyl-1H-pyrazolhydrochlorid. WP C 07 D/301 5098; Anmeldetag 06. 04. 1987 (Veröff. 24. 08. 1988)
R. Gragert, B. Noll, D. Plaschnik, B. Schabrodt, D. Raschke, R. Mainzer, E. Fanghänel, N. Großmann, J. Böckelmann: Fotografisches gelatinehaltiges Silgerhalogenidmaterial. WP G 03 C/ 301 5073; Anmeldetag 06. 04. 1987 (Veröff. 24. 08. 1988)
u. K.-H. Kühnemund, A. M. Richter, Chr. Tschötsch, J. Marx, F. Walkow, H. Baumann, V. Prell, B. Walczak: Diazotypiematerial WP G 03 C/305 0437; Anmeldetag 17. 07. 1987 (Veröff. 21. 12. 1988)
J. Leistner, E. Fanghänel, N. Großmann: Verfahren zur Herstellung von 1H-Pyrazolo[3,2-c]s-triazolen. WP C 07 D/305 0412; Anmeldetag 17. 07. 1987 (Veröff. 21. 12. 1988)

Fejes Tóth, László: Remarks on the closest packing of convex discs. To Professor H. Hadwiger on his seventieth birthday. In: Comment. Math. Helvetici *53* (Basel 1978) S. 536–541.
– Research Problems. In: Periodica Mathematica Hungarica Vol. *16* (1985) 1, S. 61–63.
– Stable Packing of Circles on the Sphere. In: Topologie structurale *11* (1985) S. 10–14.
– Densest Packing of Translates of the Union of Two Circles. In: Discrete Comput. Geometry *1* (1986) S. 307–314.
– Symmetry induced by economy. In: Comp. & Maths. with Appls. Vol. *12B* (1986) Nos. 1/2, S. 83–91.
– Research Problems. In: Periodica Mathematica Hungaria Vol. *18* (3) (1987) S. 251–254.

Finn, Robert: On the maximum principle. In: Sovremennye problemy matematičeskoj fiziki. Trudy wsesojusnogo simposiuma. Tbilissi, 22–25 apr. 1987. Tom *I* (Tbilissi 1987) S. 126 bis 142.
– P. Concus u. R. Finn; Continous and Discontinuous Disappearance of Capillary Surfaces. In: Variational Methods for Free Surface Interfaces. Ed. by P. Concus and R. Finn. Berlin (West) 1987. S. 197–204.
– u. M. Shinbrot: The Capillary Contact Angle. I. The Horizontal Plane and Stick-Slip Motion. In: Journal of Mathem. Analysis and Applications Vol *123* (April 1987) Nr. 1, S. 1–17.
– The Gauss Curvature of an *H*-Graph. Göttingen 1987. 14 S. (= Nachrichten der Akademie der Wissenschaften in Göttingen. II. Math.-Phys. Kl. Jg. 1987, Nr. 2).
– Moon Surfaces, and boundary behaviour of capillary surfaces for perfect wetting and non-wetting. In: Proc. London Math. Soc. (3) *57* (1988) S. 542–576.

– Comparison Principles in Capillarity. In: Springer Lecture Notes 1357 Partial Diff. Equ. and Calc. of Var. (1988) S. 156–197.
– The Inclination of an *H*-Graph. In: Proc. Int. Conf. ded. H. Lewy. Trento 1986. Lecture Notes 1340. Berlin (West) 1988. S. 40–60.
– P. Concus u. R. Finn: Instability of certain capillary surfaces. 5 S.
– Capillary Surfaces – a partly historical survey. Intl. Conf. Cortona 1988. S. 1–15.
– u. E. Giusti: On the touching principle. Commem. Vol. ded. De Giorgi.
– u. J.-F. Hwang: On the comparison principle for capillary surfaces. In: J. Fac. Sci. Tokyo 1988. S. 1–4.
– u. M. Shinbrot: The Capillary Contact Angle. II: The Inclined Plane. In: Math. Methods in the Applied Sciences Vol. *10* (1988) S. 165–196.
– Non uniqueness and uniqueness of capillary surfaces. In: manuscripta math. *61* (1988) S. 347 to 372.
– u. P. Concus: Existence and nonexistence of capillary surfaces. In: Proc. Int. Conf. Var. Meth. Vallombrosa 1985. Berlin (West) 1987.

Fröhlich, Klaus: Comment to the data on tritium concentration in atmospheric precipitation and surface waters in Freiberg. In: Data of Meteorological Studies (1987) 12, S. 79.
– u. R. Gellermann: On the potential use of uranium isotopes for groundwater dating. In: Chemical Geology *65* (1987) S. 67–77.
– u. T. Franke, R. Gellermann, D. Hebert, H. Jordan: Silicon-32 in different aquifer types and implications for groundwater dating. Isotope techn. in water resources development, IAEA-SM-299/72. Wien 1987.
– R. Gellermann, K. Fröhlich, T. Franke, D. Hebert, H. Jordan: Applicability of 32-Si for groundwater dating. Final Report: IAEA Research Contract 3641 RB 1987.
– R. Gellermann, T. Franke, K. Fröhlich: Results of systematic tests of the 32-Si measuring procedure for water samples. In: Appl. Radiat. Isot. *38* (1987) 12, S. 1039–1046.
– R. R. Lewis, K. Fröhlich, D. Hebert: Contribution to the tritium continental effect. In: Isotopenpraxis *23* (1987) 7, S. 266–268.
– H. Jordan, K. Fröhlich, R. Haberland: Tagungsberichte – Int. Symp. on the Use of Isotope Techn. in Water Resources Development. Ebda 3, S. 133–135.
– u. D. Hebert, R. Gellermann: Umweltnuklid Tritium in Mineralwässern von Bad Brambach. Ebda 4, S. 163–164.
– u. J. Grabczak, K. Rozanski: Deuterium and oxygen – 18 in the baltic sea. In: Chemical Geology *72* (1988) S. 77–83.
– u. T. Franke, R. Gellermann, D. Hebert, H. Jordan: Silicon-32 in different aquifers and implications for groundwater dating. In: Isotopenpraxis *24* (1988) 9, S. 355–363.
– R. Gellermann, I. Boerner, T. Franke, K. Fröhlich: Preparation of water samples for 32-Si determinations. Ebda 3, S. 114–117.
– T. Franke, K. Fröhlich, R. Gellermann, B. Voland: 32-Si, measurements in soil samples and implications to the geochemistry of silicon in soil. Ebda 2, S. 59–62.
– [Rez.] Proceedings of the fourth working meeting „isotopes in nature“. Ebda 9, S. 366–367.

Gläser, Albrecht: Morphologie und klinische Aspekte bei Parotismischtumoren. In: Wiss. Beiträge der Friedrich-Schiller-Universität Jena *1987*. S. 32–36.
– Adequate operative treatment of thyroid cancer. In: Radiobiol. Radiother. *28* (1987) Nr. 5, S. 669–671.
– Aus der Arbeit der Gesellschaft für Geschwulstbekämpfung der DDR. In: Mitt. der Österr. Sanitätsverwaltung *88* (1987) S. 3–7.
– J. Krauß, G. Schmeider, A. Gläser u. I. Kraus: Normo- and hyperthermic perfusion. In: Abstracts of the III. Internat. Conference on Advances in Regional Cancer Therapy (ICRCT 87), Ulm, 9.–11. Sept. 1987. S. 181.

— J. Krauß, A. Gläser, G. Schneider, H.-D. Pauer u. I. Krauß: Regional cytostatic normothermic and hyperthermic perfusions in treatment of malignant melanomas and some other tumors of the limbs with MTX/CF-Rescue or Alkeran DTIC. In: Abstracts of the 53 Zjazd Towarzystwa Chirurgów Polskich. Poznań, Sept. 2—5, 1987. S. 127.
— Consequences of the operative treatment of cancer. In: WZ Martin-Luther-Universität Halle—Wittenberg *36* (1988) S. 67—69.
— Zur Prognose des Magenkarzinoms. In: Zschrift Klin. Med. *43* (1988) S. 1445—1447.
— u. J. Krauß: Extremitätenperfusion bei malignen Melanomen und Weichteilsarkomen. In: Acta chirurgica Austriaca *20* (1988) S. 88.
— u. M. Schönfelder, U. Eichfeld: Correlation of the sensitivity to Hormones of Breast cancer tissue cultivated in vitro with the Hormone receptor content. In: Journal Steroid biochemistry *28* (1987) S. 142.
— 9. Krebskongreß der DDR. In: Heilberufe *40* (1988) S. 448—449.
— [Mithrsg.] u. W. Genschorek: Humanisten der Tat. I. P. Pawlow. 3. Aufl. 1987.; Georg Benjamin. 3. Aufl. 1987.; Ernst Ferdinand Sauerbruch. 7. Aufl. 1987.; Albert Schweitzer. 7. Aufl. 1987.; Florence Nightingale. 1987.; Diego Viga. 1987.; Axel Munthe. 1988.; Carl Gustav Carus. 5. Aufl. 1988.; Theodor Brugsch. 1988.; Robert Ganse. 2. Aufl. 1988.

Haase, Günter: The Concept of Pedochores as a Basis of Medium Scale Soil Mapping and Land Management. In: Berichte XIII. Congress of the International Society of Soil Science, 13. to 20. 8. 1986 in Hamburg. Bd *V* (1987) S. 246—257.
— Naturraumerkundung als Beitrag zur rationellen Bewirtschaftung und zum Schutz von Naturressourcen. In: Probleme der Ökologie. Veröffentlichungen des Forschungsbereiches Geo- und Kosmoswissenschaften der AdW der DDR 13,5 (1987).
— u. R. Altmann: Zur Kennzeichnung von Merkmalsvariabilität, Kontrast und Arealheterogenität als Eigenschaften der Landschaftsstruktur. In: Archiv für Naturschutz und Landschaftsforschung *25* (1987) H. 4, S. 211—227.
— Geoökologische Grundlagen der Naturraumerkundung im mittleren Maßstab. In: Probleme der pedologisch-hydrologischen Regionalforschung und ihre Umsetzung in die Praxis. Berlin 1989. S. 131—145 (= Abhandlungen der SAW, math.-nat. Kl. Bd 56, H. 4).
— u. W. Roubitschek: Meeting „Naturressourcen und Landnutzung — geoökologische Diagnose und Prognose“ am 23. und 24. 5. 1986 in Halle. In: Leopoldina R. *3* (1987) H. 32.

Hänsel, Christian: Die Atmosphären der jupiterartigen Planeten und ihrer großen Satelliten. In: Die Sterne *63* (1987) H. 3, S. 158—171.
— u. W. Böcker: Der Einfluß der Probenahmetechnik auf die Erfassung des Kadmiumgehaltes im Aerosol und seine Ursachen. In: Z. gesamte Hyg. *34* (1988) H. 1, S. 75—78.

Haustein, Uwe-Frithjof u. St. Heilmann: Knochenveränderungen unter Langzeittherapie mit Etretinat (Tigason^R^). In: Z. Hautkr. *62* (1987) S. 395—400.
— Die hormonelle Kontrolle der Talgdrüsenfunktion. In: Medizin aktuell *13* (1987) S. 150—151.
— W. Gast, M. Rytter, Ch. Hofmann, U.-F. Haustein, J. Barth u. Th. Walther: 4,5-dimethylangelicin effects on lymphocytes with and without UV-radiation. In: IL FARMACO *42* (1987) S. 185—190.
— Gast, M. Rytter, Th. Walther u. U.-F. Haustein: Photosensibilisationsreaktionen an menschlichen Lymphozyten. In: Biologische Rundschau *25* (1987) S. 121—123.
— Melanom-Frühdiagnose (Kommentar zum Kongreßbericht) In: Med. aktuell *13* (1987) S. 120.
— Bericht über den 4. Kongreß der Bulgarischen Dermatologischen Gesellschaft vom 2.—5. 10. 86 in Varna. In: Dermatol. Monatsschr. *173* (1987) S. 286—288.
— Das Immunsystem der Haut. Ebda S. 173—182.
— K. Herrmann, E. Schulze, U.-F. Haustein, H.-J. Böhme u. V. Ziegler: Origin of the enhanced activity of lysosomal β-galactosidase in serum and skin in progressive systemic sclerosis. In: Arch. Dermatol. Res. *279* (1987) S. 299—302.

– Erkrankungen durch humane Papillomviren (Warzen-Viren). In: Medizin aktuell *13* (1987) S. 348–351.
– Hyperhidrose. Ebda S. 539.
– u. B. Ziegler: Behandlung der Akne *vulgaris* mittels Wasserstoffperoxid-Emulsion (L/W). In: Dermatol. Monatsschr. *173* (1987) S. 323–327.
– Bericht über die Jahrestagung der Ungarischen Dermatologischen Gesellschaft vom 19. bis 20. 12. 86 in Budapest. Ebda S. 367–368.
– Fibrinolysis in Chronic Urticaria – Letter to the Editor. In: Dermatologica *175* (1987) S. 51 bis 52.
– H.-J. Glander, K. Herrmann, U.-F. Haustein: The Equatorial Fibronectin Band (EFB) on Human Spermatozoa – a Diagnostic Help for Male Fertility? In: andrologica *19* (1987) S. 456–459.
– J. Schaller, W. Gast, Th. Walther, U.-F. Haustein, Ch. Hofmann u. M. Rytter: Dark effects of 8-methoxypsoralen on lymphocyte surface markers. In: Photodermatology *4* (1987) S. 520 bis 523.
– E. Schulze, K. Herrmann, J. Mehlhorn, V. Ziegler, H.-J. Böhme u. U.-F. Haustein: Die Bedeutung der lysosomalen β-Galactosidase für die Diagnose und Differentialdiagnose der progressiven Sklerodermie und der Silikose. In: Dermatol. Monatsschr. *173* (1987) S. 513–519.
– Fragekasten (Behandlung der Psoriasis). Ebda S. 493–495.
– Th. Walther, M. Rytter, W. Gast u. U.-F. Haustein: Beeinflussung der granulozytären Phagozytose durch UV-Strahlung in vitro. In: Zeitschr. f. Klin. Med. *42* (1987) S. 1015–1016.
– Localized non-scarring bullous pemphigoid of the vagina. In: Dermatologica *176* (1988) S. 200–201.
– J. Schaller, U.-F. Haustein u. H. Fiebig: T-helper cell activation in bullous pemphigoid. In: Acta Derm. Venerol. *67* (Stockholm 1987) S. 520–523.
– V. Ziegler, D. Kipping, K. Herrmann, U.-F. Haustein u. K. Löschke: Quarz – seine Relevanz für die Dermatologie. In: Dermatosen in Beruf und Umwelt *35* (1987) S. 513–519.
– U. Biella, U.-F. Haustein u. H. Münzberger: Unilateral systematized cornifying Darier's disease. The CMD Case Collection. Weltkongreß für Dermatologie vom 24.–29. 5. 87 in Westberlin. Stuttgart–New York 1987. S. 9–10.
– u. C. Schetschorke: Necrotic skin lesions in IgG-plasmocytoma. Ebda S. 226–227.
– W. Gast, U.-F. Haustein u. B. Hlawa: Histiocytosis X. Ebda S. 288–289.
– W. Gast, M. Rytter, Th. Walther, J. Schaller, Ch. Hofmann u. U.-F. Haustein: Dark Effects of 8-Methoxypsoralen on human lymphocytes. In: Z. Studia biophysica *124* (1988) S. 173–178.
– Th. Walther, W. Gast, M. Rytter u. U.-F. Haustein: Influence various psoralens on the viability of human leucocytes in vitro. Ebda S. 179–182.
– W. Gast u. U.-F. Haustein: Bericht über die 65. Tagung der Sächsischen Dermatologischen Gesellschaft am 13. 3. 1987 in Leipzig. In: Dermatol. Monatsschr. *174* (1988) S. 52–60.
– Bericht über das Sklerodermie-Symposium vom 31. 5.–2. 6. 1987 in Irsee bei München. Ebda S. 61–63.
– Bericht über die 67. Jahrestagung der Britischen Dermatologenvereinigung vom 24.–27. 6. 1987 in Harrogate. Ebda S. 168–170.
– u. J. Barth: Bericht über das 3. Psoriasis-Symposium der sozialistischen Länder vom 30. 6. bis 2. 7. 1987 in Moskau. Ebda S. 164–167.
– u. B. Ziegler: Anaphylaktoide Intoleranzreaktionen bei der chronisch rezidivierenden Urtikaria. In: Themenheft der „Zeitschrift für Klinische Medizin" *43* (1988) S. 1023–1028.
– Th. Walther, M. Rytter u. U.-F. Haustein: Ein neues Verfahren zur Bestimmung der Granulozyten-Chemotaxis. Ebda S. 1055–1058.
– u. K. Seikowski: Dysmorphophobie – Bewährungsfeld zwischen Dermatologen und Psychotherapeuten. In: Dermatol. Monatsschr. *174* (1988) S. 345–348.
– u. H.-A. Gitt: Beantwortung einer Leserzuschrift „Keloidbildungen – Prophylaxe und Therapie". In: Medizin aktuell *14* (1988) S. 322–323.
– N. Sönnichsen, H. Meffert, H. Albrecht-Nebe, U. Biella, G. Bohnenstengel, W. Diezel, G.

Elste, U.-F. Haustein, K. Schlenzka, H. Schubert u. K.-D. Wozniak: Bericht über den 17. Weltkongreß für Dermatologie vom 24.—29. 5. 87 in Westberlin. In: Dermatol. Monatsschr. *174* (1988) S. 106—129.
— W. Gast, M. Rytter, U. Biella, Th. Walther u. U.-F. Haustein: Bestimmung des 8-MOP-Aktionsspektrums in vitro an Lymphozyten. In: Dermatol. Monatsschr. *174* (1988) S. 419—420.
— u. K. Herrmann, E. Schulze: Lysosomale Enzyme und N-Prokollagenpeptid bei Varikosis. Ebda S. 476—479.
— J. Schaller, U.-F. Haustein: Untersuchungen zu Parametern des zellulären Immunsystems beim bullösen Pemphigoid. In: Postepy Dermatologii V. Red.: J. Bowszyca. Poznań 1988. S. 173 bis 189.
— K. Herrmann, U.-F. Haustein, J. Schaller, St. Kießig u. Ch. Baldauf: Lymphozytotoxische Autoantikörper bei Patienten mit progressiver systematischer Sklerodermie. Ebda S. 243—260.
— K. Herrmann, J. Schaller, U.-F. Haustein, Ch. Baldauf u. St. Kießig: Lymphocytotoxic autoantibodies in progressive systemic sclerosis. In: Arch. Dermatol. Res. *280* (1988) S. 399—404.
— V. Ziegler, J. Keyn, J. Mehlhorn, D. Kipping, U.-F. Haustein: Quarznachweis in Sklerodermiehaut. In: Dermatol. Monatsschr. *174* (1988) S. 688—689.
— U. Biella u. U.-F. Haustein: Hypertroph verhornende fokale akantholytische Dyskeratose, eine Variante des M. Darier? In: Aktuelle Dermatologie *14* (1988) S. 296—298.
— Burning mouth syndrome due to nicotinic acid sera and sorbic acid. In: Contact Dermatitis *19* (1988) S. 225—226.
— K. Seikowski, U.-F. Haustein u. S. Liebscher: Zum Informationsbedürfnis des Psoriasispatienten. In: Dermatol. Monatsschr. *174* (1988) S. 609—612.
— E. Schulze, K. Herrmann, U.-F. Haustein, U. Krusche u. I. Rothenburger: Einfluß von Penicillin und D-Penicillamin auf die β-Galactosidaseaktivität bei Patienten mit progressiver Sklerodermie. Ebda S. 661—666.
— W. Gast u. U.-F. Haustein: Bericht über die 68. Tagung der Sächsischen Gesellschaft für Dermatologie am 11. 3. 88 in Leipzig. Ebda S. 690—695.
— W. Gast, M. Rytter, G. Schippel, K. Schippel, Th. Walther u. U.-F. Haustein: Ultrastrukturelle Befunde an UV bestrahlten Lymphozyten und Granulozyten. Ebda S. 762—765.
— u. K. Herrmann: Alternative degradation of collagen in progressive systemic sclerosis (PSS). In: Dermatology in five continents. Proc. XVII. World Congress of Dermatology, Berlin, May 24—29, 1987. Ed.: C. E. Orfanos et al. Berlin (West) 1988. S. 594—600.
— Lupus erythematosis and other connective tissue diseases. Ebda S. 1006—1011.

Hennig, Horst u. D. Rehorek: Photochemische und photokatalytische Reaktionen von Koordinationsverbindungen. 1. Aufl. Berlin 1987. 164 S., 55 Bilder, 5 Tab.
— u. R. Billing, D. Rehorek: Photocatalysis Induced by Light-sensitive Coordination Compounds. In: J. Inf. Rec. Mater. *15* (1987) S. 423—433.
— G. W. Zakharova, H. Knoll, H. Hennig, A. K. Chibizov: Perenoz elektrona pri tuschenii tripletnowa sostojanija xantenowych krasitelej z cyanidnymu komplexami pererodnich metallow. In: Izwestija AN SSSR *1987* S. 539—544.
— u. D. Rehorek, R. Billing: Photochemistry and Spectroscopy of Ion Pair Charge Transfer Compounds. In: Photochemistry and Photophysics of Coordination Compounds. Hrsg. A. Vogler, H. Yersin. Berlin, Heidelberg 1987. S. 185—188.
— D. Rehorek, H. Grikos u. H. Hennig: Über den katalytischen Einfluß von Kupfer(II)-Ionen auf die Photo-KOLBE-Reaktion von Eisen(III) und Propionsäure. In: Z. Chem. *27* (1987) S. 372—373.
— Homogeneous Photocatalysis — A New Field in Coordination Chemistry. In: Proceedings XIth Summer School on Coordination Chemistry. Karpacz 1987. S. L19.
— G. Werner, I. Kolowos, J. Senkyr, J. Salvetter u. H. Hennig: Eine neue nitratselektive Elektrode auf der Basis des 4,4'-Dicyclohexyldiphenyliodoniumnitrats. In: Z. Chem. *27* (1987) S. 331.

– [Rez.] N. Wiberg: Holleman-Wiberg – Lehrbuch der Anorganischen Chemie. Berlin, New York 1985. 1451 S. Ebda S. 115.
– u. D. Rehorek, R. Billing: Homogeneous Photocatalysis – A New Field in Coordination Chemistry. In: Coordination Chemistry and Catalysis. Hrsg. J. J. Ziolkowski. Singapore 1988. S. 421–439.
– D. Rehorek, T. Berthold, H. Hennig, T. J. Kemp: Nachweis von Azidylradikalen bei der Photolyse von Azido(tetraphenylporphyrinato)eisen(III) und -oxomolybdän(IV). In: Z. Chem. *28* (1988) S. 72–73.
– R. Benedix, F. Dietz u. H. Hennig: Spectroscopic and Theoretical Investigations of Schiff Base Metal Complexes with Intraligand Charge Transfer Behaviour. In: Inorg. Chim. Acta *147* (1988) S. 179–183.
– u. R. Stich, D. Rehorek, P. Thomas, T. J. Kemp: Spin Trapping of Radicals Formed during the Photolysis of Azidopalladium(II) and Azidoplatinum(II) Complexes. Ebda *143* (1988) S. 7–8.
– R. Billing, D. Rehorek, J. Salvetter u. H. Hennig: Photokatalytische Systeme. LXVIII. Second-Sphere-Photoreaktionen von Cyanometallaten mit Diphenyliodoniumionen. In: Z. anorg. allg. Chem. *557* (1988) S. 234–240.
– R. Benedix u. H. Hennig: On the Electronic Structure and Spectroscopic Properties of d8-Metal Mixed-ligand Complexes with S-Donor and N-Acceptor Ligands. In: Inorg. Chim. Acta *141* (1988) S. 21–26.
– R. Billing, G. Stich u. H. Hennig: Second-sphere Sensitization of Coordination Compounds. In: Proceedings SOPTROCC *VI* (Smolenice 1988) S. 9.
– u. R. Stich, J. Behling, L. Weber, D. Rehorek: Photocatalysis and Organic Syntheses. Ebda. S. 51.
– H. Knoll, F. Weidemann u. H. Hennig: Diacetyl Triplet Reactions with Cyanide Complexes. Ebda. S. 75.
– D. Rehorek, S. Schöffauer, P. Piefke u. H. Hennig: The Effect of Ultrasound on the Dissolution of Metals in Organic Solvents. Ebda. S. 125.
– H. Knoll, F. Weidemann u. H. Hennig: Kinetics of Carbonyl Triplet Reactions in Water. In: React. Kinet. Catal. Let. *36* (1988) S. 411–416.
– R. Billing, G. Stich u. H. Hennig: Second-sphere Sensitization of Cobalt(III) Complexes. In: Abstracts XII IUPAC Symposium Photochemistry. Bologna 1988. S. 287.
– R. Stich, D. Rehorek, H. Knoll, Ph. Thomas u. H. Hennig: On the Photochemical Reduction of Azidopalladium(II) and Azidoplatinum(II) Complexes. Ebda. S. 288.
– R. Benedix u. H. Hennig: Zum Einfluß der elektronischen Struktur des Akzeptorliganden auf die Absorptionsintensität der MLCT-Bande in Übergangsmetallkomplexen. In: Z. Chem. *28* (1988) S. 367–368.
– Antrittsrede des Rektors der Karl-Marx-Universität. In: Leipziger Universitätsreden, Neue Folge, *69* (1988) S. 26–38.
– u. D. Rehorek, R. Billing: Ion Pair Charge Transfer as Particular Effect of Second-Sphere Coordination. In: Comments Inorg. Chem. *8* (1988) S. 163–176.
– R. D. Lampeka, W. W. Skopenko, T. Ju. Sliwa u. H. Hennig: 2-Oksimino-3-fenilproprionati nekotorich 3d-metallow. In: Ukr. Chim. Shurn. *54* (1988) S. 675–678.
– u. D. Rehorek: Photochemische und photokatalytische Reaktionen von Koordinationsverbindungen. 1. Aufl. Stuttgart 1988. 164 S., 56 Bilder, 5 Tab., 2 Schemata.

Patenpublikationen

D. Rehorek, P. Piefke, H. Hennig, J. Marx: Diazotypiematerial. WP G 03C/3085037 vom 2. 11. 1987.
J. Sykora, P. Engelbrecht, H. Hennig, P. Thomas, H. Gliesing: Verfahren zur Herstellung monomerer Chinone. WP C 07C/298685 vom 3. 5. 1987.

D. Rehorek, S. Schöffauer, J. Salvetter u. H. Hennig: Verfahren zur Entschichtung von Formen für den Siebdruck. WP B OBB/3085004 vom 2. 11. 1987.
T. Berthold, H. Hennig, D. Rehorek, S. Schöffauer, R. Wagener: Initiatorsystem für den Siebdruck. WP G 03F/3147830 vom 27. 1. 1988.
S. Schöffauer, D. Rehorek, R. Wagener u. H. Hennig: Verfahren zur Modifizierung der Eigenschaften von Siebdruckformen. WP G 03F/296365 1 vom 27. 1. 1988.
D. Rehorek, J. Marx, T. Berthold, H. Hennig, H. G. O. Becker: Ein- oder Zweikomponentendiazotypiematerial. WP G 03C/3050461 vom 21. 12. 1988.

Hülsenberg, Dagmar u. H.-G. Krüger, W. Steiner: Keramikformgebung. 1. Aufl. Leipzig 1987. 236 S., 198 Bilder.
— Glaswerkstoffe. In: Blickpunkt Wirtschaft. Neue Werkstoffe — Voraussetzung und Ergebnis der Anwendung von Schlüsseltechnologien. Berlin 1988. S. 97—104.
— Glas und Keramik für Schlüsseltechnologien. In: Fertigungstechnik und Betrieb *37* (1987) 3, S. 155—158.
— B. Hamann, D. Hülsenberg u. V. Winkler: An Kupfer angepaßte Vitrokeramik. In: WZ der TH Ilmenau *33* (1987) 4, S. 155—160.
— u. J. Bruntsch: Elektrisch hoch isolierende Gläser im System $CaO-B_2O_3-Al_2O_3$. In: Silikattechnik *38* (1987) 11, S. 378—380.
— B. Bock u. D. Hülsenberg: Hierarchische Steuerungssysteme — Vorschläge für die Automatisierung in der Glasformgebung und -verarbeitung. Ebda 12, S. 409—419.
— B. Bock, D. Hülsenberg u. U. Schlegel: Die Automatisierung der Pumprohrquerschnittsprüfung an Glaskolben für die Produktion von Minihalogenlampen. In: Proceedings des Internationalen Messesymposiums vom 17.—19. 3. 1988 in Leipzig zu „Computer — aided quality assurance“ (CAQ 88). Vol. *1*, S. 8—14.
— Spezielle Techniken der Herstellung von Vitrokeramiken für die Elektrotechnik/Elektronik. In: Proceedings des 3. Internationalen Otto-Schott-Kolloquiums 1987. S. 981—992.
— W. Gens, D. Hülsenberg u. B. Bock: Rechnergesteuerter asynchroner Drehstromstellantrieb für einen Roboter zur Glasbearbeitung. In: Feingerätetechnik *37* (1988) 7, S. 294—296.
— Wissenschaft heute und morgen. In: Urania-Universum Bd *34* (Leipzig, Jena, Berlin 1988) S. 409—410.
— B. Bock, D. Hülsenberg, U. Schlegel, G. Kleemann u. G. Vogel: Automatisierung der Pumprohrquerschnittsprüfung an Minihalogenlampenkolben R 8. In: Silikattechnik *39* (1988) 10, S. 335—337.
— Herausforderung Keramik. In: Technische Gemeinschaft *1988*, 12, S. 4—5.
— Der Ingenieur auf dem Weg in das Jahr 2000. In: Neue Bergbautechnik *18* (1988) 12, S. 450 bis 456.

Patentpublikationen

J. Bruntsch u. D. Hülsenberg: Glasur mit hohem elektrischem Isolationswiderstand. WP CO3/C/2993415, Anmeldetag 20. 1. 87.
F. Kittler, K. O. Frielinghaus, D. Hülsenberg: Verfahren und Anordnung zur Steuerung der automatisierten Lagemessung von Quecksilbermenisken in Fieberthermometern. WP G 05 B/300121, 1. Anmeldetag 23. 2. 87.
M. Wolf, U. Bornschein, M. Zillinger, D. Hülsenberg, M. Siegling, D. Franke, W. Gruner: Verfahren und Anordnung zur Oberflächenmessung von Keramikerzeugnissen. WP G 01 B/299606, 5. Anmeldetag 2. 2. 87.
G. Vogel, G. Gitter, M. Siegmund, U. Schlegel, G. Kleemann, B. Bock, D. Hülsenberg u. K. Łasinski: Vorrichtung zum automatischen Messen und Sortieren des Querschnitts von Rohrabschnitten. WP G 01 B/3015282, Anmeldetag 6. 4. 87.
B. Bock, B. Hamann, D. Hülsenberg u. J. Unbekannt: Verfahren und Anordnung zum kombinierten elektrischen Beheizen einer Schmelzeinrichtung. WP C 03 B/305366, 5. Anmeldetag 27. 7. 87.

u. D. Hülsenberg, H.-G. Krüger, C. Jakob, U. Knye, W. Gernlein, R. Luthardt: Anlage zur Beschickung von Formgebungsmaschinen mit plastischen keramischen Massen. WP 311 621 3, Anmeldetag 29. 12. 87.
R. Bruntsch, J. Bruntsch u. D. Hülsenberg: Verfahren zur Herstellung von Miniaturglaslinsen. WP C 03 C/318 847 8, Anmeldetag 11. 8. 88.
A. Löhlein, D. Hülsenberg, H.-G. Krüger, C. Jakob u. U. Knye: Verfahren und Vorrichtung zur Verformung plastischer keramischer Massen. WP B 28 B/322 138 4, Anmeldetag 24. 11. 88.

Hund, Friedrich: Die Geschichte der Göttinger Physik. Göttingen 1987. 75 S. (= Göttinger Universitätsreden 80).
— u. H. Maier-Leibnitz, E. Mollwo: Physics in Göttingen — with Franck, Born and Pohl. In: Eur. J. Phys. *9* (1988) S. 188—194.

Jordan, Herbert u. N. Tiedt: Analyse der vasodilatatorischen Wirkung der CO_2-Bäder-Therapie. In: Z. Physiother. *38* (1986) S. 329—338.
— 30 Jahre Forschungsinstitut für Balneologie und Kurortwissenschaft Bad Elster. In: Informationsreihe Kurorttherapie *1* (Bad Elster 1987) S. 4—9.
— Present Features of Spa Therapy (Balneobioclimatology) in „German Democratic Republic". In: J. Jpn. Assoc. Phys. Med. Balneol. Climatol. *51* (1987) 1, S. 8—13.
— Der Nutzen von Heilkuren. Zielstellungen der Kurorttherapie. In: Fortschr. Med. *106* (1988) 22, S. 457—459.
— u. H. Wagner: Halbtägige Auswertung von Meßreihen der kollektiven Körperkerntemperatur (KKT). In: Z. Physiother. *40* (1988) S. 17—22.
— Bericht über das Symposium mit internationaler Beteiligung „75 Jahre Radontherapie in Bad Brambach — Geowissenschaftliche Voraussetzungen — Medizinische Ergebnisse und Probleme" in Bad Brambach vom 11.—14. Mai 1987. In: Z. Physiother. *40* (1988) S. 147—148 (Tagungsbericht).
— Zum Fervorisierungsprozeß als einem Modell der Krenobiologie. Ebda S. 163—166.
— Bericht über eine Vortragsreise nach Japan vom 6. 6.—18. 6. 1987. Ebda S. 283—284 (Tagungsbericht).
— Quietive Therapie. In: Physikal. Therapie in Theorie und Praxis *9* (1988) S. 373.
— Informationen zur Radontherapie in der DDR. In: Z. phys. Med. Balneol. med. Klimatol. *17* (1988) 2, S. 72—75.
— Komplementaristische Aspekte der Therapie. Ebda 5, S. 261—265.

Klimaszewski, Mieczysław: O rozwoju geomorfologicznym Karpat Zachodnich [Über die geomorphologische Entwicklung der West-Karpaten]. In: Przegląd Geograficzny *LIX* (1987) z. 3, S. 405—419.
— The geomorphological evolution of the Tatra Mountains of Poland. In: Zeitschrift für Geomorphologie. NF Suppl. Bd *65* (1987) S. 1—34.
— Pars pro toto w geomorfologii. In: Czasopismo geograficzne *LVIII* (Wrocław 1987).
— Dzieje kartografii geomorfologicznej Karpat. History of the geomorphological cartography of the Carpathians. In: Z. dziejów Kartografii *IV*. Karpaty, Wrocław 1987.
— [Nachr.]: Rajmund Galon. Osiągnięcia naukowe w zakresie geomorfologii. In: Przegląd Geograficzny *LIX* (Warszawa 1987) S. 441—447.
— Rzeźba Tatr Polskich [Das Relief der Polnischen Tatra]. Warszawa 1988. 668 S., 81 Taf., 257 Abb., 55 Phot.
— On constructing detailed geomorphological maps. In: Zeitschr. für Geomorphologie. NF 32 (1988) 4 S. 457—470.
— Zasługi Jerzego Smoleńskiego na polu geomorfologii. Contribution of Jerzy Smoleński to geomorphology. In: Studia i materiały z dziejów Nauki Polskiej *II* (1988) z. 1, S. 27—34.
— O pięknej rzeźbie Tatr [Über das schöne Tatra-Relief]. In: Podtatrze *13* (Zakopane 1988) S. 35—40.

Kolotyrkin, Jakov Mikhailovič u. O. V. Kasparova, A. A. Zorin: Vlijanie poverchnostnogo mikrolegirovanija chromirovannoj uglerodistoj stali borom i molibdenom na ejo korrozionnoe i elektrochimičeskoe povedenie v kislych sredach. In: Zaščita metallov *23* (1987) Nr. 3, S. 371 bis 377.
— u. R. M. Lazorenko-Manevič, L. A. Sokolova: Rol' adsorbzii vody v anodnom rastborenii sheleza: korreljazija kinetičeskich i spektroskopičeskich dannych. In: Doklad AN SSSR *295* (1987) Nr. 3, S. 610–614.
— u. V. T. Tichonov, M. N. Fokin, A. D. Shirnov, A. D. Konjuchov, V. M. Novakovskij, V. S. Sinjavskij, L. V. Usova: Problema meshdunarodnoj standartizacii v oblasti korrozii i zaščity metallov. In: Zaščita metallov *23* (1987) Nr. 23, S. 547.
— F. M. Micheeva, G. M. Florianovič, Ja. M. Kolotyrkin, F. Ja. Frolov: Novy metod korrozionno-elektrochimičeskich issledovanij na metallach s nepreryvno obnovljaemoj poverchnost'ju. Ebda Nr. 6, S. 915.
— T. G. Malyševa, O. O. Denisova, T. R. Agladze, Ja. M. Kolotyrkin: Anodnoe povedenie sheleza v smesjach dimetilsul'foksid-voda. Ebda Nr. 1, S. 51.
— I. I. Aščenlova, A. N. Čemodanov, J. M. Kolotyrkin: O parallelizme v kinetike reakcii rastvorenija metalla i bydelenija kisloroda na platinovom anode. Ebda S. 3.
— A. N. Čemodanov, I. I. Aščeulova, I. M. Dshulai, J. M. Kolotyrkin: O bozmoshnosti ozenki skorosti korrozii platinogo anod po skorosti vydelenija kisloroda. In: Tezisy dokladov VI Vsesojuznogo Soveščanija „Maloiznašivaemye anody i primenenie ich v elektrochimiceskich processach", M., S. 34.
— Ja. M. Kolotyrkin, R. M. Lazorenko-Manevich, L. A. Sokolova: Spectroscopic studies of water adsorption on iron electrodes. In: Journal Electroanalytical Chemistry *228* (1987) Nr. 1–2, S. 301–326.
— O. V. Kasparova, V. M. Milman, N. I. Khokhlov, Ja. M. Kolotyrkin: Role of microaddition of boron in intergranular corrosion of austenitic stainless steels. In: 10th International Congress on Metallic Corrosion. 7. – 11. November 1987, Madras, India, v. 3, S. 1891–1895.
— Ja. M. Kolotyrkin, Ja. B. Scuratnic, V. B. Torshin, I. V. Riskin: The mechanism of impending the hydrogenation of cathodically polarized titanium by anions of hydrochlorite and chlorite. Ebda N4, S. 2363–2367.
— T. R. Agladze, A. N. Podobaev, Ja. M. Kolotyrkin: Elektrochimičeskie effekty, soprovoshdajuščie uprugoe rastjashenie mednogo elektroda v vodnom rastvore ftoristogo natrija. In: Elektrochimija *24* (1989) Nr. 5, S. 640–644.
— T. R. Agladze, L. E. Dshanibachčieva, Ja. M. Kolotyrkin: Priroda potenciala svesheobrazovannoj poverchnosti nikelevogo elektroda v vodnych rastvorach solej nikelja. Ebda Nr. 11, S. 1443–1449.
— u. Ju. M. Polukarov: Elektrochimija: nastojaščee i buduščee. In: Vestnik AN SSSR (1988) Nr. 2, S. 57–62.
— I. I. Reformatskaja, Ja. M. Kolotyrkin, L. I. Freiman: O bzaimosvjazi vlijanija molibdena i vključenij na passiviruemost' i pittingostoikost' nizkouglerodistoj austenitnoj nershavejuščej stali. In: Tezisy dokladov VII Vsesojznoj konferenzii po elektrochimii. g. Černovzy *2* (1988) S. 229–230.
— T. R. Agladze, L. E. Dshanibachčieva, J. M. Kolotyrkin: Kinetika reakcij razrjada-ionizacii nikelja na svesheobrazovannoj poverchnosti nikelevogo elektroda. In: Tezisy dokladov Vsesojuznogo simpoziuma „Dvojnoj sloj i adsorbzija na tvjordych elektrodach. g. Tartu, 23.–25. ijunja 1988. S. 6–8.
— A. N. Čemodanov, I. M. Dshulaj, I. I. Aščeulova, Ja. B. Skuratnik, Ja. M. Kolotyrkin: Vzaimosvjaz' korrozionnych i elektrochimičeskich charakteristik elektrodov iz blagorodnych metallov (Platina, iridii, zoloto) pri elektrolize vodnych rastvorov. In: Tezisy dokladov VII Bsesojuzno konferencii po elektrochimii. g. Černovcy, 10.–14. Okt. 1988. t. *2*, S. 182.
— I. I. Aščeulova, A. A. Mukrind, A. N. Čemodanov, G. L. Al'bertinskij, Ja. M. Kolotyrkin: Osobennosti korrozionno-elektrochimičeskogo povedenija platinovogo anoda v prisutstvii

organičeskogo adsorbata. In: Tezisy dokladov VIII Vsesojuznogo simpoziuma „Dvojnoj sloj i adsorbcija na tvjordych elektrodach". g. Tartu, 1988. S. 33.

— I. M. Dshulaj, A. N. Čemodanov, R. M. Lazorenko-Menivič, L. N. Sokolova, V. A. Šepelin, Ja. M. Kolotyrkin: Rol' poverchnostnach kislosodershaščin častic v processe rastvorenija pridievogo elektroda (po dannym radiometričeskich i optičeskich izmerenij). Ebda S. 128.

— u. G. M. Florianovič: Sovremennye predstavlenija o roli komponentov rastvora v korrozionnych processach. In: Tezisy dokladov IV oblastnoj meshotraslevoj naučno-techničeskoj konferenzii posvjaščonnoj 100-letiju so dnja roshdenija Kuybyševa, 30 maja—1 ijunja 1988. Teorija i praktika zaščity metallov ot korrozii. g. Kuybyšev 1988. S. 3.

— E. A. Larčenko u. G. M. Floreanovič, J. M. Kolotyrkin: Issledovanija vosmoshnosti polučenija chromirovannoj shesti v kačestve korrozionnostoikogo materiala dlja konservnoj promyšlennosti s primeneniem elektrolita na osnove Sg (III) vzamen toksičnogo Sg (VI). In: Sbornik tezisov dokladov naučno-techničeskoj konferencii 4 „Zaščita ot korrozii ob'ektov gorodskogo chozjaistva g. Moskvy". 13—15 ijunja 1988, M., 1988, S. 58—60.

— u. G. M. Florianovič: O roli diffuzionnych stadij v processach anodnogo rastvorenija metallov. In: „Elektrochimičeskaja obrabotka materialov. Ivanovo, nojabr 1988.

— E. A. Larčenko, G. M. Florianovič, J. M. Kolotyrkin: O vozmoshnosti zameny toksičnogo elektrolita na osnove Sg (VI) na rastvory solei Sg (III) pri polučenii chromirovannoj shesti. In: Teszisy dokladov Vsesojuznoj naučno-technič. seminara „Opyt proizvodstva i primenenie metalla s pokrytijami". g. Zaporoshe, 2.—6. Okt. 1988, S. 10.

— u. R. M. Lazorenko-Manevič, G. M. Florianovič: Rol' komponentov rastvora v processach anodnogo rastvorenija metallov. In: VII Vsesojuznaja konferencija po elektrochimii. Tezisy dokladov. g. Černovcy 1988. t. *2*, S. 175.

— Elektrochimija v Fiziko-chimičeskom institute im. L. Ja. Karpova. In: Elektrochimija *24* (1988) Nr. 7, S. 867—873.

— u. V. V. Losev, A. N. Chemodanov: Relationship between corrosion processes and oxygen evolution on anodes made from noble metals and related metaloxide anodes. In: Materials Chemistry and Physics *19* (1988) S. 1—95.

— A. N. Chemodanov, I. M. July, I. I. Asheulova, Ja. M. Kolotyrkin: Electrochemical study of corrosion behavior of noble metals. In: The I'st Finnish-Soviet Corrosion Symposium. E poo. November 21—25, 1988. Report TKK-V-KORR-7 1988.

— u. V. M. Novakovsky: Modern trends of corrosion investigations in the USSR.

Krug, Herbert: [Nachr.] Erich Rammler zum Gedächtnis. In: Glückauf *123* (1987) 10, S. 597.

— [Nachr.] u. H.-H. Emons: Prof. Dr.-Ing. Dr.-Ing. h. c. mult. Erich Rammler†. In: Energietechnik *37* (1987) 3, S. 116—117.

— [Nachr. u. Bibliogr.] Erich Rammler 9. 7. 1901—6. 11. 1986. In: Jahrbuch SAW *1985—1986* (Berlin 1988) S. 200—218, Veröffentl.-Verzeichnis E. Rammler Nr. 400—632.

Lehmann, Nikolaus Joachim: Erfahrungen aus der Arbeit eines Weiterbildungszentrums. In: Zentralinstitut für Hochschulbildung, Zentrale wissenschaftliche Arbeitstagung 1985. Berlin 1986. S. 154—155.

— Leibniz' Ideenskizze zum „Sprossenrad". In: NTM. Schriftenreihe Geschichte der Naturwissenschaft, Technik, Medizin. *24* (Leipzig 1987) S. 83—89.

— Die Entwicklung elektronischer Rechenautomaten in Dresden. In: Technikhistorisches Heft 1988, H. 1, S. 6—18. Hrsg. v. Geschichtskommission der KdT u. Technischem Museum Dresden.

— Fachsprachen als konzeptionelle Basis für Programm- und Expertensysteme. In: Mitteilungsblatt der Gesellschaft für Informatik der DDR 1988, H. 4, S. 162—168 und 1989 H. 1, S. 13 bis 17.

— Glashütte 1878. Beginn der deutschen Rechenmaschinenfertigung. Berlin 1989. XVI + 50 S. (= Sitzungsber. SAW, math.-nat. Kl. Bd 121, H. 1).

– [Hrsg.] Schriftenreihe des Weiterbildungszentrums Mathematische Kybernetik und Rechentechnik/Informationsverarbeitung der TU Dresden H. 85 (1987) Fachsprachensystem DEPOT 2a. 124 S.; H. 87 (1986) Datenorientierte Programmierung mit Profil. 115 S.; H. 88 (1986) Steuersoftware für Industrieroboter. 90 S.; H. 89 (1986) Mathematische Verfahrenstechnik. 87 S.; H. 90 (1986) Datenbanken. 119 S.; H. 91 (1986) Programmiersprachen und Sprachimplementation. 119 S.; H. 92 (1986) Computergeometrie. 123 S.; H. 93 (1986) Digitale Bildverarbeitung. 124 S.; H. 94 (1986) Computeranalytik. 101 S.; H. 95 (1986) Systemsoftware für Mikrorechner. 149 S.; H. 96 (1987) Software-Technologie. 149 S.; H. 97 (1987) Programmierung paralleler Prozesse. 95 S.; H. 98 I u. II (1988) Mathematical Fundamentals of Database Systems. 232 S.; H. 99a (1988) Datenbanken. 113 S.

Lösche, Artur: Das Unschärfeprinzip in klassischer und nichtklassischer Physik: Zwei Beispiele. In: Abhandlungen der SAW, math.-nat. Klasse *55* (1983) H. 5, S. 22–24.
– Der Kernspin: Von der Hypothese zum modernen Analysenwerkzeug. Berlin 1988. 25 S., 18 Abb. (= Sitzungsber. SAW, math.-nat. Kl. Bd 120, H. 2).
– Vorbemerkungen zu „Gustav Hertz“. In: WZ KMU Leipzig, math.-nat. R. *36* (1987) H. 6, S. 588.
– Erinnerungen an Gustav Hertz und seine Leipziger Zeit. Ebda S. 665–671.
– Liquid crystals, a touchstone for NMR-methods. In: Rev. Roum. de Physique *33* (1988) H. 4–6, S. 705–719.
– ^{1}H- und ^{13}C-NMR in thermotropic liquid crystals. In: Proc. IXth Ampere Summer School Novosibirsk 20.–26. 9. 1987. S. 35–36.
– u. S. Grande: A comparison of phase transitions in ferroelectrics and liquid crystals by NMR. Ebda S. 263–264.
– [Hrsg.] E. Grimsehl: Lehrbuch der Physik. Bd 4: Struktur der Materie. 17., völlig neu bearb. Aufl. Leipzig 1988. 614 S., 679 Abb.; darin: Das Atom. S. 17–91; Paramagnetische Kernspinresonanz S. 308–319.
– Molekülphysik. Moskau 1987. 228 S., 138 Abb. [russ.].

Müller, Fritz u. H. Remke, F. Leopold: Mitochondriale Atmung und Gunaosindiphosphat-Bindung im braunen Fettgewebe von glutamatobesen Ratten. In: Z. med. Labordiagn. *28* (1987) S. 346–352.
– D. Luppa, H. Hartenstein u. F. Müller: Relation between microvill membrane potential and glucose transport capacity of rat small intestine. In: Biomed. Biochim. Acta 46 (1987) S. 341 bis 348.
– A. Rehorek, L. Kerecsen, F. Müller: Measurement of tissue catecholamines of obese rats by liquid chromatography and electrochemical detection. Ebda S. 823–827.
– u. W. Mühle: Die Zöliakie – eine besondere Form der Eiweißunverträglichkeit. Berlin 1988. 43 S. (= Sitzungsberichte der Sächsischen Akademie der Wissenschaften zu Leipzig, math.-nat. Kl., Bd 120, H. 5).
– H. Remke, A. Wilsdorf u. F. Müller: Development of hypothalamic obesity in growing rats. In: Exp. Pathol. *33* (1988) S. 223–232.
– K. Beyreiß, B. Teichmann, D. Müller, W. Hoepffner, F. Mahnke, W. Mühle und F. Müller: Einfluß von Gliadin auf die Funktion der Dünndarmschleimhaut von Patienten mit Zöliakie; Perfusionsstudien. In: WZ KMU, math.-nat. R. *37* (Leipzig 1988) S. 5–11.
– W. Mühle, M. Tschaikin, Th. Mothes, F. Müller: Ätiologie und Pathogenese der Zöliakie. Ebda S. 417–428.
– H. Remke, A. Wilsdorf, K. Frank, F. Müller: Hormonelle Regulation der Fettakkumulation bei obesen Tieren. Ebda S. 61–69.
– Stoffwechselregulation im tierischen Gesamtorganismus – Organstoffwechsel. In: Biochemie Bd. *II*. Hrsg. von H.-P. Kleber u. D. Schlee. Jena 1988. S. 300–395.
– [Hrsg.]: Intestinale Proteinintoleranz. Leipzig 1988 (= WZ KMU, math.-nat. R. 37, H. 5).

Oelßner, Wilhelm: Zur Geschichte der Klinik für Radiologie. XXIV. Kongreß der Gesellschaft für medizinische Radiologie der DDR mit internationaler Beteiligung. 14. 1.—17. 1. 1987. Kurzreferate I. Teil V 112.
— [Hrsg.] XXIV. Kongreß der Gesellschaft für medizinische Radiologie der DDR mit internationaler Beteiligung. 14. 1.—17. 1. 1987. Kurzreferate.
— u. E. Standke, M.-L. Kunze: High dose upper and lower half body irradiation in metastasiting toumors. In: Strahlentherapie und Onkologie *163* (1987) S. 254—255.
— E. Standke, W. Oelßner, A. Brock, P. Feyer: Reactions after high-dose half body irradiation (HBI). Ebda S. 257—258.
— E. Standke u. W. Oelßner: Klinische und hämatologische Reaktionen nach adjuvanter Halbkörperbestrahlung (HKB). In: Zbl. Rad. *134* (1987) S. 232.
— R. Dalicho, E. Standke, W. Oelßner: Die Wirkung hochdosierter Halbkörperbestrahlungen auf Lunge und Herz. Ebda *136* (1988) S. 667.

Oleinik, Olga Arsenjewna u. G. A. Yosifian, A. S. Shamaev: O sobstvennych značenijach kraevych zadač dlja sistemy teorii uprugosti s bystro oszillirujuščimi koeffizientami v perforirovannoj oblasti. In: Matematičeskij Sbornik t. *132* (1987) Nr. 4, S. 517—531.
— u. V. A. Kondratiev: Ob asimptotike v okrestnosti beskonečnosti reschenij s konečnym integralom Dirichle elliptičeskich uravenij vtorogo porjadka. In: Trudy seminara I. G. Petrovskogo. Vypusk *12* (1987) S. 149—163.
— u. A. S. Kalashnikov: Ob uravnenijach nestazionarnoj fil'trazii. In: Problemy teorii fil'trazii i mechanika prozessov novyschenija nefteotdači. Moskva 1987. S. 116—123.
— O problemach I. G. Petrovskogo v teorii uravnenij s častnymi proizvodnymi. In: I. G. Petrovskij: Izbrannye trudy. Differenzial'nye uravnenija. Teorija verojatnostej. Moskva 1987. S. 359 bis 372.
— u. E. M. Landis: K teorii uravnenij elliptičeskogo tipa. Ebda. S. 307—324.
— u. E. M. Landis: O zadače Dirichle dlja uravnenija Laplaca. Ebda S. 306—307.
— u. G. A. Yosifian, A. S. Shamaev: Ob usrednenii sloistych uprugich kompozitov. In: Mechanika tverdogo tela Nr. 1 (1987) S. 118—125.
— u. V. A. Kondratiev: Ob ozenkach vtorych proizvodnych reschenija zadači Dirichle dlja bigarmoničeskogo uravnenija v okrestnosti uglovych toček granizy. In: Uspechi matematičeskich nauk. Tom *42* (1987) Nr. 2, S. 231—232.
— O spektrach nekotorych singularno vozmuščennych operatorov. Ebda Nr. 3, S. 221—222.
— u. V. A. Kondratiev: Teoremy edinstvennosti dlja klassičeskich kraevych zadač teorii uprugosti v neograničennych oblastjach. Ebda Nr. 4, S. 145—146.
— u. V. A. Kondratiev: On the behaviour at infinity of solutions of elliptic systems with finite energy integral. In: Archive Rational Mech. and Analysis, vol. *99* (1987) Nr. 1, S. 75—89.
— Asymptotic expansions and boundary layers in homogenization problems for differential operators. In: BAIL IV, Proceedings of the 4 International Conference on boundary and interior layers. Dublin 1987. S. 145—156.
— Homogenization problems in elasticity. Spectrum of singylarly perturbed, operators. In: Non classical continuum mechanics. Lecture Note series 122. Cambridge 1987. S. 53—95.
— u. V. A. Kondratiev: Asymptotic properties of solutions of the elasticity system. In: Applications of multiple scaling in mechanics. Paris 1987. S. 188—205.
— u. V. A. Kondratiev: O edinstvennosti reschenij kraevych zadač v neograničennych oblastjach i ob izolirovannych osobych točkach reschenij sistemy teorii uprugosti i elliptičeskich uravnenij vtorogo porjadka. In: Uspechi matematičeskich nauk. Tom. *42* (1987) Nr. 4, S. 189 bis 190.
— u. V. A. Kondratiev: Neravenstva Korna i teoremy edinstvennosti reschenij kraevych zadač dlja sistemy teorii uprugosti v neograničennych oblastjach. Ebda Nr. 5, S. 229—231.
— u. G. A. Yosifian, A. S. Shamaev: Ob usrednenii reschenij zadači Neimana dlja elliptičeskogo uravnenija vtorogo porjadka i sistemy teorii uprugosti s bystro oszillirujuščimi koeffizientami v perforirovannoj oblasti. Ebda Nr. 6, S. 195—196.

- On the behaviour at infinity of solutions of second order elliptic equations. In: Ordinary and partial differential equations. Pitman Research Notes in Mathematics, ser. *157* (1987) S. 161 bis 175.
- u. V. A. Kondratiev: O neravenstvach Korna i edinstvennosti reschenij klassičeskich kraevych zadač v neograničennych oblastjach dlja sistemy teorii uprugosti. In: Sovremennye problemy matematičeskoj fizíki t. *2* (Tbilissi 1987) S. 15—44.
- u. O. John, V. A. Kondratiev, D. M. Lekveischvili, I. Nechas: O razreschimosti sistemy uravnenij Karmana s neodnorodnymi graničnymi uslovijami v negladkich oblastjach. In: Trudy seminara imeni I. O. Petrovskogo. Vypusk *13* (1987) S. 197—205.
- Some asymptotiv problems of linear elasticity. In: Material Instabilities in Continuum Mechanics and Related Mathematical Problems. Oxford 1988. S. 343—357.
- u. G. A. Yosifian, A. S. Shamaev: O zadačach usrednenija v sloistych sredach. In: Asimptotočeskie metody matematičeskoj Fiziki. Kiew 1988. S. 73—84.
- O častotach sobstvennych kolebanij tel s konzentrirovannymi massami. In: Funkzional'nye i čislennye metody matematičeskoj fiziki. Kiew 1988. S. 165—171.
- O sobstvennych kolebanijach tel s konzentrirovannymi massami. In: Sovremennye problemy prikladnoj matematiki i matematičeskoj fiziki. Moskva 1988. S. 101—128.
- u. Y. D. Golovaty, S. A. Nazarov, T. S. Soboleva: O sobstvennych kolebanijach struny s prisoedinennoj massoj. In: Sibirskij matematičeskij žurnal t. *22* (1988) Nr. 5, S. 71—91.
- u. T. S. Soboleva: O sobstvennych kolebanijach neodnorodnoj struny s konečnym čislom prisoedinennych mass. In: Uspechi matematičeskich nauk, tom *43* (1988) Nr. 4, S. 187—188.
- u. V. A. Kondratiev: Kraevye zadači dlja sistemy teorii uprugosti v neograničennych oblastjach. Neravenstvo Korna. Ebda Nr. 5, S. 55—98.
- u. Y. D. Golovaty, S. A. Nazarov: Asimptotika sobstvennych značenij i sobstvennych funkzii v zadačach o kolebanii sredy s singuljarnym vozmuščeniem plotnosti. Ebda S. 188—190.
- u. G. A. Yosifian, A. S. Shamaev: On homogenization of strutified structures. In: Analyse Mathématique et Applications. Paris 1988. S. 401—419.
- u. V. A. Kondratiev: O kraevych zadačach dlja sistemy teorii uprugosti. In: Uspechi matematičeskich nauk t. *43* (1988) Nr. 4, S. 182—183.

Parthier, Benno: Kurt Mothes (1900—1983). In: Professoren der Martin-Luther-Universität Halle—Wittenberg im Dienste einer humanistischen und fortschrittsfördernden Wissenschaft. Beiträge zur Universitätsgeschichte. Wiss. Beitr. der Martin-Luther-Universität Halle—Wittenberg *1986/60* (T 62) (1987) S. 92—102.
- R. Krauspe, S. Lerbs, B. Parthier u. R. Wollgiehn: Light-induction of translatable mRNAs for chloroplastic leucyl- and valyl-tRNA synthetases of *Euglena gracilis*. In: J. Plant Physiol. *130* (Stuttgart 1987) S. 327—342.
- u. G. Herrmann, J. Lehmann u. R. A. Weidhase: Actions of methyl jasmonate in barley leaf senescence. In: G. Schuster (Hrsg.): Neue Erkenntnisse und Trends in der Pflanzenphysiologie. Karl-Marx-Universität Leipzig 1987. S. 64—68.
- u. J. Lehmann, S. Lerbs, W. Lerbs, R. A. Weidhase, R. Wollgiehn: Hormone and light actions in the differentiation program of chloroplasts. In: Molecular Biology of Plant Growth Control. Eds. J. E. Fox, M. Jacobs. In: UCLA Sympos. Molec. and Cell. Biol., New Series *44* (New York 1987) S. 391—400.
- I. A. Pastutchenkova, W. Lerbs, R. Krauspe, B. Parthier u. A. D. Volodarsky: Studies on mRNA levels during chloroplast development in *Euglena*. In: Dokl. Acad. Nauk SSSR *295* (Moskau 1987) S. 1279—1280 [russ.].
- C. Schimpf u. B. Parthier: Modulation of amino acid uptake by *Euglena* cells after preincubation with substrates. In: Biochem. Physiol. Pflanzen *182* (Jena 1987) S. 129—141.
- R. A. Weidhase, H.-M. Kramell, J. Lehmann, H.-W. Liebisch, W. Lerbs u. B. Parthier: Methyljasmonate-induced changes in the polypeptide pattern of senescing barley leaf segments. In: Plant Science *51* (Amsterdam 1987) S. 177—186.

— R. A. Weidhase, J. Lehmann, H. Kramell, G. Sembdner u. B. Parthier: Degradation of ribulose-1,5-bisphosphate carboxylase and chlorophyll in senescing barley leaf segments triggered by jasmonic acid methylester, and counteraction by cytokinin. In: Physiol. Plantarum *69* (Copenhagen 1987) S. 161—166.
— R. Krauspe† u. B. Parthier: Molecular forms of the chloroplast leucyl-tRNA synthetase of *Euglena gracilis* Z strain. In: Biochem. Physiol. Pflanzen *183* (1988) S. 477—485.
— R. Krauspe, B. Parthier u. C. Wasternack: Synthesis of diadenosine 5′, 5‴-p^1, p^4-tetraphosphate by organellar and cytoplasmic phenylalanyl-tRNA synthetases of *Euglena gracilis*. In: FEBS Letters *235* (1988) S. 275—277.
— S. Lerbs, W. Lerbs, R. Wollgiehn u. B. Parthier: Cytokinin, light, and „developmental control" of protein synthesis in *Cucurbita* cotyledons. In: Botanica Acta *101* (Stuttgart—New York 1988) S. 338—343.
— F. Müller-Uri, B. Parthier u. L. Nover: Jasmonate-induced alterations of gene expression in barley leaf segments analyzed by in vivo and in vitro protein synthesis. In: Planta *176* (Berlin—Heidelberg—New York 1988) S. 241—247.
— Fritz Lipmann (1899—1986) — Honorary member of the Leopoldina Academy. In: The Roots of Modern Biochemistry — Energetics of the Cell: Fritz Lipmann's Squiggle and its Consequences. Eds. H. Kleinkauf, K. von Döhren, L. Jaenicke. Berlin—New York 1988. S. 109—110.
— Gerontoplasts — the yellow and in the ontogenesis of chloroplasts. In: Endocytobiosis and Cell Res. *5* (Tübingen 1988) S. 163—190.

Penzlin, Heinz: Lehrbuch der Tierphysiologie. 4., überarb. u. erweit. Aufl. Jena 1988. 657 S., 418 Abb., 75 Tab.
— [Bearb.]: Theoretische Grundlagen und Probleme der Biologie. Festveranstaltung und wissenschaftliche Vortragstagung am 20. und 21. März 1987 an der Friedrich-Schiller-Universität Jena aus Anlaß des 100. Geburtstages von Julius Schaxel. Wissenschaftliche Beiträge der Friedrich-Schiller-Universität Jena *1* (1988) 283 S.
— Ordnung — Organisation — Organismus. Zum Verhältnis zwischen Physik und Biologie. Berlin 1988. 32 S. (= Sitzungsber. der SAW, math.-nat. Kl. Bd 120, H. 6).
— H.-G. Bernstein, M. Eckert, H. Penzlin, U. Vieweg, I. Rose u. H. Dorn: Proctolin immunoreactive neurons in the human brain stem. In: Acta histochem. *80* (1986) S. 111—119.
— u. A. Weiss, A. H. Sallam: Einfluß von Peptiden auf das Lernen bei Insekten. In: Verhaltensbiologie. Internationales Symposium 1983. Hrsg. v. G. Tembrock, R. Siegmund, M. Nichelmann. Wiss. Schriftenreihe der Humboldt-Universität zu Berlin 1986. S. 78—85.
— Untersuchungen über die Wirkungsmechanismen von Neurohormonen. In: Jahrbuch SAW zu Leipzig *1983—1984* (Berlin 1986) S. 60—65.
— Das Teleologie-Problem in der Biologie. In: Biol. Rdsch. *25* (1987) S. 7—26.
— E. Hentschel u. H. Penzlin: Zum naturwissenschaftlichen Wirken von Julius Schaxel. In: Urania *3* (1987) S. 20—23.
— Physik und das Leben. Läßt sich die Komplexität der Biologie physikalisch beschreiben? In: Leipziger Volkszeitung Jg *42* (1987) v. 4./5. April.
— A. Weiss and H. Penzlin: Effect of morphine and naloxone on shock avaidance learning in headless cockroaches (*Periplaneta americana* L.). In: Physiol. & Behav. *39* (1987) S. 445—451.
— V. R. Holets, T. Hökfelt, J. Ude, M. Eckert, H. Penzlin, A. A. J. Verhofstad, T. J. Visser: A comparative study of the immunohistochemical localization of a presumptive proctolin-like peptide, thyrotropin-releasing hormone and 5-hydroxytryptamine in the rat central nervous system. In: Brain Res. *408* (1987) S. 141—153.
— M. Gundel, J. Gundel, C. Büder, H. Penzlin and H. Matthies: Isolation and viability of nerve cellbodies from the sixth abdominal ganglion of *Periplaneta americana* L. In: Zool. Jb. Physiol. *91* (1987) S. 177—187.
— K. Richter and H. Penzlin: Correlation of nervous and neurohormonal activity in the regulation of the prothoracic gland in *Periplaneta americana*. Abstract, 13th Conf. European Comparative Endocrinologists, Belgrade 1986. In: Gen. Comp. Endocr. *66* (1987) S. 51—52.

— Zur Verantwortung des Biologen. In: Wissenschaft und Verantwortung in der Geschichte. Friedrich-Schiller-Universität Jena 1987. S. 130—135 (= Alma mater jenensis, Studium zur Hochschul- und Wissenschaftsgeschichte. H. 4).
— u. W. Hertel: The effect of the neuropeptide proctolin on the hyperneural muscle cells in an insect (Abstract). In: Neuroscience Suppl. to vol. *22* (1987) S. 43.
— K. Blechschmidt, M. Eckert u. H. Penzlin: The distribution of GABA-like immunoreactivity in the nervous system of an insect (Abstract). Ebda S. 306.
— A. Weiss, K.-H. Beichert u. H. Penzlin: Einfluß von Corpora cardiaca-Rohextrakt auf die Acquisition von zwei verschiedenen assoziativen Lernprozessen bei der Schabe *Periplaneta americana* (L.). In: Zool. Jb. Physiol. *91* (1987) S. 229—241.
— E. Baumann u. H. Penzlin: Inactivation of neurohormons D by malpighian tubules in an insect, *Periplaneta americana*. In: J. Comp. Physiol. B 157 (1987) S. 511—517.
— Der Nervenwachstumsfaktor — seine Entdeckung und Charakterisierung. In: Biol. Rdsch. *25* (1987) S. 343—353.
— G. Pass, G. Sperk, H. Agricola, E. Baumann u. H. Penzlin: Das Antennenherz der Schabe — Kreislaufmotor und Neurohämalorgan. In: Verhandl. Dtsch. Zool. Ges. *80* (1987) S. 173 bis 174.
— W. Hertel u. H. Penzlin: Physiologie von Neuropeptidwirkungen und elektrophysiologische Charakterisierung. In: Berichte Humboldt-Univ. Berlin *7* (1987) H. 6, S. 95.
— H. Agricola, W. Hertel u. H. Penzlin: Octopamin — Neurotransmitter, Neuromodulator, Neurohormon. In: Zool. Jb. Physiol. *92* (1988) S. 1—45.
— K. Blechschmidt, M. Eckert u. H. Penzlin: Simultaneous localization of a classical neurotransmitter (GABA) and a peptide transmitter candidate (proctolin) in the nervous system of the cockroach, *Periplaneta americana*. In: Acta histochem. Supp. Bd. *35* (1988) S. 127—135.
— M. Nichelmann u. H. Penzlin: Prof. Dr. Günter Tembrock zum 70. Geburtstag. In: Zool. Jb. Physiol. *92* (1988) S. 173—174.
— G. Stoya u. H. Penzlin: The effect of different putative transmitters on spontaneous phasic contractions of cockroach oviduct. Ebda S. 301—311.
— H. Birkenbeil u. H. Penzlin: Correlation of ecdysteroid production with ultrastructure of the prothoracic gland in *Periplaneta americana*. Ebda S. 313—321.
— G. Pass, G. Sperk, H. Agricola, E. Baumann u. H. Penzlin: Octopamin in a neurohaemal area within the antennal heart of the American cockroach. In: J. exp. Biol. *135* (1988) S. 945—948.
— Laudatio zur Verleihung der Caspar-Friedrich-Wolff-Medaille an Prof. Dr. rer. nat. habil. Lothar Kämpfe anläßlich seines 65. Geburtstages am 25. Februar 1988 in Greifswald. In: Biol. Ges. der DDR, Mitteil. *1* (1988) S. 48—51.
— G. Pass, G. Sperk, H. Agricola, E. Baumann u. H. Penzlin: The antennal heart of the American cockroach, a neurohormonal release site containing octopamin. In: Neurobiology of Invertebrates — Transmitters, Modulators and Receptors. Eds. J. Salanki u. K. S.-Rósza. Budapest 1988 (= Symposia Biologica Hungarica vol. 36).
— E. Baumann u. H. Penzlin: Influence of insecticides on the mechanism of inacitvation of an insect neurohormone. In: Endocrinological Frontiers in Physiological Insect Ecology. Eds. F. Sehnal, A. Zabźa, D. L. Denlinger. Wrocław 1988. S. 759—762.
— Das wissenschaftliche Werk Julius Schaxels. In: Theoretische Grundlagen und Probleme der Biologie. Wiss. Beiträge der Friedrich-Schiller-Universität Jena 1988. S. 19—44.
— Das physikalische Weltbild und das Lebensproblem. Ebda S. 96—118.
— G. Pass, H. Agricola, H. Birkenbeil u. H. Penzlin: Morphology of neurones associated with the antennal heart of *Periplaneta americana* (Blattodea, Insecta). In: Cell Tissue Res. *253* (1988) S. 319—326.
— Erwin Schrödinger — aus der Sicht des Biologen (Beitrag zu seinem 100. Geburtstag). In: Biol. Zbl. *107* (1988) S. 617—629.
— W. Haschke, H. Penzlin, G.-E. Kühne u. U. Zwiener: Aktuelle Entwicklung der Neurowissenschaften und die Aufgaben der AFG Neurowissenschaften der Friedrich-Schiller-Universität. In: WZ Friedrich-Schiller-Universität Jena, naturwiss. R. *37* (1988) S. 611—618.

— u. H. Agricola, K. Blechschmidt, M. Eckert, W. Hertel, T. Kusch, L. Sobek, G. Stoya, J. Ude: Das Neuropeptid Proctolin — sein Vorkommen und seine Wirksamkeit bei *Periplaneta americana* (Insecta, Blattaria). Ebda S. 711—739.
— W. Hertel, G. Pass u. H. Penzlin: The effect of the neuropeptide proctolin and of octopamine on the antennal heart of *Periplaneta americana*. In: Neurobiology of Invertebrates — Transmitters, Modulators and Receptors. Eds. J. Salanki u. K. S.-Rósza. Budapest 1988. S. 351—361 (= Symposia Biologica Hungarica vol. 36).
— u. G. Stoya, H. Agricola, M. Eckert: Control of oviduct movement in *Periplaneta americana*. Ebda S. 569—579.

Ries, Werner: Altern — eine unheilbare Krankheit. Leipzig—Jena—Berlin 1988. 112 S., 36 Abb.
— Innere Medizin für Stomatologen. 2. Aufl. Leipzig 1988. 270 S., 60 Abb.
— [Hrsg.] L. Pickenhain u. W. Ries: Kleine Enzyklopädie — Das Alter. Leipzig 1989. 704 S.
— Fettsucht. In: W. Förster, W. Sziegoleit, B. Griegel, D. Arnold (Hrsg.): Allgemeinmedizinische Arzneitherapie. 5. Aufl. Leipzig 1987. S. 347—348.
— Magersucht. Ebda S. 353.
— Geriatrische Therapiehinweise. Ebda S. 445—448.
— Zum Stand der komplexen Betreuung im Bezirk Leipzig. Ergänzung Fortbildungslehrgang Geriatrie der DDR 1987. S. 10—15.
— Adipositas als Risikofaktor des Alterns. In: B. Schulz, P. O. Vjastitzki (Hrsg.): Aktuelle Adipositasprobleme. Jena 1987. S. 206—220.
— Untersuchungen zur Bestimmung des biologischen Alters. In: V. Böhlau (Hrsg.): Verwirrtheit. Stuttgart—New York 1988. S. 31—44.
— B. Kinner, I. Sauer, W. Reuter u. W. Ries: Einfluß isokalorischer Reduktionskost auf kardiovaskuläre Parameter und Serumlipide bei Adipösen. In: Ernährungsforschung *32* (1987) S. 74 bis 78.
— B. Kinner, W. Reuter u. W. Ries: Verhalten von Herz-Kreislauf- und Fettstoffwechselparametern unter isoenergetischer Kost bei Adipösen. In: Die Nahrung *31* (1987) S. 713—718.
— I. Sauer, W. Ries u. E. Werner: Zur Problematik der präventiven Beeinflussung von Risikofaktoren. Ergebnisse einer Gesundheitsstudie. In: Z. Alternsforsch. *43* (1988) S. 319—323.
— u. I. Sauer: Studien über das biologische Alter. In: W. Beier, R. Laue, G. Leutert, W. Rotzsch, U. J. Schmidt (Hrsg.): Prozesse des Alterns. 2. Aufl. 1989, S. 1—24.
— Altern und Krankheit. Ebda S. 315—323.
— I. Hunecke, W. Reuter, I. Sauer u. W. Ries: Klinische, biochemische und anthropometrische Untersuchungen sowie die Bestimmung des biologischen Alters in Abhängigkeit von der Körpermasse in einer Längsschnittstudie. In: Z. ges. inn. Med. *44* (1989) S. 69—72.

Rösler, Hans Jürgen: Zur wissenschaftlichen Stellung und Wertung des Mineralogen Carl Friedrich Christian Mohs (1773—1839) aus Gernrode. In: W. Kaiser u. A. Völker (Hrsg.): Montanmedizin und Bergbauwissenschaften. Hallesches Symposium 1986. Halle 1987. S. 139 bis 148.
— Erweiterter Beitrag „Geochemie". In: A. Watznauer (Hrsg.): Wörterbuch Geowissenschaften — Englisch/Deutsch u. Deutsch/Englisch. Berlin 1987 und 1988.
— J. Hammer, M. Hengst, J. Pilot u. H. J. Rösler: Pb-Isotopenverhältnisse des Kupferschiefers der Sangerhäuser Mulde: Neue Untersuchungsergebnisse. In: Chem. Erde *46* (Jena 1987) S. 193—217.
— J. Hammer, H. J. Rösler, B. Gleisberg u. S. Niese: Untersuchung von Kupferschiefer-Profilen mittels instrumenteller Neutronenaktivierung. Teil I und II. In: Z. angew. Geologie *33* (Berlin 1987) 2, S. 40—45; 3, S. 64—67.
— T. Wenzel, H. J. Rösler u. J. Pilot: Genese und Verteilung von Sulfatmineralen im Kaliflöz „Stassfurt" des Südharzreviers. In: FFH C *425* (Leipzig 1987) S. 124—135.
— Was sagt ein Mineral über seine Geschichte aus? Betrachtungen zur Genetischen Mineralogie. Berlin 1988. 29 S., 19 Abb. (= Sitzungsber. SAW, math.-nat. Klasse, Bd 120, H. 4).

— J. Hammer, H. J. Rösler u. B. Gleisberg: Neutronenaktivierungsanalytische, säulenchromatische und IR-spektroskopische Untersuchungen der Bitumensubstanz des Kupferschiefers der Sangerhäuser Mulde (DDR). In: Chem. Erde *48* (Jena 1988) S. 61—78.
— J. Hammer, H. J. Rösler u. S. Niese: Verteilung der Seltenerd-Elemente im Kupferschiefer der Sangerhäuser Mulde. In: Z. geol. Wissensch. *16* (Berlin 1988) 6, S. 473—492.
— J. Hammer, H.-J. Rösler, B. Gleisberg u. S. Niese: Element- und isotopengeochemische Untersuchungen an Kupferschieferprofilen in der Sangerhäuser Mulde (DDR). In: Isotopenpraxis *24* (1988) 6, S. 232—234.
— F. Richter u. H. J. Rösler: 8. Agricola-Kolloquium. In: Neue Bergbautechnik *18* (Leipzig 1988) 10, S. 399—400.
— W. Schrön, H. Oppermann, H. J. Rösler u. P. Brand: Fest-Gas-Reaktionen als Ursache geo- und kosmochemischer Mobilisierungs- und Anreicherungsprozesse. In: Chem. Erde (Jena) *48* (1988) S. 35—54.
— [Autor u. Mithrsg.] Spurenelemente in der Umwelt. Jena 1987. 275 S., 54 Abb., 139 Tab.
— Lehrbuch der Mineralogie. 4., durchgeseh. u. erweit. Aufl. Leipzig 1988. 848 S., 685 Bilder, 65 Tab., 3 Beil.
— J. Hammer, H. J. Rösler u. S. Niese: Besonderheiten der Spurenelementführung des Kupferschiefers der Sangerhäuser Mulde und Versuche ihrer Deutung. In: Z. angew. Geol. *34* (1988) 11, S. 339—343.
— [Hrsg.] A. Peschel: Natursteine. 2., überarb. Aufl. Leipzig 1983. 448 S., 185 Bilder, 145 Tab. (= Monographienreihe „Nutzbare Gesteine und Industrieminerale").
— [Hrsg.] R. Baumgärtel, W. Quellmalz, H. Schneider: Schmuck- und Edelsteine. Leipzig 1988. 300 S., 80 Bilder, 24 Tab. (= Monographienreihe „Nutzbare Gesteine und Industrieminerale").
— [Hrsg.] A. Hultzsch: Kiese und Sande. Leipzig 1986. 164 S., 60 Bilder, 39 Tab. (= Monographienreihe „Nutzbare Gesteine und Industrieminerale").
— [Hrsg.] u. R. Langbein, H. Peter, H.-J. Schwahn: Karbonat- und Sulfatgesteine. Leipzig 1982. 336 S., 172 Bilder, 76 Tab. (= Monographienreihe „Nutzbare Gesteine und Industrieminerale").

Sachsenweger, Rudolf u. U. Sachsenweger: Sehübungen, ein Bilderbuch. 7. Aufl. Leipzig 1987, 100 S.
— u. M. Sachsenweger: Kompendium und Atlas der Augenheilkunde. 4. Aufl. Leipzig 1987. 176 S., 293 Abb.; dasselbe: Stuttgart 1987.
— u. M. Sachsenweger: Illustrated handbook of Ophthalmology. 3. Aufl. Bristol, London, Boston 1987. 172 S., 240 Abb.
— Ursachen und Prophylaxe der Myopie. In: Fortschr. Ophthalmol. *85* (1988) S. 289—291.
— The professors of ophthalmology at the university of Leipzig in the first half of the 20th Century. In: Documenta Ophthalmologica *68* (1988) S. 115—120.
— u. M. Sachsenweger: Der Einfluß labiler Binokularität auf die dreidimensionale Wahrnehmung bewegter Objekte. In: Klin. oczna *90* (1988) S. 175—177.

Scharf, Joachim-Hermann: Altbabylonische Keilschrifttexte zur Anatomie von Leber und Gallenblase. In: Verh. Anat. Ges. *81* (1987) S. 417—418.
— Anfänge von systematischer Anatomie und Teratologie im Alten Babylon. Berlin 1988. 63 S. (= Sitzungsber. SAW, math.-nat. Kl. Bd 120, H. 3).
— [Nachr.] Adolf Dabelow 28. 6. 1899—27. 7. 1984. In: Jahrbuch SAW *1983—1984* (1986) S. 252—257.
— [Nachr.] MR Prof. Dr. sc. med. Afred Dorn* 27. Februar 1936 in Jantschewize (Krs. Warschau) † 28. April 1987 in Magdeburg. In: Acta histochem. *84* (1988) S. 109—110.
— Evolution der Erkenntnis von Raum und Zeit. In: Beiträge zur Analyse von Musikprozessen Wiss. Beitr. Univ. Jena *1986* (1988) S. 22—60.

– Zur Dialektik der Glottogenesis – Ein Beitrag zur Fundierung der Biolinguistik. In: Morph. Jb. *134* (1988) S. 647–665.
– Die Zeit aus der Sicht der CANTORschen und Nach-CANTORschen Mengentheorie – ein Beitrag zur Fundierung der Chronobiologie. Ebda S. 801–830.

Schmetterer, Leopold: „Radontransformation“: Kommentar in den Gesammelten Werken von J. Radon. Wien 1987. S. 3–10.

Senda, Mitsugi u. T. Kakiuchi: The Liquid Junction Potential at the Contact of Two Immiscible Electrolyte Solutions in the Absence of Supporting Electrolytes. Reference Electrodes Reversible to Alkylammonium Ions and Tetraphenylborate Ions in Nitrobenzene. In: Bull. Chem. Soc. Jpn. *60* (1987) Nr. 9, S. 3099–3107.
– T. Kakiuchi, M. Kobayashi, M. Senda: The Effect of the Electrical Potential Difference on the Adsorption of Hexadecyltrimethylammonium Ions at the Polarized Nitrobenzene/Water Interface. Ebda S. 3109–3115.
– T. Kakiuchi, M. Yamane, T. Osakai, M. Senda: Monolayer Formation of Dilauroylphosphatidylcholine at the Polarized Nitrobenzene/Water Interface. Ebda Nr. 12, S. 4223–4228.
– T. Ikeda, K. Miki, F. Fushimi, M. Senda: Electrocatalytic Oxidation of D-Gluconate at a Ubiquinone-Mixed Carbon Paste Electrode with Immobilized Layer of D-Gluconate Dehydrogenase from Bacterial Membranes. In: Agric. Biol. Chem. *51* (1987) Nr. 3, S. 747–754.
– u. T. Ideka, H. Hiasa, I. Katasho: Biocatalyst Electrodes and Their Use in Electrochemical Syntheses. In: Nippon kagaku kaishi (J. Chem. Soc. Jpn.) *1987* (1987) Nr. 3, S. 358–366 [Japan.].
– Bioelectrocatalysis at Enzyme-modified Electrodes. In: Shokubai (Catalyst) *29* (1987) Nr. 7, S. 586–589 [Japan.].
– T. Osakai, T. Kakutani, Y. Nishizawa, M. Senda: Supporting Electrolytes for Voltammetric Study of Ion Transfer at Nitrobenzene/Water Interface. In: Anal. Sci. *3* (1987) Nr. 6, S. 499 to 503.
– T. Osakai, T. Kakutani, M. Senda: A Novel Amperometric Ammonia Sensor. Ebda S. 521 to 526.
– u. T. Kakutani, T. Osakai, T. Ohkouchi: A New Amperometric Acetylcholine Ion-selective Microelectrode. In: Bioelectroanalyse I. Ed. E. Pungor. Budapest 1987. S. 353–364.
– u. T. Kakiuchi, T. Osakai, T. Kakutani: Electrocapillarity and the Electric Double Layer Structure at Oil/Water Interfaces. In: The Interface Structure and Electrochemical Processes at the Boundary between Two Immiscible Liquids. Ed. V. E. Kazarinov. Berlin, Heidelberg 1987. S. 107–122.
– S. Yamaguchi, T. Tsukamoto, M. Senda: A Sequence Controlled Polarograph for Hydrodynamic Modulation Voltammetry. I. Voltammetry with a Square Wave-Modulated Rotating Disc. Electrode. In: Bunseki Kagaku (Analytical Chemistry) *36* (1987) Nr. 1, S. 1–6; II. Voltammetry with a Square Wave-Modulated Vibrating Electrode. S. 7–11 [Japan. with Engl. Summary].
– S. Yamaguchi, T. Tsukamoto, M. Senda: Determination of Trace Amounts of Cystine with Hydrodynamic Modulation Voltammetry. Ebda Nr. 9, S. 572–574 [Japan. with Engl. Summary].
– S. Yamaguchi, T. Tsukamoto, M. Senda: Determination of Thiols by Hydrodynamic Modulation Voltammetry. Ebda Nr. 10, S. 628–631.
– Analytical Chemistry in Agricultural Chemistry. A Historical Review on the Centennial Developement of Agricultural Chemistry. In: Nippon Nōgeikagaku kaishi (J. Agric. Chem. Soc. Jpn.) *61*, Supplement (1987) S. 192–196 [Japan.].
– T. Kakiuchi, M. Kobayashi, M. Senda: Effect of Counterionic Species on the Adsorption of Hexadecyltrimethylammonium Ion at the Polarized Nitrobenzene-Water Interface. In: Bull. Chem. Soc. Jpn. *61* (1988) Nr. 5, S. 1545–1550.

— T. Kaiuuchi, M. Nakanishi, M. Senda: The Electrocapillary Curves of the Phosphatidylcholine Monolayer at the Polarized Oil/Water Interface. I. Measurement of Interfacial Tension Using a Computer-Aided Pendant-Drop Method. Ebda. Nr. 6, S. 1845–1851.
— T. Ikeda, K. Miki, M. Senda: Theory of Catalytic Curent at the Biocatalyst Electrode with Entrapped Mediator. In: Anal. Sci. *4* (1988) Nr. 2, S. 133–138.
— T. Osakai, T. Kakutani, M. Senda: A Novel Amperometric Urea Sensor. Ebda Nr. 5, S. 529 bis 530.
— S. Todoriki, M. Tajima, M. Senda: Enzymatic Oxygen Electrode Method for Determinatiuon of Poyamines in Foods. Ebda Nr. 6, S. 583–585.
— T. Ikeda, K. Miki, F. Fushimi, M. Senda: Amperometric D-Gluconate Sensor Using D-Gluconate Dehydrogenase from Bacterial Membranes. In: Agric. Biol. Chem. *52* (1988) Nr. 6, S. 1557–1563.
— T. Ikeda, T. Shiraishi, M. Senda: An Efficient Method for Entrapping Ionic Mediator in the Enzyme Layer of Mediated Amperometric Biosensors. Ebda Nr. 12, S. 3187–3188.
— J. Takeda, M. Senda, Y. Ozeki, A. Komamine: Membrane Potential of Cultured Cells in Relation to the Synthesis of Anthocyanin and Embryogenesis. In: Plant & Cell Physiol. *29* (1988) Nr. 5, S. 817–824.
— u. T. Kakutani, T. Kometani, I. Obi, K. Kusakabe: Dielectrophoretic Focussing Method of Cells. In: Denki kagaku (J. Electrochem. Soc. Jpn.) *56* (1988) Nr. 12, S. 1069 [Japan. with English Summary].
— A private memory when the cell electrofusion method was discovered. In: Kagaku to seibutsu (Chemistry and Biology) *26* (1988) Nr. 11, S. 715–717 [Japan.].
— Bioelectronics. An Electrochemical Approach. International Bio Symposium, Nagoya 88 (Abstract) 1988. S. 65–73.
— Analytical Sciences and Analytical Chemists. An Essay. In: Bunseki (Analysis) *1988*, Nr. 4, S. 217 [Japan.].

Smiałowski, Michał: Initiation of Hydrogen-Induced Cracking in Iron and Iron Alloys. In: R. A. Oriani, J. P. Hirth u. M. Smiałowski (Hrsg.): Hydrogen Degradation of Ferrous Alloys. Park Ridge, N. J. 1985. 886 + XXVI S., S. 561–578.

Stubbe, Hans: Erinnerungen an Nikolaj Ivanovič Vavilov. In: Wissenschaft und Fortschritt *37* (1987) H. 11, S. 284–285.
— H. Paucke u. H. Stubbe: Zur Geschichte, Stellung und Ausrichtung der Ökologie. In: Hercynia NF *23* (Leipzig 1986) 4, S. 409–417.

Tomašov, Nikon Danilovič u. T. N. Ustinskaja, E. N. Dubnin: Sostav, električeskie i zaščitnye svoistva anodnych plenok na intermetallide TiNi. In: Elektrochimia Tom *23* (Moskva 1987) 2, S. 254–259.
— T. K. Sergeeva, O. D. Agakišiev, N. D. Tomašov, A. D. Goronkova, M. V. Iljuchina: O mechanizme vlijanija titana na vodorodnoe ochrupčivanie superferritnoi stali 01X25TB. In: Zaščita metallov Tom *23* (Moskva 1987) Nr. 4, S. 565–574.
— L. A. Cigirinskaja, M. I. Guseva, B. G. Vladimorov, N. D. Tomašov, G. P. Černova, D. B. Bogomolov, A. E. Gorodezkij, R. Ch. Zalavutdinov, V. D. Manskaja: Formirovanie korrozionno-stoikich sloev na nershavejuščej stali iri ionnoj implantazii. Ebda S. 588–593.
— u. I. S. Taschlykov, O. A. Shil'zova, G. P. Černova, M. I. Guseva, B. G. Vladimirov: Korrozionnoe povedenie poverchnostnych sloev splava Ti—Pd, polučennogo putem polienergetičeskoj implantazii ionov Pd^{+} v Titan. Ebda Nr. 5, S. 791–795.
— u. I. B. Skvorzova, A. E. Gorodezki, D. B. Bogomolov: Issledovanie elektrochimičeskogo povedenija i struktury oksidnych plenok na splave $Ni_{60}Nb_{40}$ v amorfnom i kristalličeskom sostojanijach. Ebda S. 796–800.

— G. P. Černova, L. P. Kornienko, A. E. Gitlevič, V. V. Michailov, G. M. Plavnik, G. N. Chrustaleva u. N. D. Tomašov: Vlijanie uslovii elektroiskrovogo legirovanija poverchnosti titana palladiem na sostav obrazujuščichsja faz i korrozionnuju stoikost' titana. Ebda Tom. *24* (1988) Nr. 1, S. 53—59.
— O. B. Čulanov, G. P. Černova, T. M. Serdjuk, N. D. Tomašov: O prirode kritičeskich sodershanii chroma, neobchodimych dlja perechoda splavov sheleza — chrom v passivnoe sostojanie. Ebda S. 98—103.
— G. P. Černova, T. A. Fedoseeva, N. D. Tomašov: Passiviruemost' i korrozionnaja stoikost' nershavejuščej stali, poverchnostno-legirovannoj palladiem metodom vakuumnoj kondensacii. Ebda Nr. 2, S. 199—203.
— V. G. Revenko, G. P. Černova, V. V. Paršutin, N. L. Bogdaškina, N. D. Tomašov, P. N. Belkin, E. A. Pasinkovskii: Vlijanie parametrov processa azotirovanija v elektrolite na zaščitnye svoistva konversionnych pokrytij. Ebda S. 204—210.
— u. I. B. Skvorcova, V. A. Alekseev, Ju. V. Skvorzov, V. M. Strunnikov: Ispol'zovanie impul's-nych potokov plazmy dlja antikorrozionnoj obrabotki poverchnosti metallov. Ebda S. 395 bis 400.
— I. V. Kasatkina, A. I. Ščerbakov, V. N. Modestova, N. D. Tomašov: O vlijanii poverchnostnoj obrabotki na stoikost' titana VT 1-0 protiv navodoroshivanija i korrizii pri katodnoj poljarizacii. Ebda Nr. 4, S. 569—574.
— V. G. Revenko, G. P. Černova, N. L. Bogdaškina, V. V. Bereza, V. V. Paršutin u. N. D. Tomašov: Ekspressnaja ocenka zaščitnych svoistv nitridnych pokrytij, polučaemych pri chimikotermičeskoj obrabotke sredneuglerodistych stalej. Ebda S. 881—884.

Uhlmann, Armin: Die Cartan-Algebra der äußeren Differentialformen als Supermannigfaltigkeit: Jordan-Automorphismen und ihre Realisierung als Diffeomorphismen. In: Z. f. Analysis und ihre Anwendungen *4* (1985) S. 481—492.
— Parallel Transport and „Quantum Holonomy" along Density Operators In: Rep. Math. Phys. *24* (1986) S. 229—240.
— Physik, hüte Dich vor der Metaphysik. In: Friedrich Engels' „Dialektik der Natur" in den geistigen Kämpfen unserer Zeit — zur Edition der MEGA. Hrsg. vom Kulturbund der DDR. Berlin 1986. S. 30—33.
— Parallel Transport and Holonomy along Density Operators. In: „Differential Geometric Methods in Theoretical Physics". Proc. of the XV DGM Conference. Hrsg. H. D. Doebner u. J. D. Hennig. Singapure, New Jersey, Hong Kong 1987. S. 246—254.
— H. Hamdan, A. Uhlmann: Klein Gordon Equations on a Time Lattice. In: Ann. der Physik *45* (1988) S. 605—613.
— Schrödinger und seine Gleichung. Berlin 1989. 23 S. (= Sitzungsber. SAW, mat.-nat. Kl. Bd 121, H. 3).

Uhlmann, Dietrich: Die anthropogene Eutrophierung der Gewässer — ein umkehrbarer Prozess? Ernst-Moritz-Arndt-Univ. Greifswald, math.-nat. R. *35* (1986) 4, S. 45—46.
— F. Recknagel, J. Benndorf u. D. Uhlmann: Model-aided water quality control of standing waters. In: Proceed. UNESCO/IHP Symposium Decision Support Systems and related methods in Water Recources Planning. Oslo 5—7 May 1986. S. 1—11.
— F. Recknagel, D. Uhlmann: Model-aided steady-state control of waste stabilization ponds. In: Proceed. Internat. Sympos. Simulation of Systems in Biology and Medicine. Prag. Nov. 18—20. 1986. S. 1—6.
— Aufgabenstellungen der Ökotechnologie. In: Informationsbulletin. Aus dem philosophischen Leben der DDR. *23* (Berlin 1987) 5, S. 15—21.
— Möglichkeiten und Grenzen der Phosphor- und Stickstoffelimination in unbelüfteten Abwasserteichen. In: Acta hydrochim. hydrobiol. *15* (1987) 6, S. 623—636.
— T. Petzoldt u. D. Uhlmann: Berechnung der Wahrscheinlichkeitsverteilung von Kläranlagen-

abläufen (Abwasserteiche) mit der Monte-Carlo-Methode. In: Wasserwirtschaft-Wassertechnik. *38* (1988) 3, S. 64–65.
– Fortschritte der Limnologie. 23. Kongreß der International Association of Limnology (SIL), Hamilton, Neuseeland, 9.–14. 2. In: Acta hydrochim. hydrobiol. *16* (1988) 2, S. 221–229.
– Hydrobiologie. Eine Einführung für Ingenieure und Naturwissenschaftler. 3. Aufl. Jena 1988; Stuttgart–New York 1988. 345 S.
– The significance of the internal nutrient load to hypertrophic shallow waters. In: Verh. Internat. Verein. Limnol. *23* (1988) 3, S. 1563.
– Aquatische Ökosysteme. In: H. Neumeister: Geoökologie. Geowissenschaftliche Aspekte der Ökologie. Jena 1988. S. 147–160.
– u. T. Guderitz: The significance of the internal nutrient load to hypertrophic shallow waters. In: Int. Revue ges. Hydrobiol. *73* (1988) 3, S. 275–295.
– Nutzung der Ökotechnologie zur Verbesserung der Beschaffenheit von Stand- und Fließgewässern. In: Nachrichten Mensch – Umwelt *16* (Berlin 1988) 3, S. 1–17.
– [Hrsg.], K.-F. Busch, D. Uhlmann u. G. Weise: Ingenieurtechnologie. 2., erweit. Aufl. Jena 1989.

van der Waerden, Bartel L.: On the Romaka-Siddhānta. In: Archive for History of Exact Sciences *38* (1988) S. 1–11.
– The „Day of Brahma" in the work of Aryabhata. Ebda S. 13–22.
– Reconstruction of a Greek table of chords. Ebda S. 23–38.
– The astronomical system of the Persian tables II. In: Centaurus *30* (1988) S. 197–211.
– The motion of Venus in Greek, Egyptian and Indian texts. Ebda *31* (1988) S. 105–113.

Vladimirov, Vasilii Sergejevič: Uravnenie Vinera-Chopfa na poluosi v algebrach Nevanlinny i Smirnova. In: Doklady AN SSSR t. *293* (1987) N. 2, S. 278–283.
– Uravnenie Vinera-Chopfa v algebrach Nevanlinny i Smirnova. In: Izvestija AN SSSR, ser. matematitsch. t. *51* (1987) N 4, S. 767–784.
– u. Ju. N. Dschojinov, B. I. Zavialov: Tauberians Theorems for Generalized Functions. Dortrecht, Boston, London 1987. XV, 293 S., 23 Abb.
– u. I. I. Markusch: Naučnoje nasledie V. A. Steklova. In: Istorija mechaniki v Rossii. Kiew 1987. S. 282–286 (s portretom V. A. Steklova).
– u. V. P. Mihkailov, A. A. Vasharin, Kh. Kh. Karimova, Yu. V. Sidorov, M. I. Shabunin: A Collection of Problems on the Equations of Mathematical Physics. Moskva 1986. 288 S., 4 Abb.
– Uravnenija matematičeskoj fiziki. V. ed. Moskva 1988. 512 S., 112 Abb.
– Equationi della fisica matematica. Moscva 1987. 448 S., 105 Abb.
– Obobščennys funkzii nad polem r-adičeskich čisel. In: Uspechi matematičeskich nauk t. *43* (1988) Nr. 5, S. 17–53.
– u. I. V. Volovich: r-adičeskaja kvantvaja mechanika. In: Doklady AN SSSR t. *302* (1988) Nr. 5, S. 320–322.
– u. V. Michailov, M. Chabounine, Kh. Karimova, Y. Sidorov, A. Vasharine: Recuell de problèmes d'equations de physique mathématique. In: Alger. Office des public Universitaires. 1987. 263 S., 4 Abb.
– Primenenie metoda malogo parametra dlja polučenija zakonov sochranenija dlja dvumernych vpolne integriruemych sistem. In: Sovremennye problemy matematičeskogo fiziki. Tbilisi 22–25 aprelja 1987. t. *I* (1988) S. 19–34.
– The Wiener-Hopf equation in the Nevanlinna and Smirnov algebras and ultradistributions. In: Generalized Fuctions, Convergence Structures and Their Applications. New York and London 1988. S. 83–96.
– u. I. V. Volovich: Kraevye zadači dlja nelineinych uravnenii reljativistskoj struny. In: Primenenija funkzionalnych metodov i metodov teorii funkzii k zadačam matematičeskoj fiziki. Donezk, 7–13 sentjabrja 1986. 1988. S. 48–53.

– Zakony sochranenija dlja dvumernych vpolne integriruemych sistem i metod malogo parametra. Ebda S. 40–48.
– [Hrsg.] A collection of Problems on the Equations of Mathematical Physics. Moscow 1986. 288 S., 4 Abb.
– [Hrsg.] Recuell de problème d'equations de physique mathématique. Alger. Office de public Universitaires 1987. 263 S., 4 Abb.
– [Hrsg.] u. B. Stanković, E. Pap, S. Pilopović: Generalized Functions, Convergence Structures and Their Applications. New York and London 1988. XI, 452 S. (= Trudy konferenzii, Dubrovnik, 23–27 ijunja 1987).

Watznauer, Adolf: Wörterbuch Geowissenschaften. Englisch-Deutsch. 3., bearb. Aufl. Thun-Frankfurt/M. 1988. 387 S.; Berlin 1988. 387 S.
– Technik-Wörterbuch Geowissenschaften Deutsch-Englisch. 3. bearb. Aufl. Berlin 1988. 360 S.

Wilhelmi, Bernd u. J. Herrmann: Laser for Ultrashort Light Pulses. 2., erw. Aufl. Amsterdam 1987. 350 S.
– D. Fassler, K. Feller u. B. Wilhelmi [Hrsg.]: Progress and Trends in Applied Optical Spectroscopy. Leipzig 1987. 292 S.
– Some Trends in Laser Application for Material Research. In: Wiss. Berichte der TH Leipzig 1987, H. 6, S. 3–9.
– M. Kaschke u. B. Wilhelmi: Effective Depth of Focus of Scanning Microscopes with Confined Electromagnetic Waves. In: Exp. Techn. Phys. *35* (1987) S. 305–310.
– u. W. Rudolph, E. Döpel, W. Dietel: Production of Chirp in Resonant and Nonresonant Optical Media and its Compensation. In: G. C. Bjoklund (Ed.): Lasers and Electrooptics. San Francisco 1987. S. 202.
– Generation of Chirped and Chirp-free Ultrashort Light Pulses by Nonlinear Optical Means. In: P. Simova (Hrsg.): Optika i Laserna Tekhniki. Sofia 1987.
– u. W. Rudolph, E. Döpel, W. Dietel: Advantages and Limits of Pulse Compression Inside and Outside the Laser Cavity. In: P. G. Krjukov, Yu. M. Popov (Hrsg.): Ultrafast Processes in Spectroscopy. Moskau 1987. S. 64–67.
– W. Dietel, E. Döpel, W. Rudolph u. B. Wilhelmi: Chirp Generation and Chirp Compensation in Femtosecond Dye Lasers. Ebda S. 72–74.
– T. Damm, M. Kaschke, F. Noack u. B. Wilhelmi: Pulse Compression of Picosecond Pulses from a Solid-State Laser Using Self-Phase Modulation in Graded-Core Index Fibres. Ebda S. 87–89.
– V. Petrov, W. Rudolph u. B. Wilhelmi: Evolution of Chirped Light Pulses and the Steady State Regime. In: Rev. De Physique Appl. *22* (1987) S. 1639–1650.
– V. Petrov, W. Rudolph u. B. Wilhelmi: Computer Simulation of Passive Modelocking of Dye Lasers with Consideration of Coherent Light-Matter Interaction. In: Opt. Quantum Electronics *19* (1987) S. 377–384.
– V. Petrov, W. Rudolph u. B. Wilhelmi: Chirping of Femtosecond Light Pulses Passing Through a Four-Level-Absorber. In: Opt. Commun. *64* (1987) S. 398–402.
– Zu Problemen und Erfahrungen bei der Entwicklung der mathematisch-naturwissenschaftlichen Grundlagenforschung. In: Das Hochschulwesen *35* (1987) 12, S. 331–333.
– W. Vogel, D.-G. Welsch u. B. Wilhelmi: Non-Markovian Correlation Effects in Time-Delayed fs-Absorption Spectroscopy. In: Phys. Rev. *A 37* (1988) S. 3825.
– Light Pulse Compression, Some Concepts, Results and Limits. In: Rev. Roum. Phys. *33* (1988) S. 995–1005.
– M. Kaschke, B. Wilhelmi, V. D. Egorov, R. Zimmermann u. N. X. Ngyen: Pump-Pulse-Induced Chirp Production in Semiconductors. In: Appl. Phys. *B 45* (1988) S. 71–75.
– Light Pulse Compression. In: Z. Rudzikas, A. Piskarskas, R. Baltramiejunas (Eds.): Ultrafast Phenomena in Spectroscopy. Singapore 1988.

— M. Kaschke u. B. Wilhelmi: Pump-Pulse Induced Chirp Production. Ebda 1988.
— Einige Entwicklungstendenzen bei Lasern für zeitlich und spektral hochauflösende Messungen. In: Metrologische Abhandlungen des ASMW *8* (1988) S. 47–63.
— Nie am Ende des Lateins. In: Sonntag H. 1 (1988) S. 9.
— Laser und nichtlineare Optik. In: L. G. Fleischer (Hrsg.): Wissenschaft im Dialog. Leipzig, Jena, Berlin 1988. S. 201–219.
— Licht. Einige Bemerkungen aus der Sicht eines Naturwissenschaftlers. In: Jahrbuch der Goethe-Gesellschaft 1988. S. 234–246.

Patentpublikation

— u. G. Kuhne: Empfindliche, hochauflösende Einrichtung zur Abtastung oder Positionierung von flächenhaften Objekten. Patent DD 249088 A 1 vom 26. 8. 1987.

Woschni, Eugen-Georg: Kodierungs- und Modulationstheorie. In: Eugen Philippow (Hrsg.): Taschenbuch Elektrotechnik Bd *2*, Abschn. 4 (Berlin 1987) S. 172–205, 45 Abb., 17 Taf.
— H. Hart, W. Lotze u. E.-G. Woschni: Meßgenauigkeit. Berlin 1987. 316 S., 153 Abb., 46 Taf. (= Reihe Meßtechnik).
— M. Krauß, E. Kutschbach u. E.-G. Woschni: Sbor dannych v upravljajuščich vyčislitel'nych sistemach. Moskau 1987. 296 S., 248 Abb., 72 Taf.
— Kleines Lexikon der Mikroelektronik. 4. Aufl. Berlin 1988. 72 S., 76 Abb., 10 Taf. (= Reihe Automatisierungstechnik, Bd 207).
— Informationstechnik. Signal System Information. 3., stark bearb. Aufl. Berlin 1988. 391 S., 314 Abb., 46 Taf.; dass.: Heidelberg 1988.
— M. Krauß, E. Kutschbach u. E.-G. Woschni: Handbuch Datenerfassung. 3., bearb. Aufl. Berlin 1988. 340 S., 250 Abb., 73 Taf.
— [Hrsg.] Uwe Frühauf: Automatische Meß- und Prüftechnik. Berlin 1987. 219 S., 167 Abb., 26 Taf. (= Reihe Meßtechnik).
— [Hrsg.] Gerald Sahner: Digitale Meßverfahren. 3., stark bearb. Aufl. Berlin 1987. 172 S., 112 Abb., 12 Taf. (= Reihe Meßtechnik).
— [Hrsg.] Horst Schneider, Siegfried Köhli, Walter Zvacek: Büroautomatisierung. 2. Aufl. Berlin 1987. 76 S., 25 Abb., 20 Taf. (= Reihe Automatisierungstechnik Bd 221).
— [Hrsg.] Horst Völz: Kleines Lexikon der Speichertechnik. Berlin 1987. 68 S., 48 Abb. (= Reihe Automatisierungstechnik Bd 224).
— [Hrsg.] Michael Ketting u. Christoph Pietzsch: Wegmeßsysteme an Industrierobotern. Berlin 1986. 72 S., 41 Abb., 11 Taf. (= Reihe Automatisierungstechnik Bd 220).
— [Hrsg.] Jürgen Ludwig: Ingenieurpsychologische Gestaltungsprinzipien für die Automatisierungstechnik. Berlin 1987. 96 S., 54 Abb., 37 Taf. (= Reihe Automatisierungstechnik Bd 223).
— [Hrsg.] Habiger, Ernst: Abkürzungen in der Automatisierungstechnik, Mikrorechentechnik und -elektronik. 2. Aufl. Berlin 1987. 64 S. (= Reihe Automatisierungstechnik Bd 217).
— [Hrsg.] Günther Neef, Rudolf Piegert: Prozeßsteuerung in der Teilefertigung. Berlin 1987. 80 S., 43 Abb. (= Reihe Automatisierungstechnik Bd 227).
— [Hrsg.] Dieter Zenkel: Elektrische Stellantriebe. Berlin 1988. 72 S., 44 Abb., 10 Taf. (= Reihe Automatisierungstechnik Bd 230).
— [Hrsg.] Stefan Hesse: Kleines Lexikon der automatischen Fertigung. Berlin 1988. 68 S., 74 Abb., 4 Taf. (= Reihe Automatisierungstechnik Bd 228).
— [Hrsg.] Ernst Habiger: Elektromagnetische Verträglichkeit. 2. Aufl. Berlin 1988. 88 S., 72 Abb., 20 Taf. (= Reihe Automatisierungstechnik Bd 212).
— Die erforderliche Abtastfrequenz und deren Abhängigkeit von der nachfolgenden Signal-

verarbeitung. In: 20. Fachkolloquium Informationstechnik 1987 Akustik und Meßtechnik, Nachrichtentechnik, Elektronik Berlin *37* (1987) H. 1, S. 2–4.
– Minimising aliasing errors of sensors with digital output. In: J. Phys. E.: Sci. Instrum. *20* (1987) S. 119–124.
– Probleme in Zusammenhang mit einer Erhöhung der Verarbeitungsbreite von Mikroprozessoren bei ON-LINE-Verarbeitung. In: Preprints 32. IWK Ilmenau 26.–30. 10. 1987, H. 1, S. 237–240, Vortragsreihe A 2.
– Fehlermodelle in der Informations- und Automatisierungstechnik. In: Kurzfassungen 16. Jahrestagung „Grundl. der Modellierung und Simulationstechnik". Rostock 8.–10. 12. 1987.
– Konsequenzen einer Erhöhung der Verarbeitungsbreite von Mikrorechnern beim On-Line-Einsatz. In: msr *31* (1988) H. 3, S. 119–121.
– Betrachtungen zu Fehlermodellen und Optimierungskriterien in der Informationstechnik. In: Preprints 4. Kongreß der Informatiker der DDR INFO 88, 22.–26. 2. 1988 Dresden.
– Rationelle Energieanwendung, Wärmeversorgung, Steuerung und Regelung. In: Aus der Arbeit von Plenum und Klassen der AdW *14* (1987) Teil 1, S. 40–42.
– Werkstoffprüfung. Signal/Rausch-Verhältnis. In: Anfrage. Aus der Arbeit von Plenum und Klassen der AdW *14* (1987) Teil 1, S. 131.
– Diskussionsrede. In: Plädoyer für die Verantwortung. Technologie und Humanismus heute. Protokoll einer Diskussion. Halle, Leipzig 1988. S. 156–158.
– Analysis and Optimization by Means of Estimation in measurement. In: Preprints Systems Analysis and Simulation, International Symposium in Berlin 12.–16. 9. 1988. Teil I, Band *46*, S. 200–204.
– Fehler- und Optimierungskriterien für die Informationstechnik. In: WZ TU Karl-Marx-Stadt *30* (1988) H. 3, S. 446–450.
– Die Rolle der a-priori-Information in der Meßtechnik. In: Preprints 33. IWK Ilmenau 24. bis 28. 10. 1988. H. 2, S. 91–95, Vortragsreihe A 2.
– Heinrich Barkhausen und die Entwicklung der Elektronik. Berlin 1988. 25 S., 13 Abb., 1 Tab. (= Sitzungsber. SAW, math.-nat. Kl. Bd 120, H. 7).
– The Importance of physical models and estimation methods taught in academic courses in measurement technique. In: Preprints 11th Triennial World Congress 16.–21. 10. 1988 Houston, Texas, USA. IMEKO-Berichte Bd 5, S. 211–218.
– Some aspects of applying informations-theory of measurement. In: Journal of the International Measurement Confederation Vol. *6* (Oct.-Dec. 1988) No. 4, S. 184–186.
– [Nachr.] Remus Radulet. In: Jahrbuch SAW *1985–1986* (Berlin 1988) S. 220–221.
– [Nachr.] Bohumil Kvasil. Ebda S. 227–228.
– Zur erforderlichen Stützstellendichte und Stützstellenzahl. In: WZ HfV Dresden ISI 89, Sonderheft 43, S. 44–49.

Wußing, Hans [Hrsg. u. Mitautor] Geschichte der Naturwissenschaften. 2. durchgesehene Aufl. Köln 1987. 564 S., 555 Abb.
– [Mithrsg. u. Mitautor] Produktivkräfte in Deutschland 1917/18 bis 1945. Berlin 1988. 566 S., 141 Abb., 24 Ktn, 166 Fotos.
– [Mithrsg.] NTM. Schriftenreihe für Geschichte der Naturwissenschaften, Technik und Medizin. Jg *24* (Leipzig 1987) H. 1 u. 2; Jg *25* (Leipzig 1988) H. 1 u. 2.

Ždanov, German Stepanovič u. E. E. Kamzeeva, N. A. Chatanova: Mašinnyj eksperiment po nabljudeniju bzaimnoj transformacii kartin gazovogo i kristalličeskogo rassejanija. In: Kristallografija Tom. 31 (1986) byp. 4, S. 644–646.
– O volnach obryva o razryva pri fur'e- preobrazovanijach funkcij s točkami razryva. Ebda S. 647–650.
– u. E. E. Kamzeeva, N. A. Chatanova: Amorfnaja struktura splava $Fe_{40}Ni_{38}Mo_4B_{18}$. In: Rasplavy tom. 1 (1987) vyp. 4, S. 86–90.
– u. N. A. Chatanova, A. R. Altynbaeva: Priroda mikrogeterogennosti amorfnoj struktury v

splave $Cu_{35}Zr_{65}$. In: Vestn. Mosk. UN-TA, ser. 3, Fizika, Astronomija t. 28 (1987) Nr. 4, S. 100–102.
– u. A. G. Chundshua: Lekcii po fizike tverdogo tela. Principy stroenija, real'naja struktura, fazovye prevraščenija. Moskva 1988. 231 S.

Philologisch-historische Klasse

Aland, Kurt, A. Benduhn-Mertz u. G. Mink [Hrsg.]: Text und Textwert der griechischen Handschriften des Neuen Testaments. I. Die Katholischen Briefe. Band 1: Das Material. Band 2: Die Auswertung. Band 3: Die Einzelhandschriften. Berlin–New York 1987 (= Arbeiten zur neutestamentlichen Textforschung, Bd 9, 10/1, 10/2, 11).
– [Hrsg.] Die Korrespondenz Heinrich Melchior Mühlenbergs. Aus der Anfangszeit des deutschen Luthertums in Nordamerika, Bd II: 1753–1762. Hrsg. in Verbindung mit der Martin-Luther-Universität Halle–Wittenberg, Universitäts- und Landesbibliothek Sachsen-Anhalt, Archiv der Franckeschen Stiftungen, Deutsche Demokratische Republik. Texte zur Geschichte des Pietismus, Abt. III, Bd. 3. Berlin–New York 1987.
– [Hrsg.] Ignaz Heinrich von Wessenberg, Unveröffentlichte Manuskripte und Briefe. Hrsg. v. K. Aland u. W. Müller†. Bd II: Die Briefe Johann Philipps von Wessenberg an seinen Bruder. Hrsg. v. K. Aland. Freiburg 1987.
– [Hrsg.]. Hermann Kunst: Credo Ecclesiam. Vorträge und Aufsätze 1953 bis 1986. Bielefeld 1987.
– u. B. Aland: The Text of the New Testament. An Introduction to the Critical Editions and to the Theory and Practice of Modern Textual Criticism. Translated by Erroll F. Rhodes. Grand Rapids 1987.
– u. B. Aland: Il Testo Del Nuovo Testamento. Premessa del card. Carlo Maria Martini, Traduzione di Sebastiano Timpanaro. Genova 1987.
– [Art.] Reformation. I. Kirchengeschichtlich. In: Evangelisches Staatslexikon. Hrsg. v. R. Herzog, H. Kunst, K. Schlaich, W. Schneemelcher, Bd II, 3., neu bearb. Aufl. Stuttgart 1987. Sp. 2857–2897.
– [Art.] Montanism. In: The Encyclopedia of Religion. Volume *10* (New York–London 1987) S. 81–82.
– [Art.] Montanus. 82–83.
– Alter und Entstehung des D-Textes im Neuen Testament. Betrachtungen zu p^{69} und 0171. In: Miscel lània Papirològica Ramon Roca-Puig en el seu vuitantè aniversàri a cura de Sebastià Janeras. Barcelona 1987. S. 37–61.
– Das Neue Testament: Hervorragend überliefert. In: Zeichen der Zeit 1987. H. 2, S. 48–50.
– Jahresbericht der Patristischen Kommission, Arbeitsstelle Münster. In: Jahrbuch der Heidelberger Akademie der Wissenschaften *1986* (Heidelberg 1987) S. 144–146.
– Nestle-Aland; Novum Testamentum Graece. 26. Aufl., 9. Druck. Stuttgart 1987.
– Nestle-Aland: Novum Testamentum Graece et Latine. 3. Druck. Stuttgart 1987.
– Nestle-Aland: Das Neue Testament Griechisch und Deutsch. 2. Druck. Stuttgart 1987.
– Synopsis of the Four Gospels. Greek-English Edition of the Synopsis Quattur Evangeliorum. Eigth Corrected Edition. Stuttgart 1987.
– [Hrsg.] Griechisch-deutsches Wörterbuch zu den Schriften des Neuen Testaments und der frühchristlichen Literatur von Walter Bauer. 6., völlig neu bearb. Aufl. im Institut für Neutestamentliche Textforschung Münster unter besonderer Mitwirkung von Viktor Reichmann hrsg. v. K. Aland u. Barbara Aland. Berlin–New York 1988.
– Johann Albrecht Bengel als Textkritiker. Lehren von gestern für heute. In: Bericht der Hermann Kunst-Stiftung zur Förderung der Neutestamentlichen Textforschung für die Jahre 1985 bis 1987. Münster 1988. S. 9–22.
– Noch einmal: Der ROTAS/SATOR-Rebus. In: Text and Testimony. Essays in honour of

A. F. J. Klijn. Ed. by T. Baarda, A. Hilhorst, G. P. Luttikhuizen, A. S. van der Woude. Kampen 1988. S. 9—23.
— Der Schluß des Markusevangeliums. In: L'Évangile selon Marc. Tradition et Rédaction, Nouvelle édition augmentée par M. Sabbe. Leuven 1988. S. 435—470, Nachtrag S. 573—575.
— Die theologischen Anfänge Martin Luthers. Bemerkungen zu seinen frühen Thesenreihen anläßlich des Wolfenbüttler Fundes des Originaldruckes der Thesen gegen die scholastische Theologie. In: Der Durchbruch der reformatorischen Erkenntnis bei Luther — Neuere Untersuchungen. Hrsg. v. B. Lohse. Wiesbaden—Stuttgart 1988. S. 233—244.
— [Nachw.] Protestantismus und Orthodoxie. Festschrift für Bischof D. Dr. Hermann Kunst D. D. (Anläßlich seines 81. Geburtstages am 21. Januar 1988). Hrsg. von der griechisch-orthodoxen Kommission in Athen, 2. Ausgabe, Athen 1988.
— Nestle-Aland: Greek-English New Testament. Third Edition, 20—24th Thousand. Stuttgart 1988.
— Synopsis Quattuor Evangeliorum. Editio tertia decima revisa. 3. durchgesehener Druck, Stuttgart 1988.

Angelov, Dimiter Simeonov: Method und sein Werk in Bulgarien. In: Mitteilungen des bulgarischen Forschungsinstituts in Österreich *VIII* (Wien 1986) Nr. 1, S. 23—27.
— Glava četv'rta. Obščestvena ideologija i sozialno-religiozni dvishenija. 1. C'rkovno-feodalna ideologija i bogomilstvoto prez XIII v.; 2. Obščestvena ideologija i klasova borba v T'rnovo prez XIV v.; 3. T'rnovo — zent'r na patriotični izjavi. In: Istorija na Beliko T'rnovo. T. 1. Sofia 1986. S. 196—228.
— Deloto na Kiril i Metodij v knishovnata tradicija. In: Ciril és Metod tevékenysege. Budapest 1986. S. 13—27.
— Slavjane i protobolgary v dogosudarstvennyj period (V—VII v.). In: Sovetskoe slavjanovedenie *5* (1987) S. 29—38.
— B'lgarskoto bogomilstvo i ruskoto strigolničestvo. In: Rusko-b'lgarski br'zki prez vekovete. Sofia 1986. S. 23—39.
— Lekziite: B'znikvane na b'lgarskata d'rshava, B'znikavane i razvitie na b'lgarskata narodnost, ikonomičesko razvitie na srednovekovna B'lgarija (VII—XIV v.), Razvitie i projavi na klasovata borba v srednovekovna B'lgarija, Mjasto i polja na b'lgarskata d'rshava v srednovekovna Evropa. In: Istorija. Uč. posobie za svobodnoizbiraema podgotovka v X klas na ESPU. Sofia 1986. S. 25—84.
— Geschichte und Archäologie. In: Bulgarian Historical Review (1987) Nr. 1, S. 89—98.
— L'œuvre des disciples de Cyrille et Methode. Palaeobulgarica *11* (1987) Nr. 1, S. 9—15.
— Problemy predgosudarstvennogo perioda na territorii buduščego Bolgarskogo gosudarstva. In: Etnosozial'naja i političeskaja struktra rannefeodal'nych slavjanskich gosudarstv i narodnostej. Moskva 1987. S. 7—15.
— Das Byzantinische Reich und der mittelalterliche Bulgarische Staat. In: Byzantiaka *7* (Tessalonique 1987) S. 65—77.
— Chiljada i sto godini ot idvaneto na Kirilometodievite učenicy v B'lgarija. In: Bulgarisztika Budapesten. Budapest 1987. S. 11—20.
— Vozniknovenie i razvitie srednevekovo bolgarskogo goroda. [S'avt. A. Popov i D. Ovčarov]. In: Trudy Pjatogo Meshdunarodnogo kongressa slavjanskoj archeologii. Kiev 1985. 1. Kiev 1987. S. 94—105.
— The Origin and Development of the Bulgarian Nationality. In: Macedonian Studies *1* (Vienna 1987) S. 5—25.
— Slavjane i Vizantija. [S'avt. G. G. Litavrin]. In: Izučenie kul'tur slavjanskich narodov. Moskva 1987. S. 36—43.
— Bogomilstvoto. Sofia 1988. S. 1—41.
— Kreščenie Kievskoj Rusi i delo Kirilla i Metodija. In: Palaeobulgarica *12* (1988) Nr. 1, S. 3—8.
— Los bogomilos bulgaros y su papel en el medioevo europea. In: Revista de la Universidad Complutense. vol. extraordinario, Bulgaria. Madrid 1988. S. 82—91.

– Die bulgarische Kultur im Mittelalter. In: Palaeobulgarica *12* (1988) Nr. 3, S. 3–14.
– Einführung in die byzantinische Geschichte. In: Byzantiaka *8* (1988) S. 13–23.
– B'lgarskoto bogomilstvo i italianskijat katariz'm. In: B'lgarija, Italija i Balkanite. Obščestveno-istoričeski i kulturno-estetičeski vzaimootnošenija XV–XIX v. Dokladi izneseni na četv'rtata b'lgarističa b'lgaro-italianska konferencija. Sofia 1984. Sofia 1988. S. 21–33.

Asmussen, Jes Peter: Ein Bruchstück aus Jehuda Lari's jüdisch-persischem Weisheitsbuch *Machzan alpand*, „Schatzkammer der Belehrung". In: Cahiers Ferdinand de Saussure *41* (Genève 1987) S. 21–26 [= Cahiers dédié à Georges Redard].
– Islam som kulturfaktor. In: Louisiana Revy 27. årgang nr. 3, marts 1987. Kunst fra Islams Verden, 8.–18. århundrede, p. 5–10; also English edition: Islam as a Cultural Factor, Art from the World of Islam, 8th–18th century.
– Islamiske sekter i senmiddelalderens Iran. In: Iran, Islam og Vesten i Middelalderen. København 1987. S. 33–38 [with Persian translation].
– Hvem kaldte barnet Immanuel? Nogle overvejelser om verbalformen i Jesaja 7:14. In: Teologi og Tradition. Festskrift til Leif Grane 11. januar 1988. København 1988. S. 62–65.
– Manichaean Literature. In: Persian Literature. Ed. Ehsan Yarshater. New York 1988. S. 57 bis 71 (= Columbia Lectures on Iranian Studies 3).
– [Rez.] Gudmar Aneer: Imām Rūḥullāh Khumainī, Šāh Muḥammad Rizā Pahlavī and the Religious Traditions of Iran. Uppsala 1985. In: Religionsvidenskabeligt Tidsskrift *10* (1987) S. 99–102.

Bahner, Werner: N. Machiavelli: Der Fürst. Hrsg. u. mit einem Vorwort von W. Bahner. Leipzig 1987. 151 S. (= RUB 502).
– Machiavelli und Machiavellismus im 16. Jahrhundert. In: Wahrheit und Wahrhaftigkeit in der Rechtsphilosophie. Hrsg. v. K.-H. Schöneburg zum 60. Geburtstag von Hermann Klenner. Berlin 1987. S. 11–21.
– Begrüßungsansprache. In: Wissenschafts- und Universitätsgeschichte in Sachsen im 18. und 19. Jahrhundert. Nationale und internationale Wechselwirkung und Ausstrahlung. Beiträge des internationalen Kolloquiums zum 575. Jahr der Universitätsgründung am 26. und 27. Nov. 1984 in Leipzig. Hrsg. im Auftrage der SAW zu Leipzig u. ihrer Historischen Kommission von K. Czok. Berlin 1987. S. 7–10 (= Abhandlungen der SAW, phil.-hist. Kl. Bd 71, H. 3).
– Laudatio (Festkolloquium der AdW der DDR und der SAW am 25. März 1985 anläßlich des 80. Geburtstages von Edgar Lehmann, Ordentliches Mitglied der AdW und SAW). In: Ergebnisse und Perspektiven geographischer und kartographischer Forschungen. Berlin 1986. S. 5–8 (= Sitzungsber. AdW der DDR, Abt. Math., Naturwiss., Techn. Nr. 11/N).
– „Aufklärung" als Periodenbegriff der Ideologiegeschichte. Einige methodologische Überlegungen und Grundsätze. In: Aufklärung und Französische Revolution II. Ein Symposion zur Ideen- und Wissenschaftsgeschichte in Oulu, 8.–10. 10. 86. Hrsg. v. J. Alavnotunki, A. Leikola, J. Manninen u. Arja-Liisa Räisänen. Oulu 1987. S. 8–36.
– [Nachw.] Giovanni di Boccaccio: Das Leben Dantes. Frankfurt/M. 1987. S. 85–99.
– In Memoriam Iorgu Iordan. In: BrP *26* (1987) H. 1, S. 5–6.
– Zu einigen Aufgaben der Sprachkultur und Sprachkritik in unserer Zeit. In: Theoretische und praktische Fragen der Sprachkultur. Hrsg. v. B. Techtmeier. ZISW. Linguistische Studien, R. A, Bd *170* (Berlin 1987) S. 20–28.
– Quelques observations sur les idées pacifistes en France au dix-huitième siècle. In: Le Siècle de Voltaire: Hommage à René Pomeau, Bd 1. Ed. par C. Mervaud et S. Menant. The Voltaire Foundation at the Taylor Institution. Oxford 1987. S. 27–35.
– Sprache und Geschichtswissenschaft. In: Demokratie, Antifaschismus und Sozialismus in der deutschen Geschichte. Hrsg. v. H. Bleiber u. W. Schmidt. Berlin 1988. S. 319–328.
– [Nachw.] Pedro Antonio de Alarcón: Meistererzählungen. Zürich 1988. S. 245–255.
– [Nachr.] Georgij Vladimirovič Stepanov. In: Jahrbuch der SAW *1985–1986* (Berlin 1988) S. 240–242.

– [Nachr.] Iorgu Iordan. Ebda S. 243–245.
– Ansprache des Präsidenten, Herrn Bahner, bei der öffentlichen Gesamtsitzung am 19. April 1985. Ebda S. 94–98.
– Ansprache des Präsidenten, Herrn Bahner, bei der öffentlichen Gesamtsitzung am 15. November 1985. Ebda S. 99–103.
– Ansprache des Präsidenten, Herrn Bahner, bei der öffentlichen Gesamtsitzung am 11. April 1986. Ebda S. 104–108.
– Ansprache des Präsidenten, Herrn Bahner, bei der öffentlichen Gesamtsitzung am 14. November 1986. Ebda S. 109–116.
– [Rez.] Pierre Swiggers: Les conceptions linguistiques des Encyclopédistes. In: BrP *26* (1987) H. 1, S. 187–188.
– [Rez.] Gunnar Tancke: Die italienischen Wörterbücher von den Anfängen bis zum Erscheinen des «Vocabulario degli Accademici della Crusca» (1612). Bestandsaufnahme und Analyse. Tübingen 1984. Ebda S. 188–189.

Beševliev, Veselin: Zum Fortleben Alexanders des Großen in der Spätantike. In: Zu Alexander dem Großen. Festschrift G. Wirth zum 60. Geburtstag am 9. 12. 86. *II* (1988) S. 1037–1040.
– Κηριβωστηνοι, Ωρϑιανος und 'Οϑησσος. In: Linguistique Balkanique *XXX* (1986) 1, S. 15–17.
– Die byzantinischen Elemente in den protobulgarischen Inschriften. In: Griechenland-Byzanz-Europa. 2. Aufl. Berlin 1988. S. 93–96.
– Über die älteste Bevölkerung der Stadt Odessos. In: Bulletin du musée national de Varna Bd *24* (1988) S. 5–14.

Brüning, Eberhard: The Spanish Civil War (1936–1939) and the American Novel. In: Twentieth-Century Literary Criticism: Excerpts from Criticism of the Works of Novelists, Poets, Playwrights, Short Story Writers, and Other Creative Writers Who Died between 1900 and 1960, from the First Critical Appraisals to Current Evaluations. Vol. *23*. Ed. Dennis Poupard. Gale Research Company, Detroit 1987.
– [Rez.] Michael Reynolds: The Young Hemingway. Oxford 1986. In: ZAA *35* (1987) H. 4, S. 381–382.
– Eugene O'Neill. In: Programmheft zu Eugene O'Neill: Eines langen Tages Reise in die Nacht. Staatsschauspiel Dresden. Kleines Haus. 1986.
– [Rez.] American Poets, 1880–1945. Second Series. Ed. by Peter Quartermain. Detroit 1986. In: ZAA *35* (1987) H. 4, S. 375–376.
– [Rez.] Dictionary of Literary Biography. Vol. *50*. Afro-American Writers Before the Harlem Renaissance. Ed. by Trudier Harris. Detroit 1986. Ebda.
– [Rez.] Dictionary of Literary Biography. Yearbook: 1985. Ed. by Jean W. Rose. Detroit 1986. Ebda.
– Berlin als persönliche Erfahrung und literarischer Gegenstand amerikanischer Schriftsteller (1890 bis 1940). Berlin 1988. 35 S. (= Sitzungsberichte der AdW der DDR, Gesellschaftswissenschaften 2 G, 1988).
– Mildred Harnack-Fish als Literaturwissenschaftlerin. In: Mildred Harnack-Fish: Variationen über das Thema Amerika. Studien zur Literatur der USA. Hrsg. von E. Brüning. Berlin und Weimar 1988. S. 155–206.
– Antifaschistische deutsche Exilliteratur in der historischen und kulturellen Situation in den USA 1933–1945. In: Demokratie, Antifaschismus und Sozialismus in der deutschen Geschichte. Hrsg. v. Helmut Bleiber und Walter Schmidt. Berlin 1988. S. 252–262.
– Writer and Society and the American Writers Congress of 1981. In: Cross-Cultural Studies. American, Canadian and European Literatures: 1945–1985. Ed. by Mirko Jurak. Ljubljana 1988. S. 279–287.
– Der Alptraum des Holocaust. Arthur Millers „Spiel um Zeit". In: impressum. Nachrichten aus dem Henschelverlag Kunst und Gesellschaft *2* (Berlin 1988) S. 5.

– [Nachw.] E. E. Cummings: Der ungeheure Raum. Leipzig und Weimar 1988. S. 327–347.
– [Nachw.] Arthur Miller: Stücke. 4., erweit. Aufl. Berlin 1988. S. 621–645.
– [Nachw.] Bahumir Wongar: Der Pfad nach Bralgu. Erzählungen. Mit 19 Rindenmalereien und Ölbildern von Aborigines. Leipzig 1988. S. 135–141.
– [Rez.] Sherwood Anderson: Der arme Weiße. Leipzig 1987. In: ZAA *36* (1988) H. 4, S. 372 bis 374.
– [Rez.] Patrick White: Voss. Leipzig 1987. Ebda S. 381–382.

Chropovský, Bohuslav: Die älteste Vergangenheit von Bratislava. In: Najstaršie dejiny Bratislavy (Die älteste Geschichte Bratislavas). Bratislava 1988. S. 7–14.
– u. A. Ruttkay: Archäologische Erforschung und Genese des slowakischen Ethnikums. In: Studia historica slovaca *XVI*, Veda (Bratislava 1988) S. 15–63.
– u. G. Fusek: Výsledky výskumov na stavenisku športového areálu v Nitre (Grabungsergebnisse an der Baustelle des Sportgebäudes in Nitra). In: Študijné zvesti AÚ SAV *24* (Nitra 1988) S. 143–171.

Coblenz, Werner: Die Urnenfelder Sachsens und ihre Beziehungen zum Osten und Süden. In: Die Urnenfelderkulturen Mitteleuropas. Symposium Liblice 21.–25. 10. 1985. Praha 1987. S. 89–98, 6 Abb.
– Karl Preusker als Heimat- und Altertumsforscher. In: Karl Benjamin Preusker (1786–1871), ein Heimatforscher und Volksbildungsfreund. Aus Anlaß seines 200. Geburtstages hrsg. vom Kreismuseum Großenhain. Großenhain 1986. S. 50–70, 5 Abb.
– Die Sammlung Preusker und die Anfänge einer prähistorischen Staatssammlung in Dresden. In: Arbeits- und Forschungsberichte zur sächsischen Bodendenkmalpflege *31* (1987) S. 11–28, 6 Taf.
– Das Zittauer Gebirge als Durchzugsland in früher historischer Zeit. In: Sächsische Gebirgsheimat *29* (Ebersbach/OL. 1988) Bl. 16–22. Mai, 1 Abb.
– Befestigte zentrale Siedlung – Burg – Stadt. In: Jahrb. für Regionalgeschichte *14* (Leipzig 1987) S. 55–64, 2 Abb.
– u. R. Groß, M. Unger: Karl Czok zum 60. Geburtstag. Ebda S. 11–14.
– [Redaktionsleitg.] u. R. Groß, M. Unger: Karl Czok – Festschrift. Ebda S. 1–385.
– [Rez.] R. Christlein, O. Braasch: Das unterirdische Bayern. Stuttgart 1982. Ebda Bd *15/I* (Leipzig 1988) S. 308–309.
– [Rez.] Die Kelten in Baden-Württemberg. Hrsg. v. K. Bittel, W. Kimmig, S. Schiek. Stuttgart 1982. Ebda. S. 309–312.
– Bernsteinschmuck in Gräbern und Depotfunden vom Beginn der Metallzeit im Paßland Sachsen. In: Polia Praehistorica Posnaniensis *III* (1988) S. 19–30, 8 Abb.
– Alte und neue Bronzemeißel und -punzen der Lausitzer Kultur aus Sachsen. In: Ausgrabungen und Funde *34* (1989) S. 13–22, 5 Abb.
– Zur Mittelalterarchäologie in der Deutschen Demokratischen Republik. Mit Beispielen aus den südlichen Bezirken. In: Beiträge zur Mittelalterarchäologie in Österreich *4–5* (1988) S. 19 bis 64, 43 Abb.
– Historischer Führer. Bezirke Dresden und Cottbus. 2., neubearb. Aufl. Leipzig–Jena–Berlin 1988 (Urgeschichte, Überblick und hervorragende Denkmale. Zahlreiche Abb. u. 5 Spezialktn. Ur- und Frühgeschichte).
– Historische Kommission: Bericht 1985–1986. In: Jahrb. SAW zu Leipzig *1985–1986* (Berlin 1988) S. 78–82.
– [Rez.] E. Kroege-Michel: Le haches disque du bassin des Carpathes. In: Zeitschr. f. Archäologie *21* (1988) S. 273–275.
– Ein reicher frühbronzezeitlicher Schatzfund von Kyhna, Kreis Delitzsch. In: Archäologische Feldforschungen in Sachsen (Arbeits- und Forschungsberichte zur sächsischen Bodendenkmalpflege, Beiheft 18) 1988. S. 104–111, 4 Abb.
– Keramikfunde der Bronze- und frühen Eisenzeit aus Höhlen der Sächsischen Schweiz. Ebda S. 112–116, 4 Abb.

— Die Heidenschanze von Dresden-Coschütz. Ebda S. 117—122, 4 Abb.
— Die bronzezeitliche Siedlung auf dem Pfaffenstein in der Sächsischen Schweiz und ihr Sperrwall am Zugang zum Felsplateau. Ebda S. 123—127, 3 Abb.
— Die Wehranlage Goldkuppe-Heinrichsburg bei Diesbar-Seußlitz. Ebda S. 137—138.
— Die Schanze auf dem Göhrisch bei Niederlommatzsch, Kreis Meißen. Ebda S. 139—143, 4 Abb.
— Ur- und frühgeschichtliche Befestigungen auf dem Burgberg in Löbsal, Kreis Riesa. Ebda S. 144—145.
— Die Höhensiedlung auf dem Berg Oybin mit Zugangssperre im Hausgrund. Ebda S. 152—155, 3 Abb.
— Der Burgberg auf dem Vaterunserberg von Nieder Neundorf, Kreis Niesky. Ebda S. 164—167, 2 Abb., Taf. 10.
— Grab eines Bronzegießers von Battaune, Kreis Eilenburg. Ebda S. 190—194, 2 Abb.
— Das Gräberfeld auf dem Schafberg von Niederkaina, Kreis Bautzen. Ebda S. 195—201, 5 Abb., Taf. 13.
— Reiche Bronzefunde von der Lausitzer Siedlung Dresden-Dobritz/Laubegast. Ebda S. 210 bis 214, 1 Abb., Taf. 15/16.
— Ein Grab von Dresden-Stetzsch vom Beginn der slawischen Einwanderung nach Sachsen. Ebda S. 294—296, 2 Abb.
— Ein altslawisches Haus von Dresden-Mockritz. Ebda S. 303—306, 2 Abb.
— Eine slawische Siedlung in Nimschütz bei Bautzen nahe der altsorbischen Burg „Lubasschanze" Niedergurig. Ebda S. 327—330, 2 Abb.
— Die Sumpfschanze von Brohna bei Bautzen. Ebda S. 360—365, 4 Abb.
— Ein altslawischer Wall bei den Spitzhäusern in Zehren. Ebda S. 366—367.
— Ausgrabungen am Burgwallrest von Köllmichen, Kreis Grimma. Ebda S. 368—369, Taf. 26.
— Der Burgberg Meißen, ältestes deutsches Machtzentrum im Gau Daleminzien. Ebda S. 370 bis 372, Taf. 27 und Umschlagbild.
— Der Burgberg Zehren, eine Befestigung aus der Zeit der ersten Etappe der deutschen Ostexpansion. Ebda S. 373—377, 1 Abb., Taf. 28a.
— Burgberg Zadel, der Nachfolgeburgwardsmittelpunkt von Zehren? Ebda S. 378—381, 2 Abb.
— Ein slawisches Skelettgräberfeld von Altlommatzsch, Kreis Meißen. Ebda S. 400—402, 2 Abb., Taf. 30.
— Ausgrabungen auf dem hochmittelalterlichen Markt in Meißen. Ebda S. 492—493, Taf. 28b.

Czok, Karl: August der Starke und Kursachsen. 295 S., 286 Abb. Leipzig 1987; München 1987; 2. verbesserte Aufl. Leipzig 1988.
— [Hrsg.] Wissenschafts- und Universitätsgeschichte in Sachsen im 18. und 19. Jahrhundert. Nationale und internationale Wechselwirkung und Ausstrahlung. Beiträge des internationalen Kolloquiums zum 575. Jahr der Universitätsgründung am 26. und 27. November 1984 in Leipzig. Berlin 1987. 242 S. (= Abhandlungen der SAW Bd 71, H. 3).
— [Hrsg.] Jahrbuch für Regionalgeschichte, Bd *14* (Weimar 1987) 534 S.
— [Hrsg.] Jahrbuch für Regionalgeschichte, Bd *15, I* (Weimar 1988) 534 S; Bd *15, II* (Weimar 1988) 466 S.
— Kurfürst August von Sachsen: Landesherr und frühkapitalistischer Unternehmer. In: Sächsische Heimatblätter *33* (1987) H. 1, S. 1—8.
— Zum Prozeß der bürgerlichen Umwälzung in Sachsen im 18. und 19. Jahrhundert. Ein Beitrag zur Diskussion. In: Wissenschafts- und Universitätsgeschichte in Sachsen im 18. und 19. Jahrhundert. Leipzig 1987. S. 11—24.
— Zum Problem des aufgeklärten Absolutismus in Kursachsen in der ersten Hälfte des 18. Jahrhunderts. In: Bericht über die Wissenschaftliche Konferenz zum V. Internationalen Bachfest der DDR in Verbindung mit dem 60. Bachfest der Neuen Bachgesellschaft. Leipzig 1988. S. 35—40.
Wirtschaftspolitik und Unternehmertum Kurfürst Augusts von Sachsen (1553—1586). In: Reformation und Revolution. Beiträge zum politischen Wandel und den sozialen Kräften am

Beginn der Neuzeit (= Festschrift für Rainer Wohlfeil zum 60. Geburtstag). Hrsg. v. R. Postel u. F. Kopitzsch. Wiesbaden 1988. S. 293–306.
– Zur Regierungspraxis Augusts des Starken. In: Europäische Herrscher. Ihre Rolle bei der Gestaltung von Politik und Gesellschaft vom 16. bis zum 18. Jahrhundert. Hrsg. Günter Vogler. Weimar 1988. S. 186–201.
– Die mittelalterlichen Städte. In: Geschichte 6. Lehrbuch für Klasse 6. 10. Aufl. Berlin 1987. S. 106–120.
– u. W. Fellmann: Tourist-Stadtführer-Atlas Leipzig. 3., bearb. Aufl. Leipzig 1987. 216, 48 S., 66 Abb., zahlr. Ktn.
– Höhepunkte bürgerlicher Wissenschaftsentwicklung. In: Alma mater Lipsiensis. Karl-Marx-Universität Leipzig 1409–1987. Ein Überblick. Hrsg. Rektor der Karl-Marx-Universität. Leipzig 1987. S. 41–55.
– [Rez.] Die Geschichte Hessens. Hrsg. U. Schultz. Stuttgart 1983. In: Jahrbuch für Regionalgeschichte. *14* (Leipzig 1987) S. 450–451.
– [Rez.] Von der Ständeversammlung zum demokratischen Parlament. Die Geschichte der Volksvertretungen in Baden-Württemberg. Stuttgart 1982. Ebda S. 451–452.
– [Rez.] Poststraßen, Postkutschen, Postreisescbeine. Von der Churfürstlichen Hofpost in Dresden und der Städtischen Botenanstalt in Leipzig bis zur Bildung des Norddeutschen Postbezirks am 1. Januar 1868. Hrsg. Ch. Springer. Köln 1982 (= Beiträge zur Sächsischen Postgeschichte und Philatelie 4). Ebda S. 479–480.
– [Rez.] Die Sächsischen Generalpostmeister der Polnischen Post in der Zeit der Personalunion mit dem Churfürstentum Sachsen von 1697–1763. Köln 1983 (= Beiträge zur Sächsischen Postgeschichte und Philatelie 5). Ebda S. 480–481.
– [Rez.] G. Hoffmann: Constantia von Cosel und August der Starke. Die Geschichte einer Mätresse. Bergisch Gladbach 1984. Ebda S. 481–482.
– [Rez.] E. Zenz: Trier im 18. Jahrhundert. Trier 1981.; E. Zenz: Geschichte der Stadt Trier im 19. Jahrhundert, Bd II. Trier 1980. Ebda S. 494.
– [Ann.] Deutschland im Weltraumbild: Bundesrepublik Deutschland/DDR, Naturräume und Landnutzungsräume. Braunschweig 1983. Ebda S. 513–514.
– [Ann.] Greifswald-Stralsunder Jahrbuch Bd 13/14. Hrsg. Kulturhistorisches Museum Stralsund u. a. Weimar 1982. Ebda S. 514–515.
– [Ann.] Die historische Bergparade anläßlich des Saturnfestes im Jahre 1719. Kommentar zum Faksimilidruck von E. Wächtler u. E. Neubert. Leipzig 1982. Ebda S. 518–519.
– [Rez.] Bosls Bayerische Biographie. 8000 Persönlichkeiten aus 15 Jahrhunderten. Hrsg. K. Bosl. Regensburg 1983. In: Jahrbuch für Regionalgeschichte *15, I* (Weimar 1988) S. 321 bis 322.
– [Rez.] Bayerische Akademie der Wissenschaften. Jahrbuch 1985. München 1985.; Bayerische Akademie der Wissenschaften. Veröffentlichungen 1932–1984. München 1984. Ebda S. 322.
– [Rez.] Deutscher Städteatlas, Lfg III. Hrsg. H. Stoob. Altenbeken 1984. Ebda S. 372–373.
– [Rez.] Bauer, Bürger, Edelmann. Ausgewählte Aufsätze zur Sozialgeschichte von Gerd Wunder. Hrsg. K. Ulshöfer. Sigmaringen 1984. Ebda S. 386.
– [Rez.] I. S. Weber. Planetenfeste Augusts des Starken. Zur Hochzeit des Kronprinzen 1719. München 1985. Ebda S. 434–435.
– [Ann.] Jahrbuch für Geschichte Mittel- und Ostdeutschlands Bd 33. Hrsg. O. Büsch. Berlin (West) 1984. Ebda S. 483.
– [Rez.] Schwäbisch Hall. Bibliographie zur Stadtgeschichte. Bearb. U. Pfeiffer. In: Jahrbuch für Regionalgeschichte *15, II* (Weimar 1988) S. 275–276.
– [Ann.] Zwischen Schwarzwald und Schwäbischer Alb. Das Land am oberen Neckar. Hrsg. F. Quartal. Sigmaringen 1984. Ebda S. 354.
– [Rez.] Lippstadt. Beiträge zur Stadtgeschichte. Hrsg. W. Ehbrecht. Lippstadt 1985. Ebda S. 385–386.
– [Ann.] Beiträge zur Stadtgeschichte der Stadt München. Hrsg. M. Schattenhofer. München 1984. Ebda S. 386.

— [Rez.] Barock in Dresden. Kunst und Kunstsammlungen unter der Regierung des Kurfürsten Friedrich August I. von Sachsen und Königs August II. von Polen, genannt August der Starke, 1694—1733 und des Kurfürsten Friedrich August II. und Königs August III. von Polen 1733 bis 1763. Hrsg. Staatliche Kunstsammlungen Dresden. Leipzig 1986. Ebda S. 437—438.
— [Ann.] I. Sandner: Hans Hesse. Ein Maler der Spätgotik in Sachsen. Dresden 1983. Ebda S. 443—444.

D'Hondt, Jaques: Hegel, philosophe de l'histoire vivante. 2. Aufl. Paris 1987. 486 S.
— Hegel in his Time. Übers. v. John Burbidge. Toronto 1988. 224 S.
— Der Tod der Philosophie in Frankreich. In: Zur Architektonik der Vernunft. Berlin 1987. S. 28—51.
— Philosophie et enseignement. L'exemple de Hegel. In: Bulletin de l'association des professeurs de philosophie de l'Académie de Poitiers. (1987) Nr. 3, S. 2—18.
— La connaissance de l'humain selon Marx. In: Marx et les sciences humaines. Lausanne 1987. S. 54—74.
— La prévision, In: L'Avenir. Paris 1987. S. 166—168.
— En relisant Marx. In: Marx e i suoi critici. Urbino, Quattro Venti. 1987. S. 37—54.
— On Rupture and Destruction in History. In: Clio vol. *15* (Indiana-University 1986) Nr. 4, S. 345—358.
— L'homme de Diderot. In: Diderot. Lisbonne 1987. S. 53—61.
— Ce que Marx doit à Hegel. In: Shiso To Gendai. Tokyo 1987. S. 145—167.
— Le problème du passage à l'acte politique. In: Philosophique *1* (1988) S. 53—74.
— Les études hégéliennes. In: Cinquante ans de philosophie française (1937—1987). Paris 1988. S. 153—164.
— Człowiek Diderota. Trad. polonaise. In: Człowieck Iswiata poglag *12* (236) (Warschau 1987) S. 70—78.
— Was hat Hegel aus der Französischen Revolution gelernt. In: Deutscher Idealismus und Französische Revolution. Hrsg. Karl-Marx-Haus. Trier 1988. S. 152—163.
— Rupture et continuité dans l'histoire. In: Nichifutsu Bunka. Tokyo 1988. S. 5—20.
— Hegel et les Lumières. In: Philosophie et notre temps (en japonais) Bd *IX* (Nagoya 1988) S. 89—105.
— Un parcours de modernité. In: Bulletin de la Société Française de Philosophie Jg *82* (Paris 1988) Nr. 3, S. 1—2.
— Hegel und Frankreich. Berlin 1988. 17 S. (= Sitzungsber. der SAW, phil.-hist. Kl., Bd 128, H. 4).
— L'analogie chez Hegel. In: A.-M. Gethmann-Siefert: Philosophie und Poesie. Stuttgart 1988. S. 303—319.

Diesner, Hans-Joachim: Niccolò Machiavelli. Mensch, Macht, Politik und Staat im 16. Jahrhundert. Bochum 1987. 200 S.
— Aufstieg und Untergang Roms bei Machiavelli. Die Zyklustheorie als methodologisches Ordnungsprinzip. In: Zu Alexander dem Großen. Festschrift G. Wirth zum 60. Geburtstag am 9. 12. 86. Bd *II* (Amsterdam 1988) S. 1211—1233.
— Fine als Staatszweck/Staatsräson bei Machiavelli. In: Antike und Abendland Bd *33* (1987) S. 163—171.
— Isidors Herrscherauffassung im Zwielicht. In: Actas de la Semana Internacional de Estudios visigóticos. Madrid 1987.
— [Rez.] Alfred A. Strnad: Niccolò Machiavelli. Politik als Leidenschaft. Göttingen—Zürich 1984. In: Zeitschrift für historische Forschung Bd *14* (1987) H. 1, S. 86—87.
— [Rez.] Alain le Boulluec: La notion d'hérésie dans la littérature grecque. IIe—IIIe siècles. Paris 1985. In: ThLZ *112* (1987) Sp. 364—365.

Dudek, Gerhard: I. S. Turgenjews „Rudin"-individuelle Romanform und Romantypus. Berlin 1987. 33 S. (= Sitzungsber. der SAW, phil.-hist. Klasse, Bd 127, H. 5).

— Traumsegel. Wassili Shukowski, Ausgewählte Werke. [Hrsg., Nachwort, Anmerkungen] Leipzig 1988. 495 S.; Nachwort S. 441–471.
— Die russische Literatur bei M. Murko. In: WZ der KMU Leipzig, gesellschaftswiss. Reihe *36* (1987) H. 1, S. 21–28.
— Iwan S. Turgenjews „Neuland". In: Weimarer Beiträge *33* (1987) H. 6, S. 962–980.
— Evolution und Konstanz im Romanschaffen Turgenevs. In: ZfSl Bd *32* (1987) H. 3, S. 337 bis 358.
— Poesie, die unvergänglich ist. Zum 150. Todestag von A. Puschkin. In: ND Jg *42* (1987) Nr. 34 vom 10. 2., S. 6.
— Die Kunst des Bewußtseinsstroms — L. N. Tolstoj und J. Joyce. In: ZfSl *33* (1988) H. 1, S. 27–34.
— Zum Problem der Autorenposition in L. Tolstois späten Erzählungen. In: WZ der PH „Liselotte Herrmann" Güstrow, Philosophische Fakultät *25* (1987) Nr. 2, S. 189–196.
— Die Rolle des Volkes in A. S. Puschkins Geschichtskonzeption. In: Probleme der revolutionären Bewegung Rußlands im 19. und beginnenden 20. Jahrhundert. Wissenschaftliche Beiträge der Martin-Luther-Universität Halle–Wittenberg *44* (1988) H. 16, S. 147–158.
— Das Problem der Textschichten und Bedeutungsebenen in Turgenjews Romanen. In: Iwan Turgenjew und die russische Klassik in der Gegenwart. Pädagogische Hochschule „Erich Weinert" Magdeburg 1988. S. 13–20.
— Zeitbedingtheit und Zeitlosigkeit der Dichtung A. S. Puškins. In: Alexander Puschkin in unserer Zeit. Wissenschaftliche Beiträge der Karl-Marx-Universität Leipzig. 1988. S. 7–17.
— [Nachw.] M. Saltykow-Schtschedrin: Die Tugenden und die Laster. Märchen für Kinder gehörigen Alters. Nördlingen 1988. S. 386–413.
— Obraznost' i metaforika v „Prizrakach" I. S. Turgeneva. In: Zagadnienia rodzajów literackich, tom *XXI*, zeszyt 1–2 (61–62). In: Wydawnictwo Polskiej Akademii Nauk. Wrocław, Łodż 1988. S. 99–112.
— [Rez.] M. L. Gasparov: Očerk istorii russkogo sticha. Metrika. Ritmika. Rifma. Strofika. Moskva 1984. In: RD *18* (1986) 3, S. 411–412.
— [Sammelrez.] A. S. Puškin i russkaja literatura. Kalinin 1983.; I. L. Fejnberg: Abram Petrovič Gannibal — praded Puškina. Moskva 1983.; G. V. Krasnov: Puškin. Boldinskie stranicy. Gor'kij 1984.; N. I. Michajlova: „Parnasskij moj otec". Moskva 1983.; V. S. Nepomnjaščij: Poėzija i sud'ba. Stat'i i zametki o Puškine. Moskva 1983; V. G. Odinokov: „I dal' svobodnogo romana". Novosibirsk 1983. In: RD *18* (1986) 3, S. 469–474.
— [Rez.] Empfindungstiefe und Verstandesschärfe. Zu: Michail Lermontow: Ausgewählte Werke in zwei Bänden. Hrsg. von Roland Opitz. Berlin 1987. In: ND Jg *42* (1987) Nr. 209 vom 5./6. Sept., S. 14.
— Arbeitskreis für russische Literatur wird gegründet. In: Leipziger Volkszeitung vom 16. 11. 1987 und „Sonntag" (1988) Nr. 13 vom 27. 3., S. 2.
— [Rez.] Alexander Twardowski: Prosa. Über Literatur. Hrsg. von Nyota Thun. Berlin 1985. In: RD *19* (1987) Nr. 2, S. 241–242.
— [Sammelrez.] M. P. Alekseev: Puškin. Sravnitel'no-istoričeskie issledovanija. Leningrad 1984; I. L. Fejnberg: Čitaja tetradi Puškina. Moskva 1985, In: RD *19* (1987) 3, S. 407–408.
— [Rez.] N. N. Skatov: Nekrasov. Sovremenniki i prodolžateli. Očerki. Moskva 1986. In: RD *20* (1988) 1, S. 109–110.
— Puschkin-Arbeitskreis macht von sich reden. In: LVZ *43* (1988) Nr. 52 vom 2. 3.
— [Rez.] E. Dieckmann: Polemik um einen Klassiker. L. Tolstoi im Urteil seiner russischen Zeitgenossen 1855–1910. Berlin und Weimar 1987. In: DLZ *109* (1988) H. 12, Sp. 940–942.
— [Rez.] E. Neubauer: Kunst und Literatur im alten Rußland. Leipzig 1988. In: ND Jg *44* (1989) Nr. 18 vom 21./22. 1., S. 14.

Eichler, Ernst: Slawische Ortsnamen zwischen Saale und Neiße. Ein Kompendium. Bd *I*: A–J. Bautzen 1987²; Bd *II*: K–M. Bautzen 1987. 204 S.
— u. H. Walther: Städtenamenbuch der DDR. Leipzig 1988². 327 S.

— u. G. Wiemers: Zwei Beiträge zur Geschichte der Slawistik. Berlin 1988. 54 S. (= Sitzungsber. d. SAW, phil.-hist. Kl., Bd 128, H. 2).
— Germanisch-westslawische Kontakte im Lichte der Onomastik und im Gebiet zwischen Saale/Elbe und Oder. In: Etnolingwistyczne i kulturowe związki Słowian z Germanami. Hrsg. von I. Kwilecka. Wrocław ... 1987. S. 47—53. (= Slavica 62).
— Die sprachliche Stellung der slawischen Dialekte im heutigen deutschen Sprachraum im Lichte der Onomastik. In: ZfSl *32* (1987) S. 808—814.
— Über tschechisch-sorbische Sprachbeziehungen im Lichte der Toponomastik. In: Onomastica *32* (1988) S. 5—14.
— Probleme namenkundlicher Etymologie in altsorbischen Ortsnamen. Teil V: Nochmals zum Ortsnamen *Grimma*. — In: Onomastica Slavogermanica *XVI* (Wrocław 1988) S. 43—46; Dass., Teil VI: Zum Götternamen *Mokoš* im Altsorbischen. — Ebda *XVII* (1988) S. 57—58.
— Das integrierte (slawisch-deutsche) Toponym in der lexikographischen Bearbeitung (Über die „Rekursion"). In: Onomastica Slavogermanica *XVI* (1988) S. 47—53.
— Zur Rekonstruktion der in Toponymen enthaltenen Lexik. In: IX. slovenská onomastická konferencia. Nitra 26.—28. júna 1985. Zborník referátov (hrsg. von M. Majtán). Bratislava 1987. S. 120—127.
— Perspektiven der slawischen Ortsnamenforschung im deutsch-slawischen Berührungsgebiet. Ein Beitrag zur Sprachkontaktforschung. In: F. Debus, E. Eichler, H. Walther: Benennung und Sprachkontakt bei Eigennamen. Heidelberg 1988. S. 20—51 (= Beitr. z. Namenforsch., Beiheft 27).
— Zur deutschen Lautgestalt von Ortsnamen slavischer Herkunft in Nordostbayern. In: Ars Philologica et Slavica. Festschrift für Heinrich Kunstmann. Hrsg. von V. Setschkareff, P. Rehder, H. Schmid. München 1988. S. 92—95 (= Sagners Slavist. Sammlung Bd 15).
— Uwagi na temat stosunku onomastyki do językoznawstwa ogólnego. In: V Ogólnopolska konferencja onomastyczna [1985]. Księga referatów. Hrsg. von K. Zierhoffer. Poznań 1988. S. 105—108.
— Die Bedeutung der slawischen Substrattoponymie in der DDR (Zum Erscheinen eines Kompendiums). In: Zborník šeste Jugoslovenske onomastične konferencije. Hrsg. von P. Ivić .... Beograd 1987. S. 31—38 [mit serbokroat. Resümee].
— Slawisch und Althochdeutsch an der mittleren Saale. In: Althochdeutsch. Bd II. Wörter und Namen. Forschungsberichte. Hrsg. von R. Bergmann, H. Tiefenbach, L. Voetz. Heidelberg 1987.
— u. H. Borek†, M. Majtán, R. Šrámek: Słowiański atlas onomastyczny. Typy strukturalne ojkonimii słowiańskiej. In: Z polskich studiów slawistycznych. Seria *VII*. Hrsg. von J. Basara. Warszawa 1988, S. 67—73.
— Kiev bei Thietmar von Merseburg. In: Linguist. Arbeitsber. *60* (1987) S. 75—77.
— Internationales Symposium „Ortsnamenwechsel" (Bamberg, 1.—4. Oktober 1986). In: Namenkundl. Inform. *51* (1987) S. 60.
— II. Tschechoslowakische Onomastische Konferenz (Smolenice/ČSSR, 6.—8. Mai 1987). Ebda *52* (1987) S. 62—63.
— u. K. Hengst: XVI. Internationaler Kongreß für Namenforschung (Québec/Kanada, 16. bis 22. August 1987). Ebda *53* (1988) S. 34—40.
— Internationale Konferenz „Vergleichende Methoden in der slawischen Namenforschung (Novi Sad SFR Jugoslawien, 18.—20. Juni 1987). Ebda *53* (1988) S. 42.
— Internationales Symposium „Wörter und Namen. Aktuelle Probleme der Lexikographie" (Rauischholzhausen b. Marburg, 25.—27. September 1987). Ebda *53* (1988) S. 45—46.
— Kolloquium „Historisches Wörterbuch der romanischen Familiennamen" (Trier, 10.—13. Dezember 1987). Ebda *53* (1988) S. 49—50.
— [Hrsg.] Beiträge zur Geschichte der slawischen Sprachwissenschaft (Unter besonderer Berücksichtigung deutsch-tschechischer Wissenschaftsbeziehungen). Linguist. Studien, Reihe A, Arbeitsberichte, H. *186*. Berlin, Akademie der Wissenschaften der DDR, 1988. 144 S.; Vorwort S. 5—7.

— [Mithrsg.] Strukturtypen der slawischen Ortsnamen. Strukturní typy slovanské oikonymie. Im Auftrage der Subkommission für den Slawischen Onomastischen Atlas hrsg. von E. Eichler u. R. Šrámek. Leipzig 1984, 87 S. Zugleich Mitverf., Vorwort S. 7.
— Henryk Borek zum Gedenken. In: Namenkundl. Inform. *51* (1987) S. 44—47.
— Pavel Trost zum Gedenken. Ebda *51* (1987) S. 47.
— Herwig Hornung zum Gedenken. Ebda *51* (1987) S. 52—53.
— Zum 60. Geburtstag von Wilhelm F. H. Nicolaisen. Ebda *52* (1987) S. 50—51.
— Rudolf Schützeichel zum 60. Geburtstag. Ebda *52* (1987) S. 52—53.
— u. H. Walther: Prof. Dr. Dr. h. c. Stefan Sonderegger 60 Jahre. Ebda *52* (1987) S. 53—54.
— u. J. Schultheis: Karl Gutschmidt 50 Jahre. Ebda *52* (1987) S. 54—55.
— [Rez.] A. Brückner: Die slavischen Ansiedelungen in der Altmark und im Magdeburgischen. Nachdruck, hrsg. von K. Gutschmidt (Leipzig 1984; Köln/Wien 1984). Ebda *51* (1987) S. 71 bis 72.
— [Rez.] H. Jakob: Die Wüstungen der Obermain-Regnitz-Furche und ihrer Randhöhen vom Staffelberg bis zur Ehrenburg. Teil I—II (1984—1985). Ebda *53* (1988) S. 59—61.
— [Rez.] R. Lieberwirth: Das sächsisch-magdeburgische Recht als Quelle osteuropäischer Rechtsordnungen (Berlin 1986). ZfSl *33* (1988) S. 781.
— [Rez.] K. Pisarczyk: Slawische Ortsnamen. Deutsche Ortsnamen — Personennamen (Uelzen 1986). In: Namenkundl. Inform. *54* (1988) 95.
— [Rez.] H. Schuster-Šewc: Historisch-etymologisches Wörterbuch der ober- und niedersorbischen Sprache. Bd *1—3* (Bautzen 1978—1988). Ebda *54* (1988) S. 56—58.

Erben, Johannes: In memoriam Leo Weisgerber. Rede gehalten am 15. 1. 1986 bei der Akademischen Gedenkfeier der Philosophischen Fakultät der Rheinischen Friedrich-Wilhelms-Universität Bonn. Bonn 1986. S. 25—27 (= Alma Mater. Beiträge zur Geschichte der Universität Bonn 62).
— Textspezifische Gelegenheitsbildungen des Kompositionstyps Adjektiv + Substantiv in althochdeutschen Texten. Zu den Wertungen in ‚Christus und die Samariterin' sowie in Otfrids ‚Evangelienbuch'. In: Althochdeutsch. Hrsg. v. R. Bergmann u. a. Heidelberg 1987. S. 366 bis 370.
— Das belesene Lamm. Zur Veränderung der Tradition in neuerer Fabeldichtung. In: Dialog der Epochen. Studien zur Literatur des 19. und 20. Jahrhunderts. Hrsg. v. E. Beutner u. a. Wien 1987. S. 134—140.
— Geben und Nehmen. Zur Geschichte eines Modells geistig-sprachlicher Wirklichkeitserfassung. In: Jahrbuch der Akademie der Wissenschaften in Göttingen *1986* (1987) S. 59—77.
— u. H. Ebert: Forschungsbericht zur Syntax des Frühneuhochdeutschen. In: ZfdPh *106* (1987, Sonderheft), S. 149—177.
— [Rez.] S. Olsen: Wortbildung im Deutschen. Stuttgart 1986. In: Beiträge zur Namenforschung *22* (1987) S. 195—197.
— [Rez.] R. Hiersche: Deutsches etymologisches Wörterbuch. 1. u. 2. Lfg. Heidelberg 1986. In: Beiträge zur Namenforschung *22* (1987) S. 324—325.
— Wortbildung und Sprachstil in Walthers Alterslied (L 66, 21—68, 7). In: Festschrift für I. Reiffenstein. Hrsg. v. P. K. Stein, A. Weiss, G. Hayer. Göppingen 1988. S. 31—38.
— Wer kann heute noch angemessen reden? Plädoyer gegen den Stellenabbau in den Geisteswissenschaften. In: Rheinischer Merkur/Christ und Welt Nr. 48 v. 25. Nov. 1988, S. 23.
— Zu Luthers Bittbriefen. In: Studien zum Frühneuhochdeutschen. Hrsg. v. P. Wiesinger. Göppingen 1988. S. 269—282.

Felix, Werner: Aus der Geschichte des Thomaskantorates zu Leipzig. In: Johann Sebastian Bach. Lebendiges Erbe. H. 14 (Leipzig 1988) S. 5—28.
— Bachfeier 1950, Beethovenehrung 1952 — Beginn der Aneignung des humanistischen Musikerbes in der DDR. In: Konferenzbericht Johannes R. Becher und der Kulturbund 1949 bis 1954. Berlin 1987.

– Noch einmal: Franz Liszt und die Klassik. In: Weimarer Liszt-Studien *1* (Weimar 1987) S. 64 bis 70.
– Elementi dell' Illusionismo e della Classisità in J. S. Bach. In: Quaderni di Musica/Realtà *17* (Milano 1988) S. 49–61.
– Johann Sebastian Bach – Weltbild, Menschenbild, Notenbild, Klangbild. In: Bericht über die Wissenschaftliche Konferenz zum V. Internationalen Bachfest der DDR. Leipzig 1988. S. 21 bis 34.
– Johann Sebastian Bach. 2. Aufl. Tokyo 1988. 393 S. [japan.].

Forberger, Rudolf: Der Bezirksfachausschuß „Technische Denkmale" der Gesellschaft für Denkmalpflege im Bezirk Dresden. In: 10 Jahre Gesellschaft für Denkmalpflege, Bilanz und Ausblick anläßlich der 2. Zentralen Delegiertenkonferenz vom 9. bis zum 11. 4. 1987 in Rostock. Kulturbund der DDR, Gesellschaft für Denkmalpflege 1987. S. 32–33.
– Zum genetischen Zusammenhang zwischen Handwerk und Industrie in Sachsen während der Industriellen Revolution. In: III. Internat. Handwerkliches Symposion ... Veszprém 18. bis 24. 10. 1986. Ungar. Akad. Wiss., Veszprémer Akad. Komm. Veszprém 1987. S. 49–60.
– Die Widerspiegelung der Industriellen Revolution in Sachsen (1800–1861) in der zeitgenössischen Belletristik. Berlin 1987. 48 S. (= Sitzungsber. SAW, phil.-hist. Kl. Bd 127, H. 3).
– Aus der Geschichte des VEB Großdrehmaschinenbau „8. Mai", Karl-Marx-Stadt. In: Sächsische Heimatblätter *33* (Dresden 1987) H. 4, S. 172.
– Sachsen als Pionierland der Industriellen Revolution in Deutschland im Spiegel der Fachliteratur. In: Jahrb. für Regionalgeschichte Bd *14*: Festschrift für Prof. Dr. Karl Czok, Leipzig, zum 60. Geburtstag. Weimar 1988. S. 243–253.
– Die Manufaktur in Dresden. In: Dresdner Hefte *16* (1988) Heft 6: Beiträge zur Kulturgeschichte. S. 19–29.

Gadamer, Hans-Georg u. R. Koselleck: Hermeneutik und Historik. Heidelberg 1987. 36 S. (= Sitzungsbericht der Heidelberger Akademie der Wissenschaften, phil.-hist. Klasse, Jg 1987, Ber. 1).
– Neuere Philosophie. *I*: Hegel, Husserl, Heidegger. Tübingen 1987. XI, 444 S. (= Gesammelte Werke 3).
– Neuere Philosophie. *II*: Probleme, Gestalten. Tübingen 1987. IX, 498 S. (= Gesammelte Werke 4).
– Die Universität Heidelberg und die Geburt der modernen Wissenschaft: Rede, gehalten am 12. 10. 1986 bei der Eröffnung der Festwoche zum Jubiläum „600 Jahre Universität Heidelberg". Berlin 1987. 21 S.
– Persuasivitâ della letteratura. Transeuropa 1988. 153 S.
– Frühromantik, Hermeneutik, Dekonstruktivismus. In: Die Aktualität der Frühromantik. Hrsg. von E. Behler u. a. Paderborn 1987. S. 251–260.
– Celans Schlußgedicht. In: Argumentum e Silentio: Internat. Paul Celan Symp. Hrsg. von A. D. Colin. Berlin 1987. S. 58–71.
– Erinnerungen an Heideggers Anfänge. In: Dilthey-Jahrbuch für Philosophie und Geschichte der Geisteswissenschaft *4* (1986/87) S. 13–26.
– Leiberfahrung und Objektivierbarkeit. In: Festschrift aus Anlaß der Verleihung des Dr. Margit Egnér-Preises 1986 zum Thema „Das Problem des Leibes". Zürich 1987. S. 33–43.
– I fondamenti filosofici del XX secolo. In: Filosofia '86. Ed. della Biblioteca di Cultura Moderna. Bari 1987. S. 189–210.
– Freiheit und Verantwortung der Wissenschaft. In: Fortschritt und Verantwortung für das Leben. Hrsg. v. E. Teufel. Stuttgart 1986 [ersch. 1987]. S. 18–30 (= Schriftenreihe der CDU-Fraktion im Landtag von Baden-Württemberg 16).
– Die anthropologischen Grundlagen der Freiheit des Menschen. In: Hanns Martin Schleyer-Preis 1986 und 1987. Köln 1987. S. 53–62 (= Veröff. der Hanns-Martin-Schleyer-Stiftung 14).

- The history of concepts and the language of philosophy. In: Internat Studies in Philosophy *18* (1986) [ersch. 1987] No. 4, S. 1—16.
- Ein Gelehrter, der ein Weltmann war: zum Tode von Bruno Snell. In: Jahrbuch der Deutschen Akademie für Sprache und Dichtung *1986* (1987) S. 216—217.
- Der Mensch und seine Hand im heutigen Zivilisationsprozeß. In: Musikalische Bildung und Kultur. Hrsg. von der Musikhochschule Freiburg. Freiburg 1987. S. 69—75.
- Die deutsche Philosophie zwischen den beiden Weltkriegen. In: Neue Deutsche Hefte *34* (1987) S. 451—467.
- Filosofia e poesia. In: Rivista die Estetica 22 (1986 [ersch. 1987]) S. 3—11.
- Zwischen Aufklärung und Romantik: Heidelberg und die Geburt der modernen Wissenschaft. In: Die Sechshundertjahrfeier der Ruprecht-Karls-Universität Heidelberg. Hrsg. von E. Wolgast. Heidelberg 1987. S. 138—145.
- Begrüßungsworte bei der Gedenkfeier für den Universitätsgründer im Königssaal des Heidelberger Schlosses. Ebda S. 145—147.
- The relevance of Greek philosophy for modern thought. In: South African J. of Philosophy *6* (1987) S. 39—42.
- Bild — Gedicht — Gespräch. In: Stöver, D.: Bilder und Zeichnungen. Ausstellung zu seinem 65. Geburtstag. Bad Tölz 1987. 6 S.
- Heideggers Rückgang auf die Griechen. In: Theorie der Subjektivität Hrsg. von K. Cramer u. a. Frankfurt 1987. S. 397—425 (= Festschrift für Dieter Henrich).
- Vernunft und praktische Philosophie. In: Vernunft und Kontingenz. Hrsg. von E. W. Orth. Freiburg 1987. S. 174—185 (= Phänomenologische Forschungen 19).
- Zwischen Natur und Kunst. In: Viktor von Weizsäcker zum 100. Geburtstag. Hrsg. von P. Hahn und W. Jacob. Berlin 1987. S. 45—50 (= Schriften zur anthropologischen und interdisziplinären Forschung in der Medizin).
- Entscheidungen lassen sich an keinen Experten delegieren. In: Welt am Sonntag Nr. 14 vom 17. 1. 1987, S. 1.
- Die Stellung der Poesie im System der Hegelschen Ästhetik und die Frage des Vergangenheitscharakters der Kunst. In: Welt und Wirkung von Hegels Ästhetik. Hrsg. von A. Gethmann-Siefert. Bonn 1986 [ersch. 1987]. S. 213—223 (= Hegel-Studien, Beiheft 27).
- Die Idee der Universität — gestern, heute, morgen. In: Die Idee der Universität. Versuch einer Standortbestimmung. Berlin (West) 1988. S. 1—23.
- La Molteplicita d'Europa. Eridita e futuro. In: L'Identita culturale Europea tra germanesimo e Latinita. Edizioni Universitarie Jaca 1988. S. 15—33.
- Sein und Zeit. In: Die Heidegger Kontroverse. Hrsg. von Jürg Altwegg. Frankfurt/M. 1988. S. 11—14 (= Athenäum Taschenbuch Bd 114).
- Zurück von Syrakus? Ebda S. 176—180.
- Humanismus und industrielle Revolution. In: Konstanten für Wirtschaft und Gesellschaft. Festschrift für Walter Witzenmann. Konstanz 1988. S. 195—209.
- Ein philosophisches Postscriptum. In: Wo Sprache aufhört ... Herbert von Karajan zum 5. April 1988. Hrsg. von Heinz Götze und Walther Simon. Heidelberg 1988. S. 149—153.
- Gedicht und Gespräch. Überlegungen zu einer Textprobe Ernst Meisters. In: Lyrik — Erlebnis und Kritik. Hrsg. von Lothar Jordan, Axel Marquardt, Winfried Woesler. Frankfurt/M. 1988. S. 314—327.
- Ende der Kunst? In: Ende der Kunst — Zukunft der Kunst. Hrsg. Bayerische Akademie der Schönen Künste. München 1988. S. 16—33.
- Ein Nachwort des Dankes. In: Heidelberger Jahrbücher *32* (1988) S. 149—151.
- Sentire, vedere, leggere. In: L'ombra d'Argo. Per uno studio materialistico della letteratura 1987. Anno *IV* (1988) 11—12, S. 140—148.
- Die Höhe erreichen. Hilde Domins Frankfurter Poetik-Vorlesungen. In: Neue Zürcher Zeitung Nr. 281 v. 2. 12. 1988.
- Wir alle sind Josef K. Willibald Kramm. Die Hinrichtung. In: Zeitmagazin Nr. 50 v. 9. 12. 1988.

– Geschichte des Universums und Geschichtlichkeit des Menschen. In: Geisteswissenschaften – wozu? Wiesbaden u. Stuttgart 1988. S. 267–281.
– Der Mensch als Naturwesen und als Kulturträger. In: Mensch und Natur. Hrsg. Gotthard Fuchs. Frankfurt/M. 1989. S. 9–31.

Groß, Reiner u. G. Glaser: Der Fürstenzug zu Dresden. 3. Aufl. Dresden 1987. 52 S., m. Abb.
– u. V. Elstner, J. Hartmann: Stand und Probleme der Effektivierung des Erschließungsprozesses. In: Archivmitteilungen Jg *37* (1987) S. 101–105.
– La explotación tecnológica de los archivos. In: Revista del Archivo General de la Nación. Buenos Aires. Ano *9*. 1984 (1987) S. 75–81.
– „Barock in Dresden". Bericht über eine Kunstausstellung der DDR in der BRD. In: Archivmitteilungen Jg *37* (1987) S. 130–133.
– Erfahrungen des Staatsarchivs Dresden aus der Zusammenarbeit mit Museen bei der Gestaltung musealer sachthematischer Ausstellungen. Ebda S. 154–155.
– Feste und Feierlichkeiten am Hofe Augusts des Starken – Widerspiegelung absolutistischer Machtpolitik. In: Staatliche Kunstsammlungen Dresden. Matthäus Daniel Pöppelmann 1662 bis 1736. Ein Architekt des Barocks in Dresden. Dresden 1987. S. 114–116.
– Kursachsen in der Blütezeit des Barock. Ebda S. 28–29.
– 49 Katalogbeiträge. Ebda Nr. 4–22, 24–37, 46–48, 346, 349–352, 368–370, 376, 378, 401, 427, 473.
– Zu einigen Grundfragen der Erschließung. Einführende Bemerkungen zum Fachreferat Erschließung. In: Archivmitteilungen Jg *37* (1987) S. 169–170.
– Kurfürst Moritz von Sachsen und die Sicherung der Reformation im Reich. In: Luther. Leistung und Erbe. Hrsg. v. H. Bartel, G. Brendler u. a. Berlin *1986* (1987) S. 222–231.
– Quellen zur sächsischen Landesgeschichte. Eine Betrachtung anläßlich der Gründung des Hauptstaatsarchivs Dresden 1834. In: Jahrb. f. Regionalgeschichte Bd *14* (1987) S. 15–25.
– Zur Geschichte des Staatsarchivs Dresden. Eine Betrachtung anläßlich der Gründung des Hauptstaatsarchivs Dresden im April 1834. In: Regionalgeschichtliche Beiträge aus dem Bezirk Karl-Marx-Stadt. H. 7 (*1986* [1987]) S. 29–40, Abb. 4–6.
– [Nachr.] Ein Leben für die Landesgeschichte. Horst Schlechte 1909 bis 1986. In: Jahrb. für Regionalgeschichte Bd *14* (1987) S. 531–534.
– Augusteisches Sachsen aus marxistischer Sicht. Zu Karl Czoks „August der Starke und Kursachsen". In: Sächs. Ztg. Jg. *42* (1987) Nr. 291 vom 11. Dez., Beil. „wir", S. 2.
– [Rez.] K. H. Jarausch, G. Arminger, M. Thaller: Quantitative Methoden in der Geschichtswissenschaft. Eine Einführung in die Forschung, Datenverarbeitung und Statistik. Darmstadt 1985. In: Jahrb. für Regionalgesch. *14* (1987) S. 430–432.
– [Rez.] A. Weichold: Wilhelm Gotthelf Lohrmann. Lebensbild eines hervorragenden Geodäten, Topographen, Astronomen, Meteorologen und Förderers der Technik in Wissenschaft und Praxis in der ersten Hälfte des 19. Jahrhunderts. Leipzig 1985. Ebda S. 484–485.
– [Hrsg.] Agatha Kobuch: Zensur und Aufklärung in Kursachsen. Ideologische Strömungen und politische Meinungen zur Zeit der sächsisch-polnischen Union 1697–1763. Weimar 1988. 298 S. (= Schriftenreihe des Staatsarchivs Dresden Bd 12).
– [Leiter der Arbeitsgruppe] Sachsen und die Wettiner. Chancen und Realitäten. Thesen. Dresden 1988. 56 S. (= Dresdner Hefte Jg *6* [1988] H. 3; Beiträge zur Kulturgeschichte 15).
– [Rez.] E. Hartstock u. P. Kunze: Die Lausitz zwischen Französischer Revolution und Befreiungskriegen 1789–1816. Dokumente ... Bautzen 1979. – Die Lausitz im Prozeß der bürgerlichen Umgestaltung 1815–1847. Dokumente ... Bautzen 1985. – Die bürgerlich-demokratische Revolution von 1848/49 in der Lausitz. Dokumente ... Bautzen 1977. In: Jahrb. für Regionalgeschichte *15*, *1* (1988) S. 467–469.

Große, Rudolf: Zum Verhältnis von Wortgeschichte und Begriffsgeschichte. In: Häresie und Gesellschaft im Mittelalter. Dem Wirken Ernst Werners gewidmet. Berlin 1987. S. 76–82 (= Sitzungsberichte der Akademie der Wissenschaften der DDR, Jg 1986, Nr. 12/G).

— Zur Problematik der Substantivsätze. In: Linguistische Arbeitsberichte 54/55. Sektion Theoretische und angewandte Sprachwissenschaft, Karl-Marx-Universität Leipzig 1986. S. 17—22.
— Vom Meißnischen zum Obersächsischen. Zur Entwicklung der sprachsoziologischen Grundlagen vom 16. bis 18. Jahrhundert. In: Beiträge zur Sprachwirkung Martin Luthers im 17./18. Jahrhundert. Hrsg. von Manfred Lemmer. Halle (Saale) 1987. S. 19—35. (= Martin-Luther-Universität Halle—Wittenberg, Wissenschaftliche Beiträge 1987/10, F 65).
— Die Bedeutung der Leipziger Gelehrten des 18. Jahrhunderts für die Entwicklung der deutschen Literatursprache. In: Wissenschafts- und Universitätsgeschichte in Sachsen im 18. und 19. Jahrhundert. Nationale und internationale Wechselwirkung und Ausstrahlung. Beiträge des internationalen Kolloquiums zum 575. Jahr der Universitätsgründung am 26. und 27. November 1984 in Leipzig. Hrsg. von Karl Czok. Berlin 1987. S. 51—60 (= Abhandlungen der Sächsischen Akademie der Wissenschaften zu Leipzig, phil.-hist. Klasse, Bd 71, H. 3).
— Phonologische Parallelen des Nordobersächsischen und des Berlinischen. In: Berlinisch in Geschichte und Gegenwart. Stadtsprache und Stadtgeschichte. Berlin 1988. S. 16—25 (= Linguistische Studien, Zentralinstitut für Sprachwissenschaft der AdW der DDR A 174).
— Zum Verhältnis von Oralität und Literalität in der Geschichte der deutschen Sprache. In: Zu Stellenwert und Bewältigung soziolinguistischer Fragestellungen in aktuellen germanistischen sprachhistorischen Forschungen. Beiträge zum wissenschaftlichen Kolloquium Rostock 30. 11. und 1. 12. 1987. Berlin 1988, S. 3—12 (= Linguistische Studien, Zentralinstitut für Sprachwissenschaft der AdW der DDR A 178).
— Jacob Grimms Sammlung der Weistümer und ihre Bedeutung für die Geschichte der deutschen Sprache. In: Die Brüder Grimm. Beiträge zu ihrem Schaffen. Hrsg. vom Kreismuseum Haldensleben und der Stadt- und Bezirksbibliothek „Wilhelm Weitling" Magdeburg. 1988. S. 6—13.
— Textanfänge. Über die Schwierigkeiten des Beginnens beim Erzählen. In: Grammatik — Text — Sprachkunst. Dem Wirken Rudolf Růžičkǎs gewidmet. Berlin 1988. S. 24—30 (= Sitzungsberichte der AdW der DDR, 1987/15 G).
— Probleme der historischen Wortbildung. Althochdeutsch *âmaht* — neuhochdeutsch *Ohnmacht*. In: Zur Theorie der Wortbildung im Deutschen. Dem Wirken Wolfgang Fleischers gewidmet. Berlin 1988. S. 42—47 (= Sitzungsberichte der AdW der DDR, 1988/4 G).
— Einige Überlegungen zu den Grundlagen der Dialektlexikographie. In: Dialektlexikographie. Berichte und Analysen zur Arbeit an Dialektwörterbüchern. Jena 1988 (= Wissenschaftliche Beiträge der Friedrich-Schiller-Universität Jena). Darin auch: Begrüßungsansprache (zur Arbeitstagung der Arbeitsstelle „Thüringisches Wörterbuch" vom 15.—17. 6. 1987). S. 11—13.
— [Hrsg. und Vorwort] Zur jüngeren Geschichte der deutschen Sprache. Beiträge zum internationalen Kolloquium „Sprache in der sozialen und kulturellen Entwicklung. Zum 100. Geburtstag von Theodor Frings" vom 22. bis 24. Juli 1986 in Leipzig. Leipzig 1987. 104 S., Vorwort S. 3—4 (= Wissenschaftliche Beiträge der Karl-Marx-Universität Leipzig, Reihe Sprachwissenschaft).
— [Nachr.] Willem Pée. In: Jahrbuch der Sächsischen Akademie der Wissenschaften zu Leipzig *1985—1986* (Berlin 1988) S. 236—238.
— [Hrsg. und Vorwort] Untersuchungen zur Pragmatik und Semantik von Texten aus der ersten Hälfte des 16. Jahrhunderts. Berlin 1987, 144 S., Vorwort S. I—II (= Linguistische Studien A 168, Akademie der Wissenschaften der DDR, Zentralinstitut für Sprachwissenschaft).
— [Hrsg.] Althochdeutsches Wörterbuch. Bd *IV*, 3./4. Lfg, Berlin 1987; 5. Lfg, Berlin 1988.
— [Mithrsg.] Beiträge zur Erforschung der deutschen Sprache. Bd *7* (Leipzig 1987) 282 S.; Bd *8* (Leipzig 1988) 288 S.
— [Rez.] u. G. Worgt: Kalevi Tarvainen: Kielioppia kontrastiivisesti suomesta saksaksi (Kontrastive Grammatik Finnisch-Deutsch) (= Veröffentlichungen des Germanistischen Instituts der Universität Jyväskylä *4*). Jyväskylä 1985. 270 S. In: Der Ginko-Baum. Germanistisches Jahrbuch für Nordeuropa. 8. Folge. Helsinki und Stockholm 1988. S. 157—158.

Günther, Rigobert: Der Aufstand des Spartacus. 5. Aufl. Berlin 1987. 136 S.; Athen 1988 [griech.].

— Vom Untergang Westroms zum Reich der Merowinger. 3. Aufl. Berlin 1987. 165 S.
— u. Reimar Müller: Sozialutopien der Antike. Leipzig 1987. 212 S., 83 Abb.; dass.: Das Goldene Zeitalter. Stuttgart 1987.
— Die sozialutopische Komponente im Urchristentum. Berlin 1987. 19 S. (= Sitzungsber. SAW, phil.-hist. Kl. Bd 127, H. 7).
— u. A. R. Korsunskij: Germanen erobern Rom. Der Untergang des Weströmischen Reiches und die Entstehung germanischer Königreiche bis zur Mitte des 6. Jahrhunderts. 2. Aufl. Berlin 1988. 246 S., 51 Abb., 3 Ktn.
— Probleme der Darstellung des Eigentums in den Schriften von Apollinaris Sidonius. In: Eigentum. Beiträge zu seiner Entwicklung in politischen Gesellschaften. Werner Sellnow zum 70. Geburtstag. Hrsg. v. J. Köhn u. B. Rode. Weimar 1987. S. 162—168.
— Probleme der militärischen Demokratie im ältesten Rom. In: Familie, Staat und Gesellschaftsformation. Hrsg. v. J. Herrmann u. J. Köhn. Berlin 1988. S. 476—482 (= Veröffentlichungen des Zentralinstituts für Alte Geschichte und Archäologie der AdW der DDR, Bd 16).
— Programm und Wirklichkeit weströmischer Politik zur Unterordnung der Volksmassen im 4./5. Jahrhundert. In: Forms of Control and Subordination in Antiquity. Ed. by Toru Yuge and Masaoki Doi. The Society for Studies on Resistance Movements in Antiquity. Tokyo 1988. S. 611—616.
— Spuren der sozialen Utopie im Urchristentum. Bemerkungen zur christlichen Funktion der Aionenlehre. In: Mélanges Pierre Lévêque. Paris 1988. S. 155—164.

Hensel, Witold: Słowiańszczyzna wczesnośredniowieczna. 4. Aufl. Warszawa 1987. 815 S., 562 Abb., VIII Taf., XV Map.
— Skąd przyszli Słowianie. In: Z otchłani wieków. B. *51*, 1985 (1987) S. 177—186.
— Archeologia in Polonia: la formazione delle citta. In: Varsavia — Imagine e storia di una capitale. Ferrara 1987. S. 53—71.
— u. Z. Hilczer-Kurnatowska: Studia i materiały do osadnictwa Wielkopolski wczesnohistorycznej. Wrocław—Warszawa—Kraków—Gdańsk—Łódź 1987. 404 S., 186 Abb., XV Taf.
— Survivances de la culte paien en Pologne médiévale. In: B. A. Rybakov (Hrsg.): Trudy V Mieždunarodnogo Kongresa Archeologov Slavistov B. *I* (Moskau 1987) H. 1, S. 67—76.
— Polska starożytna. Wrocław—Warszawa—Kraków—Gdańsk—Łódź 1988. 721 S., 380 Abb., LX Map.
— Wspólnota kulturowa Słowian we wczesnym średniowieczu. In: Z polskich studiów slawistycznych, seria *VIII* (Warszawa 1988) S. 539—545.
— Comunauté culturelle des Slaves. In: X Mieždunarodnoj Kongres na Slavenite. Sofia 14—22 sent. 1988. Reziume na dokladite. Sofia. S. 678.
— The Vistula in Prehistoric Times. In: Archaelogia Polona. B. *XXV—XXVI* (1988) S. 7—39.
— Aus den Kampfjahren um Erhaltung und Festigung des kulturellen Patrimoniums des Piasten in Gnesno. In: Folic Praehistorica Posnaniensia B. *III* (1988) S. 65—74.
— Archaeology on the Origin of Polish Towns. In: Slovenska Archeologia B. *XXXVI* (1988) H. 1, S. 77—84.

Hermand, Jost: Der alte Traum vom neuen Reich. Völkische Utopien und Nationalsozialismus. Frankfurt/Main 1988.
— Die Kultur der Bundesrepublik Deutschland 1965—1985. München 1988.
— [Hrsg.] Geschichten aus dem Ghetto. Frankfurt/Main 1988.
— [Hrsg.] u. Reinhold Grimm: Our Faust? Roots and Ramifications of a Modern German Myth. Madison 1987.
— u. Frank Trommler: Die Kultur der Weimarer Republik. 2. Aufl. Frankfurt/Main 1988.
— [Hrsg.] Literaturkritik. Bd 7,1 + 7,2. 1945—1980. Vaduz 1988.

Hiebsch, Hans: Das Verhältnis des Natürlichen und Gesellschaftlichen im Menschen und seine Konsequenzen. In: Natur und Gesellschaft — Wissenschaft und Verantwortung. Wissenschaftliche Beiträge der Friedrich-Schiller-Universität Jena 1986. S. 39—54.

- Pro und kontra Schiller. In: Die Weltbühne *82* (1987) S. 929—931.
- Theoretische und methodologische Beiträge zur Psychologie. Eine Auswahl wissenschaftlicher Arbeiten anläßlich des 65. Geburtstages von Hans Hiebsch. Wissenschaftliche Beiträge der Friedrich-Schiller-Universität Jena 1987. 137 S.
- u. R. Haschke, W.-U. Dormann, S. Dormann, W. Haschke u. J. Schwind: Analysis of motivation-related results of action in man using a somatosensory evoked potential technique. In: K. V. Sudakov, D. Ganten, W. A. Nikolov (Hrsg.): Motivation in Functional Systems. New York, London, Paris 1987. S. 233—240.
- u. S. Dormann: Zum Einfluß von Persönlichkeitseigenschaften auf den Verlauf ereignisbezogener Potentiale. In: WZ der Friedrich-Schiller-Universität Jena, naturwiss. R. Jg *37* (1988) 5, S. 641—648.
- u. W. Frindte: Krieg und Frieden im Werk deutscher nichtmarxistischer Psychologen. In: Pro Pace Mundi 2. Wissenschaftliche Beiträge der Friedrich-Schiller-Universität Jena 1987. S. 91 bis 103.

Hunger, Herbert: Lexikon der griechischen und römischen Mythologie mit Hinweisen auf das Fortwirken antiker Stoffe und Motive in der bildenden Kunst, Literatur und Musik des Abendlandes bis zur Gegenwart. 8., erweiterte Aufl. Wien 1988. XII, 560 S., 114 Abb.
- Graeculus perfidus. Italos itamos. Il senso dell' alterità nei rapporti greco-romani ed italobizantini. Con un introduzione di O. Kresten. Unione internazionale degli istituti di archeologia, storia e storia dell' arte in Roma, Conferenze 4. Rom 1987. 52 S.
- Retrospection and Invention in the Ninth and Tenth Centuries. The Reconstruction and Conception of the Past in Literature. In: The 17th International Byzantine Congress. Major Papers. Dumbarton Oaks/Washington D. C. August 3—8, 1986. New York 1987. S. 508—522.
- Byzanz und der Westen. Vortrag in der Gesellschaft zur Förderung der bildenden Künste in Österreich. Wien 1987. 54 S.
- Probleme der Handschriftenkatalogisierung im Hinblick auf die Psyche des Bearbeiters. In: Table ronde „Livres et manuscrits“, Ravello, 24—26 octobre 1986. Actes préparés par B. Coulie. Pact News *19* (1987) S. 53—56.
- Das lebenspendende Wasser. Romanos Melodos, Kontaktion: Jesus und die Samariterin. In: Jahrb. Österr. Byz. *38* (1988) S. 125—155.
- Die metrischen Siegellegenden der Byzantiner. Inhalt und Form. Wien 1988. 16 S., 4 Taf. (= Anzeiger phil.-hist. Kl. Österr. Akad. Wiss. 125, Nr. 1).
- Byzantine Logotechnia. He logia kosmike grammateia ton Byzantinon. Tomos A'. Übersetzung von: Hunger, Die hochsprachliche profane Literatur der Byzantiner. Athen 1987. 442 S.

Ivić, Milka: O razlikovanju načelnog od konkretnog saopštavanja u srpskohrvatskom jeziku. In: Glas SANU CCCLII, knj. *13* (Beograd 1988) S. 1—6.
- Povodom prevodenja *Novog zavjeta.* In: Banatski vesnik pravoslavne srpske crkve god. *VII* (1987) br. 4, S. 17—19.
- Jedan prilog problematici metafore. In: Filologija *14* (Zagreb 1986) S. 123—127.
- O nekim srpskohrvatskim gramatičkim fenomenima uslovljenim empatijom. In: Južnoslovenski filolog *XLIII* (Beograd 1987) S. 41—47.
- [Rez.] Radoslav Katičić: Sintaksa hrvatskoga književnog jezika, Nacrt za gramatiku. Ebda S. 237—243.
- O jeziku Save Mrkalja. In: Zbornik radova o povijesti i kulturi srpskog naroda u Socijalističkoj Republici Hrvatskoj knj. *1* (Zagreb 1988) S. 47—52.
- Još o dekomponovanju predikata. In: Južnoslovenski filolog *XLIV* (Beograd 1988) S. 1—5.
- O Vukovoj leksici i povodom nje. In: Naučni sastanak slavista u Vukove dane *17/1* (Beograd 1988) S. 23—28.

Jedlička, Alois: K tradicím české stylistiky. In: Slavica Pragensia *XXVI* (Praha 1987) S. 35—40.
- [Rez.] T. Syllaba, Jan Gebauer: Kniha o životě a díle Jana Gebauera. In: Naše řeč *70* (1987) S. 251—255.

— [Rez.] Funktional'naja stratifikacija jazyka. Moskva 1985. Nový příspěvek k charakteristice současné české jazykové situace. Ebda S. 57—60.
— [Rez.] Stylistická problematika v běloruském sborníku. In: Slovo a slovesnost *48* (1987) S. 45—51.
— Rozvoj bádání o slovanských spisovných jazycích v dějinách slavistických sjezdů. In: Československá slavistika (Praha 1988) S. 187—198.
— Rešavanje problema književnog jezika u češkoj jezičkoj situaciji u doba preporoda. S obzirom na delatnost Vuka Karadžića. In: Naučni sastanak slavista u Vukove dane 17. Beograd 1988. S. 31—39.
— Probleme der tschechischen Schriftsprache während der Wiedergeburt und ihre Lösung. In: ZfSl *33* (1988) S. 645—656.
— u. J. Chloupek: Sprachnormierung und Kodifizierung. In: Sociolinguistics. Soziolinguistik. Berlin—New York 1988. S. 1650—1660.
— Živý odkaz Jana Gebauera. In: Naše řeč *71* (1988) S. 169—184.
— u. Vl. Štěpánek: Sto padesát let od narození Jana Gebauera. In: Literární měsíčník *17* (1988) S. 103—107.
— Literaturnyj jazyk v sovremennoj kommunikacii. Tipy norm jazykovoj kommunikacii. Teorija jazykovoj kultury segodnja. In: Novoje v zarubežnoj linguistike XX. Teorija literaturnogo jazyka v rabotach učenych ČSSR. Moskva 1988. S. 38—134, 135—149, 260—271.
— XXII. zasedání Mezinárodní komise pro slovanské spisovné jazyky konané v r. 1987 v Bělehradě. In: Slavia *57* (1988) S. 443—448.

Lehmann, Edgar: Bemerkungen zum Vortrag von Herbert Hörz „Philosophie und Ökologie". In: Sitzungsber. AdW der DDR R. 5N 1986 M-N-T. Berlin 1986. S. 28—32.

Lerchner, Gotthard: Literarischer Text und kommunikatives Handeln. Berlin 1987. 74 S. (= Sitzungsber. SAW, phil.-hist. Kl. Bd 127, H. 6).
— Der literarische Text als Interpretationsangebot. Möglichkeiten interdisziplinär orientierter Textanalysen für Studierende. In: H. John u. G. Michel (Hrsg.): Interdisziplinäres germanistisches Praktikum. Potsdam 1986 [= 1987] S. 10—40.
— Stellen sprachliche Kreativität und Ästhetizität handhabbare Bewertungskriterien für Sprachkultur dar? In: LS/ZISW/A *170* (Berlin 1987) S. 45—59.
— Literarischer Text und literarischer Diskurs. In: Sprach- und literaturwissenschaftliche Aspekte bei der Interpretation literarischer Texte. Dokumentation, Teil I. Hrsg. v. Deutschlektorat am Kultur- und Informationszentrum der DDR in Sofia und der Universität „Kyrill und Metodij" Veliko Tirnovo. Sofia 1987. S. 7—22.
— [Mithrsg.] W. Fleischer, R. Große u. G. Lerchner: Beiträge zur Erforschung der deutschen Sprache, Bd *7* (Leipzig 1987) 280 S.
— [Rez.] Umgangssprache und Dialekte in der DDR. Jena 1986. In: ZPSK *40* (1987) 3, S. 450 bis 451.
— [Rez.] K. Ehlich (Hrsg.): Erzählen im Alltag. Frankfurt a. M. 1980 (= Suhrkamp Taschenbuch Wissenschaft 323). In: DLZ *108* (1987) 2/3, Sp. 135—138.
— [Rez.] J. Anderegg: Sprache und Verwandlung. Zur literarischen Ästhetik. Göttingen 1985. In: Zschr. f. Germanistik *8* (1987) 1, S. 106—108.
— [Rez.] W. Bahner u. W. Neumann (Hrsg.): Sprachwissenschaftliche Germanistik. Ihre Herausbildung und Begründung. Berlin 1985. In: DLZ *108* (1987) 4, Sp. 249—253.
— [Rez.] D. Cherubim, H. Henne u. H. Rehbock (Hrsg.): Gespräche zwischen Alltag und Literatur. Beiträge zur germanistischen Gesprächsforschung. Tübingen 1984 (= Reihe Germanistische Linguistik, 53). Ebda 7/8, Sp. 511—513.
— [Rez.] M. Geier: Die Schrift und die Tradition. Studien zur Intertextualität. München 1985. Ebda 12, Sp. 901—904.
— Intertextualität als ästhetisches Potential. Bobrowskis „34 Sätze über meinen Großvater". In: Zschr. f. Germanistik *9* (1988) 3, S. 307—320.

— Der Diskurs im sprachgeschichtlichen Prozeß. Zur Rolle des Subjekts in einer pragmatischen Theorie des Sprachwandels. In: ZPSK *41* (1988) 3, S. 279—292.
— [Mitautor], G. Albrecht (Hrsg.): Besprechungen zur Gegenwartsliteratur. Bd *2*: Literatur der DDR. 3. Aufl. Berlin 1988. 544 S.
— „Die Welt ist unglaublich voll der alten Rhetorik". Zum germanistischen Interesse an einigen neueren Veröffentlichungen aus dem Bereich der Redekunst. In: Zschr. f. Germanistik *9* (1988) 2, S. 216—220.
— Zum luthersprachlichen Traditionsbezug im Sprachstil von Karl Marx. In: Th. Höhle (Hrsg.): Äußerungen über Marx und Engels. Ergebnisse zweier Kolloquien. Halle 1988. S. 26—35. (= Wiss. Beiträge der Martin-Luther-Universität Halle—Wittenberg 1988/22).
— [Mithrsg.] W. Fleischer, R. Große u. G. Lerchner: Beiträge zur Erforschung der deutschen Sprache, Bd *8* (Leipzig 1988) 287 S.
— [Rez.] G. Gebauer (Hrsg.): Das Laokoon-Projekt. Pläne einer semiotischen Ästhetik. Stuttgart 1984 (= Studien zur Allgemeinen und Vergleichenden Literaturwissenschaft 25). In: Zschr. f. Germanistik *9* (1988) 2, S. 244—246.
— [Rez.] H. U. Gumbrecht u. K. L. Pfeiffer (Hrsg.): Stil. Geschichten und Funktionen eines kulturwissenschaftlichen Diskuselements. Frankfurt a. M. 1986 (= Suhrkamp Taschenbuch Wissenschaft 633). In: DLZ *109* (1988) 4, Sp. 257—259.
— [Rez.] A. Betten: Sprachrealismus im deutschen Drama der siebziger Jahre. Heidelberg 1985 (= Monographien zur Sprachwissenschaft 14). In: Zschr. f. Germanistik *9* (1988) 5, S. 486 bis 489.
— [Rez.] J. E. Schmidt: Die mittelfränkischen Tonakzente (Rheinische Akzentuierung). Wiesbaden und Stuttgart 1986 (= Mainzer Studien zur Sprach- und Volksforschung 8). In: ZPSK *41* (1988) 4, S. 539—541.
— [Rez.] E. Brinkmann to Broxten: Stadtsprache — Stadtmundart. Studie zum Gebrauch und zur Funktion mundartlichen Sprachvarietäten in Frankfurt/Main. Tübingen 1986 (= Tübinger Beiträge zur Linguistik 289). Ebda S. 545—546.
— [Rez.] A. R. Rowley: Monographien 18: Fersental (Val Fèrsina bei Trient/Oberitalien). Untersuchungen einer Sprachinselmundart. Tübingen 1986 (= Phonai 31). Ebda S. 547.
— [Rez.] F. Jacques: Über den Dialog. Eine logische Untersuchung. Berlin/New York 1986 (= de Gruyter Studienbuch. Grundlagen der Kommunikation). In: DLZ *109* (1988) 9, Sp. 641—644.
— [Rez.] I. Klemm: Fiktionale Rede als Problem der sprachanalytischen Philosophie. Königstein i. Taunus 1986 (= Hochschulreihe Literaturwissenschaft 65). In: Zschr. f. Germanistik *9* (1988) 6, S. 751—753.
— [Rez.] F. Hundsnurscher u. E. Weigand (Hrsg.): Dialoganalyse. Referate der 1. Arbeitstagung Münster 1986. Tübingen 1986 (= Linguistische Arbeiten 176). In: DLZ *109* (1988) 12, Sp. 912—914.

Lieberwirth, Rolf: Rudolf Joerges. In: Professoren der Martin-Luther-Universität Halle—Wittenberg im Dienste einer humanistischen und fortschrittsfördernden Wissenschaft. Halle 1986. S. 74—82 (= Wiss. Beiträge der Martin-Luther-Universität 60).
— Gertrud Schubart-Fikentscher. Ebda S. 153—161.
— Zur Geschichte der Universität Wittenberg im 18. Jahrhundert. In: Wissenschafts- und Universitätsgeschichte in Sachsen im 18. und 19. Jahrhundert. Berlin 1987. S. 111—118 (= Abhandlungen der SAW, phil.-hist. Kl. Bd 71, H. 3).
— Die Entstehung der europäischen Rechtswissenschaft. In: Der Ursprung der modernen Wissenschaften. Hrsg. v. M. Guntau u. H. Laitko. Berlin 1987. S. 346—359.
— Berliner Rechtswissenschaft zwischen Akademie- und Universitätsgründung (1700—1810). In: Neue Justiz *7* (1987) S. 272—275.
— Die Sächsische Akademie der Wissenschaften zu Leipzig. In: Studien zum Hochschulrecht *1987*, H. 12, S. 10—19.

— Christian Thomasius und die deutsche Sprache im Universitätsbetrieb. In: Staat und Recht *3* (1987) H. 9, S. 768—772.
— Aufklärung und Gesetzgebung. In: Aufklärung aus multidisziplinärer Sicht. Beiträge zum Kolloquium zu Ehren des 60. Geburtstages von Ulrich Ricken. Hrsg. v. Gerda Haßler. Halle 1987. S. 171—181.
— Eike von Repchow und die Stadt Halle. In: Wege europäischer Rechtsgeschichte. Karl Kroeschell zum 60. Geburtstag. Hrsg. v. G. Köbler. Frankfurt/M.—Bern—New York—Paris 1987. S. 272—280 (= Rechtshistorische Reihe 60).
— u. H. Lück: Die Notwendigkeit regionaler rechtsarchäologischer Forschungen. In: Jahrb. für Regionalgeschichte *14* (1987) S. 347—353.
— Andor Csizmadia (1910—1985). In: ZRG GA *104* (1987) S. 495—496.
— [Rez.] Michael Menzel: Die Sächsische Weltchronik. Quellen und Stoffauswahl. Sigmaringen 1985 (= Vorträge und Forschungen, Sonderband 34). Ebda S. 300—302.
— [Rez.] Schulen und Studium im sozialen Wandel des hohen und späten Mittelalters. Hrsg. v. J. Fried (= Vorträge und Forschungen 30). Sigmaringen 1986. Ebda S. 364—367.
— Allod. In: Ergänzbares Lexikon des Rechts. Neuwied 1988. S. 1—3.
— Latein im Recht. 2. Aufl. Berlin 1988. 280 S.
— Aus der Oschatzer Pergamenthandschrift des Sachsenspiegels von 1382. Farbige Nachbildungen des ersten und des letzten Blattes in natürlicher Größe mit einer Erläuterung von Prof. Dr. Rolf Lieberwirth. Oschatz 1988.
— Die Rechtsgeschichte in der DDR. In: ZNRG Jg *10* (1988) H. 3/4, S. 194—205.
— [Rez.] Juristische Dissertationen deutscher Universitäten 17.—18. Jahrhundert. Dokumentation zusammengestellt von einer Arbeitsgruppe unter der Leitung von Filippo Ranieri. Frankfurt/M. 1986 (= Studien zur Europäischen Rechtsgeschichte 27). In: ZRG GA *105* (1988) S. 373—374.
— [Rez.] Werner Kundert: Katalog der Helmstedter juristischen Disputationen, Programme und Reden 1574—1810. Hrsg. von der Herzog August Bibliothek. Wiesbaden 1984 (= Repertorien zur Erforschung der frühen Neuzeit, Bd 8). In: Jahrb. für Regionalgeschichte *15/II* (1988) S. 279—280.
— [Rez.] Regionale Amts- und Verwaltungsstrukturen im rhein-hessisch-pfälzischen Raum (14. bis 18. Jahrhundert). Hrsg. v. Alois Gerlich. Wiesbaden, Stuttgart 1984 (= Geschichtliche Landeskunde, Veröffentlichungen des Instituts für geschichtliche Landeskunde an der Universität Mainz, Band 25). Ebda S. 347—348.

Markov, Walter: Revolution im Zeugenstand. Frankreich 1789—1799. 2 Bde. Frankfurt a. M. 1987. 583 u. 725 S.
— Thomas Grimm: Gespräch mit Walter Markov. In: Sinn und Form *39* (1987) H. 4, S. 681 bis 696.
— [Rez.] Morris Slavin: The making of an insurrection. Parisian Sections and the Gironde. Cambridge (Mass.) 1986. In: ZfG *35* (1987) H. 6, S. 561—562.
— „Curés patriotes" and Sans-Culottes in the Year II. In: History from Below. Studiés in popular protest and popular ideology in Honour of George Rudé. Hrsg. von Frederick Krantz. 2. Aufl. Oxford 1988. S. 203—217.
— Forschungsprobleme der Französischen Revolution aus Anlaß des Todes von Albert Soubol. In: Demokratie, Antifaschismus und Sozialismus in der deutschen Geschichte. Hrsg. von Helmut Bleiber und Walter Schmidt, Berlin 1988. S. 78—85.
— Kleines Geleitwort. In: Die Französische Revolution 1789—1989. Revolutionstheorie heute. Hrsg. vom Institut für Marxist. Studien und Forschungen (IMSF) Frankfurt a. M., Frankfurt a. M. 1988. S. 9—10 (= Marxistische Studien, Jahrbuch des IMSF, Bd 14).
— 1789 — Legende und Wirklichkeit einer großen Revolution. Ebda S. 88—99.
— 14. Juli 1789. 200 Jahre Große Französische Revolution. In: Dietz-Geschichtskalender 1989. Hrsg. von der AdW der DDR. Berlin 1988. S. 12—18.
— Einladung zu einem Vergnügen besonderer Art. In: Susanne Petersen: Die große Revolution

und die kleinen Leute: französischer Alltag 1789—1795. Kommentare, Dokumente, Bilder, Köln 1988. S. 11—12; dasselbe Berlin 1988. S. 11—12.
— [Rez.] Susanne Petersen: Frauen in der Französischen Revolution. Dokumente — Kommentare — Bilder. Berlin 1987. In: ZfG *36* (1988) H. 3, S. 254.
— [Annot.] Die Französische Revolution. Berichte und Deutungen deutscher Schriftsteller und Historiker. Hrsg. v. Horst Günther. Frankfurt a. M. 1985. Ebda H. 1, S. 83—84.
— [Annot.] Jaques Godechot: La Révolution française. Chronologie commentée 1787—1799. Paris 1988. Ebda H. 7, S. 663.

Mayrhofer, Manfred: Etymologisches Wörterbuch des Altindoarischen *I* (Heidelberg 1987/88) Lfg 2 (1987) 3, 4 (1988) S. 77—316.
— Zwei altiranische Personennamen. In: Beiträge zur Namenforschung NF *22* (1987) S. 105—107.
— Das neue Etymologikon des Hethitischen. In: AfO *33* (1987) S. 39—42.
— Die Vertretung der indogermanischen Laryngale im Lateinischen. In: Zeitschrift für vergleichende Sprachforschung *100* (1987) S. 86—108.
— Zum Weiterwirken von Saussures „Mémoire". In: Kratylos *33* (1988) S. 1—15.
— Die Laryngaltheorie im phonologischen Halbband der „Indogermanischen Grammatik". In: Alfred Bammesberger (Hrsg.): Die Laryngaltheorie. Heidelberg 1988. S. 327—332.

Meyer, Rudolf: Wilhelm Gesenius: Hebräisches und Aramäisches Handwörterbuch über das Alte Testament. Unter verantwortlicher Mitarbeit von Dr. Udo Rüterswörden bearb. u. hrsg. von Rudolf Meyer u. Herbert Donner. Berlin—Heidelberg—New York—London—Paris—Tokyo 1987. 18. Aufl. XXX, 233 S. mit 1 Frontispiz.
— [Bearb.] 1. Lfg: Aleph bis Gimel. Ebda.

Mitchell, Terence Frederick: What is educated spoken Arabic? In: Int'l. J. Soc. Lang. *61* (1986) S. 7—32.

Möbius, Friedrich: Die Dorfkirche im Zeitalter der Kathedrale (13. Jh.). Plädoyer für eine strukturgeschichtliche Vertiefung des Stilbegriffs. Berlin 1988. 67 S., 52 Abb. (= Sitzungsber. SAW, phil.-hist. Kl. Bd 128, H. 3).
— [Mithrsg.] Skulptur des Mittelalters. Funktion und Gestalt. Weimar 1987. 496 S., 467 Abb.
— Wägende Gruppierung als Gleichnis feudaler Herrschaftsstruktur. Beobachtungen zum Analogieschluß in der Kunstgeschichte. Ebda S. 453—480.
— Zum Problem der Strukturanalyse deutscher spätromanischer und hochgotischer Sakralarchitektur (Resümee). In: Mittelalterliche Backsteinarchitektur und bildende Kunst im Ostseeraum. Spezifik, Rezeption, Restaurierung. Greifswald 1987. S. 21—22 (= Wiss. Beiträge der Ernst-Moritz-Arndt-Universität Greifswald).
— [Mitautor] Applikation als repräsentative Verfahren. Zu den Magdeburger Skulpturen des Mauritius und Innozentius. In: Danielle Buschinger (Hrsg.): Sammlung — Deutung — Wertung. Ergebhisse, Probleme, Tendenzen und Perspektiven philologischer Arbeit. Mélanges de littérature médiévale et de linguistique allemands offerts à Wolfgang Spiewok à l'occasion de son soixantième anniversaire par les collègues et amis. Amiens 1988. S. 227—242 (= Université de Picardie. Centre d'études médiévales).
— Paradies und Frieden im mittelalterlichen Kirchenbau. Gedanke und Realität. In: forum loccum *6* (1987) 3, S. 1—8.
— Paradies und Frieden im mittelalterlichen Kirchenbau. Gedanke und Realität. In: Karl Ermert und Detlef Hoffmann (Hrsg.): Bilder des Friedens. Paradiese — Utopien — Glückszustände. Dokumentation einer Tagung der Evangelischen Akademie Loccum vom 23. bis 25. Oktober 1987. Rehburg-Loccum 1988. S. 22—58 (= Loccumer Protokolle 57/1987).

Mylius, Klaus: Die Bhagavadgītā. Aus dem Sanskrit. Übersetzung, Einleitung und Anmerkungen. 2. Aufl. Wiesbaden 1987. 126 S.

– Mallanāga Vātsyāyana: Das Kāmasūtra. Aus dem Sanskrit. Übersetzung, Einleitung, Anmerkungen und Glossar. Leipzig 1987. 198 S.
– Wörterbuch Sanskrit-Deutsch. 3., durchgesehene Aufl. Leipzig 1987. 583 S.
– Der vierte Adhyāya des Āśvalāyana-Śrautasūtra, erstmalig vollständig übersetzt, erläutert und mit Indices versehen. In: Altorientalische Forschungen Bd *14* (Berlin 1987) H. 1, S. 108–159.
– [Rez.] Jan Gonda: Pūṣan and Sarasvatī. Amsterdam–Oxford–New York 1985 (= Verhandelingen der Koninklijke Nederlandse Akademie van Wetenschappen, Afd. Letterkunde, Nieuwe Reeks, Deel 127). In: Indo-Iranian Journal, vol. *30* (1987) S. 301–303.
– [Rez.] Jan Gonda: The Ritual Functions and Significance of Grasses in the Religion of the Veda. Amsterdam, Oxford, New York 1985 (= Verhandelingen der Koninklijke Akademie van Wetenschappen, Afd. Letterkunde, Nieuwe Reeks, Deel 132). Ebda S. 304–306.
– [Rez.] R. N. Dandekar: Vedic Bibliography. Fourth Volume. Poona 1985. In: ZPSK Bd *40* (Berlin 1987) H. 6, S. 850–852.
– Das Kāmasūtra. Aus dem Sanskrit. Übersetzung, Einleitung, Anmerkungen u. Glossar. Wiesbaden 1988. 198 S.
– Die vier edlen Wahrheiten. Texte des ursprünglichen Buddhismus. Aus dem Pāli. Auswahl, Übersetzung, Einleitung, Anmerkungen und Glossar. 3. Aufl. Leipzig 1988. 435 S. (= RUB 1009).
– Geschichte der altindischen Literatur. Bern, München, Wien 1988. 448 S.; Darmstadt 1988. 448 S.
– Wörterbuch Deutsch-Sanskrit. Leipzig 1988. 322 S.
– [Rez.] K. Parameswara Aithal: Non Ṛgvedic Citations in the Āśvalāyana-Śrautasūtra: Varanasi 1986. In: OLZ *83* (Leipzig 1988) H. 3, Sp. 339–341.
– [Rez.] Jan Gonda: Prajāpati's Rise to Higher Rank. Orientalia Rheno-Traiectina, vol. 29. Leiden 1986. In: Indo-Iranian Journal, vol. *31* (1988) H. 2, S. 139–141.

Nagel, Peter: Sahidische Pentateuchfragmente. In: Zeitschrift für ägyptische Sprache und Altertumskunde *114* (1987) S. 134–166.
– Reaktionen deutscher Orientalisten auf das Schicksal der Armenier im Osmanischen Reich. In: Akten des Internationalen Dr. Johannes-Lepsius-Symposiums an der Martin-Luther-Universität. Halle (Salle) 1987. S. 105–115.
– Das Alte Testament im geistigen und geistlichen Leben der Koptischen Kirche. In: St. Markus. St. Antonius-Kloster zu Kröffelbach. Okt-Dez. 1987. S. 1–22.
– Zeitschriftenschau: „Le Muséon“ *90* (1977) – *91* (1978). In: OLZ *82* (1987) Sp. 618–622.
– Der Oriens christianus in der Sicht Johann Gottfried Herders. In: Griechenland-Byzanz-Europa. Ein Studienband. 2., verb. Aufl. Berlin 1988. S. 292–297 (= Berliner Byz. Arbeiten, 52).
– [Art.] Gnosis. In: Evangelisches Kirchenlexikon. 3. Aufl. Bd *2*. Göttingen 1988.
– Bibliographie Carl Schmidt. In: WZ Martin-Luther-Universität Halle–Wittenberg *37* (1988) Reihe G, S. 114–129.
– Textumfang und Textabfolge in der sahidischen Version des Buches Exodus. In: Nubia et Oriens Christianus. Festschrift für C. D. G. Müller zum 60. Geburtstag. Köln 1988. S. 181 bis 189.
– Papyrus Bodmer XVI und die achmimische Version des Buches Exodus. In: Ägypten und Altes Testament, Bd *14*: Religion im Erbe Ägyptens. Beiträge zur spätantiken Religionsgeschichte zu Ehren von A. Böhlig. Wiesbaden 1988. S. 94–152.
– „Liebe zur Wissenschaft und zur Wahrheit machten sein Werk dauerhaft“. Zum 120. Geburtstag von Carl Schmidt. In: Der Neue Weg, Ausg. Halle, 27./28. August 1988, S. 3.
– Zeitschriftenschau: „Le Muséon“ *92* (1979) – *95* (1982). In: OLZ *83* (1988) Sp. 740–748.

Neubert, Albrecht: Meanings: From Words to Texts. In: Linguistische Studien, Reihe A (Berlin 1987) 166, S. 20–44.

— Übersetzen im Spannungsfeld von Wort und Text. In: Bedeutungen und Ideen in Sprachen und Texten. Werner Bahner gewidmet. Hrsg. von Werner Neumann u. Bärbel Techtmeier. Berlin 1987. S. 15—28 (= Sprache und Gesellschaft Bd 20).
— Übersetzen im Spannungsfeld von Wort und Text [gekürzte Fassung]. In: Paralleles. Genf 1987. No. 8, S. 37—45.
— The Criterion of Social Relevance in Language Description. In: Linguistische Arbeitsberichte 60. Leipzig 1987. S. 45—57.
— Beziehungen zwischen Semantik und Pragmatik in tranlatorischer Sicht. In: Grammatik — Text — Sprachkunst. Dem Wirken Rudolf Růžičkas gewidmet. Berlin 1987. S. 40—44 (= Sitzungsber. AdW der DDR, 15 G).
— Englische Aussprache. Eine Schallplatte mit Beiheft. 13. Aufl. Leipzig 1987. 46 S. mit 2 Beilagen.
— Englische Intonation. Eine Schallplatte mit Beiheft. 9. Aufl. Leipzig 1987. 32 S.
— [Hrsg.] u. Rudolf Růžička: Topics on the semantic borderline. Linguistische Studien Reihe A (Berlin 1987) 177 S.
— Top-down-Prozeduren beim translatorischen Informationstransfer. In: Semantik, Kognition und Äquivalenz. Leipzig 1988. S. 18—30 (= Übersetzungswissenschaftliche Beiträge 11).
— u. Erika Gröger: Handwörterbuch Englisch-Deutsch. Leipzig 1988. 959 S.
— Textbezogene Äquivalenz. In: Textlinguistik und Fremdsprache. Akten des Internationalen Übersetzungswissenschaftlichen AILA-Symposium, Hildesheim, 13.—16. April 1987. Hrsg. von Rainer Arntz. Hildesheim 1988. S. 77—86.
— Wortbildungsstrukturen in der Übersetzung. In: Zur Theorie der Wortbildung im Deutschen. Dem Wirken Wolfgang Fleischers gewidmet. Berlin 1988. S. 49—52 (= Sitzungsber. AdW der DDR, 4 G).
— [Hrsg.] u. Gert Jäger: Semantik und Äquivalenz. Leipzig 1988. 192 S. (= Übersetzungswissenschaftliche Beiträge 11).

Ogris, Werner: Gesetzgebung und Rechtswissenschaft um 1900. In: Wien um 1900. Aufbruch in die Moderne. Wien 1986. S. 232—241.
— Friedrich der Große und das Recht. In: Friedrich der Große in seiner Zeit. Köln—Wien 1987. S. 47—92 (= Neue Forschungen zur brandenburg-preußischen Geschichte 8).
— Gesetzgeber und Gesetzgebung in Österreich im ausgehenden 18. Jahrhundert. In: L'Educazione Giridica V: Modelli di legislatore e scienza della legislazione. Tomo *II*: Modelli storici e comparativi. Perugia 1987. S. 381—404.
— Joseph von Sonnenfels (1732—1814). In: Juristen in Österreich 1200—1980. Wien 1987. S. 82—87 (Anhang S. 356—358).
— Karl Freiherr von Lemayer (1841—1906). Ebda S. 208—212 (Anhang S. 332—333).
— Zur Geschichte der Grundherrschaft in Österreich vom 17. bis zum 19. Jahrhundert. In: Les communautés rurales, Teil 5. Paris 1987. S. 167—178 (= Recueils de la Société Jean Bodin pour l'historire comparative des institutions XLIV).
— Joseph von Sonnenfels als Rechtsreformer. In: Joseph von Sonnenfels. Wien 1988. S. 11—95 (= Veröffentlichungen der Kommission für die Geschichte Österreichs 13).
— Zur Entwicklung des Versicherungsaufsichtsrechts und des Versicherungsvertragsrechts in Österreich von der Mitte des 19. Jahrhunderts bis zum Ende der Monarchie. In: Versicherungsgeschichte Österreichs. Bd *II*: Die Ära des klassischen Versicherungswesens (Wien 1988) S. 1—152.
— [Art.] Rente, Repressalienarrest, Retraktrecht, Revokationsrecht, Rückfallsrecht, Rücktrittsrecht, Rutscherzins, Satzung (Pfandrecht), Schaden(s)ersatz, Schenkung, Schirmbrief, Schoßfall, Schuld und Haftung, Schuldübernahme. In: Handwörterbuch zur Deutschen Rechtsgeschichte (HRG) Bd *IV* (Berlin 1987/88).
— [Mthrsg.] Zeitschrift der Savigny-Stiftung für Rechtsgeschichte. Germanistische Abteilung, Literaturteil Bd *104* (Wien—Köln—Graz 1987) und Bd *105* (Wien—Köln—Graz 1988).
— Zahlreiche Rezensionen, insbesondere in der Zeitschrift der Savigny-Stiftung.

Petschow, Herbert: Zum altbabylonischen Getreidekurs. (Ein Nachtrag zu JESHO *21* [1978] 1 ff.). In: Journal of the Economic and Social History of the Orient *30* (1987) S. 114–115.
– Zwei spätbabylonische Rechtsurkunden. I. Personenmietvertrag. II. Schuld-, Erfüllungsübernahme. In: Altorientalische Forschungen *14* (1987) S. 247–251.
– Zur Eroberung Babyloniens durch Cyrus. Die letzten vorpersischen und ersten persischen Datierungen aus den Tagen um die persische Eroberung Babyloniens. Bemerkungen zu CT 55, 191. In: N.A.B.U. (Nouvelles Assyriologiques Brèves et Utilitaires) [1987] Nr. 84, S. 44–45.
– Kreditverträge ohne Beurkundung: VS 3, 217; 221; Cyr 223. Ebda (1988) Nr. 57, S. 41.
– Das Unterkönigtum des Cambyses als „König von Babylon". In: Revue d'Assyriologie et d'Archéologie *82* (1988) S. 78–82.
– u. H. Ankum: Martin David zum Gedächtnis. In: ZRG, rom. Abt. *105* (1988) S. 989–997.
– Ein Fall von strafbarer falscher Anschuldigung aus dem 3. Jahrtausend v. Chr. Ebda S. 664 bis 668.

Poppe, Eberhard: Zur Demokratietheorie. In: U.-J. Heuer: Überlegungen zur sozialistischen Demokratie. Berlin 1986. S. 38–40 (= Sitzungsber. der AdW der DDR 7 G 1986).
– Über die Grundidee der Menschenrechte und ihre Einheit. In: Einheit *42* (1987) Nr. 6, S. 539 bis 544.
– Die kulturpolitische Verantwortung unseres Staates mittragen und mitverantworten. In: Kulturbund in der entwickelten sozialistischen Gesellschaft *1982–1986*. Hrsg.: Kulturbund der DDR. Berlin 1987. S. 21–26.
– Der XI. Parteitag der SED und die Menschenrechte. In: Staat und Recht bei der weiteren Gestaltung der entwickelten sozialistischen Gesellschaft nach dem XI. Parteitag der SED. Berlin 1987. S. 32–35 (= Abhandlungen der AdW der DDR W 5 1987).
– Oktoberrevolution und Menschenrechte heute. In: Lenins Staatskonzeption und ihre schöpferische Anwendung in der DDR. Potsdam 1987. S. 62–69 (= Aktuelle Beiträge der Staats- und Rechtswissenschaft).
– Sozialistische Menschenrechtskonzeption und friedliche Koexistenz. In: Staat und Recht *37* (1988) H. 3, S. 204–212; Nachdruck in: DDR-Komitee für Menschenrechte. Schriften und Informationen. H. 3 (1988) S. 171–182.
– Menschenrechte und friedliche Koexistenz. In: Der Frieden und die politische Theorie der Gegenwart. Berlin 1988. S. 114–130.
– Menschenrechte im Wandel. Berlin 1988. 24 S. (= Sitzungsber. der SAW, phil.-hist. Kl. Bd 128, H. 5).
– Demokratie, Antifaschismus und Sozialismus in der ersten Verfassung der Deutschen Demokratischen Republik. In: Demokratie, Antifaschismus und Sozialismus in der deutschen Geschichte. Berlin 1988. S. 312–318.
– Verwaltungsrecht. Lehrbuch. 2., vollst. überarb. Aufl. Berlin 1988. S. 94–105.
– Sozialistische Menschenrechte und gesellschaftliche Dynamik. In: Die Politik des Sozialismus zur Verwirklichung der Menschenrechte und der Kampf um Frieden und sozialen Fortschritt. Akademie für Gesellschaftswissenschaften beim ZK der SED. Thematische Information und Dokumentation. H. 74, R. B (Berlin 1988) S. 146–155.
– u. W. Weichelt: Karl Polaks Beitrag zur Herausbildung einer marxistisch-leninistischen Staats- und Rechtswissenschaft in der DDR. Berlin 1987. S. 5–21 (= Sitzungsber. der AdW der DDR 11 G 1986).
– u. H. Schwabe: Prof. D. Dr. Otto Eißfeldt, DD. als Rektor der Martin-Luther-Universität. In: Otto-Eißfeldt-Ehrung 1987. Wissenschaftliche Konferenz. Martin-Luther-Universität Halle–Wittenberg. Halle (Saale) 1988. S. 45–63 (= Wissenschaftliche Beiträge 1988/36 [A 108]).
– [Rez.] L. Kühnhardt: Die Universalität der Menschenrechte. In: DLZ *109* (1988) H. 1–2, S. 92–96.

Rathmann, Lothar: Dankesworte anläßlich der Rektoratsübergabe am 2. 12. 1987. In: Leipziger Universitätsreden. Neue Folge. Heft 69. S. 3–10.

— Ausgewählte Reden. Leipzig 1987. S. 7—187.
— u. H. Preißler: Tradition in Bewegung. Die islamische Erneuerung in den Ländern des Nahen Ostens und Nordafrikas. In: Sitzungsberichte der AdW der DDR. Gesellschaftswissenschaften. Berlin 1986. Nr. 3/G. S. 3—20.
— [Hrsg.] u. M. Voigt: Arabische Staaten. Bilanz, Probleme, Entwicklungstendenzen. Berlin 1988. 333 S., 4 Ktn.
— u. R. Müller, H. Nimschowski, I. Richter: Aktuelle Probleme des Kampfes gegen den Imperialismus, für Frieden und gesellschaftlichen Fortschritt in der arabischen Region. Ebda S. 1—22.
— Probleme und Aufgaben bei der weiteren Leitungsentwicklung sowie der Entwicklung komplexer, interdisziplinärer Forschungsaufgaben in den Gesellschaftswissenschaften. In: Das Hochschulwesen *10* (Berlin 1987) S. 368—370.

Ricken, Ulrich: Wilhelm von Humboldt, Jacob Grimm und das Problem des Sprachursprungs. Zur sprachtheoretischen Rezeption der Aufklärung im 19. Jahrhundert. In: Humboldt-Grimm-Konferenz Berlin 22.—25. Oktober 1985. Internationale sprachwissenschaftliche Konferenz Sprache, Mensch und Gesellschaft — Werk und Wirkungen von Wilhelm von Humboldt und Jacob und Wilhelm Grimm in Vergangenheit und Gegenwart. Bd *1* (Berlin 1986) S. 50 bis 65.
— Zu August Friedrich Potts Stellung in der Tradition des Verhältnisses von Sprachtheorie, Anthropologie und Politik. In: WZ Univ. Halle *XXXVI* (1987) G., 1, S. 64—72.
— Jacob Grimms Standort in der Geschichte der Diskussion des Sprachursprungs. In: Bedeutungen und Ideen in Sprachen und Texten. Berlin 1987. S. 193—223.
— Voltaire, l'affaire de Prades et la Grammaire de Condillac. In: Mervaud, Christiane; Menant, Sylvain (Ed.): Le Siècle de Voltaire. Hommage à René Pomeau. Oxford: Voltaire Foundation 1987. S. 775—785.
— Wilhelm von Humboldt, Jakob Grimm e il problema dell'origine del linguaggio. Sulla ricezione delle teorie linguistiche dell'Illuminismo nel XIX secolo. In: Le vie di Babele, a cura die Donnatella Di Cesare e Stefano Gensini. Casale Monferrato: Marietti, 1987, S. 102—112 (= Linguaggi Teoria e storia della teoria, 1).
— La philosophie: son expansion dans la société. In: Septième congrès international des lumières, Budapest 1987. Bd 1 (Oxford 1987) S. 81—91.
— Der junge Karl Marx und die französische Aufklärung. Untergang der Aufklärung in der Romantik oder Fortsetzung im Sozialismus? In: Romantismes et socialismes en Europe (1800—1848). Actes du Colloque de Lille. Paris 1987. S. 225—234 (= Etudes de litterature étrangère et comparee, 82).
— Le probleme de la métaphore et la controverse sur l'imagination à l'age classique. In: Recherches sur la philosophie et le langage, N° 9. La métaphore. Grenoble 1988. S. 120—136 (= Cahiers du groupe de recherches sur la philosophie et le langage, Université des Sciences Sociales de Grenoble).
— Teoria linguistica e sovversione ideologica: la „Grammaire" die Condillac e la censura del suo „Cours d'etude" da parte delle autorità ecclesiastiche di Parma. In: Prospettive di storia della linguistica, a cura di Lia Formigari e Franco Lo Piparo. Rom 1988. S. 241—255.
— Malebranche, Arnauld et la controverse sur le rôle de l'imagination dans le langage. In: Phantasia — Imaginatio. V° Colloquio Internazionale. Rom 1988. S. 285—308.

Růžička, Rudolf: Ponjatie „funkcija primenitel'no k pustym kategorijam. In: Funktion und Struktur in der Grammatik slawischer Sprachen. Vorträge während der Tagung der Kommission für das Studium der grammatischen Struktur der slawischen Sprachen beim Internationalen Slawistenkomitee in Marburg vom 15.—17. Mai 1985. Redaktion: Helmut Schaller. Slawische Sprachen und Literaturen. Neuwied/München 1987. S. 55—61.
— Leere Kategorien des Russischen zwischen Lexikon und Syntax. In: Slavistische Linguistik 1986. Referate des XII. Konstanzer Slavistischen Arbeitstreffens Frankfurt am Main/Riezlern 16.—19. 9. 1986. Hrsg. von Gerd Freidhof u. Peter Kosta. München 1987. S. 373—382.

— Taschenwörterbuch Russisch-Deutsch. 25. Aufl. Leipzig 1987. 259 S.
— Satz und Text — Generierung und Kunst. In: Sitzungsberichte der Akademie der Wissenschaften der DDR. Gesellschaftswissenschaften 15 G. Grammatik — Text — Sprachkunst. Berlin 1987. S. 12—23.
— Über Pied Piping im Russischen. In: LAB *60* (Leipzig 1987) S. 16—19.
— The Semantic-Pragmatic Interface and Interaction in Control Areas. In: Linguistische Studien 166. Ed. by A. Neubert and R. Růžička. Reihe A. Arbeitsberichte. Berlin 1987. S. 128—177.
— Effects of Semantic-Pragmatic Interplay on Translation. In: Semantiks Kognition und Äquivalenz. Hrsg. v. G. Jäger u. A. Neubert. Leipzig 1988. S. 69—76 (= Übersetzungswissenschaftliche Beiträge 11).
— Etüde über „Pied Piping" im Russischen. In: Slavistische Linguistik 1987. Referate des XIII. Konstanzer Slavistischen Arbeitstreffens Tübingen 22.—25. 9. 1987. Hrsg. v. Jochen Raecke. München 1988. S. 405—412.
— Skrytyj subjekt i pustoe podležaščee. In: Jazyk: Sistema i funkcionirovanie. Moskau 1988. S. 216—219.
— Taschenwörterbuch Deutsch-Russisch. 2. Aufl. Leipzig 1988. 443 S.
— On the Array of Argumente in Slavic Languages. In: ZPSK *41* (1988) 2, S. 155—178.
— Ausgleich zwischen Ebenen in der Übersetzung. In: Russica Palatina. *16* (Heidelberg 1988) S. 83—91.
— Zur Problematik der Lehnsyntax im Altbulgarischen. In: Symposium Methodianum. Beiträge der Internationalen Tagung in Regensburg 17.—24. April 1985 zum Gedenken an den 1100. Todestag des hl. Method. Hrsg. v. K. Trost, E. Völkl, E. Wedel. Neuried 1988. S. 657—661.
— Taschenwörterbuch Russisch-Deutsch. 26. Aufl. Leipzig 1988. 259 S.
— Dimensionen und Variationen der Diothese in slawischen Sprachen. In: X Meždunaroden Kongres na Slavistite. Sofia 14.—22. 9. 1988. Rezjumeta na dokladite. S. 224.
— Leere Kategorien des Russischen. In: 2. Jenaer Semantik-Syntax-Symposium. Jena 1988. S. 15—24 (= Wissenschaftliche Beiträge der Friedrich-Schiller-Universität Jena).

Schuster-Šewc, Heinz: Historisch-etymologisches Wörterbuch der ober- und niedersorbischen Sprache. Bautzen 1987. Lfg *19* (šćagłack — šwupa) S. 1409—1488; Lfg *20* (šwyraś — tyłowa) S. 1489—1568; 1988. Lfg *21* (tymje — wołma) S. 1569—1648; Lfg *22* (wołoj — zahorić) S. 1649—1728.
— Zu den ethnischen und linguistischen Grundlagen der westslawischen Stammesgruppe der Sorben/Serben. In: Studia nad etnogeneza, Słowian i kultura, Europy. Tom *I*. pod red. G. Labudy i S. Tabaczyńskiego. Wrocław 1987. S. 153—159.
— Die späturslawischen Grundlagen des Lechischen mit besonderer Berücksichtigung des Polnischen und Pomoranischen. In: Lětopis Instituta za serbski ludospyt (Jahresschrift des Instituts für sorbische Volksforschung) A/*35* (1988) S. 4—15.
— Józef Ignacy Kraszewskis Dresdner Emigrantenzeit und seine Beziehungen zu den Lausitzer Sorben. In: Józef Ignacy Kraszewski (1812—1887) — seine Werke und ihr Widerhall. Wissenschaftliche Beiträge der KMU Leipzig 1988, S. 49—61; Lětopis Instituta za serbski ludospyt D/*3* (1988) S. 19—25.
— Zur Genese der Dualflexion im Sorbischen. In: Die Welt der Slaven. Jg *33*, NF *12* (München 1988) 1, S. 156—160.
— Poln. wędzić, č. udit ‚räuchern' (Fleisch, Wurst usw.) und Verwandtes. In: ZfSl *33* (1988) 4, S. 565—566.
— [Rez.] Sorbischer Sprachatlas — Serbski rěčny atlas Bd *9* (Terminologie der Sachgebiete Natur, Zeit, Glaube, Brauchtum) und Bd *10* (Terminologie der Sachgebiete Haus und Hof sowie Verschiedenes) mit einem Register zu den Bdn *1—10*. Bearb. von H. Faßke, H. Jentsch u. S. Michalk. Bautzen-Budyšin 1984 und 1986. In: ZfSl *33* (1988) S. 609—617.
— Razmišljanja o etimologiji južnoslovenskog narodnog imena „Hrvat". In: Naučni sastanak slavista u Vukove dane. MSC, Beograd — Novi Sad — Tršić, 14.—20. IX. 1987, S. 53—58.
— Mjeno narodneje organizacije „Domowina". In: Rozhlad *10* (1987) S. 293—294.

Schmid, Wolfgang P.: Zur Wortart der Kardinalia. In: Althochdeutsch. Festschrift R. Schützeichel Bd *I* (Heidelberg 1987) S. 459–463.
– 'Indo-European' – 'Old European'. On the Reexamination of two Linguistic Terms. In: Proto-Indo-European. The Archaeology of a Linguistic Problem. Studies in Honor of Marija Gimbutas. Washington 1987. S. 322–338.
– Beiträge zur Bestimmung der baltischen Westgrenze. In: Baltistica *23* (1987) 1, S. 4–12.
– Vidivarii. In: Specimina Philologiae Slavicae. Supplementband *23*: Sprach- und Kulturkontakte im Polnischen. Gesammelte Aufsätze für A. de Vincenz zum 65. Geburtstag. München 1987. S. 349–358.
– Zur thrakischen Grabinschrift aus Kölmen. In: Zeitschrift für Vergleichende Sprachforschung *100* (1987) 2, S. 351–357.
– Bier aus Olbia. In: Archaeologische Mitteilungen aus Iran *19* (1986 [1987]) S. 187–190.
– Zu einigen keltisch-baltischen Namen-Entsprechungen. In: Specimina Philologiae Slavicae. Supplementband *26*: Studia Indogermanica et Slavica. Festgabe für Werner Thomas zum 65. Geburtstag. München 1988. S. 49–56.
– Hethitische Etyma in alteuropäischen Gewässernamen. In: Documentum Asiae Minoris Antiquae. Festschrift für Heinrich Otten zum 75. Geburtstag. Wiesbaden 1988. S. 307–315.
– Noch einmal zur Frage eines westfinnischen Substrats in Litauen. In: Zeitschrift für Ostforschung *37* (1988) 2, S. 161–174.
– [Hrsg.] Hydronymia Europaea Lfg 2, 3, 4.
– [Hrsg.] Hydronymia Germaniae Lfg A 14
– [Hrsg.] Indogermanische Forschungen Bd *92* (1987); *93* (1988).

Telegdi, Zsigmond: Historisch allgemeine Sprachkunde und philosophisch allgemeine Grammatik: ein Beitrag zu Wilhelm von Humboldts Sprachwissenschaft. In: Sitzungsber. AdW der DDR *15* G (1987) S. 75–84.
– [Rez.] Wilhelm von Humboldt: Über die Sprache, Ausgewählte Schriften. Mit einem Nachwort hrsg. u. komment. v. Jürgen Trabant. München 1985. In: Kodikas/Code Ars Semeiotica *10* (1987) Nr. 1/2, S. 153–162.

Träger, Claus: [Einl.] Sebastian Brant. Das Narrenschiff. Text und Holzschnitte der Ausgabe von 1494. 2. Aufl. Frankfurt a. M. 1986. S. 5–22 (= Röderberg Taschenbuch 83).
– Literarische Produktion und Literaturgeschichte. Zum Literaturcharakter des literarischen Werks. In: Zeitschrift für Germanistik *8* (1987) H. 2, S. 133–140.
– Die Kunst, die deutsche Sprache zu pflegen und zu bewahren. In: Leipziger Volkszeitung vom 16. 12. 1987.
– Germanistische Arbeit gemeinsam fördern. In: Sächsisches Tageblatt vom 27. 1. 1988.
– Zur Stellung und Funktion der Germanistik in den Bewegungen unserer Zeit. In: Zeitschrift für Germanistik *9* (1988) H. 4, S. 389–403.
– [Hrsg., Einl., Anm.] Die Französische Revolution im Spiegel der deutschen Literatur. Eine Dokumentation. 3., durchgesehene Aufl. Leipzig 1988. S. 7–21, 896–980 (= RUB 597); Frankfurt a. M. 1988 (= Röderberg Taschenbuch 36).
– [Hrsg., Nachw.] Johann Gottfried Herder: Über Literatur und Gesellschaft. Ausgewählte Schriften. 2., veränderte Aufl. Leipzig 1988. S. 326–361 (= RUB 1266).

Ullmann, Ernst: Von der Romanik bis zum Historismus. Architektur – Stil und Bedeutung. Leipzig 1987. 190 S., 70 Abb. (= Seemann-Beiträge zur Kunstwissenschaft).
– Albrecht Dürer. 6. Aufl. Leipzig 1987. 91 S., 81 Abb.
– Svět gotické katedrály. Praha 1987. 175 S., 150 Fotos.
– [Hrsg.] Paul Frankl: Zu Fragen des Stils. Leipzig 1988. 164 S., 24 Abb., 64 Fotos (= Seemann-Beiträge zur Kunstwissenschaft). Weinheim 1988 (= Acta humaniora).
– Eine bislang unbekannte Verkündigungsmadonna Leonardo da Vincis. In: Bildende Kunst *35* (1987) H. 5, S. 196–197.

— Martin Luther und die Kunst der Reformation. In: Martin Luther. Leistungen und Erbe. Hrsg. v. H. Bartel, G. Brendler, H. Hübner und A. Laube. Berlin 1986. S. 109–115.
— Anmerkungen zu Weltbild und Architektur der Bachzeit. In: Berichte über die wissenschaftliche Konferenz zum V. Internationalen Bachfest in der DDR in Verbindung mit dem 60. Bachfest der Neuen Bachgesellschaft. Hrsg. v. W. Hoffmann u. A. Schneiderheinze. Leipzig 1988. S. 41–45.
— [Rez.] Erhalten und Bauen auf dem Lande. Arbeitsmaterial für die 1. Zentrale Fachtagung zur Volksbauweise in der DDR. Redaktion: I. Hiersemann. Leipzig 1985. 126 S. (= Wiss. Berichte der TH Leipzig 3). In: Jahrb. f. Regionalgeschichte *14* (1987) S. 445–446.
— [Rez.] E. Hütter u. H. Magirius: Der Wechselburger Lettner. Forschung und Denkmalpflege. Mit Beiträgen von L. Gonschor u. H. Materna. Hrsg. vom Institut für Denkmalpflege Berlin. Weimar 1983. 292 S., 442 Abb., 4 Beil. Ebda S. 463–465.
— [Rez.] Glossarium Artis. Bd 5. Treppen — Escaliers — Staircases (dt.-franz.-engl.). Redakt. R. E. Huber u. R. Rieth. Hrsg. unter dem Patronat des Comité International d'Histoire de l'Art. München, New York, London, Paris 1985. 278 S., 300 Abb. Ebda S. 465–455.
— [Rez.] Die Bau- und Kunstdenkmale in der DDR. Hrsg. vom Institut für Denkmalpflege. Bd 1: Hauptstadt Berlin. Bearb. von einem Kollektiv der Abt. Forschung, Gesamtredakt. H. Trost. 2. Aufl. Berlin 1984. 496 S., 712 Abb., 4 Übersichtsktn. Ebda S. 441–442.

Weizsäcker, Carl Friedrich von: Bewußtseinswandel. München 1988. 476 S.
— [Interv.] Wissen um moralische Pflicht. In: Sächsisches Tageblatt *42* (17. 7. 1987) Nr. 152.
— [Interv.] Zeitzeuge des Atomzeitalters. In: Wochenpost Jg. *35* (Berlin 14. 10. 1988) Nr. 41, S. 16–17.
— [Interv.] Der Geist von Göttingen. Ebda (Berlin 21. Okt. 1988) Nr. 42, S. 13.
— [Interv.] Die Kunst des Möglichen. Ebda (28. Okt. 1988) Nr. 43, S. 16–17.
— [Interv.] Wissen um die Macht des Wissens. In: Buchjournal H. 1 (Frankfurt/M. 1988) S. 32 bis 35.
— Das Projekt Bombe. Zu einem Gespräch zwischen Niels Bohr und Werner Heisenberg im Jahr 1941. In: Süddeutsche Zeitung (5./6. März 1988) Nr. 54, S. 11.

Werner, Ernst u. K.-P. Matschke: Ideologie und Gesellschaft im hohen und späten Mittelalter. Berlin 1988. 344 S. (= Studienbibliothek DDR-Geschichtswissenschaft. Forschungswege, Bilanz, Aufgaben. Bd 8).
— Ständebildung und hussitische Reformation in Böhmen bis 1419. In: ZfG *35* (1987) H. 7, S. 601–618.
— Alla ricerca del dio nascosto: eretici e riformatori radicali nel secolo XI. In: Quaderni storici, n. s. 64, *XXII* (1987) S. 61–79.
— Translatio imperii ad Turcos: Päpstliche renovatio und Weltkaiseridee nach dem Fall Konstantinopels. In: Byzantin. Forschungen *XI* (1987) S. 465–472.
— Patria und Virginitas. In: Byzantinische Forschungen *XII* (1987) S. 489–501.
— Bemerkungen zum religiösen Selbstverständnis Thomas Müntzers. In: Probleme des Müntzerbildes. Berlin 1988. S. 28–34 (= Sitzungsbericht AdW DDR, Gesellschaftswiss. 6 G).
— [Rez.] Les mutations socio-culturelles au tournant des XIe–XIIe siècles. Paris 1984. In: DLZ *108* (1987) Sp. 56–59.
— [Rez.] Ph. Peyron: Trois abbayes cisterciennes en Forez (XIIe–XVe siècles). La Bénisson-Dieu-Bonlieu 1986. Ebda Sp. 173–174.
— [Rez.] V. Herold: Pražská Univerzita a Wyclif. Praha 1985. In: ZfG *35* (1987) S. 455–457.
— [Rez.] Cluny in Lombardia I. Badia del Monte Cesena 1981. In: DLZ *108* (1987) Sp. 291–294.
— [Rez.] A pane e acqua. Peccati e penitenze nel Medioevo. Novara 1986. In: ZfG *35* (1987) S. 745–755.
— [Rez.] Les moniales cisterciennes. Grinan. Abbaye Notre Dame d'Aiguebelle 1986. In: DLZ *108* (1987) Sp. 418–420.
— [Rez.] M. Ransdorf: Kapitoly z geneze husitské ideologie. Praha 1986. Ebda Sp. 704–709.

— [Rez.] R. P. Lindner: Nomads and Ottomans in Medieval Anatolia. Indiana 1983. In: Wiener Zschr. f. die Kunde des Morgenlandes *77* (1987) S. 282—285.
— [Rez.] G. Duby: Europa im Mittelalter. Stuttgart 1986. In: DLZ *109* (1988) Sp. 57—59.
— [Rez.] F. Seibt: Hussitenstudien. München 1987. In: ZfG *36* (1988) S. 650—653.
— [Rez.] J. Hejnic-M. Polívka: Plzeň v husitské revoluci. Praha 1987. In: DLZ *109* (1988) Sp. 533—536.
— [Rez.] R. Ulbrich: Tkadleček und Ackermann, Waldenserliteratur, Humanismus und Politik um 1400 in Böhmen. Berlin (West) 1985. In: Heresis *10* (1988) S. 97—100.
— [Rez.] San'Anselmo: Mantova e la lotta per le investiture. Mantova 1987. In: DLZ *109* (1988) Sp. 817—820.
— [Ann.] Codice diplomatico Langobardo V. Roman 1986. In: ZfG *36* (1988) S. 180.
— [Ann.] Mehmet II. erobert Konstantinopel. Das Geschichtswerk des Kritobulos von Imbros. Übersetzt, eingel. u. erklärt von D. R. Reinsch. Graz—Wien—Köln. In: HZ *246* (1988) S. 152 bis 153.
— [Ann.] L. Schmugge: Die Kreuzzüge aus der Sicht humanistischer Geschichtsschreiber. Basel—Frankfurt/M. 1987. In: ZfG *36* (1988) S. 661.
— [Ann.] Táborský archiv. Tábor 1987. Ebda S. 848.
— [Ann.] J. Pánek: Výprava české šlechty do Itálie v letech 1551—1552. Praha 1987. Ebda S. 1127.

Werner, Hans-Georg: Grabbes Werke in zwei Bänden. Berlin und Weimar 1987. XLVI, 306 S., 435 S.
— Studien zu Georg Büchner. Berlin und Weimar 1988. 348 S.
— Die Paradoxie der Vernunft. Lessings „Ernst und Falk". In: Weimarer Beiträge *33* (1987) 4, S. 574—598.
— Zur Bestimmung der Historizität von dramatischen Handlungen. In: Zeitschr. für Germanistik Jg 8 (Leipzig 1987) H. 3, S. 311—319; dasselbe in: Literaturwissenschaftler Werkbegriff und Interpretationspraxis. Wilhelm-Pieck-Universität Rostock 1987. S. 57—67 (= Rostocker Forschungen zur Sprach- und Literaturwissenschaft, H. 3).
— Selbstoffenbarung und Selbstwiderlegung. Zu Christoph Heins „Der fremde Freund". In: Der Ginko-Baum. Germanistisches Jahrbuch für Nordeuropa. 5. Folge (Helsinki und Stockholm 1986) S. 34—36.
— Aspekte des Biedermeier-Problems aus germanistischer Sicht. In: WZ Ernst-Moritz-Arndt-Universität Greifswald, gesellschaftswiss. R. *35* (1986) 3—4, S. 92—95.
— Vergegenwärtigung von Geschichte in Schillers „Dom Karlos". In: Helmut Brandt [Hrsg.]: Friedrich Schiller — Angebot und Diskurs. Berlin und Weimar 1987. S. 235—249.
— Lessing über Streit und Toleranz als Faktoren des Vernunftfortschritts. In: Zeitschr. für Germanistik Jg *8* (1987) H. 6, S. 677—687.
— Über Erdmannsdorff. In: Beiträge zur Gartendenkmalpflege — Der frühe Landschaftsgarten. Denkmalpflege. Kulturbund der DDR. Berlin 1986. S. 11—18.
— Ernst Moritz Arndts „Reisen durch einen Theil Teutschlands, Ungarns, Italiens und Frankreichs in den Jahren 1798 und 1799". In: Reiseliteratur im Umfeld der Französischen Revolution. Hrsg. v. Thomas Höhle. Martin-Luther-Universität Halle—Wittenberg. Halle 1987. S. 78—90 (= Wiss. Beiträge 38, F 70).
— Goethes Reise durch Italien als soziale Erkundung. In: Goethe-Jahrbuch *105*/1988 (Weimar 1989) S. 27—41.
— Poetische Welt — fern und nah. Strittmatters „Laden". In: Sinn und Form *40* (1988) S. 653 bis 663.
— Literarische „Klassik" in Deutschland? Thesen zum Gebrauch eines Terminus. In: Jahrbuch der Deutschen Schillergesellschaft Jg *32* (Stuttgart 1988) S. 349—357.
— [Rez.] Zur historisch-kritischen Mörike-Ausgabe. In: ZfdtPh *105* (1986) Sonderheft, S. 194 bis 198.
— [Rez.] Helmut Bock, Wolfgang Heise [Hrsg.]: Unzeit des Biedermeiers. In: Weimarer Beiträge *34* (1988) H. 7, S. 1220—1223.

— [Rez.] Rudolf Brandmeyer: Biedermeierroman und Krise der ständischen Ordnung. In: Arbitrium *1* (Tübingen 1987) S. 72—74.
— [Rez.] Klaus-Dieter Dobat: Musik als romantische Illusion. In: DLZ *109* (1988) 9, Sp. 672—673.
— [Rez.] Ludwig Börne. 1786—1837. Bearb. von Alfred Estermann. Frankfurt/M. 1986. In: Arbitrium *3* (Tübingen 1988) S. 292—293.

Werner, Jürgen: Zur Geschichte der deutschen Pindarübersetzung. In: Jürgen Dummer, Max Kunze (Hrsg.): Antikerezeption Antikeverhältnis Antikebegegnung. Eine Aufsatzsammlung. Festschrift Johannes Irmscher. Bd *2* (Stendal 1983 [recte 1988]) S. 577—604 (= Schriften der Winckelmanngesellschaft Bd 6).
— [Hrsg., Nachw.] Antike Komödien. Aristophanes Menander Plautus Terenz. 3. Aufl. Berlin, Weimar 1987. Nachwort: S. 641—660 (= Bibliothek der Weltliteratur).
— Political Points in Performances of Aristophanes. In: International Meeting of Ancient Greek Drama Delphi. Athen 1987. S. 296—300.
— 1. Internationales Symposium über das antike Drama. Delphi 1985. In: Enthnograph.-Archäol. Zeitschr. *28* (1987) S. 347.
— Antikerezeption. In: Johannes Irmscher (Hrsg.): Lexikon der Antike. 9., neubearb. Aufl. Leipzig 1987. S. 42—43.
— Katalog. Zur Gothaer Ausstellung „Das Urteil des Paris". In: Sonntag (1987) Nr. 2.
— Walter Jens in Weimar. Ebda Nr. 48, S. 11.
— [Hrsg.] Griechenland Ägäis Zypern. Vorträge der wissenschaftlichen Konferenz „Das moderne Griechenland und das moderne Zypern in der Forschung der sozialistischen Gesellschaft". Leipzig 1987. 136 S. (= Wiss. Beiträge der KMU Leipzig).
— „Le plus grand poète vivant s'appelle Yannis Ritsos ...". Ebda S. 106—127.
— Bibliographie neugriechischer Literatur in der DDR. Ebda S. 128—133.
— Auswahlbibliographie neogräzistischer Arbeiten aus dem Fachbereich Antike Literatur/Neogräzistik der Karl-Marx-Universität Leipzig. Ebda S. 134—136.
— Genetiv ohne -s. In: Sprachpflege *36* (1987) S. 16.
— Antike Kultur in Leipzig. Zur Tätigkeit der Interessengemeinschaft „Antike Kultur" der Kulturbund-Kreisleitung an der Karl-Marx-Universität Leipzig. In: Sonntag (1987) Nr. 6.
— Endiapheron ohi mono gia tēn archaia Ellada kai Rōmē. In: Epitheōrēsē tēs GLD (1987) Nr. 12, S. 34—35.
— Non solo Roma e la Grecia ... In: Rivista della RDT (1987) Nr. 12, S. 34—35.
— [Rez.] Internationale Bibliographie zur Geschichte der deutschen Literatur. Zehnjahresergänzungsband. In: Zentralblatt f. d. Bibliothekswesen *100* (1986) S. 488.
— [Rez.] Xenophon, Abrokamas und Anthia. Die Liebenden von Ephesos. Antiker Roman. In: Leipziger Volkszeitung 7./8. 3. 1987.
— [Rez.] Gellius, Attische Nächte: Unterhaltsame Belehrung. Die „Attischen Nächte" des Römers Gellius im Inselverlag. Ebda 15./16. 8. 1987.
— [Rez.] Lukian, Der Bürgerkrieg: „Es gibt Schwerter, damit niemand in Knechtschaft sei". In: Universitätszeitung KMU (1987) Nr. 5.
— [Rez.] Härtel/Polay, Römisches Recht: Stationen zum Corpus iuris. In: ND 1./2. 8. 1987.
— [Rez.] M. Theodorakis: Meine Stellung in der Musikszene: Selbstzeugnisse eines eigenwilligen Musikers. In: ND 11./12. 4. 1987; dass.: Ein streitbarer Komponist. In: Leipziger Volkszeitung 27./28. 6. 1987; dass. (ausführlichste Fassung): „Dichtung, Musik und Kampf als ideale Trias" — die Welt des Mikis Theodorakis. In: Universitätszeitung KMU (1987) Nr. 32.
— [Rez.] B. Wurlitzer: Zypern: Bildband über die Insel der Aphrodite. In: ND 4./5. 4. 1987; dass.: Schöne Landschaften mit Weinbergen und Oliven. In: Universitätszeitung KMU (1987) Nr. 16.
— [Rez.] Carstensen: Beim Wort genommen. In: Sprachpflege *36* (1987) S. 16.
— [Rez.] Volland, Französische Entlehnungen im Deutschen. In: Germanistik *28* (1987) S. 294.
— „Arbeit überwindet alles". In: ZPSK *41* (1988) S. 387—388.

– [Auswahl, Nachw., Anmerkg.] Lukian: Götter, Tote und Hetären. Übers. v. Wieland. 8. Aufl. Leipzig 1988. 315 S. (= RUB 441).
– [Anmerk.] Lukian: Der Lügenfreund. Satirische Gespräche und Geschichten. Berlin, Weimar 1988. S. 337–399. (= Taschenbibliothek der Weltliteratur).
– Quadflieg als Synonym für Schauspielkunst? In: Sprachpflege *37* (1988) S. 34–35.
– Poeta doctus und Radikaldemokrat. Der BRD-Autor Walter Jeans besuchte mehrmals die DDR. In: Börsenblatt für den Deutschen Buchhandel *155* (Leipzig 1988) S. 30–31.
– Mia epistēmonikē gia tēn Ellada. In: Epitheōrēsē tēs GLD (1988) Nr. 8, S. 37.
– Una pubblicazione die carrattere scientifica sulla Grecia. In: Rivista della RDT (1988) Nr. 8, S. 37.
– [Rez.] Jürgen Dummer u. a. (Hrsg.): Texte und Textkritik. Aufsatzsammlung zur Arbeit an antiken Texten. In: ND 2./3. 1. 1988.
– [Rez.] R. Günther, R. Müller: Sozialutopien der Antike und R. Müller: Polis und Res publica. Gesellschaftsdenken der Antike. Ebda 16./17. 4. 1988; dass.: Utopien von Hesiod bis zum Frühchristentum (ausführlichere Fassung). In: Universitätszeitung KMU (1988) Nr. 34.
– [Rez.] M. Beike: Kriegsflotten und Seekriege der Antike: Vom Seewesen der Antike. In: ND 5./6. 3. 1988.
– [Rez.] F. Jürß. R. Müller, E. G. Schmidt: Griechische Atomisten. Die „Linie Demokrits". In: ND 3./4. 9. 1988; dass. (ausführlichere Fassung): Verdienst um die griechischen Atomisten. In: Leipziger Volkszeitung 24./25. 9. 1988.
– [Rez.] Die griechische Sagenwelt. Apollodors Mythologische Bibliothek: Lesebuch antiker Mythen. Ebda 10./11. 12. 1988.
– [Rez.] Griechische Sprichwörter. Zenobii Athoi proverbia vulgari ceteraque memoria aucta 4. In: DLZ *109* (1988) Sp. 92–96; dass. (ausführlichere Fassung) In: Gött. Gel. Anz. *240* (1988) S. 92–96.
– [Rez.] Eichelberger: Berlin Berlin Berlin: „Unglücksnest" als Weltstadt. In: Universitätszeitung KMU (1988) Nr. 15.

Wieacker, Franz: Kleine Juristische Schriften. Hrsg. von M. Dießerlhorst. Göttingen 1988. VI, 361 S. (= Göttinger Rechtswissenschaftliche Studien Bd 140).
– Römische Rechtsgeschichte [Erster Abschnitt Einleitung, Quellenkunde, Frühzeit und Republik]. München 1988. XXIX, 724 S. (= Handbuch der Altertumswissenschaften X, 3, 1, 1).
– Vorjustinianische Textvarianten in klassischen Juristenschriften. In: Estudios de Derecho in honor de Alvaro d'Ors. Pamplona 1987. S. 1115–1132.
– Die Georgia Augusta: Dauer im Wandel. Akademische Festrede am 17. 9. 1987. In: 250 Jahre Georgia Augusta. Göttingen 1988. S. 27–56. (= Göttinger Universitätsreden Nr. 84).
– Öffentliche Strafe und Entschädigung des Opfers im römischen Kaiserrecht (Zu CI 2, 4, 18). In: Estudios en homenaje de Juab Iglesias *I* (Madrid 1988) S. 643–652.
– Recht und Moralität in pragmatischer Sicht. In: Rechtsstaat und Menschenwürde. Festschrift für W. Maihofer zum 70. Geburtstag. Frankfurt/M. 1988. S. 631–650.

Wittich, Dieter: Georg Lukács und W. I. Lenins „Materialismus und Empiriokritizismus". In: M. Buhr u. J. Lukács (Hrsg.): Geschichtlichkeit und Aktualität. Beiträge zum Werk und Wirken von Georg Lukács. Berlin 1987. S. 165–174.
– Die Alma mater Lipsiensis und W. I. Lenins Werk „Materialismus und Empiriokritizismus". In: H. Hörz, G. Kröber u. K. H. Schöneburg (Hrsg.): Pflicht der Vernunft. Das Spannungsfeld von Vernunft, Mensch und Geschichte. Berlin 1987. S. 261–269.
– Die Bedeutung sozialer Erfahrungen angesichts der Verwissenschaftlichung menschlicher Tätigkeiten. In: DZfPh *35* (1987) H. 8, S. 721–725.
– Ernst Mach als Gesellschaftstheoretiker. In: 8th International Congress of Logic, Methodology and Philosophy of Science. Vol. *5* (Moscow 1987) S. 187–188.
– Popularisierung von Wissenschaft und menschliches Leben in unserer Zeit. In: XVIIIth World Congress of Philosophy. Book of Abstracts. Brighton 1988. S. 35.

— Laudatio zur Ehrenpromotion von Prof. Dr. sc. Jaime Quijano-Caballero. In: Sobre el Criticisimo Ortonómico. Bogotá 1988. S. 69—83.
— Formationsspezifische Aspekte menschlichen Erkennens. Probleme ihrer erkenntnistheoretischen Untersuchung. In: DZfPh *36* (1988) H. 1, S. 1—10.
— u. H. Poldrack: Beiträge sowjetischer Wissenschaftler im Umfeld des Londoner Kongresses 1931 zur Wissenschaftsgeschichte. Ebda H. 8, S. 747—751.
— Popularisierung von Wissenschaft und demokratische Bewegung. Ebda H. 9, S. 840—843.
— Determination der Wissenschaftsentwicklung. Zur Geschichte und zu Problemen ihrer Reflexion in der heutigen Philosophie. In: NTM. Schriftenreihe für Geschichte der Naturwissenschaften, Technik und Medizin *25* (1988) H. 1, S. 97—105.
— Zwei marxistische Kritiker Ernst Machs: G. W. Plechanow und W. I. Lenin. Gemeinsamkeit und Differenz. In: Rohrbacher Manuskripte. H. 2. Leipzig 1988. S. 4—24.
— Philosophisches Erbe aus heutiger Sicht befragen. Interview zum XVIII. Philosophieweltkongreß in Brighton. In: Sächsisches Tageblatt vom 20. 9. 1988. S. 5.
— [Rez.] H. Hörz: Was kann Philosophie? Gedanken zu ihrer Wirksamkeit. Berlin 1986. In: DZfPh *36* (1988) H. 10, S. 969—971.

Wollgast, Siegfried: Philosophie in Deutschland zwischen Reformation und Aufklärung 1550 bis 1650. Berlin 1988. 1037 S., 1 Karte.
— Ehrenfried Walther von Tschirnhaus und die deutsche Frühaufklärung. Berlin 1988. 83 S. (= Sitzungsber. SAW, phil.-hist. Kl., Bd 128, H. 1).
— Übersetzung der 2. Aufl. des Wörterbuches der Philosophie und Naturwissenschaften: Slovnik Filosofia a Prinodne Vady. Bratislava 1987. 863 S.
— [Hrsg.] G. Banse u. S. Wollgast: Biographien bedeutender Techniker, Ingenieure und Technikwissenschaftler. 2. Aufl. Berlin 1987. 368 S., zahlr. Abb.
— Philosophie und Geistesleben in Deutschland im Vorfeld und zu Beginn des 30jährigen Krieges (Bearb. u. erweiterte Fassung des anläßlich der Wolfgang-Ratke-Ehrung 1985 in Köthen am 26. April 1985 gehaltenen Referats). In: Wiss. Hefte der Pädagogischen Hochschule „W. Ratke" H. 2 (Köthen 1985) S. 29—55.
— Philosophische Wirkungen Luthers und der Reformation auf die deutsche Philosophie im 16. Jahrhundert. In: Martin Luther. Leistung und Erbe. Hrsg. v. Horst Bartel, Gerhard Brendler (Leiter), Hans Hübner u. Adolf Laube. Berlin 1986. S. 367—372.
— Nachwirkungen mittelalterlicher Häresien in Deutschland im 17. Jahrhundert. In: Sitzungsber. AdW der DDR *12* G (Berlin 1986) S. 60—75.
— Philosophie und Geistesleben in Deutschland zwischen Reformation und Aufklärung. In: Die Aufgaben der URANIA bei der Bach-Händel-Schütz-Ehrung der DDR. Hrsg. vom Präsidium der URANIA. 1987 S. 15—37.
— Handeln! Handeln! Das ist es, wozu wir da sind. Johann Gottlieb Fichte — zu seinem Leben und Werk. In: Die Union Jg *42* (Dresden 16./17. Mai 1987) Nr. 114, S. 3.
— Zum Wechselverhältnis von Naturwissenschaft und Naturphilosophie in der Renaissance. In: Beitr. Wissenschaftsgesch., Wissenschaft in Mittelalter und Renaissance. Berlin 1987. S. 25 bis 43.
— Der Philosoph Karl Christian Friedrich Krause. Aspekte seines Dresdner Schaffens. In: Wissenschafts- und Universitätsgeschichte in Sachsen im 18. und 19. Jahrhundert. Nationale und Internationale Wechselwirkung und Ausstrahlung. Beiträge des internationalen Kolloquiums zum 575. Jahr der Universitätsgründung am 26. und 27. November 1984 in Leipzig. Hrsg. im Auftrage der Sächsischen Akademie der Wissenschaften zu Leipzig und ihrer Historischen Kommission von Karl Czok. Berlin 1987. S. 167—177 (= Abhandlungen der SAW, phil.-hist. Kl. Bd 71, H. 3).
— Zur Philosophie des 17. Jahrhunderts. In: WZ der Technischen Hochschule „Otto von Guericke" *31* (Magdeburg 1987) H. 1, S. 21—28.
— U. Röseberg, K.-F. Wessel u. S. Wollgast: Anmerkungen zum Meinungsstreit. In: DZfPh *35* (1987) 5, S. 460.

– Heinrich Schütz im Bannkreis von Philosophie und Literatur seiner Zeit. In: Jahrbuch für Regionalgeschichte *14* (Leipzig 1987) S. 365–377.
– Erasmus von Rotterdam und seine Friedensappelle. In: Wissenschaft und Verantwortung in der Geschichte. Jena 1987. S. 14–21 (= Alma mater jenensis. Studien zur Hochschul- und Wissenschaftsgeschichte H. 4).
– Aspekte des Friedensdenkens im 16. und 17. Jahrhundert in Deutschland. In: Friedensgedanke und Friedensbewahrung am Beginn der Neuzeit. Beiträge einer wissenschaftlichen Konferenz vom 6. und 7. Mai 1986 an der Karl-Marx-Universität Leipzig. Leipzig 1987. S. 21–48.
– Zur Entwicklung der Philosophiegeschichtsschreibung als philosophische Disziplin bis zur Mitte des 19. Jahrhunderts. In: Der Ursprung der modernen Wissenschaften. Studien zur Entstehung wissenschaftlicher Disziplinen. Hrsg. v. M. Guntau u. H. Laitko. Berlin 1987. S. 377 bis 396.
– Theologie und Philosophie zur Schützzeit in Sachsen. In: Heinrich Schütz im Spannungsfeld seines und unseres Jahrhunderts. Bericht über eine internationale Wissenschaftliche Konferenz am 8. und 9. Oktober 1985 in Dresden im Rahmen der Bach-Händel-Schütz-Ehrung der Deutschen Demokratischen Republik 1985. T. 1. Hrsg. v. W. Steude. Leipzig 1987. S. 21–30.
– Zum geistigen Umfeld von Heinrich Schütz. In: Daß eine Nation die ander verstehen möge. Festschrift für Marian Szyrocki zu seinem 60. Geburtstag. Amsterdam 1988. S. 791–824. (= Chloe. Beihefte zum Daphnis Bd 7).
– R. Groß, G. Hirche, K. Schumann, R. Sonnemann, E. Wächtler u. S. Wollgast: Sachsen und die Wettiner. Chancen und Realitäten. Thesen. In: Dresdner Hefte *6* (1988) H. 3. 56 S. (= Beiträge zur Kulturgeschichte 15).
– Zur Spätaufklärung in Dresden. Beispiel: Johann Christoph Adelung. Ebda H. 6, S. 38–44 (= Beiträge zur Kulturgeschichte 16).
– Bemerkungen zu unseren Forschungen zur Philosophiegeschichte in Deutschland zwischen Reformation und Hochaufklärung. In: Aus dem philosophischen Leben der DDR. Informationsbulletin Jg *24* (1988) H. 2, S. 5–12.
– Zeugnis eines Wirkens. Valentin Weigel und seine Stellung in der deutschen Philosophie- und Geistesgeschichte – zu seinem 400. Todestage. In: Die Union Jg *43* (2. Juli 1988 Dresden) Nr. 154, S. 3.
– A. Laube, H. Bock, G. Brendler, S. Hoyer, K. Kinner, W. Lenk, S. Looß, G. Vogler, S. Wollgast: Thesen über Thomas Müntzer. Zum 500. Geburtstag. In: Neues Deutschland Jg *43* (Berlin 30./31. Januar 1988) S. 9–11; auch in: Einheit Jg *43* (Berlin 1988) H. 1, S. 36–58; ZfG *36* (1988) H. 2, S. 99–121.
– Keine Trennung Einzelwissenschaften – Philosophie. Interview. In: Sächsisches Tageblatt *43* (Leipzig 1988) Nr. 164, S. 5, 13. Juli 1988.
– Joachim Jungius – sein Leben und seine philosophische Leistung. In: Joachim Jungius (1587–1657) in seiner Zeit – für unsere Zeit. Wissenschaftliche Beiträge zur Joachim-Jungius-Ehrung, Rostock 1987. Wilhelm-Pieck-Universität Rostock 1987. S. 7–13.
– [Rez.] Wilhelm Schmidt-Biggemann: Topica universalis. Eine Modellgeschichte humanistischer und barocker Wissenschaft. Hamburg 1983. 330 S. (= Paradeigmata 1). In: Daphnis. Zeitschrift für Mittlere Deutsche Literatur Bd *14* (Amsterdam 1985) S. 378–393.
– [Rez.] K. Behrens: Friedrich Schlegels Geschichtsphilosphie (1794–1808): Ein Beitrag zur politischen Romantik. Tübingen 1984. VII. 196 S. (= Studien zur deutschen Literatur 78). In: Referateblatt Philosophie *22* (Berlin 1986) 4, Bl. 133–134.
– [Rez.] Ökonomische Strategie und Kulturfortschritt. Ergebnisse – Probleme – Perspektiven. Kulturbund der DDR. Berlin 1985. 103 S. In: wissenschaft und fortschritt Jg *37* (Berlin 1987) H. 5, S. 114.
– [Rez.] Bo Andersson: „Du Solst wissen es ist aus keinem stein gesogen". Studien zu Jacob Böhmes *Aurora oder Morgen Röte im auffgang*. Stockholm 1986. V, 272 S. (= Acta Universitatis Stockholmiensis. Stockholmer Germanistische Forschungen 33). In: DLZ *108* (1987) H. 4, Sp. 242–245.
– [Rez.] Geschichte der Philosophie. Hrsg. v. W. Röd. Bd VIII: W. Röd: Die Philosophie der

Neuzeit. 2. Von Newton bis Rousseau. München 1984. 498 S. Ebda H. 2/3, Sp. 107 bis 112.
- [Rez.] Günter Rophol: Die unvollkommene Technik. Frankfurt/M. 1985. 269 S. (= suhrkamp taschenbuch 1213). Ebda H. 10/11, Sp. 764–767.
- [Rez.] W. G. Gorochow: Metodologitscheski analis nautschnotechnitscheskich disziplin. Moskau 1984. 112 S. In: DZfPh *35* (1987) H. 8, S. 761–763.
- [Rez.] Thomas Leinkauf: Kunst und Reflexion, Untersuchungen zum Verhältnis Philipp Otto Runges zur philosophischen Tradition. München 1987 (= Die Geistesgeschichte und ihre Methoden, Quellen und Forschungen. Hrsg. v. S. Otto, Münchner Universitätsschriften, Institut für Geistesgeschichte und Philosophie der Renaissance, Bd 14) 292 S. In: Sächsische Heimatblätter Jg *33* (1987) H. 6, S. 283.
- [Rez.] Marius Nizolius aus Bersello: Vier Bücher über die wahren Prinzipien und die wahre philosophische Methode. Gegen die Pseudophilosophen. Deutsche Übersetzung von Klaus Thieme unter Mitarb. v. Barbara Gerl u. Diane Rosenstein. München 1980. 464 S. (= Humanistische Bibliothek, Reihe II; Texte, Bd. 26). In: Listy filologicke (Praha 1988) 111, S. 59–60.
- [Rez.] Wissenschaft im Dialog. Hrsg. v. L.-G. Fleischer, G. Banse. Leipzig–Jena–Berlin 1987. 330 S., 46 Abb. In: wissenschaft und fortschritt Jg *38* (1988) H. 10, S. 271.
- [Rez.] Gottfried Wilhelm Leibniz: Politische Schriften. Hrsg. vom Zentralinstitut für Philosophie an der Akademie der Wissenschaften der DDR. Vierte Reihe: Politische Schriften. Dritter Band: 1677–1689. Berlin 1986. 1007 S. In: Jahrbuch für Regionalgeschichte *15/II.* Teil (Weimar 1988) S. 284–285.
- [Rez.] Mainz – „Centralort des Reiches". Politik, Literatur und Philosophie im Umbruch der Revolutionszeit. Hrsg. von Christoph Jamme und Otto Pöggeler. Stuttgart 1986. 347 S. (= Deutscher Idealismus, Philosophie und Wirkungsgeschichte in Quellen und Studien, Bd 11). Ebda S. 423–425.
- [Rez.] Karl Christian Friedrich Krause (1781–1832). Studien zu seiner Philosophie und zum Krausismo. Hrsg. von K.-M. Kodalle. Hamburg 1985. 295 S. In: DZfPh *36* (1988) H. 10, S. 965–967.
- [Rez.] Günter Gawlick u. Lothar Kreimendahl: Hume in der deutschen Aufklärung. Umrisse einer Rezeptionsgeschichte. Stuttgart–Bad Cannstatt 1987. 235 S., 1 Abb. (= Forschungen und Materialien zur deutschen Aufklärung. Abt. II: Monographien Bd 4). In: DLZ *109* (1988) H. 7/8, Sp. 469–473.
- [Rez.] H. Fenske, D. Mertens, W. Reinhard, K. Rosen: Geschichte der politischen Ideen: Von Homer bis zur Gegenwart. Frankfurt/M. 1987. 647 S. (= Fischer Taschenbuch 4367). In: Referateblatt Philosophie *24* (1988) 1, S. 129–133.
- [Rez.] R. Otto: Das Heilige: Über das Irrationale in der Idee des Göttlichen und sein Verhältnis zum Rationalen. München 1987. 229 S. (= Beck'sche Reihe 328). Ebda S. 239–242.
- [Rez.] U. G. Leinsle: Das Ding und die Methode. Methodische Konstitution und Gegenstand der frühen protestantischen Metaphysik, T. 1–2. In: DLZ *109* (1988) H. 10/11, Sp. 949–954.

Žmegač, Viktor: Povijesna poetika romana (Historische Poetik des Romans). Zagreb 1987. 432 S.
- [Hrsg.] u. D. Borchmeyer: Moderne Literatur in Grundbegriffen. Frankfurt/Main 1987. 414 S.
- Kunst und Ethik bei Hermann Broch. In: Brochs theoretisches Werk. Hrsg. v. P. M. Lützeler u. M. Kessler. Frankfurt/Main 1988. S. 15–23 (= Suhrkamp Taschenbuch 2090).
- Überlegungen zum Verhältnis von Literatur und Literaturwissenschaft. Dankrede. In: Jahrb. der Deutschen Akademie für Sprache und Dichtung 1987. Darmstadt 1988. S. 43–47.
- Die Bücher und die Taten: Zur Geschichte des Schriftstellers. In: Literaturszene Bundesrepublik. Amsterdam 1988. S. 1–20 (= Amsterdamer Beiträge zur Neueren Germanistik Bd 25).
- Brochs Auffassung der Kunst in historischer Sicht. In: Festschrift für Marian Szyrocki zu seinem 60. Geburtstag. Hrsg. v. N. Honsza u. H.-G. Roloff. Amsterdam 1988. S. 855–872 (= Chloe. Beihefte zum Daphnis Bd 7).
- Aspekte der Romantheorie Hegels. In: Synthesis philosophica Jg *3* (Zagreb 1988) H. 2, S. 489 bis 508.

NACHRUFE

Manfred Schubert

30. 3. 1930—7. 8. 1987

Manfred Schubert wurde am 30. März 1930 in Reichenstein als Kind einer Arbeiterfamilie geboren. Nach dem Abitur lernte er als Schlosserumschüler in einer Görlitzer Maschinenfabrik. Seine gute Arbeit, sein Eifer und seine Haltung zum jungen Arbeiter-und-Bauern-Staat waren ausschlaggebend, ihn 1949 zum Studium an die damalige Technische Hochschule Dresden zu delegieren.

Als Student arbeitete er ehrgeizig und zielstrebig. Für alles Neue zeigte er sich aufgeschlossen.

Das mag auch die Erklärung dafür sein, daß er sich in seiner Fachrichtung Maschinenbau — das Vordiplom bereits in der Tasche — für die neu an der TH Dresden eingerichtete Fachrichtung Verfahrenstechnik einschreiben ließ und auf diesem Fachgebiet 1955 sein Diplom erwarb. Dieses Gebiet wurde für sein ganzes wissenschaftliches Schaffen bestimmend.

Dem jungen Absolventen übertrug man in der Kaliindustrie mit dem Aufbau und der Leitung einer Pilotanlage zur Herstellung von hochreinem Magnesiumoxid und Salzsäure aus Kaliendlauge verantwortungsvolle Aufgaben. Die tragende Idee dieses Verfahrens — Nutzung eines Abprodukts als Sekundärrohstoff, hohe Veredlung einheimischer Rohstoffe, Schutz der Umwelt — wurde bereits damals zu einem wesentlichen Element seiner wissenschaftlichen Arbeit. Nach erfolgreicher Praxisarbeit nahm Manfred Schubert seit 1960 wieder seine Tätigkeit an der Technischen Hochschule Dresden auf. Er promovierte und habilitierte sich. 1964 wurde Manfred Schubert mit der Wahrnehmung einer Professur mit vollem Lehrauftrag und der kommissarischen Leitung des Instituts für Verfahrenstechnik der nunmehrigen TU Dresden beauftragt. Nach Berufung zum ordentlichen Professor und Direktor des Instituts für Verfahrenstechnik der Technischen Universität Dresden im Jahre 1967 beteiligte sich Manfred Schubert als erster Direktor der Sektion Verarbeitungs- und Verfahrenstechnik federführend an der Gründung und Profilierung dieser Sektion. Die Zusammenführung von Verarbeitungs- und Verfahrenstechnik nicht nur für die chemische Industrie, sondern für die gesamte Stoffwirtschaft, führte zu einer Neuprofilierung und wesentlichen Erweiterung der verfahrenstechnischen Ausbildung und Forschung nach der 3. Hochschulreform.

Mit dem Aufbau einer leistungsfähigen Vertragsforschung unter Einbeziehung der Studenten setzte er Maßstäbe für die Entwicklung der Hochschulforschung. Frühzeitig erkannte er die Notwendigkeit der heute zur Selbstverständlichkeit gewordenen Verbindung von Wissenschaft und Produktion. So war er 1967 maßgeblich am Abschluß eines Koordinierungsvertrages der TU Dresden mit der VVB Kali beteiligt.

Die Lehr- und Forschungstätigkeit von Manfred Schubert zeichnete sich durch die breite Anwendung verfahrenstechnischer Kenntnisse zur Lösung wichtiger Probleme der Volkswirtschaft und die dazu nötige Grundlagenforschung aus.

Für ihn charakteristisch war das Streben nach grundlegend neuen Lösungen. So besitzt ein in den sechziger Jahren von ihm entwickeltes Verfahren für die Kaliindustrie noch heute Bedeutung.

Auch seine weiteren wissenschaftlichen Arbeiten konzentrierten sich stets auf Themen, bei denen durch Einsatz neuer Verfahrensprinzipien hohe volkswirtschaftliche Effekte zu erwarten waren. Das betraf seine Habilitation zum Einsatz von direkten Wärmeübertragern flüssig-flüssig für die Wärmerückgewinnung aus kristallisierenden Lösungen. Gleiches gilt für die Arbeiten zur Luftkühlung und zur Nutzung der Membrantechnik.

Seit Beginn der siebziger Jahre widmete sich Manfred Schubert in Lehre und Forschung verstärkt der umfassenden Anwendung der Verfahrenstechnik zur Lösung von Problemen des Umweltschutzes. Zur Auswahl technologischer Verfahren vom Standpunkt der abproduktarmen und abproduktfreien Technologie sind eine Vielzahl von Veröffentlichungen durch Manfred Schubert erfolgt. So wird z. B. in dem von Prof. Dr.-Ing. habil. Manfred Schubert 1987 herausgegebenen Buch „Abproduktarme und abproduktfreie Technologie" anhand volkswirtschaftlich bedeutender Beispiele aus der chemischen Industrie, der Mineralsalzindustrie, der Kohle- und Energiewirtschaft, der metallurgischen Industrie und der Lebensmittel- und Nahrungsgüterwirtschaft die Einführung abproduktarmer und abproduktfreier Technologien ausführlich dargestellt.

Internationale Anerkennung auf diesem Gebiet erwarb er sich durch Veröffentlichungen und Vorträge auf nationalen und internationalen Tagungen sowie mit seiner Arbeit im Rahmen der Europäischen Wirtschaftskommission (ECE) der UNO.

Manfred Schubert war Mitglied des wissenschaftlichen Beirates für Verfahrensingenieurwesen beim Minister für Hoch- und Fachschulwesen, Mitglied des Senats des Wissenschaftlichen Rates und Leiter der Senatsarbeitsgruppe „Umwelt" der TU Dresden. Große Verdienste erwarb sich Manfred Schubert in der Kammer der Technik. Als Vorsitzender des Fachausschusses Wärmeübertragung von 1963 bis 1968, des Fachausschusses Verfahrenstechnik von 1968 bis 1971 und als Vorstandsmitglied von 1968 bis 1972 hat er erfolgreich im Fachverband Chemische Technik gewirkt. Zum Präsidenten der Kammer der Technik gewählt, hatte Manfred Schubert seit 1974 einen hohen persönlichen Anteil an der Entwicklung dieses Ingenieurverbandes. Zwei Legislaturperioden gehörte Manfred Schubert der höchsten Volksvertretung der DDR, der Volkskammer, an. Sein hohes gesellschaftliches und fachliches Engagement, gestützt auf die Kompetenz der Kammer der Technik, brachte er in die Arbeit des Ausschusses für Wirtschaft, Handel und Verkehr ein.

Manfred Schubert war korrespondierendes Mitglied der Akademie der Wissenschaften der DDR, ordentliches Mitglied der Sächsischen Akademie der Wissenschaften, Mitglied des Hoch- und Fachschulrates sowie Mitglied des Wissenschaftlichen Rates für Grundlagen der Umweltgestaltung und des Umweltschutzes bei der AdW der DDR. Die Verdienste von Prof. Schubert wurden mit dem Vaterländischen Verdienstorden, dem Ehrentitel „Verdienter Techniker des Volkes", dem Orden „Banner der Arbeit", der Ernst-Abbe-Medaille der KDT und anderen hohen Auszeichnungen gewürdigt.

Bibliographie Manfred Schubert (Auszug)

Bücher

– Schubert, M., Viehweg, H.: Sprühturmtechnik. Leipzig: VEB Deutscher Verlag für Grundstoffindustrie 1969.

– Kaplich, K., Schubert, M.: Datenverarbeitung in der Verfahrenstechnik. Leipzig: VEB Deutscher Verlag für Grundstoffindustrie 1969.

- Adolphi, G., Schubert, M.; u. a.: Lehrbuch der chemischen Verfahrenstechnik. Leipzig: VEB Deutscher Verlag für Grundstoffindustrie 1973.
- Gruhn, G., Schubert, M.; u. a.: Einführung in die Verfahrenstechnik. Leipzig: VEB Deutscher Verlag für Grundstoffindustrie 1973.
- Jugel, W., Schubert, M.; u. a.: Umweltschutztechnik. 4. Aufl. Leipzig: VEB Deutscher Verlag für Grundstoffindustrie 1986.
- Schubert, M. u. a.: Abproduktarme und abproduktfreie Technologie. Leipzig: VEB Deutscher Verlag für Grundstoffindustrie 1987.

Fachaufsätze

- Schubert, M.: Verdüsung von Magnesiumchloridlauge im Zerstäubungstrockner zu Magnesiumchloriddihydrat. In: Freiberger Forschungshefte A 123, 1959.
- Schubert, M., Mieche, R., Kunze, R.: Optimaler Einsatz von Luft- und Wasserkühlung. In: Die Technik *29* (1974) S. 6.
- Schubert, M.: Verfahrenstechnik und Umweltschutz. In: Die Technik *30* (1975) S. 8.
- Schubert, M., Schmidt, K.: Hydrodynamik und Wärmeübertragung in Flüssig-flüssig-Sprühkolonnen. In: Chemische Technik *27* (1975) S. 6.
- Lötzsch, P., Schubert, M.: Vermeidung oder Nutzung von Abprodukten — wichtige Aufgabe aller Technologien. In: Die Technik *31* (1976) S. 12.
- Lötzsch, P., Schubert, M.: Forschungsergebnisse zur abproduktfreien Technologie — Beiträge zur Intensivierung der Stoffwirtschaft und zum Umweltschutz. In: Chemische Technik *30* (1978).
- Schubert, M., Zimmermann, A., Raeuber, H. J.: Umweltschutz durch Nutzung verfahrenstechnischer Möglichkeiten. In: Die Lebensmittelindustrie *25* (1978) S. 3.
- Schubert, M.: Zur Entwicklung abproduktarmer bzw. -freier Verfahren in Einheit von Umweltschutz, Material- und Energieökonomie. In: Sitzungsberichte AdW der DDR 21 N 1981 Akademieverlag.
- Schubert, M.: Abproduktarme bzw. abproduktfreie Technologie und geschlossene Stoffkreisläufe. In: Neue Bergbautechnik *12* (1982) S. 10.
- Schubert, M.: Aufgaben und Probleme bei der Einführung abproduktarmer/abproduktfreier Technologien. In: Nachrichten — Mensch — Umwelt (1984) 1.
- Schubert, M.: Abproduktfreie, abproduktarme Technologien. In: Einheit *39* (1984) 11.
- Schubert, M., Lötzsch, P., Tietze, R., Müller, R.: Aufgaben zum Umweltschutz an der TU Dresden. In: Wissenschaftliche Zeitschrift TU Dresden *35* (1986) 2.

Patente (DDR-Anmeldungen)

- DD 28740 12 m, 3
  Schubert, Manfred, Dr.-Ing.; Murawsky, Fritz, Dipl.-Ing.: Verfahren zur Gewinnung von Magnesiumoxid aus magnesium-chloridhaltigen Lösungen oder Salzen
- DD 58715 80 c, 17/60
  Schubert, Manfred, Dr.-Ing., Schultz, Fred, Dipl.-Ing.: Verfahren zur Sinterung von Magnesiumoxid
- DD 62818 12 l, 3/08
  Hoppe, Hans, Prof. Dr.-Ing.; Schubert, Manfred, Dr.-Ing.: Verfahren zur Verarbeitung von Kalirohsalzen
- DD 238533 A 61 M 1/00
  Zickmann, Hans-Joachim, Dipl.-Ing.; Diettrich, Heinz, Dr. sc. med.; Schubert, Manfred, Prof. Dr.-Ing. habil.; Schubert, Karlheinz: Vorrichtung zum Absaugen von Flüssigkeit aus dem Darm

Dagmar Hülsenberg

Erich Strack

20. 11. 1897—2. 10. 1988

Am 2. Oktober 1988 verstarb Prof. Dr. med. habil. Dr. phil. Dr. h. c. mult. Erich Strack im Alter von 91 Jahren, damit zu den ältesten Mitgliedern der Sächsischen Akademie der Wissenschaften gehörend.

Bereits zur Zeit seiner Zuwahl in die Akademie war Erich Strack eine international anerkannte Persönlichkeit, zu denen gehörend, die sich nach dem 2. Weltkrieg tatkräftig für das Wiederingangkommen von Lehre und Forschung in der Biochemie unseres Landes einsetzten. Eine große Zahl von Schülern, die heute Lehrstühle und leitende Positionen in Hochschulen, Akademieinstituten und im Gesundheitswesen einnehmen sowie originelle und nachhaltig genutzte Ergebnisse seiner Forschungsarbeiter zeugen von seiner Befähigung und Wirksamkeit als Hochschullehrer und Wissenschaftler.

Am 20. November 1897 in Wollin geboren, studierte Erich Strack von 1919 bis 1923 zunächst Medizin und anschließend Chemie, nicht einfach aus weitgefächertem Bildungsinteresse heraus, sondern ganz zielbewußt: Nach begonnener ärztlicher Tätigkeit hatte er frühzeitig erkannt, daß grundlegende Fortschritte in der Medizin nur mit den Konzeptionen und Methoden exakter Naturwissenschaften erreicht werden können. Die wissenschaftliche Laufbahn begann er 1924 in Greifswald in der Physiologisch-chemischen Abteilung des Physiologischen Instituts. Hier legte er die Grundlage für seine minutiöse Experimentiertechnik, gekennzeichnet durch höchste Sorgfalt, manuelle Geschicklichkeit, gepaart mit Geduld und Hartnäckigkeit. Zu den ersten Ergebnissen eigener Arbeit gehörten die Synthese des Bakterienfarbstoffs Pyocyanin sowie die Reindarstellung und Strukturermittlung des Spermins.

In dieser Weise gründlich ausgebildet, kam er 1929 an das Leipziger Institut für Physiologische Chemie, dessen wissenschaftliches Profil damals durch Ernährungs- und Stoffwechselphysiologie geprägt war. Damit war eine seiner Forschungsrichtungen vorgegeben.

In Leipzig untersuchte er systemische Eigenschaften des Stoffwechsels unter Steady-state-Bedingungen, schuf dafür ein sehr breites theoretisches Konzept und ein umfängliches methodisches Repertoire, zuerst angewandt auf Probleme der Nahrungsverwertung, ein Gebiet, auf dem er 1931 mit der Thematik „Über ganz einseitige Ernährung" habilitierte, einer Fragestellung, die auch heute noch Aktualität hat.

In den Folgejahren dienten die von ihm formulierten Grundgedanken zur Stoffwechsel-Regulation, Bearbeitung und Klärung zahlreicher Fragestellungen nicht nur aus der Biochemie, sondern auch aus der Pharmakologie und Toxikologie, sie fanden schließlich Eingang in diagnostische und therapeutische Verfahren.

Allerdings waren ihm in dieser frühen Phase seiner Laufbahn nur wenige Jahre ruhiger, unbeschwerter wissenschaftlicher Arbeit vergönnt. Erich Strack lehnte den Nazistaat von Anfang an ab und ließ niemanden an seiner Haltung im Zweifel. Er mußte in der Folgezeit Repressalien erdulden und erleben, daß er bei Berufungen lange Zeit übergangen wurde. Der Krieg brachte schließlich die wissenschaftliche Arbeit gänzlich zum Erliegen, und 1934 wurde das Institut nahezu vollständig zerstört. Unmittelbar nach dem Luftangriff sieht man Erich Strack im brennenden Institut bei der Rettung der Bibliothek und wichtiger Einrichtungen. Im April 1945 wurden durch die amerikanische Militärregierung zahlreiche Hochschullehrer der Universität, unter ihnen Erich Strack, interniert und in die amerikanische Besatzungszone abtransportiert, 1948 kehrte er — manche Behinderung

MANFRED SCHUBERT

30. III. 1930 Reichenstein — 7. VIII. 1987 Berlin

ERICH STRACK

20. XI. 1897 Wollin — 2. X. 1988 Leipzig

WALTER DIETZE

22. V. 1926 Leipzig — 11. IX. 1987 Weimar

LAJOS LIGETI

25. X. 1902 Balassagyarmat — 24. V. 1987 Budapest

ZINAIDA UDAL'COVA

5. III. 1918 Kislovodsk — 29. IX. 1987 Baku

HERBERT PEUKERT

29. IV. 1907 Reichenau — 24. XI. 1987 Kaufbeuren

überwindend — nach Leipzig zurück, wo er sofort mit dem Neuaufbau des Instituts, der Reorganisation von Forschung und Lehre begann. Von da an standen ihm fast noch 4 Jahrzehnte produktiver Lehr- und Forschungstätigkeit bevor, und erst jetzt begann eigentlich die Periode geplanter, von den theoretischen Grundlagen bis zur wissenschaftlichen Nutzung reichender Aktivitäten der konsequenten Überprüfung schon lange vorher gereifter Ideen, der Ansteuerung bereits abgesteckter Ziele.

In seinen ersten größeren wissenschaftlichen Berichten in der Akademie (Dezember 1950) gab er eine geschlossene Darstellung und theoretische Begründung der Dauerinfusion, des von ihm entwickelten Verfahrens zur quantitativen Messung des Stoffumsatzes unter In-vivo-Bedingungen (Teile dieser Arbeiten waren aber schon ab 1932 in den Berichten der Akademie erschienen).

Danach konzentrierte sich sein Interesse mehr und mehr auf die Aufklärung der Funktionen des Carnitins, einem essentiellen Wirkstoff im Organismus.

Mit dem Carnitin hatte sich Erich Strack schon in Greifswald beschäftigt. In methodisch brillanten Studien konnte er nachweisen, daß die Muskulatur weder freies Cholin noch Acetylcholin enthält und daß das von anderen Autoren gefundene Acetylcholin durch Carnitin vorgetäuscht wurde.

Daß Erich Strack das Carnitin zu einem seiner Forschungsgegenstände wählte, liegt wohl daran, nach dem zweifelsfreien Nachweis dieser Substanz mehr über ihre Funktionen wissen zu wollen.

Nach 1949 standen zunächst die Entwicklung von Syntheseverfahren und die biologischen Wirkungen des Carnitins im Vordergrund der experimentellen Arbeiten. Erich Strack und seine Mitarbeiter konnten Wirkungen auf den Energiestoffwechsel am Gesamtorganismus nachweisen (Beeinflussung des Grundumsatzes, trophischer Effekt und Verbesserung der N-Bilanz bei Frühgeborenen u. a. m.), danach folgten Untersuchungen über Biosynthese und Abbau des Carnitins — sie induzierten Untersuchungen über Carnitinmangelsyndrome am Menschen und führten zu Überlegungen, durch Carnitin Störungen des Triglycerid-Umsatzes therapeutisch zu beeinflussen.

Das Physiologisch-chemische Institut in Leipzig wurde damit wieder zu einem international anerkannten Zentrum biochemischer Forschung. Die Ergebnisse sind in über 200 Publikationen, zahlreichen Forschungsberichten und Patenten dokumentiert.

In der praktischen täglichen Institutsarbeit war Erich Strack ein Hochschullehrer, der kaum am Schreibtisch, dafür umsomehr am Arbeitsplatz im Laboratorium zu finden war. Das tägliche Gespräch mit den Assistenten im Laboratorium, die gemeinsame Beratung und Durchführung von Experimenten und ihre kritische Auswertung, das war sein Arbeits- und Leitungsstil, zu dessen Bilanz die Ausbildung von über 300 Nachwuchswissenschaftlern gehört, die durch ihn zur soliden, sauberen experimentellen Arbeit, zu naturwissenschaftlichen Denken und zur Kritikfähigkeit erzogen wurden. Zwölf seiner Schüler wurden auf Lehrstühle berufen, eine wahrhaft stattliche wissenschaftliche Schule, ein sicherer Gradmesser originärer Lehr- und Forschungstätigkeit, die lange über die eigene Lebenszeit hinaus wirkt.

Viele Studentengenerationen wurden durch Erich Strack ausgebildet. Mit besonderer Liebe hat er die Vorlesungen stets neu überarbeitet und die praktischen Übungen angeleitet.

Es ist nicht leicht, die verschiedenen Facetten seines Wesens mit wenigen Worten treffend zu umreißen. Wir haben ihn kennengelernt als eine kraftvolle Persönlichkeit, ausgerüstet mit gedanklicher Schärfe und Klugheit, mit unerbittlicher Konsequenz von den Mitarbeitern Arbeitswillen und Disziplin fordernd.

Auch nach seiner Emeritierung arbeitete Erich Strack an den Problemen früherer Forschungsthemen weiter, großzügig unterstützt durch die SAW. Noch über 20 Jahre nach seiner Emeritierung erschien er Tag für Tag, fast immer war er auch an den Wochenenden im Laboratorium, um zu arbeiten. Es war für alle Jüngeren faszinierend, wie er, dann schon weit über 80 Jahre alt, mit der Regelmäßigkeit einer Uhr im Institut erschien, um mit Selbstverständlichkeit zu arbeiten und das Institut häufig als letzter zu verlassen.

Wenn man über die nachhaltige Wirkung eines Gesprächs mit ihm nachdenkt, die ausstrahlende Kraft seiner Person analysiert, so rückt neben dem scharfen Intellekt seine große Bescheidenheit ins Bewußtsein. Wer ihn genauer kannte, wird auch tiefe Liebenswürdigkeit und Hilfsbereitschaft gespürt haben. Seine Leistungen in der Forschung und seine Verdienste um die Ausbildung von Wissenschaftlern und Ärzten wurden vielfach gewürdigt.

1960 wurde ihm der Nationalpreis und 1977 der Vaterländische Verdienstorden verliehen. Er war Mitglied der Deutschen Akademie der Naturforscher Leopoldina in Halle. Die Universitäten Rostock und Leipzig verliehen ihm Ehrendoktorwürden.

Die Sächsische Akademie der Wissenschaften wird das Andenken an Erich Strack und sein fruchtbares Schaffen stets wachhalten.

Fritz Müller

Walter Dietze

22. 5. 1926—11. 9. 1987

Am 11. September 1987 verstarb der germanistische Literaturwissenschaftler Prof. Dr. Dr. h. c. Walter Dietze, seit 1975 Ordentliches Mitglied der Sächsischen Akademie der Wissenschaften zu Leipzig, seit 1967 Ordentliches Mitglied der Akademie der Wissenschaften der DDR. Ein ungewöhnlich produktives Wissenschaftlerleben war damit zu seinem Ende gekommen. Walter Dietze gehörte zu einer Generation, die durch bittere Kriegserfahrungen und ihren Abscheu über die im Namen Deutschlands verübten Verbrechen des Naziregimes zur Anstrengung aller ihrer Kräfte herausgefordert worden waren. Mit ungemeinem Fleiß und durch große Arbeitsintensität hat er schon in vergleichsweise frühen Jahren ein umfangreiches wissenschaftliches Werk schaffen können, das ihn international bekannt machte und als einen wichtigen Repräsentanten der literaturwissenschaftlichen Germanistik der DDR hervortreten ließ. Er ist vielfach geehrt und ausgezeichnet worden: u. a. mit dem Nationalpreis der DDR, dem Vaterländischen Verdienstorden in Silber, den Kunstpreisen der Städte Leipzig und Weimar. Eine besondere Freude war es für ihn, daß er 1984 durch die Karl-Marx-Universität Leipzig, an der er studiert und über zwei Jahrzehnte lang gelehrt hatte, zum Ehrendoktor promoviert wurde.

Die äußeren Stationen seines Lebens sind schnell genannt. Walter Dietze wurde am 22. Mai 1926 als Sohn eines in der Sozialdemokratischen Partei organisierten Schriftsetzers in Leipzig geboren. Noch vor Beendigung seiner Schulzeit an einem Oberrealgymnasium wurde er zum Arbeits- und Kriegsdienst eingezogen und kam gegen Ende des Krieges in sowjetische Gefangenschaft. Geprägt durch die antifaschistische Atmosphäre seines Elternhauses, entschloß er sich, auf Lehrgängen an Antifa-Schulen teilzunehmen, arbeitete als Dolmetscher und wirkte für die demokratische Erziehung deutscher Kriegsgefangener. Nach seiner Entlassung machte er 1950 das Abitur, studierte von1950 bis 1954 an der Karl-Marx-Universität Leipzig Germanistik, Slawistik, Geschichte und Philosophie. Bereits 1956 wurde er mit einer Dissertation „Junges Deutschland und deutsche Klassik" promoviert, die nach ihrer Publikation internationale Beachtung fand. Er durchlief dann an der Karl-Marx-Universität eine steil aufsteigende Wissenschaftlerkarriere: 1959 wurde er mit der Wahrnehmung einer Dozentur beauftragt, 1961 Dozent, 1963 Professor für deutsche Literatur. Von 1971 bis 1975 war er Dekan der Fakultät für Sprach-, Kunst- und Erziehungswissenschaft. Sein letzter Lebensabschnitt begann mit der am 1. September 1975 erfolgten Ernennung zum Generaldirektor der Nationalen Forschungs- und Gedenkstätten der klassischen deutschen Literatur in Weimar. Die an ihm gerühmte Fähigkeit, „seine Verantwortung von den übergreifenden wissenschaftlichen und kulturpolitischen Aufgaben her zu erfassen", kam ihm in dieser Stellung sehr zugute. Denn ihn erwartete in Weimar ein breites, vielfältiges Arbeitsgebiet, dessen wissenschaftsorganisatorischen Anforderungen er ebenso gerecht zu werden hatte wie seinen Forschungsverpflichtungen und Repräsentationsaufgaben. Auf Vortragsreisen, die ihn in viele Länder inner- und außerhalb Europas führten, versuchte er seinen wissenschaftlichen Grundsätzen und Konzepten weitere Geltung zu verschaffen. 1980 setzte eine schwere Erkrankung seiner Produktivität Grenzen. Er mußte schließlich sein Amt aufgeben. Aber mit großer Energie hat er sich — nach seinen eigenen Worten — „wenigstens den Schreibtisch wieder erobert“ und seiner eingeschränkten Vitalität neue Leistungen abgerungen.

Walter Dietzes wissenschaftliches Arbeitsfeld war ausgedehnt. Als Hochschullehrer hat er Vorlesungen über die deutsche Literatur vom Mittelalter bis zur Neuzeit gehalten. Das ihm zur Verfügung stehende umfangreiche Wissen, die pädagogische Übersichtlichkeit seiner Kollegs, die Selbständigkeit seiner Überlegungen und nicht zuletzt die anregende Direktheit seines Umgangs mit Studenten haben ihm immer die Aufmerksamkeit seiner Hörer gesichert. Seine Forschungsinteressen reichten vom 16. bis zum beginnenden 20. Jahrhundert. Nach der Erstlingsschrift über das Junge Deutschland publizierte er die als Habilitationsschrift erarbeitete Monographie über Quirinus Kuhlmann (1973), für die er neue historische Quellen erschloß und mit immendem Fleiß ausschöpfte, so daß die Untersuchung zu einem Standardwerk geworden ist. Seine Aufmerksamkeit richtete sich immer wieder auf Autoren, die er zu Unrecht vergessen oder für deren öffentliche Geltung er wirken zu müssen glaubte. Er machte Johann Karl Wezels Aufklärungsroman „Belphegor“ wieder bekannt, beschäftigte sich u. a. mit Anzengruber, dem Altwiener Volkstheater, der deutschsprachigen Epigrammatik, edierte die Werke Wienbargs und Lenaus, veröffentlichte Studien über Börne, Weerth, Büchner, Karl Kraus u. v. a. mehr. Besonders verdient machte sich Walter Dietze dadurch, daß er oft und erfolgreich bemüht war, den für die Kultur der DDR geltenden Kanon literarischer Traditionen zu verbreitern.

Als Generaldirektor der Nationalen Forschungs- und Gedenkenstätten der klassischen deutschen Literatur hat er dann seine Hauptkraft für die Erforschung des Werkes von Goethe eingesetzt. Diese Arbeiten hat er nicht mehr zu einem Abschluß bringen können. Doch sind seine fünfhundert Thesen über Goethe, die er „zur Diskussion 1982“ vorlegte, ein imposantes Angebot, das durch eine Reihe Einzeluntersuchungen ergänzt und bereichert wurde — herausragend darin die 1985 erschienene Untersuchung zu Goethes Lyrik „Poesie der Humanität“.

Alle diese Arbeiten gehen von den historiographischen, politischen und methodologischen Positionen des Marxismus aus und lassen erkennen, welche wissenschaftlich-kulturellen Werte Dietze besonders wichtig waren: die Bewahrung demokratischer Traditionen, historische Rationalität und Entmythisierung durch die Integration der künstlerischen Literatur in ihre sozialen Funktionszusammenhänge. In der letzten Lebenszeit arbeitete Walter Dietze an einem Manuskript „Geschichten aus dem Alten Testament, Texte und Interpretationen“. Er wollte dadurch fortsetzen und zu einem Höhepunkt bringen, was ihn sein ganzes Wissenschaftlerleben beschäftigt hatte: die historisch-materialistische Analyse und interpretatorische Verlebendigung bedeutender Kulturtraditionen. Er ließ sich dabei von subjektivem Engagement, wachem politischen Sinn und einer ansteckenden kulturellen Neugier leiten, von denen zu hoffen ist, daß sie in der Germanistik der DDR Schule machen werden.

Die Sächsische Akademie der Wissenschaften wird Walter Dietze ein ehrendes Andenken bewahren.

Hans-Georg Werner

Lajos Ligeti

25. 10. 1902—24. 5. 1987

Am 24. Mai 1987 verstarb in Budapest das auswärtige Mitglied unserer Akademie, der hochverdiente Altaist und Mongolist Dr. phil. Dr. lit. Lajos Ligeti, emeritierter o. Professor für innerasiatische Studien an der Eötvös-Loránd-Universität Budapest. Die Sächsische Akademie der Wissenschaften hatte ihn am 18. Januar 1965 zum auswärtigen Mitglied ihrer Philologisch-Historischen Klasse gewählt.

Lajos Ligeti wurde am 25. Oktober 1902 in Balassagyarmat (Ungarn) geboren. Er studierte in Budapest bei so hervorragenden Lehrern wie Zoltán *Gombocz* und Gyula *Németh* Altaistik. Anschließend setzte er seine Studien in Paris bei Paul *Pelliot* fort, wo er sich in die Mongolistik, Tibetologie und Sinologie einarbeitete. Nach seiner Promotion im Jahre 1925 betrieb er umfangreiche Feldforschungen, die ihn u. a. in den Jahren 1928 bis 1931 in die Innere Mongolei, 1936—1937 nach Afghanistan führten. Bereits 1936 übertrug ihm die Universität Budapest den Lehrstuhl für Altaistik.

In Budapest entfaltete Lajos Ligeti eine umfassende wissenschaftliche Tätigkeit, die sich über die Zeitspanne eines halben Jahrhunderts hinweg erstreckte. Ausgehend von dem von Csoma *de Kőrös* hinterlassenen wissenschaftlichem Erbe war es Ligeti besonders darum zu tun, die Tibetologie, die nach dem Tode Csoma *de Kőrös'* in Budapest fast ein Jahrhundert lang brachgelegen hatte, dort wieder heimisch zu machen. Dies gelang ihm ebenso wie eine nachhaltige Förderung der Sinologie.

Im Rahmen der von ihm vertretenen Regionaldisziplinen widmete sich Professor Ligeti gleichermaßen der Sprach-, Literatur- und Religionsgeschichte wie auch der Volkskunde. Umfassende und tiefgründige Sprachbeherrschung prädestinierten Ligeti wie kaum einen zweiten zur Lösung seiner komparatistischen und synoptischen Aufgabenstellungen. Gleichermaßen in den Sprachen der Chinesen, Mandschu, Tungusen, Mongolen und mehrerer Turkvölker heimisch, war es Ligeti vergönnt, auf dem Gebiet der Altaistik Ähnliches zu leisten, wie Friedrich *Weller* bei der Erforschung der Geschichte des Mahāyāna-Buddhismus. Von unterschiedlichen geographischen Räumen ausgehend, fanden beide Forscher hier ihren Berührungspunkt. Durch die Einbeziehung des Buddhismus in altaistische Fragestellungen hat sich Ligeti in besonderem Maße verdient gemacht.

In der Mongolistik lagen Ligetis Interessen vorwiegend im Bereich der Sprachgeschichte. Er untersuchte die Geschichte der mongolischen Sprache, besonders des Alt- und Mittelmongolischen, ebenso wie die Geschichte der mongolischen Dialekte. Die mongolische Literatursprache und -geschichte waren weitere Schwerpunkte seiner diesbezüglichen Forschungen. In weiten Kreisen bekannt wurde seine richtungweisende Übersetzung der „Geheimen Geschichte der Mongolen", in die er die wesentlichen Fortschritte der Mongolistik aus den letzten Jahrzehnten unter Darbietung eines umfangreichen Annotationsapparates einfließen ließ.

Hinsichtlich der mandschu-tungusischen Philologie widmete er sich vorzugsweise der Erforschung der Schriftgeschichte, während ihm die Turkologie eine Fülle von Abhandlungen zur Sprachgeschichte verdankt.

Darüber hinaus war Lajos Ligeti ein Fachmann auf dem Gebiet seiner Muttersprache und ihrer Geschichte. Ungarische Sprachgeschichte und Runenschrift, ganz besonders aber die türkischen Lehnwörter im Ungarischen haben immer wieder Ligetis Aufmerksamkeit auf sich gezogen.

Rezensenten, Kritiker und Weggenossen Ligetis rühmten ihm übereinstimmend die umfassende Beherrschung des Stoffes, vorsichtig abwägendes Urteil, historisch-dialektische Betrachtungsweise und Komplexität seiner Untersuchungen nach. In wissenschaftsgeschichtlicher Hinsicht liegen weitere, hoch zu bewertende Verdienste Professor Ligetis in der Berücksichtigung der Grenzgebiete, in der der Verstorbene für die Zentralasienwissenschaften bleibende Maßstäbe gesetzt hat.

Mit Befriedigung darf man feststellen, daß Ligetis Leistungen zu seinen Lebzeiten, ja sogar in vergleichsweise jungen Jahren, die verdiente Anerkennung gefunden habe. Bereits im Jahre 1947 wurde er zum Ordentlichen Mitglied der Ungarischen Akademie der Wissenschaften und schon zwei Jahre später zu deren Vizepräsidenten gewählt. Als solcher gab er viele Jahre hindurch die Acta Orientalia Academiae Scientiarum Hungaricae heraus. Sein Land ehrte ihn u. a. mit dem Arbeiter-Orden, dem Kossuth-Preis und der Goldmedaille der Ungarischen Akademie der Wissenschaften. Doch sein Ruf ging über die Grenzen Ungarns weit hinaus, galt doch Ligeti international als einer der allerbedeutendsten Repräsentanten der Zentralasienwissenschaften. Kaum zählbar sind die Ehrungen, die ihm die Fachwelt zuteil werden ließ. Weit von einer Vollzähligkeit entfernt, soll hier nur vermerkt werden, daß er Ordentliches Mitglied der Mongolischen Akademie der Wissenschaften und Korrespondierendes Mitglied des Institut de France und der Finnisch-Ugrischen Gesellschaft war, als Ehrenmitglied der Royal Asiatic Society in London, der Société in Paris und der Türkischen Sprachwissenschaftlichen Gesellschaft angehörte und dem Permanent Committee of the International Congress of Mongolists als Vizepräsident vorstand. Ihn als auswärtiges Mitglied in den Reihen unserer Akademie zu wissen, war uns stets Ehre und Freude zugleich. Um so tiefer betrauern wir nun den Verlust, den sein Tod für die wissenschaftliche Welt bedeutet. Sein Lebenswerk wird uns unverzichtbar sein, sein Andenken unverlierbar.

Klaus Mylius

Zinaida Vladimirovna Udal'cova

5. 3. 1918—29. 9. 1987

Am 29. September 1987 verstarb ganz unerwartet die Byzantinistin Z. V. Udal'cova an den Folgen eines Badeunfalls im Kaspisee bei Baku.

Geboren am 5. März 1918 in Kislovodsk als Tochter eines Angestellten studierte sie nach dem Besuch einer Mittelschule in Moskau 1935 an der Historischen Fakultät der Lomonossovuniversität, wo sie 1940 ihr Examen in den Fächern Geschichte und alte Sprachen ablegte.

Sie widmete sich vor allem dem Fach Byzantinistik und verteidigte 1945 als Schülerin des Akademikers E. A. *Kosminsky* ihre Kandidatendissertation über das Thema „Kampf der Parteien in Byzanz im 15. Jh.“. 1960 wurde vom wissenschaftlichen Rat der Historischen Fakultät ihre Doktordissertation „Italien und Byzanz im 6. Jh.“ angenommen, die bereits ein Jahr zuvor als Monographie erschienen war.

Mit den beiden Dissertationen steckte die Autorin den chronologischen Rahmen ihres Arbeitsgebietes ab. In mehr als 300 Publikationen beschäftigte sie sich mit allen Aspekten der Geschichte und Kultur Ostroms. Erwähnt seien ihre Bücher über „Die sowjetische Byzantinistik der vergangenen 50 Jahre“ (1968), über den „Ideologisch-politischen Kampf im frühen Byzanz“ (1976) sowie ihr letztes Werk: „Die byzantinische Kultur“ (1987).

Die dreibändige Darstellung „Istorija Vizantii“ (1967) betreute sie als verantwortliche

Redakteurin und verfaßte insgesamt 13 Kapitel zur Früh- und Spätgeschichte des Reiches. Des weiteren gehörte sie zu den Initiatoren einer „Geschichte des europäischen Bauerntums" (1985) und zur Mitautorin der ersten beiden Bände. Als Redaktionsmitglied war sie in folgenden Zeitschriften und Periodika tätig: Vizantijskij vremnnik, Vestnik drevnej istorii, Srednie veka, Kultura i žizn' und Novaja i novejšaja ustorija. Ebenso war sie Verfasserin einiger Abschnitte des Hochschullehrbuches „Istorija srednich vekov" und nahm als Professor der Universität und der Pädagogischen Hochschule in Moskau maßgeblichen Einfluß auf die Ausbildung der Lehrerstudenten.

Frau Udal'cova fungierte aber auch als Vorsitzende des Verbandes der Byzantinisten der UdSSR und als Vizepräsidentin der „Association international des études byzantines" sowie als Vorsitzende des Nationalkomitees der Historiker der UdSSR und der Historikerkommission UdSSR—VR Ungarn. Ebenso war sie Mitglied der Historikerkommissionen UdSSR—VR Bulgarien und UdSSR—Jugoslavien.

1976 wurde sie zum korrespondierenden Mitglied der Akademie der Wissenschaften der UdSSR, 1983 zum auswärtigen Mitglied unserer Akademie gewählt. Für ihre großen Verdienste auf wissenschaftlichem und organisatorischem Gebiet erhielt sie 1987 den Staatspreis der UdSSR. Ihre Forschungsergebnisse sind großenteils zum Gemeingut der internationalen Byzantinistik geworden. Das trifft vor allem für ihre Arbeiten zum Übergang von der Spätantike zum Frühmittelalter in Italien zu, den sie in seiner ganzen Komplexität beleuchtete, etwa hinsichtlich der gesellschaftlichen Struktur des Ostgotenreiches, des Gegensatzes von Stadt und Land, der Formen des Klassenkampfes im 6. Jh. oder der Expansionspolitik der Byzantiner unter der Idee einer *renovatio Imperii*, wie sie Kaiser Justinian propagierte.

In Vertiefung und Erweiterung dieser Studien widmete sie der inneren Struktur Ostroms vom 4. bis 6. Jh. ihre Aufmerksamkeit und zeigte die Krise der Sklaverei auf, indem sie Eigentumsformen wie das *peculium* und die Institution des Kolonat sowie den Aufbau der Landgemeinden analysierte. Diese vor allem auf die sozial-ökonomische Entwicklung ausgerichteten Untersuchungen ergänzte sie nach und nach durch ideologiegeschichtliche Sonden. Sie ging jetzt den Problemen des Ideenkampfes zwischen der sterbenden heidnischen Kultur einer Sklavenhaltergesellschaft und der entstehenden feudal-christlichen Kultur nach, eines Kampfes, an dessen Ende Byzanz als feudalisiertes Staatswesen stand.

Ausgehend von diesen empirischen Forschungen beschäftigte sie sich zunehmend mit theoretischen Fragen des Feudalismus. Sie versuchte die Konzipierung einer Typologie dieser Gesellschaftsformation, die Gemeinsamkeiten und Spezifika der Feudalbeziehungen in Byzanz und Westeuropa hervorhob. Ihrer Meinung nach käme den Varianten bei der Genesis des Feudalismus in Ost und West eine primäre Bedeutung zu. Diese Auffassung fand nicht nur unter den Mediävisten der UdSSR, sondern auch in der DDR Zustimmung.

Als Leiterin der Sektion „Genesis und Evolution des Feudalismus" im Rahmen des wissenschaftlichen Rates „Gesetzmäßigkeiten der historischen Entwicklung der Gesellschaft und der Übergang von einer sozialökonomischen Formation zu einer anderen" gelang ihr die Koordination theoretischer Untersuchungen innerhalb der sovjetischen Mediävistik.

Für den Aufbau der Byzantinistik der DDR leistete Zinaida Udal'cova kollegiale Hilfe, nicht zuletzt durch ihr engagiertes Eintreten für die Anerkennung unseres Nationalkomitees als gleichberechtigtes Mitglied innerhalb internationaler Kommissionen sowie bei der Vergabe von Referaten auf Kongressen. Ihre Vorträge in Berlin und Leipzig orientierten den Nachwuchs auf Grundprobleme der marxistischen Byzantinistik und stimulierten die Zusammenarbeit jüngerer und älterer Kollegen mit ihren Fachvertretern in

Moskau, Leningrad und Sverdlovsk. So besaß Udal'cova in der DDR viele Freunde und mittelbare Schüler, die ihr über ihren zu frühen Tod hinaus Dank wissen und ihr Andenken in Ehren bewahren werden.

Ernst Werner

Herbert Peukert

29. 4. 1907—24. 11. 1987

Kurz nach seinem 80. Geburtstag verstarb am 24. November 1987 das auswärtige Mitglied Herbert Peukert, bis 1977 ordentliches Mitglied unserer Akademie und emeritierter ordentlicher Professor für Slawistik an der Friedrich-Schiller-Universität Jena. Herbert Peukert hat sich vor allem der slawischen Volksdichtung, besonders der der südslawischen Völker, zugewandt und hier bedeutende Einsichten gewonnen, wobei er das künstlerisch gestaltete Wort zu einem Untersuchungsobjekt sowohl des Literaturwissenschaftlers als auch des Linguisten machte und so zu einer seltenen Betrachtungsweise gelangte, die beide Disziplinen aufs günstigste zu vereinen suchte. Sein in mehreren monographischen Darstellungen niedergelegtes Werk gibt so mannigfache Anregungen für die slawische folkloristische Forschung, die unbedingt weiter verfolgt werden sollten: ein kostbares Erbe für die jüngere Forschergeneration.

Herbert Peukert wurde am 29. April 1907 als Sohn eines Kunstmalers im damaligen Reichenau bei Gablonz an der Neiße (heute Rychnov, Kreis Jablonec nad Nisou) in Nordböhmen geboren. Die Volks- und Bürgerschule besuchte er in seiner Heimatstadt, dann genoß er seine Ausbildung in einer Lehrerbildungsanstalt in Reichenberg (heute Liberec), legte 1926 seine Reifeprüfung ab und nahm 1927 an der damaligen Deutschen Universität Prag das Studium der Slawistik und Germanistik auf. Er beendete es 1932 und bestand die Prüfungen für das wissenschaftliche Lehramt für höhere Schulen in der Tschechoslowakei für die Fächer Tschechisch und Deutsch. Seine Studienjahre an der Universität Prag wurden für ihn, der aus dem deutsch-tschechischen Grenzgebiet stammte, prägend: es formte sich sein Hauptanliegen, zwischen Deutschen und slawischen Völkern zu vermitteln und ihre vielfältigen Beziehungen in Sprache und Kultur zu untersuchen und damit zu einem besseren Verständnis zwischen den Völkern beizutragen. Diesem Anliegen ist er sein ganzes Leben treu geblieben. In Prag waren G. *Gesemann*, F. *Spina*, F. *Liewehr* und E. *Rippl* im slawistischen Bereich seine Lehrer, im germanistischen E. *Gierach*, H. *Cysarz*, im volkskundlichen E. *Schneeweis* und *B. Schier*. Peukert gehörte bald zu den aktiven Studenten, die selbst an der Gestaltung des wissenschaftlichen Lebens an der Universität Prag teilnahmen, so gründete er seinen Südslawischen Zirkel, der sich dem Studium der südslawischen Kultur widmete, arbeitete an der Redaktion der Zeitschrift „Slawische Rundschau" mit und lernte viele Gelehrte kennen, die in dieser Zeit das Slawische Institut besuchten. Studienreisen führten ihn — zum Teil zusammen mit seinem Lehrer G. *Gesemann* — auf den Balkan, und in München studierte er das Russische bei dem dortigen Ordinarius Erich *Berneker*. Auch die tschechische Literatur interessierte ihn sehr, so das Werk des Lyrikers Jiří *Wolker*. Im Jahre 1932 promovierte er mit der Dissertation „Studien zum Stil und zur Technik des südslawischen lyrischen Volksliedes" und schlug damit ein Thema an, das er immer wieder aus neuer Sicht aufgenommen hat.

Unter den schwierigen wirtschaftlichen Verhältnissen des Jahre 1932 war an eine akademische Laufbahn, die Peukert gern eingeschlagen hätte, nicht zu denken. Zunächst arbeitete er in den Jahren 1932/33 als Lehrer an einem Prager Realgymnasium, 1933/34 als

Gymnasialprofessor, 1934/35 dann in Mies (heute Stříbro), 1935—1939 am Realgymnasium zu Gablonz, 1939—1945 in Reichenberg. In dieser Zeit konnte Peukert als Lehrer eine reiche pädagogische Erfahrung sammeln, die ihm beim Neuanfang nach der 1945 erfolgten Aussiedlung in die damalige Sowjetische Besatzungszone Deutschlands zugute kamen; seine wissenschaftlichen Sammlungen, die er angelegt hatte, gingen jedoch verloren. In den Jahren 1945—1952 war er als Übersetzer und Dozent für Sprachen an der damaligen Staatlichen Ingenieurschule in Köthen tätig, 1952—1954 an der Fachschule für Elektrotechnik und Maschinenbau in Ilmenau, wo er 1954—1956 Leiter der Abteilung Sprachunterricht war. Nach Aufnahme seiner Arbeit im Hochschulwesen konnte er sich auch wieder mehr der wissenschaftlichen Arbeit widmen und auch an eine Habilitation denken. Sie erfolgte 1956 an der Universität Greifswald unter der Obhut seines früheren Prager Lehrers F. *Liewehr*, Ordinarius für Slawistik an der Ernst Moritz Arndt-Universität Greifswald, mit einer Arbeit über die Verbindungen der Slawen der Donaumonarchie zur Universität Jena, die später im Druck erschien. Zu Beginn des Jahres 1957 nahm Peukert als Professor mit Lehrauftrag für slawische Philologie seine Tätigkeit an der Jenaer Universität auf und wurde noch in demselben Jahre zum kommissarischen Direktor des Slawischen Instituts dieser Universität ernannt und zum 1. September 1969 zum ordentlichen Professor berufen. Den Jenaer Lehrstuhl hatte er bis zum 31. August 1972, also bis zur Vollendung seines 65. Lebensjahres, inne. Zum Ordentlichen Mitglied der Sächsischen Akademie der Wissenschaften wurde er am 24. Mai 1965 gewählt, vier Jahre später wählte ihn die Makedonische Akademie der Wissenschaften und Künste in Skopje zu ihrem ausländischen Mitglied in Anerkennung seiner Verdienste um die Erforschung der südslawischen Volksdichtung.

Mit seinen Untersuchungen über die südslawische Volkslyrik nahm Peukert Anregungen auf, die er während seines Studiums in Prag und während seiner Reisen auf den Balkan gewonnen hatte. Seine Analysen des Volksliedes bei Serben, Kroaten und Makedoniern suchten immer wieder zu den allgemeinen geisteswissenschaftlichen Entwicklungen der slawischen Völker vorzustoßen. Diese Entwicklungen verfolgte Peukert in ihren verschiedenen Richtungen, sowohl „interslawisch", „slawisch-deutsch" als auch „europäisch" und suchte ihnen in einer Einheit von Sprach- und Literaturbetrachtung, wie man sie heute leider nur noch selten antrifft, gerecht zu werden. Peukert hatte mit seiner Prager Dissertation diese Problematik aufgegriffen und ist ihr sein Leben lang treu geblieben. 1961 veröffentlichte er das Buch „Serbokroatische und makedonische Volkslyrik. Gestaltuntersuchungen", 1978 folgte die in Skopje in deutscher Sprache publizierte Monographie „Die makedonische Volkspoesie. Probleme und Praxis des Traditions- und Funktionswandels in der Volksdichtung". In zahlreichen Aufsätzen und kritischen Rezensionen zu den Neuerscheinungen in diesem Bereich hat Peukert die Untersuchung dieser Fragen vorangetrieben und zu einer bemerkenswerten Synthese geführt: die Volksdichtung war ihm eine wichtige Quelle für die Aufschließung der Geistesgeschichte der slawischen Völker, deren Geschichte er sehr differenziert betrachtete. Er hat in bedeutender Weise zur kritischen Betrachtung des Slawenbegriffes in Sprache, Literatur und Kulturgeschichte beigetragen und immer wieder darauf hingewiesen, daß es „die Slawen" nicht gäbe. Eine bedeutende Synthese lieferte er mit der 1972 in den Sitzungsberichten unserer Akademie erschienenen Abhandlung „Gibt es eine ‚slawische' Volksdichtung?", in der er feststellt, daß die Zahl der übergreifenden konstitutiven Merkmale, die sich nur in der Volksdichtung der Slawen, und zwar aller Slawen, finden lassen, außerordentlich gering sei und es schwer falle, gemeinslawische Dominanten zu entdecken. Die nicht zu bestreitende, bis heute fortdauernde, vor allem im Grundwortschatz zu beobachtende gemeinslawische Verwandtschaft des

Wortschatzes der slawischen Sprachen, für Slawen und Nichtslawen auffallend, sei eher ein „irrelevantes Akzidens" und sei im engen Zusammenhang mit der wechselvollen Geschichte der slawischen Völker zu betrachten. „Wenn die Slawen selbst dennoch mit solchen und anderen verbindenden Gemeinsamkeiten und „Wechselseitigkeiten" operierten, dann liegt dem bei den an sich divergenten historischen Schicksalen der slawischen Völker in erster Linie ein historisch bedingtes, gewordenes und historisch gefördertes Zusammengehörigkeitsbewußtsein zugrunde, das nicht selten zu Versuchen gemeinsamer Aktionen führte und zweifellos bis in die Gegenwart fortwirkt", heißt es in der Zusammenfassung der oben genannten Abhandlung. Somit gäbe es eine „slawische" Volksdichtung schlechthin nicht, und es sei zwischen den einzelnen Völkern genau zu differenzieren. Auch wenn Peukerts Forschungen vor allem der serbokroatischen und makedonischen Volkspoesie und somit nicht der Volksdichtung aller slawischen Völker galten, so gewann er doch allgemeingültige methodische Einsichten, die noch lange fortwirken werden, wenn sich die Folkloristen — nicht nur slawistischer Ausrichtung — entschließen, sie umfassend zu rezipieren und sein Untersuchungsinstrumentarium anzuwenden.

Und noch ein weiterer umfassender, vorwärtsweisender Aspekt ist deutlich zu erkennen: ausgehend von einer durchaus fruchtbaren kommunikationstheoretischen Konzeption untersuchte Peukert das Verhältnis von Dichtung und Stil in seiner letzten umfangreicheren Abhandlung (Sitzungsberichte SAW, 1977): „Positionen der Linguostilistik" und versuchte, das Sprachkunstwerk stets im Blick, Positionen der Linguostilistik bzw. Stillinguistik zu markieren. Nach Peukert geht es dabei um „eine der wesentlichen und zugleich ... komplizierten, wahrscheinlich noch auf lange Sicht keineswegs widerspruchsfreien sprachwissenschaftlichen Teildisziplinen", die sich in der Auseinandersetzung mit Grammatik, Sozio- und Psycholinguistik weiter profilieren müsse, womit Peukert die Entwicklungstendenz richtig erfaßt hat. „Die ebenso mit traditionellen wie exakten Methoden als Prozeß, Ergebnis und Wirkung zu analysierenden, zu beschreibenden und zu charakterisierenden Funktionalstile bilden den Kernkomplex der Stilistik im Rahmen einer auf das Funktionieren und die Wirksamkeit der Sprache in der menschlichen Gesellschaft ausgerichteten Linguistik". Dabei verwies er auch auf den Adressaten und Rezipienten von Texten und näherte sich einer akzeptablen textlinguistischen Konzeption ebenso wie einer soliden soziolinguistischen Richtung, indem er die extralinguistischen, die Stile determinierenden Faktoren herausstellte. Mit dieser Arbeit schlug Peukert eine willkommene Brücke von der Literaturwissenschaft zur Linguistik und strebte eine einheitliche Betrachtung an, in der bei ihm die Sprache voll in den Vordergrund trat. Daß er dabei die Arbeiten deutscher wie slawischer Autoren kritisch analysierte, ist ein zusätzlicher forschungsgeschichtlicher Gewinn. Es klingt hier etwas von der Einheit der slawischen Philologie, von Sprach- und Literaturwissenschaft, nach, wie sie noch August *Leskien*, Matthias *Murko*, Max *Vasmer* und Reinhold *Trautmann* — alle Mitglieder unserer Akademie — in ihrem Schaffen verkörperten.

Im wissenschaftlichen Werk des Verstorbenen haben auch die deutsch-slawischen Kulturbeziehungen einen festen Platz. Den Repräsentanten slawischer Völker, die in Deutschland ihre Bildung erweiterten und zu deutschen Dichtern oder Gelehrten weiter fruchtbare Beziehungen unterhielten, galt die ständige Aufmerksamkeit Peukerts, waren es nun der Slowake L'udovít *Štúr* oder der Serbe Vuk *Karadžić*, der zu Jacob *Grimm* enge Beziehungen hatte. In seiner Habilitationsschrift behandelte er in diesem Sinne „Die Slawen der Donaumonarchie und die Universität Jena 1700—1848" als einen Beitrag zur Literatur- und Bildungsgeschichte, wie er den Untertitel dieses 1958 erschienenen Buches formulierte und beleuchtete Erscheinungen der Wechselseitigkeit zwischen der deutschen

Kultur und der Kultur der slawischen Völker. In dieser Richtung ist auch der Sitzungsbericht unserer Akademie zu verstehen, der die Rezeption der Barockdichtung „Osman" des ragusanischen Dichters Ivan *Gundulić* in Deutschland, vor allem durch die Übertragung durch Katharina *von Pommer-Esche*, in den Mittelpunkt stellte (1969). Diese Forschungen Peukerts dürfen als wichtige wissenschaftsgeschichtliche Beiträge verstanden werden, die unsere Kenntnisse bereicherten, wie auch seine anderen Studien zur Literaturgeschichte, u. a. auch zur Verslehre.

Wenn im ausgehenden 20. Jahrhundert vor der Wissenschaft die nicht leichte Aufgabe steht, Wesen und Aufgaben der Slawistik neu zu überdenken, die fruchtbarsten Ergebnisse der traditionellen slawischen Philologie zu rezipieren und in neue Konzepte einzubringen, so wird gerade Peukerts Werk, dieses bescheidenen Gelehrten, der große Auftritte und Vorkehrungen seines Wirkens vermied, einen wichtigen Platz einnehmen, enthält es doch glänzende Beispiele für Analysen, die stets zur Synthese drängten.

Ernst Eichler

Die Veröffentlichungen H. *Peukerts* sind verzeichnet in: H. *Pohrt*, Bibliographie slawistischer Publikationen aus der DDR 1946—1967. Berlin 1968. Ders., Bibliographie ... 1968 bis 1972. Berlin 1974. K. *Gutschmidt*, H. *Pohrt*, I. *Schultheis*, Bibliographie ... 1973—1977. Berlin 1979 sowie im Jahrbuch der SAW. — Vgl. auch H. *Baumann*: Prof. Dr. phil. habil. Herbert Peukert zum 65. Geburtstag. In: ZfSl *17* (1972) S. 465—466.

Otto Vossler

14. 2. 1902—26. 12. 1987

Vossler steht für ein Stück deutscher Wissenschaftsgeschichte, für ein Geschichtsdenken, das von Ranke und Benedetto Croce kommend, zu den anspruchsvollsten Ausprägungen des Historismus zählt. Geschichte ist für ihn eine Wissenschaft, die „aktiv wählt, urteilt, denkt, schafft und entscheidet"[1]. Diese Auffassung schließt politische Neutralität aus; denn das käme politischer Sterilität gleich. Das ist der Geschichtswissenschaft fremd. Für Vossler stehen Erkennen und Handeln im engen, untrennbaren Zueinander. „Es gibt keine Geschichte ohne Politik, und es gibt keine Politik ohne Geschichte."[2]

Ohne Schwierigkeit ist der Scheincharakter der Geschichte zu erkennen im historischen Roman oder im historischen Schauspiel. Dort handelt es sich, wie Vossler ausführt, nicht um Erkenntnis der Wirklichkeit, sondern um Dichtung. Die historische Wahrheit spielt eine untergeordnete Rolle.[3] Die Geschichte ergibt erst dann Sinn, wenn sie die aufgenommenen Probleme löst und sich nicht in einem „Faktenfriedhof" erschöpft. Vossler formuliert sein wissenschaftliches Credo in seinem letzten, geschichtsphilosophischen Werk „Geschichte als Sinn" (1979) so: „Alles Erinnern ist Selbstbesinnung, und alle Geschichte ist Selbstbesinnung".[4] Statt von der Geschichte konkrete Handlungsanweisungen abzuleiten, erwartet er objektive Erkenntnis für das gegenwärtige Handeln. Der Historiker sollte das Allgemeine im Besonderen herausarbeiten.[5]

1 Otto Vossler: Geschichte als Sinn. Frankfurt/M. 1979. S. 95.

2 Otto Vossler. Geist und Geschichte. Von der Reformation bis zur Gegenwart. Gesammelte Aufsätze. München 1964. S. 181.

3 Otto Vossler: Geschichte als Sinn. a. a. O. S. 93.

4 Ebda S. 31.

5 Ebda S. 75.

Vosslers Vorfahren stammen aus Schwaben und Italien. Sein Großvater lehrte an der Landwirtschaftlichen Hochschule in Hohenheim. Seine frühverstorbene Mutter Esterina ist die Tochter des römischen Grafen Domenico Gnoli. 1902 wird er als Sohn des bekannten Romanisten Karl Vossler in Heidelberg geboren, aber aufgewachsen ist er in Würzburg und München. Nach Studien in Hamburg und München promoviert Otto Vossler 1925 an der Philosophischen Fakultät der Universität München mit der Arbeit „Mazzinis politisches Denken und Wollen in den geistigen Strömungen seiner Zeit" bei Hermann Oncken und Erich Marcks. Schon diese erste Arbeit zeigt seine Fähigkeit, exakt zu hinterfragen, die Gedanken präzise zu führen und vor allem seine große Vertrautheit mit den geistigen Strömungen des 19. Jahrhunderts in Deutschland, Frankreich und in Italien. Mit Akribie und Scharfsinn arbeitet er Zielvorstellungen und philosophische Motivationen in Mazzinis Persönlichkeit auf. Die Arbeit entstand auf Anregung von Vosslers Lehrer Hermann Oncken und ist seinem Vater gewidmet. Benedetto Croce, ein Freund der Familie, urteilt darüber so: „Ich habe sie gelesen und die Sauberkeit und Schärfe des Urteils und die äußerst klare Exposition bewundert ... obgleich es in Italien viele Bücher über Mazzini gibt, ein so gehaltvolles und so sicheres Bändchen gibt es nicht".[1] Nach der Erstveröffentlichung von 1927 erschien 44 Jahre später in Florenz die italienische Übersetzung in der Reihe „Biblioteca di studi critici e morali".

Nach Abschluß seiner Studien geht Vossler als Rockefeller-Stipendiat für 2 Jahre in die USA. Das Ergebnis seiner umfangreichen Forschungen schlägt sich nieder in der Berliner Habilitationsschrift von 1929: „Die amerikanischen Revolutionsideale in ihrem Verhältnis zu den europäischen". Aus seiner Sicht sucht er das Verhältnis der nordamerikanischen Revolution zur Großen Französischen Revolution von 1789 neu zu bestimmen und kommt zu dem überraschenden Ergebnis, daß der amerikanischen andere Voraussetzungen zugrunde lagen. Thomas Jefferson hat nämlich erst während seines Paris-Aufenthaltes von 1784—1789 die republikanischen Anschauungen aufgenommen, verarbeitet und danach erst in die amerikanische Revolution hineininterpretiert.[2] Auch diese Arbeit zeigt Vosslers Fähigkeit zur klaren Darlegung komplizierter historischer Vorgänge und sein psychologisches Einfühlungsvermögen in das Denken und Handeln bedeutender Persönlichkeiten. Hervorzuheben ist vor allem seine Vertrautheit mit den Besonderheiten des amerikanischen Denkens im 18. Jahrhundert und die souveräne Kenntnis der Quellen. Vossler beherrschte Italienisch, Englisch und Französisch ebenso wie Deutsch und galt als hervorragender Kenner dieser Literaturen.[3]

Nach kurzer Privatdozentenzeit in Berlin erhält er zum 1. April 1930 einen Ruf an die Universität Leipzig als etatmäßiger außerordentlicher Professor für westeuropäische und amerikanische Geschichte. Vorausgegangen waren fast zweijährige Berufungsverhandlungen zwischen der Philosophischen Fakultät und dem Volksbildungsministerium in Dresden. Vossler wird Nachfolger von Felix Salomon (1866—1928), dessen außeretatmäßige Professur 1915 auf Mitbetreiben von Karl Lamprecht[4] in einen Lehrauftrag für englische und französische Geschichte umgewandelt worden war, ausgedehnt vom Mittelalter auf die neuere Zeit. Seit 1922 ist auch die amerikanische Geschichte einbezogen. Für

[1] Otto Vossler (Hrsg.): Briefwechsel Benedetto Croce — Karl Vossler. Berlin/Frankfurt/M. 1955. S. 312.

[2] Universitätsarchiv Leipzig (UAL), PA 66 Otto Vossler, Bl. 35.

[3] Ebda Bl. 61.

[4] Vgl. Karl Lamprecht an Philosophische Fakultät Leipzig 13. 7. 1914. UAL, PA 879 Felix Salomon, Bl. 20—21; Karl Lamprecht an Ministerium des Kultus und öffentlichen Unterrichts Dresden 16. 7. 1914. Ebda, Bl. 27.

die Wiederbesetzung der Professur forderte Rudolf Kötzschke einen Historiker, der sich nicht nur mit der äußeren politischen Geschichte zufrieden gibt. Vielmehr sollten auch die Sozial- und Verfassungsgeschichte hervorgehoben werden.[1] In Otto Vossler fand die Fakultät die gesuchte „junge, frische und zukunftsreiche Kraft".[2] Am 17. Juni 1931 hielt er in der Aula die Antrittsvorlesung: „Die Ursprünge der Amerikanischen Revolution von 1776".[3] Bald darauf mußte Vossler seine Lehrtätigkeit unterbrechen, um eine Tuberkulose in Agra bei Lugano auszukurieren. So begann seine eigentliche Lehrtätigkeit in Leipzig mit dem Wintersemester 1931/32. Abwechselnd standen im Mittelpunkt Vorlesungen zur Englischen Geschichte der Neuzeit, zur älteren (843—1610) und zur jüngsten Geschichte Frankreichs. Später schlossen sich Vorlesungen und Übungen zur Verfassungsgeschichte der USA an. Vorlesungen zur deutschen Geschichte 1871—1914, ein Kolloquium zur Geschichte der Universität und Fragen der Historiographie im Zeitalter der Reformation rundeten die Lehrtätigkeit ab. Nach kurzer Interimszeit wird Vossler am 13. September 1938 als Nachfolger von Erich Brandenburg zum o. Professor berufen und gleichzeitig zum Direktor des Seminars für mittlere und neuere Geschichte im Historischen Institut ernannt.[4]

Die Leipziger Jahre Vosslers fallen mit der Machtübernahme durch das NS-Regime zusammen. Seine relativ glatt verlaufende akademische Laufbahn läßt nicht darauf schließen, daß er den Konflikt mit dem Regime gesucht hätte, und doch ließ er sich nicht korrumpieren, weder persönlich noch durch Zugeständnisse in seinem Werk. 1937 erschien die Monographie „Der Nationalgedanke von Rousseau bis Ranke". Ausgenommen ein Kapitel sind alle Ausführungen dieses Buches aus den Vorlesungen an der Leipziger Universität hervorgegangen. Bewußt verzichtet der Autor auf vordergründige Bezüge zur Gegenwart und überläßt es dem Leser, „aus der geschichtlichen Erkenntnis seinen Gewinn für's Heute zu ziehen."[5]

Unter dem Titel „Geist und Geschichte" zieht Vossler 1964 die Summe seiner kleineren historischen Erträge aus den letzten 35 Jahren. Der Band enthält Studien zu weit auseinanderliegenden Epochen und reicht von der Reformation bis zur Moderne. Neben historischen Portraits stehen Arbeiten zu ausgewählten historischen Ereignissen. Die Aufsätze zeichnen sich durch klare Darstellung, Einfühlungsvermögen und exaktes Urteil aus. Für sie gilt, was Vossler über Rankes Geschichtsschreibung sagt: „Sie dient in vorbildlicher Reinheit und Strenge ausschließlich der Erkenntnis".[6] Drei Aufsätze aus den Leipziger Jahren, „Die italienische Expansion" (1937), „Die Entwicklung der britischen Reichsverfassung" (1940) und „Die Friedensfrage in unserem Denken" (1941) gibt er, wie die übrigen auch, „völlig unverändert so, wie sie zuerst erschienen sind" heraus. „Bei denjenigen, die in den Jahren von 1933—1945 entstanden sind", führt Vossler dazu aus, „ist das ein selbstverständliches Gebot, denn jede Änderung, gar Streichung, würde nur Verdacht wecken."[7]

Gegen Ende des Krieges wird Vossler noch zum Dekan der philologisch-historischen

[1] Rudolf Kötzschke an Dekan Philosophische Fakultät Leipzig 7. 12. 1928. UAL, PA 66 Otto Vossler, Bl. 25.

[2] UAL, PA 66, Otto Vossler, Bl. 37.

[3] Ebda Bl. 42.

[4] Ebda Bl. 75.

[5] Otto Vossler: Der Nationalgedanke von Rousseau bis Ranke. München und Berlin 1937. S. 187.

[6] Otto Vossler: Ranke und die Politik. In: Geist und Geschichte. Von der Reformation bis zur Gegenwart. Gesammelte Aufsätze. München 1964. S. 183.

[7] Otto Vossler: Geist und Geschichte a. a. O. S. 7.

Abteilung an der Philosophischen Fakultät der Universität gewählt. Aber im Herbst 1944 muß er, ohne besonderen Dienstgrad, als Kraftfahrer in die Wehrmacht einrücken.

Nach dem Verlust seiner Wohnung und all seiner persönlichen Habe infolge eines Bombenangriffs auf Leipzig zog Vossler nach Kriegsende zu den Verwandten seiner Frau nach Lich in Oberhessen. Bereits 1945 nimmt er einen Ruf an die Universität Frankfurt/Main an und lehrt dort bis zu seiner Emeritierung im Jahre 1967 mittlere und neuere Geschichte. Die Beziehungen zu Leipzig bleiben erhalten. Am 20. Juni 1942 wird er zum o. Mitglied der Sächsischen Akademie gewählt, und entsprechend den Statuten bleibt er nach 1945 auswärtiges Mitglied. Regelmäßig hat er der Sächsischen Akademie fast alle seine Arbeiten geschickt. Als besonderes Zeichen seiner Verbundenheit stellte er 1973 seinem „Tocqueville“ eine Widmung voran. Als die Leipziger Universität und die Sächsische Akademie der Wissenschaften sich anschickten, den 300. Geburtstag von Leibniz und den 100. Gründungstag der Akademie am 1. Juli 1946 feierlich zu begehen, sollte Otto Vossler die Festrede halten.[1] Die Zeitumstände erlaubten aber damals noch keine solche Veranstaltung.

In dem Werk, das Otto Vossler hinterlassen hat, dominieren zwei Formen wissenschaftlicher Verarbeitung: an erster Stelle, ähnlich seinem Lehrer Hermann Oncken, der historisch-kritische Essay. Diese Gattung lag ihm ganz besonders in ihrer Knappheit und dem Zwang zur Konzentration auf das Wesentliche, der ihr innewohnt, und gleichzeitig den Verzicht auf einen großen Anmerkungsteil ermöglichte.

Die zweite ihm gemäße Form ist die historische Biographie. Sein frühes biographisches Interesse lieferte ihm oft den ersten Anstoß. Doch blieb er dabei nicht stehen, sondern fragte weiter nach den historischen Zusammenhängen, in denen die Persönlichkeiten wirkten. So spiegeln sich stets neue politische Ideen wider an den Nahtstellen unterschiedlicher Zeitalter, den Revolutionen. Vosslers Hauptwerke „Rousseaus Freiheitslehre“ (1963) und „Alexis de Tocqueville“ (1973) fußen auf kleineren Vorstudien. Gemeinsam ist beiden die Anregung aus der Studienzeit und jedesmal ist es die Gegenwart, die das aktuelle Problem stellt und „... jedesmal auch sind die im Titel genannten Personen nicht der Gegenstand, noch weniger der sogenannte Hebel. Sie haben immer nur instrumentale oder paradigmatische Funktion ...“[2]

Mit seinem breitgefächerten Werk trat Otto Vossler aus dem Schatten seines berühmten Vaters heraus. Die Sächsische Akademie, der er über 45 Jahre angehörte, wird ihm stets ein ehrendes Gedenken bewahren.

Bibliographie Otto Vossler

1927

Mazzinis politisches Denken und Wollen in den geistigen Strömungen seiner Zeit. München und Berlin 1927. 87 S. (= Beiheft 11 der HZ)

1929

Die amerikanischen Revolutionsideale in ihrem Verhältnis zu den europäischen, untersucht an Thomas Jefferson. München und Berlin 1929. 198 S. (= Beiheft 17 der HZ); [Übersetzung] Jeffersond and the American revolutionary ideal. With an introd. by Bernhard Wishy, transl. by Catherine Philippon and Bernard Wishy. Washington 1980. 235 S.

[1] Dekan Hans-Georg Gadamer an Otto Vossler 18. 1. 1946. UAL, PA 66 Otto Vossler, Bl. 111.
[2] Otto Vossler: Geschichte als Sinn. a. a. O. S. 33.

1930

Studien zur Erklärung der Menschenrechte. In: HZ 142 (1930); auch in: Geist und Geschichte. Von der Reformation bis zur Gegenwart. Gesammelte Aufsätze. München 1964 [künftige Zitierung: Aufsätze 1964] S. 100–116, 310–321

1931

Die Ursprünge der amerikanischen Revolution von 1776. In: Historische Vierteljahresschrift 26 (1931); auch in: Aufsätze 1964, S. 54–65, 309

1933

Benjamin Franklin. In: Menschen die Geschichte machten. Hrsg. von Peter Richard Rohden. 2., vermehrte Aufl. Bd 2 (Wien 1933) S. 270–274

Washington. Ebda S. 274–279

1937

Die italienische Expansion 1881–1935. In: HZ 156 (1937); auch in: Aufsätze 1964, S. 262–282, 325

Der Nationalgedanke von Rousseau bis Ranke. München und Berlin 1937. 187 S.; [Übersetzung] L'idea di nazione dal Rousseau al Ranke. Trad. Giovanna Federici Airoldi. Firenze 1949. VIII, 150 S. (= Biblioteca storica Sansoni N. S. Vol. 16)

1940

Die Entwicklung der Britischen Reichsverfassung. In: Mitteilung der Deutschen Gesellschaft zur Erforschung Vaterländischer Sprache und Altertümer in Leipzig 14 (1940) H. 1; auch in: Aufsätze 1964, S. 80–99, 310

1941

Humboldt und die deutsche Nation. Leipzig 1941. 30 S. (= Leipziger Universitätsreden, H. 7)

Die Friedensfrage in unserem Denken und Handeln. In: Zeitschr. für die gesamte Staatswissenschaft 101 (1941) H. 2; auch in: Aufsätze 1964, S. 283–304, 325

1943

Bismarcks Sozialpolitik: In: HZ 167 (1943) S. 336–357; auch in: Bd LXXVIII der Reihe „Libelli" der Wissenschaftlichen Buchgesellschaft. Darmstadt 1961. 26 S. (= Sonderausgabe MCMLXI); Aufsätze 1964, S. 215–234, 323

Rankes historisches Problem. In: Einleitung zu Leopold Ranke: Französische Geschichte — vornehmlich im 16. und 17. Jahrhundert. Leipzig 1943. 2. Aufl. Stuttgart 1954; auch in: Aufsätze 1964, S. 184–214, 323.

1948

Die Revolution von 1848 in Deutschland. Hrsg. Stadtkanzlei Frankfurt/M. Frankfurt/M. 1948.

1950

Leibniz in der weltpolitischen Situation seiner Zeit. In: Festschrift für Gerhard Ritter. Tübingen 1950; auch in: Aufsätze 1964, S. 27–42, 307

1951

Demokratie in Amerika. In: „Studium Generale" 4 (1951) H. 9; auch in: Aufsätze 1964, S. 66 bis 79, 309

Bismarcks Ethos. In: HZ 171 (1951); auch in: Aufsätze 1964, S. 235–261, 323; Hans Hallmann (Hrsg.): Revision des Bismarckbildes. Die Diskussion der deutschen Fachhistoriker 1945–1955. Darmstadt 1972, S. 219–254 (= Wege der Forschung Bd 285)

1954

Humboldts Idee der Universität. In: HZ 178 (1954); auch in: Aufsätze 1964, S. 149–165, 323; Libelli Bd 135 (Darmstadt 1967) 46 S.

1955

[Übertragung] Briefwechsel Benedetto Croce — Karl Vossler. Berlin und Frankfurt/M. 1955. 411 S. — Einleitung S. 7–27

1957

Herzog Georg der Bärtige und seine Ablehnung Luthers. In: HZ 184/2 (1957); auch in: Aufsätze 1964, S. 9–26, 306–307

Croce, Benedetto. In: Die Religion in Geschichte und Gegenwart. 3., neubearbeitete Aufl. Bd 1 (Tübingen 1957) Sp. 1883

Freiherr vom Stein und der freie Bürger. In: Frankfurter Allgemeine Zeitung Nr. 249 v. 26. 10. 1957

1961

„Federative Power" und „Consent" in der Staatslehre John Lockes. In: Festgabe für Paul Kirn zum 70. Geburtstag. Hrsg. von E. Kaufmann. Berlin 1961. S. 223–233; auch in: Aufsätze 1964, S. 43–53, 308

Ranke und die Politik. In: Historische Forschungen und Probleme. Peter Rassow zum 70. Geburtstag dargebracht von Kollegen, Freunden und Schülern. Wiesbaden 1961; auch in: Aufsätze 1964, S. 166–183, 323

1963

Rousseaus Freiheitslehre. Göttingen 1963. 394 S.

Carl von Dalberg. In: Mainzer Zeitschrift 1963; auch in: Aufsätze 1964, S. 130–148, 322

1964

Geist und Geschichte. Von der Reformation bis zur Gegenwart. Gesammelte Aufsätze. München 1964. 325 S.

Burke und Rousseau. In: Aufsätze 1964, S. 117–129, 321–322

OTTO VOSSLER

14. II. 1902 Heidelberg — 26. XII. 1987 Frankfurt am Main

WALTER HORACE BRUFORD

4. VII. 1894 Manchester — 28. VI. 1988 Edinburg

HERMANN HEIMPEL

19. IX. 1901 München — 23. XII. 1988 Göttingen

JAN BIAŁOSTOCKI

14. VIII. 1921 Saratov — 25. XII. 1988 Warschau

1966

Tocqueville. Wiesbaden 1966. 23 S. (= Sitzungsberichte der Wissenschaftlichen Gesellschaft an der Johann-Wolfgang-Goethe-Universität Frankfurt/M. Jg 1966, Bd 5, Nr. 1, S. 5–23)

1967

Die Revolution von 1848 in Deutschland. 1. Aufl. Frankfurt/M. 1967. 155 S.

The American Argument. In: A Casebook on the Declaration of Independence. Ed. by R. Ginsberg New York 1967. S. 154–162 [Übersetzung eines Abschnittes aus: Die amerikanischen Revolutionsideale, 1929]

1968

Die theoretische Rechtfertigung des Parteikampfes. In: Sprache und Politik. Festgabe für Dolf Sternberger zum 60. Geburtstag. Hrsg. von C.-J. Friedrich und B. Reifenberg. Heidelberg 1968. S. 263–280.

Discorso su Croce. In: Rivista die Studi Crociani V (1968) fasc. IV, S. 438–449

1969

Gedanken über die Universität. Wiesbaden 1969. 24 S. (= Sitzungsberichte der Wissenschaftlichen Gesellschaft an der Johann-Wolfgang-Goethe-Universität Frankfurt/M. Jg 1968, Bd 7, Nr. 2, S. 31–50)

1971

Il pensier politico di Mazzini, Firenze 1971. 105 S. (= Biblioteca die studi critici e morali, 37) [Übersetzung von: Mazzinis politisches Denken und Wollen in den geistigen Strömungen seiner Zeit, 1927]

1973

Alexis de Tocqueville. Freiheit und Gleichheit. Frankfurt/M. 1973. 279 S. (= Das Abendland NF 2. Forschungen zur Geschichte europäischen Geisteslebens. Hrsg. v. E. Heftrich und W. Hempel)

1975

[Nachr.] Friedrich Hermann Schubert. In: Sitzungsberichte der Wissenschaftlichen Gesellschaft an der Johann-Wolfgang-Goethe-Universität Frankfurt/M. Jg 1975, Bd 12, Nr. 4, S. 144–149)

1979

Geschichte als Sinn. Frankfurt/M. 1979. 162 S.

Dr. phil. Gerald Wiemers

Walter Horace Bruford

14. 7. 1894–28. 6. 1988

Nur wenige Tage vor der Vollendung seines 94. Jahres endete das Leben eines der bedeutendsten Vertreter der Wissenschaft von der deutschen Sprache und Literatur im 20. Jahrhundert, des Nestors der britischen Germanistik W. H. Bruford, Emeritus Professor of German in the University of Cambridge, Hon. LL.D. der Universität Aberdeen sowie Hon. D.Litt. der Universitäten Newcastle und Edinburgh, Mitglied der British Academy, korresp. Mitglied der Deutschen Akademie für Sprache und Dichtung in Darmstadt und — seit 1965 — auswärtiges Mitglied der Sächsischen Akademie der Wissenschaften zu Leipzig. Er verstarb in Edinburgh am 28. Juni 1988, in Schottland, wohin er sich nach seiner Emeritierung zurückgezogen hatte.

Am 14. Juli 1894 in Manchester geboren, war W. Bruford, nachdem er die akademischen Grade eines B.A. und M.A. in Cambridge erworben, bereits 1929 als Professor des Deutschen nach Edinburgh berufen worden. Zehn Jahre, von 1952 bis 1962, ist er dann, seit 1920 bereits Fellow of St. John's College, Cambridge, daselbst als Professor tätig gewesen. Runde sieben Jahrzehnte, von seinen akademischen Anfängen bis in seine allerletzten Lebensjahre, hat er zuvörderst sich dem Studium, der Lehre und der Erforschung jener Periode der deutschen Literatur — wie der Geschichte und Gesellschaft — gewidmet, welche man gemeinhin die „klassische" nennt und von der die entscheidenden Impulse humanistischen Denkens in Deutschland ausgegangen sind, die fruchtbar als Erbe bis in die unmittelbare Gegenwart hereinreichen. Und er hat, wie nicht nur seine größeren Werke, sondern gleichwohl seine zahlreichen, stets weiterführenden Rezensionen bekunden, auch bis zuletzt alles zur Kenntnis zu nehmen gesucht, was zum tieferen Verständnis des Jahrhunderts zwischen 1750 und 1850 beitrug. So begleitete ständige Methodenreflexion seine Arbeit, die gleichwohl sich in einzelnen dergestalt thematisierten Studien ausspricht, von der Cambridger Antrittsvorlesung (Literary Interpretation in Germany, Cambridge 1952) bis zu dem späten Aufsatz „Literary Criticism and Sociology" (Yearbook of Comparative Criticism V, Pennsylvania State University 1973).

Ehrungen und Ämter konnten nicht ausbleiben. Zu dem genannten Fellowship und neben die Ehrendoktorate und Akademiemitgliedschaften traten die Vizepräsidentschaft der Internationalen Vereinigung für Germanische Sprach- und Literaturwissenschaft (IVG) in der Frühphase ihrer Entwicklung (1955—1960) sowie die Präsidentschaft der Modern Humanities Research Association in London (1965). Doch was ist die äußere Geschichte eines Gelehrtenlebens gegen seine innere: die kryptischen Wirkungen, die von seiner Persönlichkeit und seinem Werk ausgehen, oft kaum zu belegen, geschweige bezifferbar, und dennoch existent, spürbar womöglich nur in feinen verzweigten Regungen, die der Leser — oder Hörer — empfängt, ohne sogleich selbst zu wissen, was sie ihm bedeuten oder einmal vielleicht bedeuten werden ...

Walter Bruford hat nicht nur *Herders* weiten Begriff der Kultur — als essentiellen Ausdruck für die umfassende Bildungsgeschichte der Menschheit — immer wieder implizit beweiskräftig zu machen gesucht und noch im hohen Alter von achtzig Jahren eigens ein Werk verfaßt, das den Fortgang dieser Idee im humanistischen Denken bis zu *Th. Mann* zum Gegenstand nahm (The German Tradition of Self-Cultivation. „Bildung" from *Humboldt* to *Thomas Mann*, Cambridge 1975): Er unterstrich ebenso mit der Weisheit des Alters noch einmal jenen Gedanken Goethes, den er bereits nahezu sechs Jahrzehnte lang für seinen Teil wissenschaftlich zu exemplifizieren bestrebt gewesen war, nämlich „that to understand a foreign country's literature one must have as wide an acquaintance as possible with its whole cultur" (Tragic Guilt, in: Tradition and Creation — Essays in honour of Elizabeth Mary Wilkinson, Leeds 1978, S. 12).

Die Frage nach Bedeutung, Sinn und Wirkung solcher Begriffe wie Kultur und Zivilisation, Bildung und Humanität durchzieht — in der Spannweite von philologisch-semantischer Analyse und philosophisch-historischer Synthese — Brufords Gesamtwerk gleich einem roten Faden. Er ist auch dort deutlich wahrnehmbar, wo die Problematik ihn scheinbar am Rande liegen läßt, wie in den beiden Schriften „Theatre, Drama and

Audience in Goethe's Germany" (London 1950) und „Fürstin Gallitzin und Goethe. Das Selbstvervollkommnungsideal und seine Grenze" (Köln/Opladen 1957). Begründet indessen hat seinen Ruhm in der internationalen Germanistik jenes Buch, das er als Vierzigjähriger schrieb und womit er der geistesgeschichtlich ausgerichteten, sich schon faschisierenden deutschen Literaturwissenschaft gleichsam einen Spiegel überreichte, in welchem sie nur schwerlich ihre gebenedeiten Objekte wiederzufinden vermochte: „Germany in the Eighteenth Century. The Social Background of the Literary Revival" (Cambridge 1935), das unter dem nicht ganz so sachlich-treffenden, dafür dem landesüblichen Kontext konvenierenden Titel „Die gesellschaftlichen Grundlagen der Goethezeit" bereits 1936 bei Böhlau in Weimar herauskam. *H. A. Korff* hatte seit 1923 mit den ersten beiden Bänden des „Geist der Goethezeit" die Chiffre gewissermaßen geläufig gemacht. Was Bruford bot, hatte bis dato eigentlich nur — wenige Jahre zuvor — der Leipziger Anglist *L. Schükking*, gleichsam in umgekehrter Richtung, methodologisch mit seiner „Soziologie der literarischen Geschmacksbildung" (Leipzig 1931) ins Werk zu setzen gesucht. Die deutsche Germanistik, ihres weiten Methodenspektrums ungeachtet, sah, auf den „Geist" orientiert, keinen rechten Zusammenhang zwischen dem gesellschaftlichen Leben und seinen geistigen Hervorbringungen: die Literatur hatte keine „Verhältnisse", sie ruhte in sich.

Genau darauf indessen zielte Bruford, wiewohl es den Anschein haben mußte, als ob von Literatur gar nicht die Rede sein sollte. Nur der vierte Teil, ein Sechstel des Werks, behandelt explizit den „Beruf des Schriftstellers" sowie „politische, soziale und wirtschaftliche Einflüsse auf die Literatur": Alles andere ist historisch-soziale Fundierung, in der literarische Quellen bloß die Rolle von Belegen übernehmen. Nichtsdestoweniger war dies das umfassendste und zugleich aufs Essentielle gedrängte Bild vom gesellschaftlichen Leben, vom lebendigen Alltag im Deutschland des 18. Jahrhunderts, das, von der Kleinstaaterei, dem „aufgeklärten Despotismus" oder den höfischen Lustbarkeiten und ihren Kosten über das bürgerliche Stadtleben und das Rechtswesen bis zu den Verlegern, Beamten, Handwerkern, Bauern und Tagelöhnern reichend, in dieser Form je in der Germanistik gesehen worden ist. Diese „Grundlagen" waren und blieben eine Grundlegung für das Verständnis der deutschen Literatur des 18. Jahrhunderts — und nicht nur dieser. Dabei mag auf die Seite fallen, ob der Autor, bei aller Absolutismuskritik, etwa den bons princes unter den deutschen Potentaten — *Friedrich August III. von Sachsen*, Markgraf *Karl Friedrich von Baden*, *Leopold Franz von Anhalt* und nicht zuletzt *Karl August von Sachsen-Weimar* — vielleicht ein wenig zu viel Einsicht und Patriarchalität zugestand oder auch der Fridericus-Legende nicht völlig zu entrinnen vermochte. Gleichviel, es ist ein klassisches Werk der germanistischen Literaturwissenschaft geworden.

Diese Leistung ist am Ende nur zu ermessen, wenn bedacht wird, daß lediglich ein Werk solcher Art, und zwar über die vorausgehende literarhistorische Periode, bis dahin existierte — *Franz Mehrings* „Lessinglegende" (1893). Und da Bruford immerhin runde sieben Jahrzehnte als Germanist tätig gewesen, scheint der Abstand von 42 Jahren nicht einmal allzu erheblich. Mehr noch, man ist versucht zu sagen: Data sunt omina. Walter Bruford hatte den Geburtstag mit der Französischen Revolution gemein — 105 Jahre später, kam ein Jahr nach der „Lessinglegende" zur Welt, und dies in jener Stadt, in der der erste große Kritiker, der diesem Buch Lob spendete, bis 1870 gelebt hatte — *Friedrich Engels*.

Freilich geht es bei *Mehring* polemisch zu, wo bei Bruford schlichte Sachlichkeit obwaltet; *Mehring* erfüllte als Literaturgeschichtler einen anderen geschichtlichen Auftrag. Doch war das Verdienst aus heutiger Sicht ein verwandtes: die materialgestützte Aufhebung einerseits des Byzantinismus der Preußenhistoriker und der Scherer-Schule, andererseits der Euphorien der deutschen Geistesgeschichte mit dem Ziel einer nüchternen Gründung der Literatur in ihren realen Verhältnissen, aus denen sie erwuchs und wohinein sie zu wirken gedachte. Nur der Aspekt ist umgedreht: Mehring betrachtete von Lessing aus dessen wirkliche Verhältnisse, Bruford von den wirklichen Verhältnissen aus Goethe und die Weimarer Klassik. Es spricht für Bruford, wenn er dabei sowohl Historikern, Zeitgenossen wie *F. C. Schlosser*, *L. Häusser*, *C. T. Perthes*, *K. Biedermann* oder auch *K. Lamprecht* mehr traute als den *Treitschkes* und ihren historiographischen Nachfahren.

Mit dem Wort „Verhältnisse" aber war zugleich in jenem Entwicklungsstadium der germanistischen Literaturwissenschaft — vor über einem halben Jahrhundert — ein Desideratum angesprochen, das sich erst später in ein Gebot der Forschung verwandelt hat: Die Frage nach dem umfassenden Verhältnis gesellschaftlicher Natur, das Literatur darstellt, oder kurz: die Frage nach den Literaturverhältnissen. *Werner Krauss*, wie Bruford, *Levin Schücking* und *H. A. Korff* vieljähriges Mitglied der Sächsischen Akademie der Wissenschaften, hat dies zum selben Zeitpunkt, als Brufords literarhistorisch konkretisierte Ausarbeitung seiner sozialgeschichtlichen Prämissen ans Licht trat, in die Worte gefaßt: „Die Literaturgeschichte muß ihre materiellen Voraussetzungen im Aufbau der literarischen Umwelt und in den jeweiligen verschiedenen Formen des literarischen Lebens erkennen. Sie findet hier die Vermittlung der aus dem Unterbau stammenden Impulse. Durch diese Vermittlung wird die Literaturgeschichte als eigener ‚Begründungszusammenhang', das heißt als eine Wissenschaft erst ermächtigt."

Das Werk, das Brufords ursprünglichen Gedankenaufriß vollendete und nun die „Vermittlung der aus dem Unterbau stammenden Impulse" zum Gegenstand machte, erschien knapp drei Jahrzehnte nach dem ersten: „Culture and Society in Classical Weimar 1775 bis 1806" (Cambridge 1962); vier Jahre darauf kam die deutsche Ausgabe, glänzend übersetzt von der Edinburgher Germanistin *K. McPherson*, heraus (Kultur und Gesellschaft im klassischen Weimar 1775—1806, Göttingen 1966). Der Autor beschreibt darin auf subtile Weise jenen mit *Wieland* und Herzogin *Anna Amalia* einsetzenden Prozeß, „which was to result in that partial fusion of two culture-groups, an aristocratic and a middle-class one, that finds its literary expression in Weimar classicism" (S. 22). Das Antithetische der Absicht tritt deutlich zutage: „Avoiding convenient but indefinable abstractions like ‚the spirit of the age' or ‚classical man', we have tried to explain what happened in Weimar as resulting from acts of choice on the part of a small number of giftet but fallible men, influenced by inherited traditions, foreign example and the particular circumstances of a given time and place" (S. 389). Am Ende wird in weitgespanntem Ausblick der Bannkreis des klassischen Humanismus durchbrochen und über *Hegel* die Perspektive in die kommenden Generationen eröffnet: „It was *Hegel* who finally summed up the German thought of the preceding generation in the most ambitious of the many systems of German philosophy, Absolute Idealism ... Even in its decay it provided a framework for Marx ... Both use the same dialectical method, interpreting history as if it were a continuous logical argument, a method foreshadowed by much that we have found in the leading Weimar writers" (S. 416).

Walter Bruford hatte damit den Kreis ausgeschritten, den auszuschreiten ihm gegeben war. Er hatte sich dabei — abseits gängiger deutscher Literaturgeschichtsschreibung — auf einer Höhe der Fassung seines Gegenstands bewegt, den die deutsche Literaturwissenschaft mit der sozialgeschichtlichen Literaturbetrachtung erst lange nach der Mitte des Jahrhunderts erreichte. Ein Mann wie Bruford — wie übrigens ebenfalls *Levin Schücking* — ist einer ihrer Initiatoren gewesen.

Es gereicht der Sächsischen Akademie der Wissenschaften zu Leipzig zur Ehre, daß dieser hervorragende Gelehrte über ein gleichwohl literaturwissenschaftlich-ereignisreiches Vierteljahrhundert ihr Mitglied war. Sie wird ihm ein würdiges Angedenken bewahren.

Claus Träger

Hermann Heimpel

19. IX. 1901—23. XII. 1988

Hermann Heimpel gehörte zu den eigenwilligsten und profiliertesten deutschen Mittelalterhistorikern der Gegenwart. Wie kaum ein anderer besaß er die Fähigkeit, politische Konstellationen der Vergangenheit historisch zu durchdenken und mit wenigen, treffenden Worten zu umreißen. An den Universitäten Freiburg/Breisgau, Leipzig, Straßburg und Göttingen war er zuständig für das spätere Mittelalter und für die mittelalterliche Staatslehre. Von Spezialgebieten Heimpels zu sprechen ist nicht unproblematisch. Sein 15. Jahrhundert war ihm bestens vertraut, geschrieben aber hat er auch über die Zeit davor und danach: zur Historiographie, zur Stadt- und Universitätsgeschichte und in späteren Jahren gelegentlich zur Zeitgeschichte, so grundlegend zum Volksaufstand am 17. Juni 1953, was seine Zuwahl in die Berliner Akademie annulierte. Selbst zur Eulenspiegel-Forschung leistete er einen Beitrag, als er 1932 im Zusammenhang mit seiner Biographie über Dietrich von Nieheim auf die Erwähnung Eulenspiegels in zwei lateinischen Briefen von 1411 hinwies. Seine Angaben standen jedoch an so versteckter Stelle, daß sie der Forschung jahrzehntelang entgingen.[1]

Heimpel hat in seinem langen Leben nicht nur Geschichte untersucht, sondern erlebt. Mehr noch: er verkörperte selbst ein Stück Historie. Als 23jähriger Student wird er Zeuge jenes Auftritts im Bürgerbräukeller in München, mit dem sich Hitler 1923 an die Macht putschen wollte. Der unsichere junge Student sieht seine Bücherwelt einstürzen. Heimpel hat sich in der ironischen Schilderung die unmittelbare Frische der Erinnerung bewahrt und hält fest: „Die Historiker sind gestört von der Geschichte.“[2]. Die Distanz zur Vergangenheit wird später eine seiner unabdingbaren Vorbedingungen von Geschichtswissenschaft. Geschichte kann, so betrachtet, nicht identisch mit Vergangenheit sein, denn „geschichtlicher Sinn ist nicht Verklärung alter Zeiten“.[3] Historisches Erkennen, dabei Dilthey folgend, bedeutet für Heimpel stets Verstehen, „und jedes historische Problem ist letzten Endes ein Übersetzungsproblem: Übersetzung eines Vergangenen ins Verständliche, eines Unverstandenen ins Gegenwärtige.“[4] Von positivistischer Stoffanhäufung hielt er ebenso wenig wie von unzureichend organisierter Stoffaufnahme. Für langfristige Editionsvorhaben oder Wörterbuchunternehmungen mußte anderes gelten: „Es gibt eine Königspflicht der Treue, beschlossen in dem Sprüchlein, wer A sage, müsse auch B sagen.

[1] Siegfried H. Sichtermann: Einleitung zu: Herrmann Bote. Till Eulenspiegel. Frankfurt/M. 1978. S. 14 (= Insel-Taschenbuch 336).

[2] Hermann Heimpel: Traum im November. In: Geschichte in Wissenschaft und Unterricht Jg *32* (1981) H. 9, S. 521, 525.

[3] Hermann Heimpel: Die Geschichtlichkeit des Menschen und der Stadt. In: Z. f. Stadtgeschichte, Stadt- und Denkmalpflege *3* (1976) S. 6.

[4] Hermann Heimpel: Geschichte und Geschichtswissenschaft. In: Der Mensch in seiner Gegenwart. Acht historische Essais. Göttingen 1957. S. 214.

Angefangene Editionen, die angeblich nicht mehr so aktuell sind, unvollendet liegen zu lassen, ist eine Schande."[1] Das Deutsche Wörterbuch der Brüder Grimm ist deshalb nicht für den Leser, sondern für den Benutzer gedacht.

Heimpel sah in der Gegenwart die erste Geschichtsquelle des Historikers. Nur so glaubte er der Vergangenheit adäquat auf die Spur kommen zu können.[2] Er führte seine Hörer „ins Mittelalter, in die Anfänge unserer Universitäten, in dem Vertrauen, daß das Gegenwärtige sich am Vergangenen klären könne ..."[3]

Mit Jacob Burckhardt, den er zeitlebens verehrte, teilte Heimpel die Neigung, den einzelnen Menschen in der Geschichte zu betrachten. Burckhardt durchlebte fast das ganze 19. und Heimpel das 20. Jahrhundert. Gemeinsam ist beiden, daß sie es meisterhaft verstanden, wissenschaftlich-historische Prosa niederzuschreiben. Sie beherrschten das Handwerk der Forschung ebenso wie die Kunst der Darstellung und teilten die Erkenntnis, „daß bei günstiger Konstellation die Wissenschaft ein Medium der Humanität sein kann."[4]

In Heimpels Monographien wird der Mensch der Vergangenheit nicht aus der Überlegenheitswarte des Wissenschaftlers, sondern in seiner eigenen Gegenwart behandelt. Und diese Gegenwart steht immer im engsten Konnex zum Ort des Geschehens, ein Hauptcharakteristikum Heimpelschen Geschichtsdenkens, ablesbar bei Dietrich von Nieheim, Hermann von Salza, Albrecht von Roes oder zuletzt bei den Venern von Gmünd.

Wiederholt dachte er über Lehrbarkeit von Geschichte nach und erklärte fast apodiktisch, Geschichtswissenschaft sei das „wissenschaftlich disziplinierte Gedächtnis des Menschen".[5]

Hermann Heimpel, 1901 in München als Sohn eines Eisenbahn-Ingenieurs geboren, besuchte das Theresien-Gymnasium und studierte 1920—1924 Geschichte, Germanistik und öffentliches Recht an den Universitäten München und Freiburg/Breisgau. Ihm war nichts von dem in die Wiege gelegt, was so viele Gelehrte des 19. Jahrhunderts auszeichnete: weder die Tradition des protestantischen Pfarrhauses, noch Generationen in höheren Ämtern und keine Bildungsüberlieferung. Abschließend promovierte er mit der Arbeit „Gewerbe der Stadt Regensburg im Mittelalter" zum Dr. phil. Diese Erstlingsschrift zeigt außer gründlicher Quellenkenntnis und ausgewogenem Urteil Heimpels Fähigkeit, Einzelprobleme in einen größeren Zusammenhang zu stellen. Von 1924—1927 arbeitet er bei seinem Freiburger akademischem Lehrer Heinrich Finke (1855—1938) an den „Acta concilii Constanciensis". Später hebt er in einem distanzierten Nachruf Finkes Bedeutung als Wissenschaftshistoriker und Quelleneditor heraus. In seinen hilfswissenschaftlichen Kursen hat er viel gelernt, weil alles darauf angelegt war, „dem Schüler die Augen zu öffnen, ihm zum schnellen Lesen, gewandten Datieren, zu archivalischer Findigkeit zu erziehen", aber doch „behielt das frische Denken aus dem Leben stets die Herrschaft über die große Methode".[6]

Dann habilitierte sich Heimpel im November 1927 in Freiburg/Breisgau mit der Studie „König Sigismund und Venedig bis zum Beginn des Konstanzer Konzils". Von daher rührt sein nie erloschenes Interesse an der „Germania Sacra". Zwei Jahre später wird

[1] Ebda S. 212.

[2] Ebda S. 204—205.

[3] Hermann Heimpel: Hochschule, Wissenschaft, Wirtschaft. In: Hermann Heimpel: Kapitulation vor der Geschichte? Gedanken zur Zeit. Göttingen 1956. S. 67.

[4] Karl Dietrich Erdmann: Die Ökumene der Historiker. Geschichte der Internationalen Historikerkongresse und des Comité International des Sciences Historiques. Göttingen 1987. S. 278.

[5] Hermann Heimpel: Geschichte und Geschichtswissenschaft. A. a. O. S. 211.

[6] Hermann Heimpel: Heinrich Finke. Ein Nachruf. In: HZ *160* (1939) S. 535.

er Nachfolger seines Lehrers Georg von Below (1858—1927) und 1931 folgt, gleichfalls in Freiburg/Breisgau, die Berufung auf den freigewordenen Lehrstuhl von Erich Caspar (1879—1935).

Glaubte Heimpel noch 1933, als die Nazis die Macht an sich gerissen hatten, fast zuversichtlich naiv an einen wie auch immer geläuterten „idealistischen Staatssozialismus"[1], so belehrte ihn die neue raue Gangart bald eines besseren. Der Klassenkamerad und Freund Albrecht Haushofer, nachgezeichnet in Heimpels Jugenderinnerungen „Die halbe Violine"[2], wird später ebenso ein Opfer der NS-Herrschaft wie schon früh sein Münchner Universitätslehrer Siegmund Hellmann (1872—1942), der 1933 als jüdischer Gelehrter auf Grund des § 4 des Gesetzes zur Wiederherstellung des Berufsbeamtentums vom 7.April 1933 in den unbezahlten Ruhestand geschickt wird und, 1942 ins KZ Theresienstadt deportiert, dort umkam. Als Heimpel nach Leipzig berufen wird, lebte Hellmann zurückgezogen in München.

Über sieben Jahre in schwerer Zeit hat Heimpel an der Leipziger Universität gelehrt, geforscht und geprüft. Bis zuletzt konnte er sein Fach freihalten von nationalsozialistischen Introvertierungen. Leicht war es nicht. So vertrat ein gewisser Wilhelm Kammeier in seinem Buch „Die Fälschungen der deutschen Geschichte" die These, alle Fälschungen mittelalterlicher Urkunden seien von einer zentralen Stelle, und zwar durch die römische Kurie, veranlaßt worden, um die ganze deutsche Geschichte, eingeschlossen die Zahlen der Regierungsjahre der Könige, zu verändern. In einer mutigen Entgegnung weist Heimpel diesen zur tödlichen Methode erhobenen Unsinn zurück und qualifiziert das „Werk" als unwissenschaftlich ab.[3]

Die NS-Zeit oder den „Zustand der Geschichtslosigkeit", wie Heimpel diese Jahre bezeichnete, hat er, ohne sonderlich aufzufallen, überstanden. Später plagten ihn Skrupel, ob des unverdienten Glücks der frühen akademischen Karriere und des scheinbaren Lebensgleichklangs. Weder als „Bremser" noch als aktiver Promotor des Regimes ist er aufgefallen. „Gewohnt, daß es bei Regierungen mit rechten Dingen zugehe, nicht sklavisch, aber obrigkeitlich fühlend, hörten wir nur halb hin, sahen manches nicht, und manches hätten wir sehen können."[4]

Heimpel, nur an dritter Stelle nach Hermann Aubin und Friedrich Baethgen auf der Vorschlagsliste der philosophischen Fakultät der Universität Leipzig geführt, wird am 1. April 1934 zum ordentlichen Professor für mittelalterliche Geschichte und zum Direktor des Seminars für mittlere Geschichte im Historischen Institut (Bornerianum I) berufen. Damit verbunden war auch die Leitung der Abteilung für mittelalterliche Geschichte des staatlichen Forschungsinstituts für Geographie, Geschichte und Kunstgeschichte, einer Besonderheit der Leipziger Universität.[5]

Zunächst bewohnt er im Leipziger Südosten mit seiner Frau und beiden Kindern eine Wohnung in der Schönbachstraße, aber bald zieht er in die nahegelegene Eichstädtstraße um, als noch drei weitere Kinder hinzukamen.

[1] Hermann Heimpel: 1933. Zwei Vorreden zu Vorlesungen. Freiburg/Breisgau o. J. [1933] S. 1.

[2] Hermann Heimpel: Die halbe Violine. Eine Jugend in der Haupt- und Residenzstadt München. 1. Aufl. Insel Wiesbaden 1949, 2. erw. Aufl. Insel Wiesbaden 1958.

[3] Hermann Heimpel: Fälschung der deutschen Geschichte? In: Offenes Visier. 24. Halbjahr, Nr. 4 v. 28. 5. 1936, S. 3; Hermann Heimpel an Verfasser 5. 2. 1986.

[4] Hermann Heimpel: Kapitulation vor der Geschichte? In: Kapitulation vor der Geschichte. Göttingen 1956. S. 7.

[5] Universitätsarchiv Leipzig (künftig: UAL) PA 553 Hermann Heimpel, Bl. 17.

In den Leipziger Berufungsverhandlungen bescheinigt ihm sein Freiburger und später Leipziger Kollege Wolfgang Schadewaldt einen sicheren Intellekt, gesunde Urteilskraft und großes pädagogisches Geschick. „Der hervorstechendste Zug an seinem Wesen ist eine starke Charakterfestigkeit, verbunden mit tiefer Bescheidenheit und einem schlichten Humor, der seinem Auftreten eine große Liebenswürdigkeit verleiht.“[1]

Nach der Antrittsvorlesung am 23. 6. 1934, was gleichzeitig den Einzug in die große Leipziger philosophische Fakultät bedeutete, begann Heimpels Lehrtätigkeit mit dem Wintersemester 1934/35: im Mittelpunkt stand von Montag bis Freitag 9—10 Uhr die Hauptvorlesung „Deutsche Geschichte im ausgehenden Mittelalter“ mit den Schwerpunkten Kolonisation, Territorium und Stadt und das Ende der Kaiserpolitik. In den folgenden Semestern bot er Vorlesungen an zur Wirtschaftsgeschichte der vorkapitalistischen Zeit, zur Historiographie des Mittelalters, zur Handelsgeschichte der Ottonen, Salier und Staufer, also zur Geschichte der deutschen Kaiser-Zeit 919—1250, nur unterbrochen durch seinen Wehrdienst 1940. Parallel dazu hielt Heimpel Fachseminare ab. Seine Kolloquien betrafen die spätmittelalterliche Kirchengeschichte, Fragen der vergleichenden Verfassungstheorien, Probleme der sozialrevolutionären Schriften des 15. Jahrhunderts, so die Reformatio Sigismundi, politische Publizistik des ausgehenden Mittelalters und, damit die handwerkliche Seite nicht zu kurz kam, paläographische, aktenkundliche und quellenkritische Kurse. In der fachübergreifenden Arbeitsgemeinschaft zur Germania des Tacitus arbeitete er u. a. mit dem Hellmann-Schüler Walter Stach (1890—1955) zusammen. Gemeinsam mit Otto Vossler (1902—1987) bestritt er gegen Ende seiner Leipziger Zeit einen Hauptkurs zur Geschichte der Universität Leipzig. All das setzte konzentrierte Forschung voraus und fand seinen Niederschlag in breit angelegter Publizität. Über 25 Aufsätze und geschliffene Rezensionen entstanden in der kurzen Leipziger Zeit, nachzuschlagen in der Festschrift zu Heimpels 70. Geburtstag. Auch später hat er zuweilen auf die Leipziger Forschungen zurückgegriffen. So hat er auf nur zwei Druckseiten die Finanzierung der Universität im späten Mittelalter exakt nachgezeichnet.[2] Neun Aufsätze, darunter wichtige biographische, faßte er zu dem Buch „Deutsches Mittelalter“ (1941) zusammen und widmete es den Leipziger Freunden, zu denen Rudolf Kötzschke (1867 bis 1949) zählte, der anfangs befürchtete, Heimpel könne, weil er bei Heinrich Finke gearbeitet hatte, einen spezifisch katholischen Standpunkt einnehmen.[3] Das erwies sich bald als unbegründet, und Kötzschke fand einen Mitstreiter für die Belange der Landesgeschichte. Bereits 1928 veröffentlicht Heimpel einen Aufsatz, der an das Werk von Kötzschke anknüpfte und die Entwicklung der mittelalterlichen Wirtschaft grundrißartig beschreibt. 1937 erscheint von ihm ein Beitrag in der Festschrift Kötzschke. Die landesgeschichtliche Vertiefung der mittelalterlichen Verfassungsgeschichte bedeutet zugleich, so reflektiert Heimpel 20 Jahre später, „die Erhebung der Landesgeschichte zu einer hohen Wissenschaft.“[4] Von den wirtschafts- und sozialgeschichtlichen Studien wandte er sich bald der politischen Entwicklung des späteren Mittelalters zu, Immer wieder kehrt er auch zur kleinen essayistischen Form zurück, die ihm besonders lag. Eigentlich schulbildend ist er nicht geworden, aber er hatte viele Schüler, die man eher an ihren Fragen als an den Antworten erkannte. Sein Meisterschüler Arnold Esch, Direktor des Deutschen Historischen

[1] Ebda, Schadewaldt an Dekan (Berve) 22. 11. 1933, Bl. 1.

[2] Hermann Heimpel: Hochschule, Wissenschaft, Wirtschaft. In: Hermann Heimpel: Kapitulation vor der Geschichte? Gedanken zur Zeit. A. a. O. S. 74—75.

[3] UAL, PA 553 Hermann Heimpel, Bl. 2.

[4] Hermann Heimpel: Geschichte und Geschichtswissenschaft. A. a. O. S. 216.

Instituts in Rom, urteilt über seinen Lehrer so: „Die große Vorlesung war die ihm gemäße Form, das Katheder der ihm angemessene Platz, und so haben ihn seine Schüler vor Augen: wie der große stattliche Mann mit dem Profil eines Elchs dort vorn vom Katheder zu ihnen spricht, mit ausformuliertem Skript und doch in lebendigem Kontakt mit dem übervollen Auditorium."[1]

Die Universität wollte Heimpel freihalten von verschulten Wissensvermittlung, damit sie der Schule echt dienen kann. Die großen Prüfungen setzen souveräne Prüfungskunst voraus, „die den Kandidaten nicht auf dem Gebiet festhält, wo er nichts weiß, sondern ihm auf die Felder folgt, auf denen der Kandidat sein Wissen erweist."[2] Heimpel scheint diesen selbst gewählten Maximen sehr nahe gekommen zu sein.

Ein Jahr nach seiner Berufung wird er am 5. Juni 1935, gemeinsam mit Kötzschke, zum ordentlichen Mitglied der Sächsischen Akademie der Wissenschaften gewählt. In den Sitzungsberichten erscheint nach vorangegangenem Akademie-Vortrag am 13. Juni 1936 aus Anlaß des 1000. Todestages von Heinrich I. aus seiner Feder die Studie „Bemerkungen zur Geschichte König Heinrich I.". Neueste Ergebnisse spiegeln in anschaulich-lebendiger Weise den damaligen Forschungsstand. Einleitend verweist er auf grundlegende Arbeiten Rudolf Kötzschkes zur Organisation der Markengebiete. Die Überlegungen enden mit der Feststellung, daß Heinrich I. tief in der fränkischen Tradition wurzelt. 1971 erschien die Studie als unveränderter Nachdruck.

Für die Jahrbücher der Akademie hat Heimpel die Nachrufe auf die Fachkollegen Herbert Grundmann (1902—1970) und Johannes Kühn (1887—1973) geschrieben.[3]

Ein kleiner Kreis von Professoren der Leipziger Universität, dem Heimpel angehörte, diskutierte in den dreißiger Jahren über Fragen von allgemeinem Interesse. In diesem „Coronella" genannten Kreis gehörten bis auf den Nordisten Konstantin Reichardt alle weiteren Professoren der Sächsischen Akademie an: der Historiker Helmut Berve, der Archäologe Bernhard Schweitzer, der Kunsthistoriker Theodor Hetzer, die klassischen Philologen Friedrich Klingner und Wolfgang Schadewaldt sowie der Physiker Werner Heisenberg. Die in privaten Wohnungen gehaltenen Reden stellten zuweilen die Generalprobe für öffentliche Akademie-Vorträge dar.[4]

Die Leipziger Zeit endete für Heimpel mit einer ministeriellen Verfügung. Am 16. Juli wird ihm im Ministerium für Wissenschaft, Erziehung und Unterricht mitgeteilt, daß der Reichsminister ihn „vom 1. September 1941 ab als Professor der Geschichte an die Universität Straßburg abordnen wird."[5] Damit ist sein keineswegs freiwilliger Weggang beschlossene Sache. Die Erinnerung an die Leipziger Zeit bleibt ihm bis zuletzt wertvoll, wie er noch 1984 ausdrücklich bekennt.[6]

In den späten Kriegswirren verschlägt es Heimpel nach Göttingen. An der Georgia

[1] Arnold Esch: „Denken und doch Schauen, Schauen und doch Denken". Zum Tode von Hermann Heimpel. Deutsche Akademie für Sprache und Dichtung Jahrbuch *1988* (Darmstadt 1989) S. 154.

[2] Hermann Heimpel: Selbstkritik der Universität. In: Hermann Heimpel: Kapitulation vor der Geschichte? Gedanken zur Zeit. A. a. O. S. 48f.

[3] Herbert Grundmann, in: Jahrbuch SAW *1969—1970* (Berlin 1972) S. 377—380; Johannes Kühn, ebda *1973—1974* (Berlin 1976) S. 439f.

[4] Helmut Rechenberg: Einleitung zu: Werner Heisenberg. Ordnung der Wirklichkeit. München, Zürich 1989. S. 16f.

[5] UAL, PA 553 Hermann Heimpel, Bl. 30 Hermann Heimpel an Dekan philosophische Fakultät Schadewaldt 17. Juli 1941.

[6] Hermann Heimpel an Verfasser. 14. Dezember 1984.

Augusta hält er aushilfsweise ab Dezember 1944 erste Vorlesungen. Göttingen wird von nun an sein ständiges Domizil, zuerst als ao. Professor und ab 1949 als Lehrstuhlinhaber. Daneben organisiert er 1956 die außeruniversitäre Geschichtswissenschaft für die Bundesrepublik Deutschland in dem neu errichteten Max-Planck-Institut für Geschichte, deren erster Direktor er wird. Der Dahlmann-Waitz, die Bibliographie zur Deutschen Geschichte, findet damit in seiner 10. noch nicht abgeschlossenen Auflage ab 1965 eine neue Heimstatt. Das ist vor allem Heimpels Verdienst. Im Rahmen der Historischen Kommission bei der Bayerischen Akademie der Wissenschaften führt er die 1936 übernommene Edition der Deutschen Reichtstagsakten, ältere Reihe, fort. Seit den 60er Jahren las er sämtliche Artikel der Neuen Deutschen Biographie kritisch durch und regte Verbesserungen an. Viele Jahre betreute er zusammen mit Herbert Grundmann für die Monumente Germaniae Historica die Staatsschriften des späteren Mittelalters.

Heimpel kannte die Arbeit der Wissenschaft im handwerklichen Detail, im meisterlichen Umgang mit der deutschen Sprache und in der großen Darstellung: „unten in der Sockelzone der Fußnoten", schreibt Arnold Esch, „massive Gelehrsamkeit; darüber, im *piano nobile* des Textes, Darstellung von vollendeter Gestalt."[1] Immer wieder kehrte Heimpel an den Schreibtisch zurück um Kärrnerarbeit zu verrichten. Die Fähigkeit, andere für sich arbeiten zu lassen, besaß er nicht. Sein großes wissenschaftliches Alterswerk hat ihn fast vollständig absorbiert. Die dreibändige Monographie „Die Vener von Gmünd und Straßburg" erschien, als der Verfasser im 82. Lebensjahr stand. Vorausgegangen waren über 15 Jahre harter Arbeit, die Korrekturen hat er selbst gelesen und das Register besorgt. Bisweilen trug er gelehrte Kostproben daraus vor oder veröffentlichte Teilergebnisse, damit das große Werk flankierend, in dessen Mittelpunkt der Rat Ruprechts von der Pfalz Job Vener (vor 1370—1447), „der rechtstechnische Wahlmacher König Sigismunds", steht.[2] Diese groß angelegte Monographie gehört zu den Arbeiten, „die sich für das Alter besonders eignen, die emsig eingeholte Erfahrungen voraussetzen und stillen, ruhigen Abschluß verlangen ...", so sagte schon Jacob Grimm 1860 in einer seiner großen Berliner Akademie-Reden.[3] Mit der Geschichte der Vener von Gmünd und Straßburg leistete Heimpel einen wichtigen Beitrag zur Erhellung der Geschichte des gelehrten Beamtentums in der Zeit der Reformkonzilien.

In seinem letzten Lebensjahr sah Heimpel Familienpapiere durch, die Arbeit seines Vaters, der zu den Pionieren der Elektrifizierung der Eisenbahn gehörte und auch die erste elektrifizierte Strecke der Bayerischen Lokalbahn AG, von Murnau nach Oberammergau, baute. Die Beschäftigung mit Leben und Tätigkeit seines Vaters, gedacht für die Enkel, bereitete ihm große Freude.[4] So ist der große alte Mann jung geblieben bis in sein letztes Jahr. Spielte er als Ausgleich zur geistigen Arbeit in der Jugend auf der Geige, so strich er mit großer Hingabe im Alter die Bratsche. In Frankfurt/M. nahm er noch Viola-Stunden. Zu Hause tagte alle 14 Tage „sein" Streichquartett.[5]

Das Buch über das Basler Konzil, exakt zur Sitz- oder Rangordnung des Konzils, blieb

[1] Arnold Esch: „Denken und doch Schauen, Schauen und doch Denken". Zum Tode von Hermann Heimpel. a. a. O. S. 156.

[2] Hermann Heimpel: Einleitung zu: Die Vener von Gmünd und Straßburg 1162—1447. Bd *1* (Göttingen 1982) S. 10.

[3] Jacob Grimm: Rede über das Alter, gehalten in der Königlichen Akademie der Wissenschaften zu Berlin am 26. Januar 1860. In: Die Schriften der Brüder Grimm in einer Auswahl für das deutsche Volk. Aus den kleineren Schriften von Jacob Grimm. Berlin 1911.

[4] Inga Heimpel an Verfasser 15. 4. 1987.

[5] Inga Heimpel an Verfasser 29. 3. 1988.

unvollendet. In einem Brief, geschrieben „am letzten noch völlig gesunden Tag“, hat er dem Kölner Mediävisten Johannes Helmrath das gesamte, zu Dreiviertel von ihm selbst aufgearbeitete Material „zur völlig freien Verfügung“ anvertraut, entweder für seine eigenen Konzilforschungen oder, was mit großem Aufwand verbunden wäre, zur Vollendung.[1]

Die letzten Monate waren von Krankheit überschattet.

Die Akademie hat ein hoch angesehenes auswärtiges Mitglied, einen Wissenschaftler von Rang und großer Ausstrahlung verloren.

Dr. phil. Gerald Wiemers

Jan Białostocki

14. 8. 1921—25. 12. 1988

Am 25. Dezember 1988 verstarb nach längerer schwerer Krankheit in Warschau der international bekannte und geschätzte Kunsthistoriker Professor Dr. phil. Dr. litt. h. c. Jan Białostocki im Alter von 67 Jahren. Der Sächsischen Akademie der Wissenschaften zu Leipzig gehörte er seit Oktober 1980 als auswärtiges Mitglied an.

Jan Białostocki wurde am 14. August 1921 in Saratow, UdSSR, geboren. Während der Zeit der deutschen Besetzung Polens studierte er an der geheimen polnischen Universität Kunstgeschichte und Philosophie. Aktiv im Widerstand kämpfend, erlitt er das Schicksal vieler seiner polnischen Altersgenossen; vom September 1944 bis zum Mai 1945 war er Häftling in den Konzentrationslagern Großrosen, Mauthausen und Linz III. Nach der Befreiung vom Faschismus schloß er seine Studien ab und war seit Herbst 1945 als Assistent an der Universität Warschau und am Muzeum Narodowe in Warschau tätig. In den Jahren 1947/48 weilte er zu einem längeren Studienaufenthalt in Frankreich, Auslandsstudienreisen schlossen sich an. 1958 hatte er einen ersten Studienaufenthalt am Institute for Advanced Study in Princeton, N.J., USA, wo er mit Erwin Panofsky zusammenarbeiten konnte. Seit 1973 gehörte er dem Institute for Advanced Study als Mitglied an.

1955 wurde Jan Białostocki Kustos am Muzeum Narodowe, 1956 Leiter der Gemäldegalerie ausländische Schulen am Muzeum Narodowe zu Warschau. An der Warschauer Universität wurde er 1958 zum Dozenten, 1962 zum ordentlichen Professor für neuere Kunstgeschichte berufen. Beide Funktionen übte er bis zu seinem Tode aus.

Jan Białostocki war in allen Ländern Europas und in den USA ein gern gesehener und hochgeschätzter Gast. Gastprofessuren hatte er in Leiden, Yale, Mexiko, New York, der Universität von Wisconsin und am Collège de France in Paris inne. Die Institutionen, an denen er Gastvorlesungen hielt, sind kaum aufzuzählen. Die namhaftesten internationalen kunsthistorischen Zeitschriften zählten ihn zu ihrem Autor. Auf internationalen Kongressen waren seine Vorträge stets ein Höhepunkt des wissenschaftlichen Programms. Seit 1964 war Jan Białostocki Mitglied des Comité International d'Histoire de l'Art, dessen Vizepräsident er durch lange Jahre war. Seit 1984 war er Präsident des Conseil International

[1] Inga Heimpel an Verfasser 26. 9. 1989; Johannes Helmrath an Verfasser 24. 10. 1989: „Das Material ist überwiegend in Zettelform. Aber einige ausformulierte Passagen für geplante Kapitel des Buches sind auch dabei, dazu Handschriftentranskriptionen usw. Heimpel konnte sich ja mit bewundernswerter Intensität in einen Text verbeißen und ihn dann wie verlebendigt neu darstellen“.

de la Philosophie et des Sciences Humaines. In beiden Institutionen leistete er verdienstvolle Arbeit für die Entwicklung der Kunstgeschichte und für die Vertiefung der internationalen Zusammenarbeit zwischen den Nationalkomitees für Kunstgeschichte und der einzelnen Fachvertreter.

Die Kunstgeschichte der DDR verdankt ihm viele fruchtbare Anregungen und vielfältige, tatkräftige Hilfe, als sie in den frühen sechziger Jahren um den Anschluß an die internationale Wissenschaftsentwicklung und den Zugang zu den internationalen Organisationen des Faches bemüht war. Kunstwissenschaftliche Konferenzen in der DDR zählten ihn meist zu ihren hochgeschätzten Referenten.

Die Forschungen Jan Białostockis waren vielfältig, sie umfaßten die neue Kunstgeschichte zwischen dem 14. und 18. Jh., Spätgotik und Renaissance, Manierismus und Barock, aber auch die Romantik waren bevorzugte Themengebiete. Der Europäischen Kunst in polnischen Sammlungen galt ganz natürlich sein besonderes Augenmerk (Musées de Pologne, Corpus of Flemish Primitives, Brüssel 1966), ebenso der osteuropäischen Spielart europäischer Stile (The Art of the Renaissance in Eastern Europe, Oxford 1976). Grundlegend wurde der Band der Prophyläen-Kunstgeschichte „Spätmittelalter und Neuzeit", Berlin 1972. Großen Raum nahmen in seiner Arbeit Fragen der Fachgeschichte und der Methodologie ein, besonders die Probleme des Stils, der Ikonographie und Ikonologie bewegten ihn immer wieder. Eine Sammlung dazu ist in der DDR erschienen: Stil und Ikonographie. Studien zur Kunstwissenschaft, Dresden 1966 (spanische Ausgabe Barcelona 1975). Er hat erheblich dazu beigetragen, die Ikonologie Warburgs und Panofskys zu verbreiten und weiterzuentwickeln. Gerade auch auf diesem Gebiet verdankt die Kunstwissenschaft der DDR Jan Białostocki entscheidende Grundlegungen. Der Universitätslehrer hat Generationen polnischer Kunsthistoriker ausgebildet, die heute inzwischen selbst anerkannte Fachleute sind und als akademische Lehrer an Universitäten Polens und des Auslandes wirken. Seine Schüler bestimmen heute die Arbeit internationaler Tagungen so, wie er selbst es durch mehr als zwei Jahrzehnte getan hat. Schließlich ist auch der Arbeit des Museologen zu gedenken.

Er hat in Warschau zahlreiche höchst bemerkenswerte Ausstellungen organisiert, die Zusammenarbeit zwischen den großen Museen der sozialistischen Länder stets befördert und für die Präsentation der Werke polnischer Sammlungen auf internationalen Ausstellungen gesorgt. Es sei nur an die schöne Ausstellung zur europäischen Landschaftsmalerei 1972 erinnert, die unter dem Patronat des Internationalen Museumsrates von den Museen in Warschau, Prag, Budapest, Leningrad und Dresden durchgeführt wurde und deren Leiter Jan Białostocki war.

Die Leistungen Jan Białostockis fanden in seiner Heimat und international hohe Anerkennung. Die Universität Groningen verlieh ihm ihre Ehrendoktorwürde. Er war Inhaber des Polnischen Nationalpreises I. Klasse, des Kavalierkreuzes, des Offizierskreuzes und des Kommandeur-Kreuzes Polonia Restituta, des Goldenen Verdienstkreuzes und des Kavalierkreuzes Corona d'Italia. Er war Träger des Herder-Preises 1970 in Wien, des Aby M. Warburg-Preises der Freien und Hansestadt Hamburg 1980 und des Reuchlin-Preises der Stadt Pforzheim 1983. Wie zahlreiche andere Akademien auch, so zählte ihn unsere Sächsische Akademie der Wissenschaften zu Leipzig zu ihren hochgeschätzten auswärtigen Mitgliedern. Seine Bücher werden wirksam bleiben noch lange über seinen Tod hinaus. Wir sind dankbar, daß wir mit ihm zusammenarbeiten durften, und werden ihm stets ein ehrendes Gedenken bewahren.

Ernst Ullmann

VERZEICHNIS DER MIT DER AKADEMIE IM SCHRIFTENTAUSCH STEHENDEN KÖRPERSCHAFTEN

I. *Periodica*

Ägypten — Arab Republic of Egypt

Al-Qahira
Institut Français d' Archéologie Orientale
Bibliothèque d'études
Bulletin
Bulletin de liaison du groupe int. d'étude de la céramique Egyptienne
Conférences

National Information and Documentation Centre
Journal of Chemistry

Argentinien

Buenos Aires
Comision Nacionale de la Energia Atómica
Informe

Sociedad Cientifica Argentina
Anales

La Plata
Universidad Nacional. Facultad de Ciencias Fisicomatemáticas
Revista

Australien

Adelaide
Barr Smith Library
The Australian Journal of Experimental Biology and Medical Science

Armidale
Royal Society of New South Wales
Journal and Proceedings

Brisbane
Royal Society of Queensland. Queensland Museum Library
Proceedings

Melbourne
Royals Society of Victoria
Proceedings

Belgien

Bruxelles
Algemene Bibliotheek van de Vrije Universiteit
Tijdschrift
Studiereeks

Institut Royal des Sciences Naturelles de Belgique
Memoires

	Koninklijke Academie voor Wetenschappen, Letteren en Schone Kunsten Academiae Analecta. Kl. der Wetenschappen Kl. der Letteren Kl. der Schone Kunsten Fontes historiae artis Neerlandicae Nationaal Biografisch Woordenboek
	Société des Bollandistes Analecta Bollandiana
	Union Académique Internationale Compte rendu Handbook
Gent	*Koninklijke Vlaamse Academie voor Taal- en Letterkunde* Jaarboek Verslagen en Mededeelingen Leonard Willemsfonds
Leuven	*Universiteitsbibliotheek* Ancient Society Humanistica Lovaniensia Studia Hellenistica
Liège	*Institut Archéologique Liègeois* Bulletin
Louvain	*Centre Général de Documentation de l'Université Catholique* Faculté des Sciences économiques, N. S. Travaux de la Faculté de Philosophie et Lettres Travaux de l'Institut de Psychologie
	Faculté de Philosophie et Lettres, Bibliothèque Recueil des Travaux d'histoire et de philologie
Meise	*Jardin Botanique National* Bulletin
Namur	*Rédaction „Les Etudes classiques"* Les Etudes classiques

Brasilien

Rio de Janeiro	*Academia Brasileira de Ciências* Anais
	Centro Brasileiro de Pesquisas Físicas Summa brasiliensis mathematicae

VR Bulgarien

Sofija	*Balgarska Akademija na Naukite* Doklady Ekologija Literaturna istorija

Universitetska Biblioteka
Godišnik na Sofiski Universitet.
Filologičeski Fakultet
Juridičeski Fakultet

Bundesrepublik Deutschland

Aachen *Aachener Geschichtsverein*
Zeitschrift

Bibliothek der Rheinisch-Westfälischen Technischen Universität
Jahrbuch

Augsburg *Historischer Verein für Schwaben*
Zeitschrift

Naturwissenschaftlicher Verein für Schwaben
Bericht

Bad Godesberg *Deutscher Forschungsdienst*
Bericht über ihre Tätigkeit
Deutscher Forschungsdienst
Deutscher Forschungsdienst. Angewandte Wissenschaft
Kommission zur Erforschung der Luftverunreinigung.
Mitteilungen

Bayreuth *Universitätsbibliothek*
Bayreuther Mathematische Schriften

Beuron *Bibliothek der Erzabtei Beuron*
Erbe und Auftrag
Texte und Arbeiten
Vetus lat. inst. Bericht

Bonn *Universitätsbibliothek*
Politeia

Braunschweig *Universitätsbibliothek der Technischen Universität*
Abhandlungen der Braunschweigisch Wissenschaftlichen Gesellschaft
Geographische Rundschau
Braunschweigische Wissenschaftliche Gesellschaft. Jahrbuch

Bremen *Übersee-Museum*
Veröffentlichungen. Reihe A, C, F.

Die Wittheit zu Bremen
Abhandlungen des Naturwissenschaftlichen Vereins
Abhandlungen und Vorträge
Bremisches Jahrbuch
Jahrbuch der Bremischen Wissenschaft

Staatsarchiv der Freien Hansestadt Bremen
Veröffentlichungen

Darmstadt *Hessische Landes- und Hochschulbibliothek*
Jahrbuch der Deutschen Akademie für Sprache und Dichtung
Veröffentlichungen der Deutschen Akademie für Sprache und Dichtung

Düsseldorf	*Düsseldorfer Geschichtsverein* Düsseldorfer Jahrbuch	
	Rheinisch-Westfälische Akademie der Wissenschaften Vorträge. Reihe Geisteswissenschaften Reihe Natur-, Ingenieur- und Gesellschaftswissenschaften Wissenschaftliche Abhandlungen	
Erlangen	*Institut für Fränkische Landesforschung* Jahrbuch Schriften. Historische Reihe	
	Physikalisch-Medizinische Sozietät Sitzungsberichte	
Frankfurt a. M.	*Philosophisch-Theologische Hochschule St. Georgen* Theologie und Philosophie	
	Physikalischer Verein Jahresbericht	
	Senckenbergische Naturforschende Gesellschaft Abhandlungen Aufsätze und Reden Natur und Museum Senckenbergiana biologica Senckenbergiana lethaea	
	Frobenius-Institut an der Goethe-Universität Paideuma	
Freiburg i. Br.	*Naturforschende Gesellschaft* Berichte	
Gießen	*Bibliothek der Justus-Liebig-Universität* Hessische Blätter für Volkskunde Kritikon Literarum Mitteilungen des Oberhessischen Geschichtsvereins Nachrichten der Gießener Hochschulgesellschaft Schriften der Justus-Liebig-Universität	
	Deutsche Morgenländische Gesellschaft Zeitschrift	
	Oberhessische Gesellschaft für Natur- und Heilkunde Bericht. Naturwissenschaftliche Abteilung	
Göttingen	*Akademie der Wissenschaften* Abhandlungen. Math.-phys. Klasse Phil.-hist. Klasse Göttingen gelehrte Anzeigen Jahrbuch Nachrichten. Math.-phys. Klasse Phil.-hist. Klasse	
Hamburg	*Geographische Gesellschaft* Mitteilungen	

	Gesellschaft für Natur- und Völkerkunde Ostasiens Mitteilungen Nachrichten
	Mathematische Gesellschaft Mitteilungen
	Staats- und Universitätsbibliothek Abhandlungen aus dem Gebiete der Auslandskunde Hamburger Universitätsreden
Hannover	*Akademie für Raumforschung und Landesplanung* Raumforschung und Raumordnung
	Bibliothek der Technischen Universität / Technische Informationsbibliothek Berichte der Naturhistorischen Gesellschaft Jahrbuch
	Niedersächsische Landesbibliothek Niedersächsisches Jahrbuch für Landesgeschichte Studia Leibnitiana
Heidelberg	*Heidelberger Akademie der Wissenschaften* Abhandlungen. Phil.-hist. Klasse Jahrbuch Sitzungsberichte. Math.-nat. Klasse Phil.-hist. Klasse
	Universitätsbibliothek Heidelberger Jahrbücher
Karlsruhe	*Bibliothek der Technischen Universität* Monographien
Kiel	*Naturwissenschaftlicher Verein für Schleswig-Holstein* Schriften
	Universitätsbibliothek Schriften des Geographischen Instituts der Universität Kiel
Lübeck	*Stadtbibliothek* Ausblick Mitteilungen der Geographischen Gesellschaft und des Naturhistorischen Museums
	Verein für Lübeckische Geschichte und Altertumskunde Zeitschrift
	Verein „Natur und Heimat" Berichte
Mainz	*Akademie der Wissenschaften und der Literatur* Abhandlungen der Klasse Literatur Abhandlungen der geistes- und sozialwiss. Klasse Abhandlungen der math.-naturwiss. Klasse Jahrbuch Karl-A.-Forster-Lectures

	Mainzer Altertumsverein Mainzer Zeitschrift
Marbach	*Schiller-Nationalmuseum* Schriften
Marburg	*Gesellschaft zur Beförderung der gesamten Naturwissenschaften* Sitzungsberichte
	Universitätsbibliothek Alma Mater Philippina
München	*Bayerische Akademie der Wissenschaften* Abhandlungen. Math.-nat. Klasse Phil.-hist. Klasse
	Jahrbuch Sitzungsberichte. Math.-nat. Klasse Phil.-hist. Klasse
	Sonderschriften
	Deutsches Museum Abhandlungen und Berichte Jahresbericht Verwaltungsbericht
	Max-Planck-Gesellschaft Berichte und Mitteilungen Jahrbuch
	Monumenta Germaniae Historica Deutsches Archiv zur Erforschung des Mittelalters Dahlmann-Waitz
	Technische Universität, Universitätsbibliothek Astronomisch-Geodätische Arbeiten Veröffentlichungen der Deutschen Geodätischen Kommission. Reihe B, C, E Berichte über die Vollsitzungen der Deutschen Geodätischen Kommission
	Zentralinstitut für Kunstgeschichte Jahresbericht
Münster	*Universitätsbibliothek* Westfälische Geographische Studien
	Verband der Deutschen Höhlen- und Karstforscher Bibliographie zur Karst- und Höhlenkunde in Deutschland Jahreshefte für Karst- und Höhlenkunde Karst und Höhle Mitteilungen
Nürnberg	*Germanisches Nationalmuseum* Anzeiger Bilder aus deutscher Vergangenheit
Offenbach	*Bibliothek des Deutschen Wetterdienstes* Agrarmeteorologische Bibliographie Berichte Deutsches meteorologisches Jahrbuch

Osnabrück *Felix Dietrich Verlag*
Internationale Jahresbibliographie der Festschriften

Speyer *Pfälzische Landesbibliothek*
Mitteilungen der Pollichia
Mitteilungen des Historischen Vereins der Pfalz
Pfälzische Bibliographie

Stuttgart *Kommission für geschichtliche Landeskunde in Baden-Württemberg*
Zeitschrift für Württembergische Landesgeschichte

Museum für Länder- und Völkerkunde. Linden-Museum
Tribus

Staatliches Museum für Naturkunde
Stuttgarter Beiträge zur Naturkunde

Württembergische Landesbibliothek
Jahrbücher für Statistik und Landeskunde von Baden-Württemberg
Zeitschrift für Württembergische Landeskunde

Trier *Karl-Marx-Haus*
Schriften aus dem Karl-Marx-Haus
Archiv für Sozialforschung

Ulm *Verein für Kunst und Altertum in Ulm und Oberschwaben*
Mitteilungen

Wiesbaden *Hessisches Landesamt für Bodenforschung*
Abhandlungen
Hessisches Lagerstättenarchiv
Notizblatt

Nassauischer Verein für Naturkunde
Jahrbücher

Verein für Nassauische Altertumskunde und Geschichtsforschung
Nassauische Annalen

Wolfenbüttel *Braunschweiger Geschichtsverein*
Braunschweigisches Jahrbuch

Herzog-August-Bibliothek
Wolfenbütteler Beiträge
Wolfenbütteler Forschungen

Würzburg *Freunde Mainfränkischer Kunst und Geschichte*
Mainfränkische Hefte
Mainfränkisches Jahrbuch für Geschichte und Kunst

Physikalisch-medizinische Gesellschaft
Berichte

China

Pei-ching *Kuo li t'u shu kuan (National Library)*
Chinese Literature
Chinese Medical Journal
Scientia Sinica

Città del Vaticano

Archivum Historicum Societatis Jesu
Archivum

Biblioteca Apostolica Vaticana
Studi e Testi

Pontifico Istituto Biblico
Biblica
Orientalia

Specola Vaticana
Annual Report
Miscellanea astronomica
Ricerche astronomiche
Ricerche spettroscopiche

Dänemark

Århus *Statsbiblioteket*
Acta Jutlandica

København *Det Kongelige Danske Videnskaberne Selskab*
Arkeologisk-kunsthistoriske meddelelser
Arkeologisk-kunsthistoriske skrifter
Biologiske meddelser
Biologiske skrifter
Carlsbergfondet. Arsskrift
Historisk-filologiske meddelser
Historisk-filologiske skrifter
Matematisk-fysiske meddelelser
Matematisk-fysiske skrifter
Oversigt over selskabets virksomhed

Odense *Odense Universitetsbibliotek*
Mediaeval Scandinavia

Deutsche Demokratische Republik

Bautzen *Institut für sorbische Volksforschung beim Zentralinstitut für Geschichte der Akademie der Wissenschaften*
Lětopis'

Berlin *Akademie der Wissenschaften der DDR*
Abhandlungen. Abt. Mathematik, Naturwissenschaft, Technik
Abt. Veröffentlichungen der Wissenschaftlichen Räte
Beiträge zur Forschungstechnologie
Jahrbuch
Journal für Hirnforschung
Sitzungsberichte. Gesellschaftswissenschaften
Mathematik, Naturwissenschaft, Technik

Deutsches Amt für Meßwesen und Warenprüfung
Wissenschaftliche Abhandlungen

	Geologischer Dienst. Staatliche Geologische Kommission Geologie. Nebst Beihefte Mikroelektronik in Geophysik und Geologie Zeitschrift für angewandte Geologie
	Universitätsbibliothek der Humboldt-Universität Wissenschaftliche Zeitschrift. Gesellschafts- und sprachwiss. Reihe Mathematisch-naturwiss. Reihe
Dresden	*Bibliothek der Hochschule für Verkehrswesen* Wissenschaftliche Zeitschrift
	Bibliothek der Technischen Universität Wissenschaftliche Zeitschrift
Erfurt	*Wissenschaftliche Bibliothek der Stadt Erfurt* Beiträge zur Geschichte der Stadt Erfurt
Greifswald	*Universitätsbibliothek* Wissenschaftliche Zeitschrift. Gesellschafts- und sprachwiss. Reihe Mathematisch-naturwissenschaftl. Reihe
Halle	*Deutsche Akademie der Naturforscher „Leopoldina"* Nova Acta Leopoldina
	Landesmuseum für Vorgeschichte Jahresschrift für mitteldeutsche Vorgeschichte Vorgeschichtliche Museumsarbeit und Bodendenkmalpflege
	Universitäts- und Landesbibliothek Hallische Monographien Schriften zum Bibliotheks- und Büchereiwesen in Sachsen-Anhalt Wissenschaftliche Zeitschrift. Gesellschafts- und sprachwiss. Reihe Mathematisch-naturwiss. Reihe
Ilmenau	*Technische Hochschule* Wissenschaftliche Zeitschrift
Jena	*Universitätsbibliothek* Wissenschaftliche Zeitschrift. Gesellschafts- und sprachwiss. Reihe Mathematisch-naturwiss. Reihe
Leipzig	*Deutsches Institut für Länderkunde* Geographische Berichte
	Universitätsbibliothek Wissenschaftliche Zeitschrift. Gesellschafts- und sprachwiss. Reihe Mathematisch-naturwiss. Reihe
Magdeburg	*Technische Hochschule Otto von Guericke* Wissenschaftliche Zeitschrift
Potsdam	*Geodätisches Institut* Veröffentlichungen
Rostock	*Universitätsbibliothek* Archiv der Freunde der Naturgeschichte in Mecklenburg Wissenschaftliche Zeitschrift. Gesellschafts- und sprachwiss. Reihe Mathematisch-naturwiss. Reihe

Weimar	*Zentralbibliothek der deutschen Klassik* Wissenschaftliche Zeitschrift der Hochschule für Architektur und Bauwesen Goethe-Almanach

England

Cambridge	*Cambridge Philosophical Society* Proceedings
Edinburgh	*The Royal Society of Edinburgh* Proceedings. Sect. A: Mathematics Sect. B: Biological Sciences Transactions: Earth Sciences Year Book
Leeds	*Edward Boyle Library. University of Leeds* Proceedings. Scientific section Literary and historical section
Liverpool	*Biological Society* Proceedings and Transactions
London	*India Office Library* Report
	London Mathematical Society Bulletin
	University of London Library Annual Report of the Library Committee Bulletin of the Institute of Historical Research Bulletin of the School of Oriental and African Studies Institute of Historical Research. Annual Report Slavonic and East European Review Theses and Dissertation accepted for Higher Degrees
	The Warburg Institute Journal of the Warburg and Courtauld Institutes
Manchaster	*The John Rylands University Library* Journal of Semitic Studies

Finnland

Espoo	*Geologian Tutkimuskeskus* Geological Map of Finnland Geological survey of Finnland. Bulletin
Helsinki	*Societas pro Fauna et Flora Fennica* Acta botanica fennica Acta zoologica fennica Memoranda
	Societas Biologica Fennica „Vanamo" Annales Botanici Fennici Annales Zoologici Fennici

Suomalaisen Kirjallisunden Seura
Proverbium

Suomen Tiedeseura
Acta. Nova series B. C.
Arctos
Arsbok
Bidrag till kännedom af Finlands natur och folk
Commentationes biologicae
Commentationes humanorum litterarum
Commentationes physico-mathematicae
Commentationes scientiarum socialium

Suomalainen Tiedeakatemia
Dissertationes humanorum litterarum
Ergebnisse der magnetischen Beobachtungen
Folklore Fellows Communications
Sitzungsberichte
Toimituksia (Annales). Sarja A 1.2.3.4.5.6. B
Vuosikirja (Year Book)

Suomalais-Ugrilainen Seura. Kirjasto
Finnisch-ugrische Forschungen

Turku

Abo Akademis. Bibliothek
Acta. Humaniora
Mathematica et physica

Nordic Institute of Folklore
Newsletter

Turun Yliopiston Kiriasto
Temenos
Turun Yliopiston Julkaisuja. Ser. A I.II. B

Frankreich

Besançon

Université de Besançon
Annales littéraires. Philosophie
Histoire Ancienne

Cherbourg

Societé Nationale des Sciences Naturelles et Mathématiques
Mémoires

Clermont-Ferrand

Académie des Sciences, Belles-Lettres et Arts
Builetin historique et scientifique de l'Auvergne

Lyon

Bibliothèque de l'Université
Annales de l'Université. Droit
Lettres
Sciences. Sect. A. B. C.
Fascicule spécial

Société Linnéenne
Bulletin mensuel

Marseille	*Bibliothèque de l'Université d' Aix-Marseille* Annales de la Faculté des Sciences Comptes Rendus des travaux *Société Mathématique de France* Mémoires
Montpellier	*Académie des Sciences et Lettres* Bulletin
Paris	*Ecole Normale Supérieure* Annales scientifiques *Institut de France. Académie des Inscriptions et Belles-Lettres* Comptes Rendus Mémoires Présentés par divers savants Mémoires de l'Académie *Institut de France Académie des Sciences* Annuaire Bulletin bibliographique des publications périodiques Comptes Rendus hebdomadaires. Sér. A. B. C. D. *Institut de France. Académie des Sciences, Morales et Politiques* Notices biographiques et bibliographiques Revue des Sciences morales et politiques *Muséum National d'Histoire Naturelle* Annuaire Bulletin, Section A. B. *Societé Mathématique de France* Bulletin Gazette des Mathématiques
Rennes	*Société Scientifique de Bretagne* Bulletin
Saint-Martin-d'Hères	*Institut de Mathématique Pure* Annales de l'Institut Fourier
Sèvres	*Bureau International des Poids et Mesures* Travaux et Mémoires
Toulouse	*Académie des Sciences, Inscriptions et Belles-Lettres* Mémoires *Bibliothèque Universitaire* Annales publ. de la Faculté des Lettres et des Sciences. Sér. A. Calibán B. Homo C. Philosophie D. Grammatique E. Littératures F. Pallas G. Via Domitia Travaux de l'Institut d'Art préhistoriques

Ghana

Accra — *Ghana Academy of Arts and Sciences*
Proceedings

Griechenland

Athenai — *Ecole Française d'Athènes*
Bulletin de Correspondance Hellénique

Thessaloniki — *Institute for Balkan Studies*
Balkan bibliography
Balkan Studies

Indien

Allahabad — *Allahabad Mathematical Society*
Indian Journal of Mathematics

Indonesien

Djakarta — *Perpustakaan-Museum Pusat*
Museografia

Irland

Dublin — *Royal Dublin Society*
Economic Proceedings
Report

Royal Irish Academy
Proceedings. Sect. A. B. C.
Minutes

Island

Reykjavik — *Visindafélag Islendinga*
The Eruption of Hekla
Greinar
Rit

Italien

Acireale — *Biblioteca Zelantea*
Memorie e Rendiconti. Classe di Lettere

Bergamo — *Civico Museo di Scienze Naturali „Enrico Caffi"*
Rivista

Bologna — *Accademia delle Scienze dell'Istituto*
Atti. Classe die Scienze Fisiche
Memorie
Rendiconti

	Istituto di Geologia e Paleontologia dell'Università Giornale di Geologia
Brescia	*Centro Camuno di Studi Preistorici* Archivi Studi Camuni
	Civico Specola Astronomica „Cidnea" — Settore Civici Musei di Scienze — Annuario della Specola Cidnea Commentari. Nebst Supplemento
Cremona	*Biblioteca Governativa e Libreria Civica* Annali
Ferrara	*Accademia delle Scienze. Biblioteca Ariόstea* Atti
Firenze	*Accademia della Crusca* Studi di filologia italiana Studi di grammatica italiana
	Accademia Toscana di Scienze e Lettere „La Colombaria" Atti e Memorie
Genova	*Museo Civico di Storia Naturale „Giocamo Doria"* Annali Doriana
Lecce	*Università degli Studi. Biblioteca Centrale* Annali di Storia Annali. Fac. di Lettere e Filosofia Fac. di Magistero Bollettino di storia della filosofia Istituto di filologia moderna. Quaderni Istituto di Lingue e Letterature Straniere. Quaderni Quaderni della Biblioteca Centrale Quaderno filosofico
Mantova	*Accademia Virgiliano di Scienze, Lettere ed Arti* Atti e Memorie
Milano	*Istituto Lombardo, Accademia di Scienze e Lettere* Memorie. Classe di Lettere e Scienze Morali e Storiche Classe di Scienze Matematiche e Naturali. A. B. Parte generale e Atti ufficiali
	Società Storica Lombarda Archivio
Modena	*Accademia di Scienze, Lettere ed Arti* Atti e Memorie
	Istituto di Fisica dell'Università Atti del Seminario Matematico e Fisico
Napoli	*Società Nazionale di Scienze, Lettere ed Arti* Atti dell'Accademia di Scienze Fisiche e Matematiche

Atti dell'Accademia di Scienze Morali e Politiche
Atti dell'Accademia Pontaniana
Memorie dell'Accademia di Archeologia, Lettere e Belle Arti
Rendiconti dell'Accademia di Archeologia, Lettere e Belle Arti
Rendiconti dell'Accademia di Scienze Fisiche e Matematiche
Rendiconti ed Atti dell'Accademia di Scienze, Mediche e Chirurgiche

Università di Napoli. Biblioteca della Facoltà di Lettere e Filosofia
Annali

Padova

Biblioteca del Seminario Matematico
Rendiconti

Pisa

Scuola Normale Superiore
Annali. Classe di Lettere, Storia e Filosofia
Classe di Scienze, Fisiche e Matematiche

Società Toscana di Scienze Naturali
Atti. Ser. A. B.

Roma

Accademia Nazionale dei Lincei
Atti. Rendiconti. Classe di Scienze Fisiche, Matematiche e Naturali
Classe di Scienze Morali, Storiche e Filologiche
Rendiconti della Adunanze Solenni

Accademia Nazionale dei XL
Rendiconti

American Academy in Rome
Memoirs
Papers and Monographs

Servizio Geologico d'Italia
Bolletino

Sassari

Università. Istituto Giuridico
Studi Sassaresi. Ser. 3

Siena

Università degli Studi. Facolta di Lettere e Filosofia
Annali

Torino

Accademia delle Scienze
Annuario
Atti. Classe di Scienze Fisiche, Matematiche e Naturali
Classe die Scienze Morali, Storiche e Filologiche
Memorie. Classe di Scienze Fisische, Matematiche e Naturali
Classe di Scienze Morali, Storiche e Filologiche

Trento

Museo di Storia Naturale della Venezia Tridentina
Memorie
Studi Trentini

Trieste

Museo Civico di Storia Naturale
Atti

Università degli Studi
Notiziario
Pubblicazioni

Rendiconti dell'Istituto di Matematiche
Separata

Venezia *Istituto Veneto di Scienze, Lettere ed Arti*
Atti. Classe die Scienze Matematiche e Naturali
Classe di Scienze Morali e Lettere
Parte generale e Atti ufficiali

Museo Civico di Storia Naturale
Bolletino

Japan

Fukuoka *Kyusyu University. Faculty of Science. Mathematical Institute*
Memoirs. Ser. A: Mathematics

Hiroshima *Hiroshima University. Library*
Journal of Science. A — II: Physics and Chemistry
B — I: Zoology
B — II: Botany
C: Geology and Mineralogy
Memoirs of the Faculty of Engineering

Laboratory for Amphibian Biology
Scientific Report

Kyoto *Research Institute for Mathematical Sciences*
Publications

Nagoya *Department of Mathematics. Faculty of Science. Nagoya University*
Nagoya mathematical journal

Okayama *Department of Mathematics. Faculty of Science. Okayama University*
Mathematical Journal

Osaka *Kansai University. Faculty of Engineering*
Technology Reports

Osaka City University. Faculty of Science
Annual Reports of biological works
Osaka Journal of Mathematics

Osaka City University. Institute of Polytechnics
Journal of Biology

Sapporo *Hokkaido University. Faculty of Science*
Journal of the Faculty of Science. Physics

Sendai *Tohoku University. Faculty of Letters. Laboratory of Psychology*
Tohoku psychologica folia

Tokyo *University of Tokyo. Faculty of Science.*
Journal of the Fac. of Science. Section I A

Nippon Telegraph and Telephone Public Cooperation. The Electrical Communication Laboratory
Review

Toyama *Department of Mathematics. Faculty of Science. Toyama University*
Mathematics Reports

Yokohama *Mathematical Society of Japan*
Journal

SFR Jugoslawien

Beograd *Department of Mechanics. Faculty of Sciences. University of Belgrade*
Teorijska i primenjena mehanika

Drustvo Matematicara, Fizicara i Astronoma N. R. S.
Mathematica balkanica
Vesnik

Institut de Geographie „Jovan Cvijic"
Posebna izdanja
Zbornik radova

Matematicki Institut
Matematički vesnik
Publications

Observatoire Astronomique
Bulletin
Publications

Srpska Akademija Nauka i Umetnosti
Balcanica
Balkanološki Institut. Posebna izdana
Balkanske Narodne Umotvorine
Bulletin. Classe des Sciences naturelles et mathématique
Classe des Sciences médicale
Classe des Sciences naturelles
Chilandarski zbornik
Galeria sanu
Glas. Otdel. istorijskich nauka
Otdel. likovne i muzičke umetnosti
Glasnik
Glasnik Etnografskog Instituta
Godišnjak
Godišnjak našeg neba
Gradja
Institut za književnost i umetnost. Godišnjak
Studije e rasprave
Istoriski časopis
Istoriski Institut. Posebna izdanja
Jugoslovenske zemlje u XIX veku
Jugoslovenske zemlje u XX veku

Južnoslovenski filolog
Klasični izdanja
Muzička izdanja
Naš jezik
Naučno-popularni spisi
Onomatološki prilozi
Posebna izdanja
Pregled razmene izdanja
Spomenice
Spomenik
Srpski etnografiski zbornik
Starinar
Zbornik radova
Zbornik radova o etnomofauna
Zbornik radova o fauni SR Srbije
Zbornik radova Vizantoloskog Instituta
Zbornik za istočnjacki istorisku i književnu gradju
Zbornik za istoriju, jezik i književnost srpskog naroda

Ljubljana

Conseil des Académies de la RPF Yougoslavie
Bulletin scientifique. Sect. A. B.

Nuklearni Institut „Jozef Stefan"
Report

Slovenska Akademija Znanosti in Umetnosti
Acta carstologica
Arheološki vestnik
Biblioteka
Dela. Classis I—V
Fontes rerum slovenicarum
Geografski zbornik
Gradivo za narodopisje slovencev
Letopis
Linguistica
Razprave. Classis I—IV
Zbornik Instituta za slovensko narodopisje

Niš

University of Niš. Faculty of Electronic Engineering. Department of Mathematics
Facta Universitatis. Ser. Math. and Inf.

Novi Sad

Matica Srpska
Zbornik za filologiju i lingvisticu

Institut za Matematika
Zbornik radova. Ser. za Fiziku
Ser. za Matematiku

Pula

Arheološki Muzej Istre
Jadranski zbornik
Kulturhistorische Denkmäler in Istrien

Sarajevo

Akademija Nauka i Umjetnosti Bosne i Hercegovine
Djela
Godisnja
Posebna izdanja

Biološki Institut
Godišnjak

Filozofski Fakultet
Radovi

Zemalski Muzej
Glasnik. Arheologija
Etnologija
Istorija
Wissenschaftliche Mitteilungen des Bosnisch-Herzegowinischen Landesmuseums

Skopje

Filozofski Fakultet na Universitetet
Godišen zbornik

Faculté de Physique des Sciences Naturelles de l'Université Kiril et Metodij
Godišen zbornik. Fizika

Faculté des Mathématiques de l'Université
Godišen zbornik

Filozofski Fakultet na Universitetot, Seminar na klasicna filologia
Živa antika

Institute of Folklore
Makedonski folklor
Makedonski pecal'barski narodni pesni

Makedonische Akademie der Wissenschaften und Künste
Letopis
Macedonian Review
Prilog kon bibliografijata
Prilozi. Odd. za biološki i medic. nauki
Odd. za opstestveni nauki
Odd. za prir.-mat. nauki
Pristapni
Studia linguistica polono-Jugoslavica

Narodna i Universitetska Biblioteka „Kliment Ohridski"
Macedonian Review
Razgledi

Split

Institut za nacionalnu arheologiju
Starohrvatska prosvjeta

Zagreb

Društvo Matematičara i Fizičara SRH
Glasnik matematičko-fizički i astronomski

Hrvatsko-prirodoslovno Društvo
Periodicum biologicum

Geološki Zavod
Geološki vjesnik

Jugoslovenska Akademija Znanosti i Umetnosti
Bulletin international
Djela

Gradja za povijest književnosti hrvatski
Hrvatska bibliografija
Ljetopis
Prirodoslovna istraživanja
Rad
Zbornik za narodni život
Zbornik zavoda za povjesne znanosti Istraživačkog Centra JAZ

Staroslovenski Institut
Slovo

Kanada

Montréal *Université de Montréal. Départment d'Etudes Slaves*
Etudes slaves et est-européennes

Kolumbien

Bogotá *Academia Columbiana de Ciencias Exactas, Fisicas y Naturales*
Revista

Kongo

Kinshasa *Université Lovanium*
Publications

Luxemburg

Luxemburg *Institut Grand-Ducal de Luxemburg. Section des Sciences Naturelles, Physiques et Mathématiques*
Archives

Marokko

Rabat *Université Mohammed V. Institut Scientifique*
Bulletin
Documents

Mexico

Mexiko *Biblioteca Instituto de Geologia*
Boletin
Divulgación
Paleontologia mexicana

Escuela Nacional de Ciencias Biológicas
Anales

Instituto Nacional de Antropologia e Historia
Antropologia e Historia

Neuseeland

Auckland *The University of Auckland*
Mathematics Chronicle
New Zealand Mathematics Magazine
Univ. of Auckland. Dpt. of Mathematics. Report Series

Wellington *Royal Society of New Zealand*
Bulletin
Journal
Proceedings
Transactions

Niederlande

Amsterdam *Koninklijke Nederlandse Akademie van Wetenschappen*
Jaarboek
Mededeelingen. Afd. Letterkunde
Proceedings. Afd. A. B. C.
Verhandelingen. Afd. Letterkunde
Afd. Natuurkunde

Wiskundig Genootschaap
Nieuw Archief voor Wiskunde
Wiskundige opgaven met de oplossingen

Haarlem *Hollandsche Maatschappij der Wetenschappen*
Archives néerlandaises de zoologie
Physica

Den Haag *Koninklijke Bibliotheek*
Bibliografie
Mnemosyne
Neophilologus

Leiden *Maatschappij der Nederlandsche Letterkunde*
Jaarboek

Utrecht *Provinciaal Utrechts Genootschap van Kunsten en Wetenschappen*
Bijdragen en mededeelingen betr. de gesch. der Nederlanden
Verslag van het verhandelde

Norwegen

Bergen *Universitetsbiblioteket*
Årbok. Hist. antikv. rekke
Humanistisk serie
Matemat.-naturvidenskapelig serie
Medisinsk rekke
Årsmelding
Skrifter. Bergens Historiske Forening

Oslo *Norske Meteorologiska Institutt*
Norsk Meteorologisk Årbok

	Norske Videnskaps-Akademi
	Årbok
	Avhandlingar. Hist.-filos. klasse
	Matem.-naturvid. klasse
	Geophysica Norvegica
	Physica Norvegica
	Skrifter. Hist.-filos. klasse
	Matem.-naturvid. klasse
	Universitetets Oldsaksamling
	Årbok
	Norske Oldfunn
	Skrifter. Ny rekke
	Tilvekst
	Viking
Trondheim	*Det Kongelige Norske Videnskabers Selskabet*
	Museet. Direksjones Arsberetning
	Forhandlinger
	Skrifter

Österreich

Graz	*Historischer Verein für Steiermark*
	Blätter für Heimatkunde
	Mitteilungen des Steiermärkischen Landesarchives
	Zeitschrift. Nebst Sonderbände
	Naturwissenschaftlicher Verein für Steiermark
	Mitteilungen
	Steiermärkische Landesbibliothek
	Jahrbuch der naturwissenschaftlichen Abteilung am Joanneum
Innsbruck	*Universitätsbibliothek*
	Innsbrucker Beiträge zur Kulturwissenschaft. Sonderhefte
Linz	*Adalbert-Stifter-Institut des Landes Oberösterreich*
	Vierteljahresschrift
Wien	*Bibliothek der Technischen Hochschule*
	Abhandlungen der Geographischen Gesellschaft
	Mitteilungen der Geographischen Gesellschaft
	Geologische Gesellschaft
	Mitteilungen
	Naturhistorisches Museum
	Annalen
	Österreichische Akademie der Wissenschaften
	Almanach
	Anzeiger. Math.-nat. Klasse
	Phil.-hist. Klasse
	Archiv für österreichische Geschichte

Denkschriften. Math.-nat. Klasse
Phil.-hist. Klasse
Fontes
Mitteilungen der Prähistorischen Kommission
Monatshefte für Chemie
Situngsberichte. Math.-nat. Klasse
Phil.-hist. Klasse

Österreichische Mathematische Gesellschaft
Internationale mathematische Nachrichten

Universitätssternwarte
Annalen

Zoologisch-botanische Gesellschaft
Abhandlungen
Koleoptereologische Rundschau
Verhandlungen

VR Polen

Kraków *Polska Akademia Nauk, Oddział w Krakowie*
Acta archeologica Carpathica
Acta biologica Cracoviensa. Ser. Botanica et Zoologica
Folia quaternaria
Mały Atlas gwar polskich
Materialy Komisji nauk historycznych
Prace Komisji Archeologicznej
Prace Komisji Fiologii klasycznej
Prace Komisji Nauk Historicznych
Ruch literacki
Słownik staropolski
Studia Ośrodka dokumentacji fizjograficznej

Polish Academy of Sciences. Institute of Systematic and experimental Zoology
Acta Zoologica Cracoviensia
Folia Biologica

Polskie Towarzystwo Geologiczne
Regionalna Geologia Polski
Rocznik

Łódź *Łódskie Towarzystwo Naukowe*
Biuletyn peryglacjalny

Lublin *Biblioteka Uniwersytecka. Katolickiego Uniwersytetu Lubelskiego*
Roczniki filozoficzne
Roczniki teologiczno-kanoniczne
Rozprawy. Wydział Filozoficzny
Rozprawy. Wydział Historyczno-filologicznego
Wydział Teolog.-kanon.

Uniwersytet Marii Curie-Skłodowskiej
Annales. A. AA. B. C. D. DD. E. F. G. H.

Poznań	*Polskie Towarzystwo Antropologiczne* Przegląd Antropologiczny
	Polskie Towarzystwo Historyczne. Oddział w Poznaniu Studia i materiały do dziejów Wielkopolski i Pomorza
	Poznańskie Towarzystwo Przyjaciół Nauk Bulletin. Ser. 6 Prace Komisji Farmaceutycznej Prace Komisji Filologicznej Prace Komisji Historii Sztuki Prace Komisji Językoznawczej Roczniki Historyczne Zabytki języka i literatury polskiej
Szczecin	*Muzeum Narodove* Materiały Zachodnio-pomorskie
Toruń	*Towarzystwo Naukowe* Fontes Prace Wydziału Fiologiczno-filozoficznego Roczniki Sprawozdania Studia. Sect. C. E. F. G. Zapiski Historyczne
Warszawa	*Centralny Instytut Informacji Naukowo-Technicznej i Ekonomicznej* Obzor pol'skoj techničeskoj literatury
	Panstwowe Muzeum Archeologiczne Materialy starożytne Wiadomości archeologiczne
	Polska Akademia Nauk. Instytut Matematyczny Annales polonici mathematici
	Polskie Towarzystwo Matematyczne Roczniki: Ser. A: Prace Matematyczne B: Wiadomosci Matematyczne
	Warsaw Technical University. Institute of Mathematics Demonstratio Mathematica
Wrocław	*Muzeum Entograficzne. Oddz. Muzeum Śląskiego* Zeszyty Etnograficzne
	Polski Związek Entomologiczny Polskiego pismo entomologiczne. Ser. B.
	Wrocławskie Towarzystwo Naukowe Comptes rendus Prace. Ser. A. B. Sprawozdania. Ser. A. B.

Portugal

Lisboa	*Academia das Ciências de Lisboa* Anuário Boletim

Academia Internacional da Cultura Portuguesa
Boletim

Sociedade Portuguese de Física
Portugaliae physica

Rumänien

București

Academia Republicii Socialiste România
Analele
Communicările
Discursuri de receptie
Noesis
Publicațiile Comisiei pentru studiul și formarea limbii și poporului romin
Revista de filozofii
Revue des études sud-est européennes
Revue roumaine de biologie. Ser. Animale
Ser. Vegetale
Revue roumaine de chimie
Revue roumaine de géologie, géophysique et géographie
Revue roumaine de mathématiques pures et appliquées
Revue roumaine des sciences sociales
Sér. de philosophie et logique
Sér. de psychologie
Sér. des sciences économiques
Sér. des sciences juridiques
Revue roumaine des sciences techniques
Sér. de mécanique appliquée
Sér. électrotechnique et énergétique
Revue roumaine d'histoire
Studii. Revista de istorie
Studii clasice
Studii și cercetări istorie veche
Studii și materiale de istorie modernă
Viitorul social

Institutul Geologic
Anuarul Comitetului geologic
Adunare ... a Com. Seismol. Europene
Dări de seamă ale ședinețlor
Memoires
Studi tehnice și economice

Societatea de Științe Matematice și Fizice
Bulletin mathématique
Gazeta mathematică. Ser. A

Cluj

Biblioteca Centrală Universitară
Anuarul de Folclor

Iasi

Academia de Științe Sociale și Politice.
Institutul de Istorie și Arheologie „Xenopol"
Anuarul

Göteborg

Chalmers Tekniska Högskolas Biblioteket
Handlingar

Kungl. Vetenskaps- och Vitterhetssamhället
Årsbok
Årsredogörelse
Etnologiska studier

Universitetsbibliotek
Göteborgs Universitets Årsskrift
Göteborger germanistische Forschungen
Gothenburg Studies in English
Romanica Gothoborgensia
Studia graeca et latina Gothoburgensia

Lund

Kungl. Fysiografiska Sällskapets
Förhandlingar

Kungl. Humanistika Vetenskapssamfundet
Årsberättelse
Scripta minora
Skrifter

Slaviska Institutet vid Lunds Universitet
Årsbok
Meddelanden (Sprakliga bidrag)

Stockholm

Kungliga Biblioteket
Acta Bibl. Reg. Stockh.

Kungl. Tekniska Högskolas Bibliotek
Forskning och Framsteg

Kungl. Vitterhets Historie och Antikvitets Akademien
Antikvariskt arkiv
Årsbok
Filologiskt arkiv
Fornvännen
Handlingar. Antikvariska serien
Filosofisk-filologiska serien
Historika serien
Historiskt arkiv
Myntkabinettet tillväxten
Numismatica Stockholmiensia

Nordiska Museet
Fataburen
Handlingar

Stockholms Universitets Bibliotek
The Ethnographical Museum of Sweden. Monograph series
Stockholm studies in history of literature

Uppsala *Kungl. Humanistiska Vetenskapssamfundet*
Skrifter

Geological Survey of Sweden. Library
Förhandlingar
Sveriges Geologiska Undersökning

Kungl. Vetenskaps-Societeten
Årsbok
Nova Acta

Universitetsbiblioteket
Acta Bibliothecae R. Universitatis Upsaliensis
Acta Universitatis Upsaliensis
- Acta Societatis linguisticae Upsaliensis
- Historia litterarum
- Historia religonum

Bulletin of the Geological Institute
Eranos
Upsala Journal of Medical Science, Suppl.
Uppsala Läkareförenings förhandlingar

Schweiz

Aarau *Historische Gesellschaft des Kantons Aargau*
Argovia

Basel *Historische und antiquarische Gesellschaft*
Basler Bibliographie
Basler Zeitschrift für Geschichte und Altertumskunde

Naturforschende Gesellschaft
Verhandlungen

Öffentliche Bibliothek der Universität
Akademische Vorträge
Jahresverzeichnis der Schweizerischen Hochschulschriften

Bern *Allgemeine Geschichtsforschende Gesellschaft der Schweiz*
Bibliographie der Schweizergeschichte
Bulletin
Schweizerische Zeitschrift für Geschichte

Naturforschende Gesellschaft
Jahrbuch
Mitteilungen

Schweizerische Geisteswissenschaftliche Gesellschaft
Jahresbericht

Schweizerische Naturforschende Gesellschaft
Denkschriften
Verhandlungen

Chur *Naturforschende Gesellschaft Graubündens*
Jahresbericht

Genf | *Institut National Genevois*
Bulletin
Bulletin. N. S.

Musée d'Art et d'Histoire
Genava

Société Physique et d'Histoire Naturelle
Mémoires

Neuâchtel | *Bibliothèque Centrale de l'Université*
Mémoires
Publications du Séminaire de Géométrie
Recueil des travaux
Travaux de l'Institut botanique

Schaffhausen | *Naturforschende Gesellschaft*
Mitteilungen
Neujahrsblatt

Zürich | *Geographisch-ethnographische Gesellschaft*
Geographica Helvetica

Naturforschende Gesellschaft
Neujahrsblatt
Vierteljahrsschrift. Nebst Beihefte

Schweizerisches Landesmuseum
Jahresbericht

Senegal

Dakar | *Université de Dakar. Bibliothèque Universitaire*
Annales de la Faculté des Séances

Sowjetunion

Alma-Ata | *Akademija Nauk Kazachskoj SSR. Central'naja Naučnaja Biblioteka*
Botaničeskie Materialy Gerbarija

Astrofizičeskij Institut Akademii Nauk Kazachskoj SSR
Astrofizika
Izvestija
Trudy

Char'kow | *Char'kovskaja Gosudarstvennaja Naučnaja Biblioteka*
Fizika nizkich temperatur
Russkoe jazykoznanie

Char'kovskij Gosudarstvennyj Universitet im. A. M. Gor'kogo
Cirkuljar Astronomičeskoj observatorii

Dušanbe | *Akademija Nauk Tadžikskoj SSR. Central'naja Naučnaja Biblioteka*
Doklady AN TSSR
Izvestija AN TSSR

Erevan

Akademija Nauk Armjanskoj SSR
Soobščenija Bjurakanskoj Observatorii

Kazań

Kazanskij Gosudarstvennyj Universitet
Bjulleten Astronomičeskoj Observatorii
Izvestija Astronomičeskoj Engel'gardtovskoj Observatorii

Kiev

Akademija Nauk Ukrainskoj SSR. Central'naja Naučnaja Biblioteka
Astronometria i Astrofizika
Avtomatičeskaja svarka
Doslidžennja i materialy z ukrainskojimovy
Geologičnyj žurnal
Leksykografija i kul'tura reči
Prykladna mechanika
Trudy Poltavskoj Gravimetričeskoj Observatorii
Visnyk AN USSR

Astronomičeskaja Observatorija Gosudarstvennogo Universiteta im. T. G. Ševčenko
Cirkuljar
Publikacii

Kišinev

Central'naja Biblioteka Akademii Nauk Moldavskoj SSR
Monographien

Leningrad

Akademija Nauk SSR
Astronomičeskij ežegodnik
Bjulleten Vsesojznogo Astronomo-geodezičeskogo Obščestva
Efemeridy malych planetov
Izvestija Glavnoj Astronomičeskoj Observatorii v Pulkove
Izvestija Krymskoj Astrofizičeskoj Observatorii
Materialy vtoričnoj patentnoj informacii
Novosti sistematiki nizšich rastenij
Novosti sistematiki vysšich rastenij
Sbornik Muzeja Antropologii i Etnografii
Soobščenija Gosudarstvennogo Astronomičeskogo Instituta im P. K. Sternberga
Trudy Gel'mintologičeskoj Laboratorii
Trudy Glavnoj Astronomičeskogo Observatorii v Pulkove
Trudy i materialy naučnych kongressov i soveščanij, opublikovannye za rubežom
Trudy Paleontologičeskogo Instituta

Vsesojuznaja Geologičeskaja Biblioteka
Geologičeskaja literatura SSSR

L'vov

Astronomičeskaja Observatorija L'vovskogo Gosudarstvennogo Universiteta im. Ivana Franko
Cirkuljar

Moskva

Gosudarstvennaja Publičnaja Naučno-techničeskaja Biblioteka SSSR
Uspechi chimii

Tartu

Akademija Nauk Estonskoj SSR. Institut Fiziki i Astronomii
Soobščenija Tartuskoj Astronomičeskoj Observatorii
Trudy

Taškent	*Akademija Nauk Uzbekskoj SSR. Fundamental'naja Biblioteka* Doklady Obščestvennye nauki v Uzbekistane
Tbilisi	*Akademija Nauk Gruzinskoj SSR. Abastumanskaja Astrofizičeskaja Observatorija* Bjulleten

Spanien

Barcelona	*Real Academia de Ciencias y Artes* Memorias Nomina de personal académico
Murcia	*Catedràtico de Historias Antigua, Facultad de Letras, Universidad* Antiguedad y Cristianismo
Valladolid	*Universidad de Valladolid. Departamento de Prehistoria y Arqueologia* Boletin

Sri Lanka

Peradeniya	*University of Peradeniya* Administration Report of the Director Ceylon Journal of Science. Biological Series Spolia Zeylanica. Geology, Zoology, Anthropology

Tschechoslowakische Republik

Bratislava	*Geologický Ustav D. Štúra* Sborník geologických vied
	Slovenská Akadémia Vied Acta geologica et geographica Ekonomický časopis Filozofia Jazykovedny časopis Slovenskie odborné názvoslovie
	Slovenska Akademia Vied. Geofyzikálný Ustav Bulletin of the Slovak Seismographic Stations Contributions
Brno	*Brněnská Základna Československé Akademie Věd* Folia Geobotanica Prace. Botanika Geografia Geologia Zoologia
	Czechoslovak Academy of Sciences. Botanical Institte Česká mykologie Folia geobotanica et phytotaxonomica bohemoslavica
	Universita J. E. Purkyně. Filosofické Fakulty Ročenka

Sbornik prací Filosofické fakulty. Rada C. E. F. G.
Spisy Lékarské fakulty
Spisy Přírodovedecké fakulty

University J. E. Purkyně. Faculty of Science
Archivum Mathematicum
Folia
Scripta

Vysoká Škola Zemědělská
Sbornik. Řada A. B. C.
Spisy

Olomouc

University F. Palackého, Prírodovědecké Fakulty
Acta

Ostrava

Státní Vědecká Knihovna
Sbornik praci Ped. Fakulty
Spisy Ped. Fakulty

Praha

Archivní správa Ministerstva Vnitra
Archivní časopis
Sborník archivnich prací

Československá Akademie Věd
Collection of Czechoslovak Chemical Communications
Rozpravy matemat. a přírod. věd
Rozpravy společenských věd
Rozpravy technických věd
Slovanký přehled
Vestník

Československá Akademie Věd. Geofysikální Ustav
Bulletin ČS Seismických Stanic
Geofysikalný sborník

Československá Akademie Věd. Historický Ustav
Československý časopis historický

Československá Akademie Věd. Kabinet cizich jazyků
Slavia

Československá Akademie Věd. Matematický Ustav
Aplikace matematiky
Časopis pro pěstování matematiky
Czechoslovak mathematical journal

Československá Akademie Věd. Ustav Technické Fysiky
Czechoslovak journal of physics

Československé Entomologická Společnost
Acta entomologica bohemoslavica

Národní Muzeum. Entomologické oddělení
Acta faunistica entomologica
Sborník

Státní židovské Muzeum
Judaica Bohemiae

Ustředni ústav Geologický
Sborník

Ungarn

Budapest

Bányaszati Kutatóintézet
Mitteilungen

Budapesti Müszaki Egyetem Központi Könyvtara
Elfogadot doktori diszertaciok jegy zeke
Felsöoktataisi munkaved. közlemenych
Periodica polytechnica

Magyar Tudományos Akademia
Acta biologica
Acta geologica
Acta historica
Acta historiae artium
Acta linguistica
Acta mathematica
Acta medica
Acta morphologica
Acta Orientalia
Acta physiologica
Acta veterinaria
Könyvtárának közlemenyei
Magyar tudomány
Studia historica

Magyar Tudományos Akadémia. Matematikai Kutató Intézetének
Studia scientiarum mathematicarum Hungaricae

Debrecen

Institutum mathematicum Universitatis Debreceniensis
Publicationes mathematicae

Szeged

Institutum Bolyainum Universitatis
Acta scientiarum mathematicarum

Uruguay

Montevideo

Museo Nacional de Historia Natural
Comunicaciones antropológicas
Comunicaciones botanicás
Comunicaciones paleontológicas
Comunicaciones zoológicas

Venezuela

Caracas

Universidad Central de Venezuela. Facultad de Ciencias. Escuela de Biología
Acta biologica venezuelica

Vereinigte Staaten von Amerika

Albany
Mew York State Museum and Science Service
Bulletin
Educational Leaflet
Handbook
Map and Chart Series

Berkeley
University of California
Lick Observatory Bulletin
Pacific Journal of Mathematics

Bloomington
Indiana University Library
Indiana University Publications. Social Sciences Series
Journal of Mathematics and Mechanics

Boston
American Academy of Arts and Sciences
Daedalus
Memoirs
Records

Cambridge
Massachusetts Institute of Technology
Studies in applied mathematics

Museum of Comparative Zoology at Harvard College
Bulletin

Chicago
Field Museum of Natural History
Publication. Report Series

Columbus
Ohio State University
Chemical Abstracts

Eugene
University of Oregon. Library
Comparative literature

Gainesville
University of Florida. Florida State Museum
Bulletin. Biological Science
Report of the Director

Indianapolis
Indiana Academy of Science
Proceedings

Lawrence
Kansas Academy of Science
Transactions

University of Kansas. Library
Library Series
Science Bulletin

Lexington
University of Kentucky Library
Kentucky Geological Survey. Bulletin
Report of Investigations
Special Publication

Los Angeles
University of Southern California. Allan Hancock Foundation
Allan Hancock Monographs in marine biology

Madison	*Wisconsin Academy of Sciences, Arts and Letters* Transactions Wisconsin astrophysics
New Haven	*Connecticut Academy of Arts and Sciences* Memoirs Transactions
	Kline Science Library Peabody Museum. Bulletin
New York	*American Academy of Arts and Letters* Proceedings
	American Council of Learned Societies Annual Report
	American Museum of Natural History Annual Report Anthropological Papers Bulletin Natural History Novitates Science Guide
	Rockefeller Institute for Medical Research Journal of General Physiology
Philadelphia	*American Philosophical Society* Memoirs Proceedings Transactions Year Book
Pittsburgh	*Hillmann Library* Public Policy Studies Documents
Providence	*American Mathematical Society* Bulletin
Reston	*U. S. Geological Survey* Earthquake Information Bulletin New Publications
San Francisco	*California Academy of Sciences* Annual Report Occasional Papers Proceedings
Seattle	*University of Washington. Library* Annual Northwest Traffic Engineering Conference. Proceedings Publications in Anthropology Publications of Oceanography Trend in Engineering
Urbana	*University of Illinois. Library* Agricultural Experiment Station. Bulletin Circular

Biological Notes
Engineering Experiment Stations. Bulletin
Engineering Outlook
Illinois Natural History Survey. Bulletin
Circular
Publications

Washington *Library of Congress*
American Bibliography of Russian and East European Studies
World List of Future International Meetings

National Bureau of Standards
Earthquake Information Bulletin
Journal of Research, Sect. B

Smithsonian Institution
Annual Report of the Board of Regents
Bureau of American Ethnology. Annual Report
Bulletin
Smithsonian Contributions to Astrophysics
U. S. National Herbarium. Contributions
U. S. National Museum. Proceedings

Vietnam

Hanoi *Bibliothèque Centrale des Sciences et des Techniques*
Vietnam social sciences
Women in Vietnam

Westberlin

Deutsches Archäologisches Institut
Archäologische Bibliographie
Archäologischer Anzeiger
Jahrbuch

Staatsbibliothek Preußischer Kulturbesitz
Monographien

Technische Universität
Humanismus und Technik

Es gingen ein an Einzelwerken im Jahre 1987 — 222 Bände
1988 — 200 Bände

OBR Dr. Dietmar Debes
Dr. Gerald Wiemers

ABKÜRZUNGEN

Abh.	Abhandlung(en)
AdW	Akademie der Wissenschaften der DDR
AfO	Archiv für Orientforschung. (Berlin) Graz
Alman.	Almanach
Ann.	Annalen
Anz.	Anzeige(r)
Art.	Artikel
Bd	Band, Bände
Beil.	Beilage
Beitr.	Beiträge zur Geschichte der deutschen Sprache und Literatur. Tübingen
Ber.	Berichte
Bespr.	Besprechung(en)
BO	Bibliotheca Orientalis. Leiden
BrP	Beiträge zur romanischen Philologie. Berlin
CVA	Corpus Vasorum Antiquorum
ders., dies.	derselbe, dieselbe
DLZ	Deutsche Literaturzeitung. Berlin 1880ff.
dtsch.	deutsch(-e, -er)
DZfPh	Deutsche Zeitschrift für Philosophie. Berlin
ebda	ebenda
Festschr.	Festschrift
FFH	Freiberger Forschungshefte
Forsch.	Forschungen
FuF	Forschungen und Fortschritte. Berlin
H.	Heft
HZ	Historische Zeitschrift
Interv.	Interview
Jahrb., Jb.	Jahrbuch
Jh.	Jahrhundert
Kal.	Kalender
KDT	Kammer der Technik
KMU	Karl-Marx-Universität Leipzig
Ktn.	Karten
LAB	Linguistische Arbeitsberichte. Leipzig
Lfg	Lieferung
LVZ	Leipziger Volkszeitung
MGH	Monumenta Germaniae Historica
MHF	Ministerium für Hoch- und Fachschulwesen
Mitt.	Mitteilungen

MPG	Max-Planck-Gesellschaft
Nachf.	Nachfolger
Nachr.	Nachruf
ND	Neues Deutschland
NTM	Naturwissenschaft, Technik, Medizin
NVA	Nationale Volksarmee
OLZ	Orientalische Literaturzeitung. (Leipzig) Berlin
o. V.	ohne Verfasser
PGM	Petermanns Geographische Mitteilungen
PH	Pädagogische Hochschule
Pl.	Plan, Pläne
RD	Referatedienst zur Literaturwissenschaft
Rev.	Revue
Rep.	Report
RGW	Rat für gegenseitige Wirtschaftshilfe
RUB	Reclams Universal-Bibliothek
S.-B., Sitzungsber.	Sitzungsbericht
T.	Teil, Titel
TH	Technische Hochschule
ThLZ	Theologische Literaturzeitung (Leipzig) Berlin
TU	Technische Universität
Vortr.	Vortrag
Vorw.	Vorwort
Wschr.	Wochenschrift
WTA	Wissenschaftlich-technische Assistentin
WuF	Wissenschaft und Fortschritt
WZ	Wissenschaftliche Zeitschrift
Z., Zs., Zschr.	Zeitschrift
ZAA	Zeitschrift für Anglistik und Amerikanistik
ZAMM	Zeitschrift für angewandte Mathematik und Mechanik. Berlin
Zbl.	Zentralblatt
ZfdPh	Zeitschrift für deutsche Philologie
ZfG	Zeitschrift für Geschichtswissenschaft
ZfSl	Zeitschrift für Slawistik
ZISW	Zentralinstitut für Sprachwissenschaft
ZPSK	Zeitschrift Phonetik, Sprachwissenschaft, Kommunikationsforschung
ZRG (GA, RA, KA)	Zeitschrift der Savigny-Stiftung für Rechtsgeschichte (germanistische Abteilung, romanistische Abteilung, kanonistische Abteilung)
Ztg	Zeitung

ANHANG

Otto Eißfeldt

Gedenkworte zu seinem 100. Geburtstage am 1. September 1987

Vorgetragen am 11. Dezember 1987

Wenn die Akademie heute ihres einstigen ordentlichen Mitgliedes Otto Eißfeldt gedenkt, dessen Geburtstag sich am 1. September zum einhundertsten Male jährte, so gilt diese Ehrung einem Manne, der zu ihrem Ansehen seit der Wiedereröffnung im Jahre 1948 im In- und Ausland entscheidend beigetragen hat. Eine wissenschaftliche Konferenz, die an seiner Wirkungsstätte, der Martin-Luther-Universität Halle—Wittenberg, deren Ehrensenator er war, am 30. 9. und 1. 10. 1987 stattfand, war seinem umfassenden Wirken gewidmet: In drei großen Vorträgen wurde O. Eißfeldts Wirken als Theologe (Prof. Dr. H.-J. Zobel, Greifswald), als Orientalist (Dr. R. Hillmann, Heidelberg) und als Rektor in schwerer Zeit, nämlich von 1929—1930 und von 1945—1948 gewürdigt (Prof. Dr. E. Poppe, Halle). Schon allein diese letztere Tätigkeit als eines aus tiefer ethischer Verantwortung arbeitenden Hochschullehrers und -organisators hätte ihm ein besonderes Ruhmesblatt eingebracht, zumal wenn man bedenkt, daß hierdurch seine wissenschaftlich-schöpferische Tätigkeit in keiner Weise beeinträchtigt wurde; doch dies kann hier nur nebenbei erwähnt werden. Für die Würdigung von Persönlichkeit und Gesamtwerk Otto Eißfeldts sei auf die Dokumentation dieser Konferenz verwiesen, die die Martin-Luther-Universität in ihren „Wissenschaftlichen Beiträgen“ 1988 veröffentlichen wird. Die folgenden kurzen Gedenkworte sollen sich nur auf sein Verhältnis zur Sächsischen Akademie beziehen, der er sich besonders verbunden fühlte.

Otto Hermann Leonhardt Wilhelm Eißfeldt wurde am 1. 9. 1887 in Northeim am Harz als Sohn eines Juristen geboren. 1905 begann er in Göttingen das Studium der evangelischen Theologie und der Orientalistik. 1906 ging er nach Berlin, kehrte jedoch bereits 1907 wieder nach Göttingen zurück, um schließlich im gleichen Jahre in Berlin die Stelle eines Konviktsinspektors anzunehmen, womit die Basis für seine wissenschaftliche Laufbahn gelegt war. 1911 wurde er zum Licentiaten, dem heutigen Dr. theol., promoviert, und 1913 erfolgte seine Habilitation. Während seiner Privatdozentenzeit, in der er zu gleicher Zeit an einer Berliner Kirche praktisch-theologisch tätig war, promovierte er 1916 zum Dr. phil., und 1918 wurde er zum Titularprofessor ernannt.

Im Jahre 1922 ging Otto Eißfeldt als Nachfolger von Albrecht Alt als Persönlicher Ordinarius für Altes Testament und semitische Religionsgeschichte an die jetzige Martin-Luther-Universität, der er bis zu seiner Emeritierung im Jahre 1957 treu blieb.

Als Otto Eißfeldt unter dem 1. 7. 1948 als ordentliches Mitglied in die philologisch-historische Klasse unserer Akademie gewählt wurde, hatte er bereits 18 Jahre der Deutschen Akademie für allgemeinnützige Wissenschaften in Erfurt angehört, die im Jahre 1945 aufgelöst wurde. Im Jahre 1949 kam er als ordentliches Mitglied in die damalige Deutsche Akademie der Wissenschaften, jetzt Akademie der Wissenschaften der DDR, nachdem er ihr vorher kurze Zeit als korrespondierendes Mitglied angehört hatte. Es konnte nicht ausbleiben, daß ihm bei seinem hohen Ansehen in der internationalen Wissenschaftswelt zahlreiche weitere Ehrungen zuteil wurden. Seit 1955 war er korrespondierendes Mitglied der Akademie der Wissenschaften und der Literatur zu Mainz, im Jahre 1957 wurde er Associé étranger del'Institut de France: Académie des Inscriptions et Belles-Lettres in Paris, seit 1958 war er korrespondierendes Mitglied sowie Träger der Burkitt-Medal for Biblical Studies 1965 der British Academy in London; in gleicher Eigenschaft gehörte er seit 1969 der Kungliga Humanistica Vetenskapssamfundet (Regia societas humaniorum litterarum) in Lund an. Eine weitere Reihe von ehrenvollen Mitgliedschaften in wissenschaftlichen Gesellschaften kann ich hier übergehen.

An seiner umfangreichen und vielseitigen Forschungsarbeit ließ Otto Eißfeldt unsere Akademie in reichem Maße teilnehmen, und zwar nicht nur durch fördernde Diskussionsbeiträge, sondern vor allem auch durch seine Sitzungsberichte; nicht weniger als sechs Publikationen aus eigener Feder hat er hier herausgebracht, wozu noch zwei Herausgeberschaften kommen. In der Regel behandelte Otto Eißfeldt alttestamentliche Themen auf religionsgeschichtlicher Basis, daneben aber auch philologische Probleme, die sich aus den Textfunden von Ugarit ergaben, deren Entdeckung und Herausgabe gerade in seine Zeit fielen.

Zwei Beispiele seien zur Verdeutlichung erwähnt. Am 21. 3. 1949 hielt Otto Eißfeldt einen Akademievortrag unter dem Titel „El im ugaritischen Pantheon". Nach einer sorgfältigen philologischen Analyse kommt er zu dem Ergebnis, daß El aus*'*ilu* — mit Ausnahme des Äthiopischen gemeinsemitisch — sowohl Appelativum „Gott" als auch Eigenname „El" und in spezifischer Bedeutung als Eigenname des obersten Gottes und Göttervaters im syrischen Pantheon anzusehen ist. Unbeschadet der Existenz anderer großer Götter und der daraus entstehenden Spannungen herrscht in Ugarit ein ausgesprochen monarchisches Prinzip, und er hat unter weiterem Ausbau dieser Beobachtungen zeigen können, daß Jahwe bei der israelitischen Landnahme mit dem durch El verkörperten Schöpfungs- und Erhaltungsprinzip konfrontiert wurde. Hierdurch wurde eine Entwicklung eingeleitet, in der sich die für die alttestamentliche Theologie charakteristische Gottesvorstellung herausgebildet hat; in ihr stehen sich in polarer und fruchtbarer Spannung der Glaube an Jahwe als den drängenden Gott der Geschichte und der Verheißung auf der einen und der Glaube an ihn als den Schöpfer und Erhalter des Kosmos auf der anderen Seite gegenüber, wobei sie jedoch zugleich ein Ganzes bilden. Hier — neben anderen Forschern — den positiven Beitrag des traditionell verfemten Kanaans zur Religionsgeschichte Israels herausgestellt zu haben, ist eines seiner besonderen Verdienste.

Als zweites und letztes Beispiel sei seine Beteiligung an der Erschließung und Ordnung der ugaritischen Alphabettexte genannt. So hat er ein eigenes Benennungssystem entwickelt, das sich zwar nicht durchgesetzt hat, aber seinen historischen Platz in: M. Dietrich —O. Loretz, Konkordanz der ugaritischen Textzählungen (Neukirchen—Vluyn 1973 = AOAT 19) einnimmt. Dieser Sysstematisierung hätte nun freilich auch eine deutsche Ausgabe des Materials entsprochen; zu ihr ist es jedoch nie gekommen. Sie blieb ein Desiderat, und es wäre eine schöne Aufgabe für die Akademie, wenn sie in der einen oder anderen Weise eine moderne Ausgabe der Originaltexte veranlassen könnte. Immerhin ist nach dem Eißfeldtschen System Joseph Aistleitner—Budapest, Untersuchungen zur Grammatik des Ugaritischen, 1954 in den Sitzungsberichten erschienen, und nach dem Tode des Verfassers 1960 konnte unter der Herausgeberschaft von Otto Eißfeldt im Jahre 1963 das „Wörterbuch der ugaritischen Sprache" vorgelegt werden, das bereits 1965 eine zweite verbesserte Auflage erlebte. Damit verdankt die Wissenschaft Otto Eißfeldt ein lexikographisches Hilfsmittel, das dem Glossar von: Cyrus H. Gordon, Ugaritic Textbook (Rom 1965), als wertvolle Ergänzung an die Seite zu stellen ist.

Ohne ein Gelehrter in dem berühmt-berüchtigten „Elfenbeinturm“ gewesen zu sein, war Otto Eißfeldt ein Wissenschaftler von einer geradezu unvorstellbaren Produktivität; man sehe sich nur seine Bibliographie im Jahrbuch 1973—1974 (1976) an, die nicht weniger als 64 Seiten umfaßt. Für die Akademie aber ist es eine bleibende Freude, daß sie diesen von hohem wissenschaftlichen Ernst und aufrechter ethischer Haltung beseelten Mann fast 25 Jahre zu ihren herausragenden Mitgliedern zählen durfte.

Rudolf Meyer

Gustav Hertz

22. 7. 1887—30. 10. 1975

Würdigung anläßlich seines 100. Geburtstages
in der Öffentlichen Sitzung am 13. November 1987

Am 22. Juli 1987 wäre das ehemalige Ordentliche Mitglied unserer Akademie Gustav Hertz 100 Jahre alt geworden. Alt werden ist — um mit seinen eigenen, von ihm oft zitierten Worten zu sprechen — kein Verdienst; es ist ein natürlicher Vorgang, durch die Nicht-Umkehrbarkeit der Zeit bestimmt, dem niemand entgehen kann. Für uns ist dieses Jubiläum Anlaß, seiner zu gedenken, daran zu erinnern, was die Naturwissenschaft, die Technik, was wir ihm zu danken haben.

Im Laufe der Zeit werden — was nicht vielen beschieden ist — nicht nur die Beiträge zur Entwicklung der Physik den Namen Gustav Hertz bewahren. Heute steht auch seine Menschlichkeit, seine Strenge und Güte vor unseren Augen. Damit hat er Generationen von Studenten, von Wissenschaftlern und Kollegen erzogen. Auch diese Seite ist der Erinnerung wert.

Gustav Hertz wurde als Sohn des Rechtsanwaltes Dr. Gustav Hertz und dessen Ehefrau Auguste geb. *Arning* in Hamburg geboren. Er wuchs in einem weltoffenen Elternhaus auf, aufgeschlossen gegenüber der Entwicklung von Naturwissenschaften und Technik durch verwandtschaftliche Verbindungen mit Reedereien; der Vater hatte großes Verständnis für die Arbeiten seines Bruders *Heinrich Hertz*, der 1888 erstmals die von *Faraday* vermuteten und von *Maxwell* theoretisch vorhergesagten elektromagnetischen Wellen im Labor erzeugte und nachwies.

Unser Jubilar hatte keine persönlichen Erinnerungen an seinen Onkel, der bereits 1894 im Alter von 37 Jahren starb, war aber stolz, daß er die physikalische Tradition fortsetzen konnte, ein berechtigter Stolz, der in seinen Söhnen und Enkeln weiter lebt.

Die Aufgeschlossenheit des Elternhauses ging so weit, daß Gustav Hertz eine mathematisch-naturwissenschaftlich ausgerichtete Schule, das Johanneum, ein Realgymnasium, besuchen durfte. Das war in einer Zeit, in der diese Schulgattung in manchen Kreisen noch um ihre Anerkennung als „gebildete" Lehranstalt ringen mußte. All dies hat wohl Gustav Hertz bewogen, nach dem Abitur 1906 mit dem Studium der Mathematik und Physik zu beginnen, zunächst in Göttingen, dann in München, ehe er nach einjährigem Militärdienst 1909 in Berlin seßhaft wurde.

Wie Hertz selbst mehrfach betonte, war das für junge Physiker eine recht glückliche Zeit: Die klassische Physik war weitgehend abgeschlossen, neue Ideen befruchteten die Arbeit und harrten ihrer Vollendung. 1900 hatte Max *Planck* das Strahlungsgesetz des schwarzen Körpers auf ungewöhnliche Weise gefunden und damit die Grundlagen zur Quantentheorie gelegt; wenige Jahre später entwickelte Albert *Einstein* die spezielle Relativitätstheorie; die Entdeckungen des Elektrons, der Radioaktivität und der Röntgenstrahlen öffneten neue Wege zur Mikrophysik, zur Strukturphysik, die in unserem Jahrhundert zu völlig neuartigen Erkenntnissen führte. Gleichzeitig rückte die Physik aus der akademischen Zurückgezogenheit immer mehr ins Blickfeld der Öffentlichkeit und wurde zur Grundlage der modernen Technik. Für die dazu notwendige Entwicklung des Meßwesens und der Standardisierung sorgte die Physikalisch-Technische Reichsanstalt, die kurz vor der Jahrhundertwende gegründet wurde.

Fast alles, was damals in physikalischen Laboratorien gemessen und gedacht wurde, hat später praktische Anwendung gefunden, wobei Praxis auch die physikalische Praxis, die Grundlagenforschung, mit einschließt.

In seiner Studienzeit traf Gustav Hertz die Begründer der modernen Naturwissenschaften. Hiervon seien genannt: David *Hilbert*, Carl *Runge*, Constantin *Caratheodory*, Arnold *Sommerfeld*, Max *Planck*, Emil *Warburg*, Heinrich *Rubens*, Walter *Nernst*, Arthur *Wehnelt*, Albert *Einstein*. In Göttingen und Berlin arbeitete er mit Hermann *Weyl*, Heinrich *Barkhausen*, Paul *Ehrenfest*, James *Franck*, Richard *Pohl*, Wilhelm *Westphal*, Lise *Meitner* und Otto *Hahn* zusammen. In diesem Kreis gleichgesinnter Enthusiasten wurden alle neuen Ideen und Ergebnisse kritisch geprüft, verworfen oder aufgegriffen; dieser Diskussionsrunde hat Hertz nach seinen eigenen Worten die Grundlagen für sein späteres Wirken zu verdanken.

1911 promovierte Gustav Hertz bei *Rubens* mit einer Arbeit über das ultrarote Absorptionsspektrum des CO_2 in seiner Abhängigkeit von Druck und Partialdruck. Diese Thematik ist auch heute noch aktuell. Hertz, der ursprünglich mehr zur Mathematik neigte, entwickelte sich dabei zu einem perfekten Experimentator, so daß ihm James *Franck*, ein etwa 5 Jahre älterer Dozent, anbot, mit ihm gemeinsam den Durchgang von Elektronen durch Gase zu untersuchen. *Townsend* hatte kurz vorher eine Beziehung aufgestellt, die nicht ganz zu stimmen schien.

Bereits Ende 1911 und Anfang 1912 (nach heutiger Rechnung im 10. und 11. Semester) erschienen 2 Notizen in den Verhandlungen der Deutschen Physikalischen Gesellschaft über einen Zusammenhang zwischen Quantenhypothese und Ionisierungsspannung. Beim Durchgang von Elektronen durch Quecksilberdampf stieg die Stromstärke nicht stetig mit der Spannung an, wie etwa bei einer Glühlampe, sondern nahm bei 4,9 Volt, 9,8 Volt usw. zunächst wieder ab. Es mußten unelastische Stöße am Werke sein, bei denen die Elektronen Energie abgeben; wohin, das war nicht ganz klar. Zunächst nahm man eine Ionisierung der Hg-Atome an, erst später konnte man zeigen, daß eine im UV liegende Quecksilberlinie angeregt wurde (253,7 nm).

Damit wurde klar, daß man die um 1912 erschienene Bohrsche Theorie der Atome auf ganze neue Art, gewissermaßen mit dem Voltmeter, bestätigt hatte. Inzwischen war es 1917, Hertz faßte nach schwerer Kriegsverwundung die bisherigen Erkenntnisse in seiner Habilitationsschrift zusammen, die er an der Berliner Universität einreichte. 1926 erhielt er gemeinsam mit *Franck* den Nobelpreis für Physik.

Hertz war nicht mehr kriegsdienstfähig; er wurde zum Ingenieur-Komitee der Technischen Abteilung der Nachrichtentruppe verpflichtet und arbeitete in seiner Freizeit im Physikalischen Institut der Technischen Universität Berlin-Charlottenburg. Mittel hatte er kaum; so mußte er sich „etwas einfallen lassen". Er baute sich eine Röntgen-Apparatur, mit der er Abschirmdubletts der L-Serien fand, die heute noch seinen Namen tragen. Das war typisch für seine Arbeitsweise: er liebte das durchschaubare Experiment, die Idee war ihm wichtiger als übertriebenes technisches Beiwerk.

1920 übernahm Gustav Hertz Aufgaben im Forschungslabor der Philips-Glühlampen-Fabrik in Eindhoven. Es mögen wirtschaftliche Gründe mitgewirkt haben — er hatte 1919 Ellen *Dihlmann* geheiratet und einen halbjährigen Sohn — ausschlaggebend für seine Entscheidung war aber sicherlich sein Sinn für das Praktische, das Verwertbare. Bei einer Bilanz gegen Ende seines Lebens stellte er fest, daß er etwa die Hälfte seiner Berufsjahre in der Industrie, die andere Hälfte als Hochschullehrer gearbeitet habe; er könne nicht sagen, was ihm mehr liege, beides habe Vor- und Nachteile.

In Eindhoven wurde er einmal nach Möglichkeiten gefragt, Argon und Stickstoff zu trennen. Er schlug die Ausnutzung der massenabhängigen Diffusion durch poröse Wände vor. Da der Trenneffekt nicht sehr groß ist, entwickelte er eine sinnreiche Hintereinanderschaltung vieler Stufen, die Hertzsche Diffusionskaskade, und baute mit Löschpapier, Glasrohren und Picein als Dichtungsmittel ein gut funktionierendes Modell. Dieses Verfahren wurde wegen des erforderlichen Aufwandes nicht bei Philips eingeführt; der Gedanke beschäftigte ihn aber weiter, als er 1928/29 nach einer kurzen Zwischenstation in Halle an die TH Berlin-Charlottenburg berufen wurde. In dieser Zeit hatte man erstmals Isotope gefunden, also Atome eines Elementes, die sich nur durch ihre Masse unterscheiden und daher mit chemischen Mitteln schwer zu trennen sind. Ihn reizte einfach die Frage, ob er mit Hilfe der Diffusion Isotope trennen könne. Es gelang ihm, Neon-Isotope zu isolieren; aber er fragte sich auch und sprach darüber z. B. mit dem Dekan, ob man an einer technischen Hochschule solche akademischen Spielereien betreiben dürfe. Das war rund 10 Jahre, ehe in den USA dieses Trennverfahren in riesigen Anlagen benutzt wurde, um Uran-Isotope für die ersten Atombomben zu trennen. Auch an diesem Beispiel zeigt sich, wie schwer es ist, die Nutzbarkeit echter Erfindungen abzuschätzen.

Im neuen, großen Hörsaal der Technischen Hochschule demonstrierte Hertz die Grundlagen der modernen Physik in brillanten Vorlesungen vor Hunderten von Hörern, meistens künftigen Ingenieuren, Maschinenbauern u. a. Physik wurde dort erst 1930 als selbständige Studienrichtung anerkannt. Er sagte später einmal, er habe jungen Menschen, die etwas wissen wollten, immern gern geholfen; es habe ihm aber gar keine Freude gemacht, Studenten etwas gegen ihren Willen beizubringen, nur weil sie es für die Prüfung brauchten. Diese Meinung mag wohl in jener Zeit entstanden sein.

Um Querelen mit den nationalsozialistischen Machthabern aus dem Wege zu gehen — ein Großelternteil war jüdischer Abstammung — legte er 1935 seine Hochschulämter nieder und ging ein zweites Mal in die Industrie, als Leiter eines Forschungslabors bei der Firma Siemens. Er konnte eine Anzahl tüchtiger Mitarbeiter und ehemaliger Schüler um sich versammeln. Aus seinen Anregungen entstanden interessante Arbeiten, von denen hier nur das Feldelektronenmikroskop, Grundlagen des Elektronenmikroskops, die Röntgenblitzröhre, das Reflexklystron und die Entwicklung von Oxidkathoden genannt seien.

Ein Bombenvolltreffer auf das Laborgebäude beendete im März 1945 auch diesen Abschnitt. Hertz stand vor dem Nichts und entschloß sich, einer Einladung in die UdSSR zu folgen. Nach kurzem Zwischenaufenthalt in Moskau traf er im August 1945 in Suchumi an der Schwarzmeerküste ein. Dort wurde ein neues Institut errichtet, in dem Arbeiten zur Trennung von Uran-Isotopen begannen. Sein sowjetischer Partner, Prof. Dr. *Gwerdziteli*, berichtete — vor 15 Tagen — am 28. Oktober d. J. auf dem Hertz-Symposium der Karl-Marx-Universität über diese erfolgreiche Tätigkeit, für die Gustav Hertz mit dem Stalin-Preis 2. Stufe ausgezeichnet wurde.

Im Herbst 1954, also vor 33 Jahren, verließ Hertz die UdSSR und kam — das war seine freie Entscheidung — in die DDR. Die Mathematisch-Naturwissenschaftliche Fakultät der Karl-Marx-Universität stellte am 29. Oktober den Antrag, ihn zum Professor mit Lehrstuhl zu berufen; am 22. Dezember 1954 trat er sein Amt als Direktor am Physikalischen Institut an. Er war im 68. Lebensjahr und begann nach fast zwanzigjähriger Unterbrechung wieder an einer Hochschule zu arbeiten.

Für die Leipziger Physik war das ein wichtiger Schritt. Unter Leitung von Waldemar *Ilberg* war gerade der 2. Bauabschnitt des Neubaues des im Kriege zerstörten Instituts fertig geworden, der 3. war begonnen. Fragen der künftigen Profilierung traten immer mehr in den Vordergrund. Die Kontrollratsgesetze, die eine Bearbeitung bestimmter Problemkreise untersagt hatten, wurden aufgehoben, der Freiraum für die Verwirklichung physikalischer Ideen wurde größer. Während *Ilberg* sich als Fachrichtungsleiter hauptsächlich

Ausbildungsfragen widmete, übernahm Hertz die Leitung der Forschung, eine Arbeitsteilung, die auf Grund der menschlichen Qualitäten beider Wissenschaftler vorzüglich funktionierte.

Gustav Hertz hatte bereits großes Ansehen, als er hier ankam. Durch seine kritische Beschäftigung mit allen Arbeiten des Instituts, sein unbestechliches Urteil und seine Ratschläge und Hinweise, durch seine ganze Art gewann er täglich neue Autorität hinzu. Mit den von ihm selbst so genannten „dummen Fragen" fand er schnell den wunden Punkt eines Problems. Er gab sich nie mit prinzipiellen Erklärungen oder formalen Antworten zufrieden. Auf diese Weise lenkte er mit sicherer Hand die Forschung, nicht durch Weisungen oder Befehle, sondern indem er seine Mitarbeiter anregte, nachzudenken.

So förderte er auch auf vielfältige Weise die Entwicklung kernphysikalischer Arbeiten. U. a. führte er das Kernphysikalische Kolloquium ein, das mehrere Jahre lang einmal im Monat alle an diesem Gebiet interessierten Physiker der DDR nach Leipzig zog. Er regte den Bau des Instituts für angewandte Radioaktivität und des Instituts für stabile Isotope im Nordosten Leipzigs an; die beiden Leiter, Prof. Dr. C.-F. *Weiß* und Prof. Dr. I. *Mühlenpfordt*, waren kurze Zeit nach Hertz aus der UdSSR zurückgekehrt. Besonders mit letzterem war Hertz eng verbunden, da er sich sehr für die Anwendung stabiler Isotope interessierte.

Ein anderes Interessengebiet aus der Siemens-Zeit bewegte ihn immer noch: Der Elektronenaustritt aus Metallen und Halbleitern. Er fand im Physikalischen Institut junge Mitarbeiter, die auf diesem Gebiet arbeiteten, vor, gewann neue hinzu und bildete eine Gruppe, in der bis 1961 rund 45 Arbeiten über Feldelektronenemission, Leitungsphänomene in II—VI-, später im III-V-Halbleitern, Sekundärelektronenemission u. ä. entstanden.

Gustav Hertz stand oft im Labor — soweit dies sein durch viele Verpflichtungen beschnittener Zeitplan zuließ —, aber kaum noch um selbst zu messen, sondern um zu diskutieren, zu sehen, was vorging. Seine Kritik war hart, aber nie verletzend, sondern stets helfend. So wirkte er in dieser Zeit wie ein Katalysator. Der Chemiker weiß, daß viele Reaktionen ohne Katalysator gar nicht oder nur sehr langsam ablaufen.

Als Hertz 1935 die Technische Hochschule verließ, wurde es still um seine Person; seine Übersiedlung in die UdSSR 1945 wurde nur von wenigen in seiner unmittelbaren Umgebung bemerkt. Mit um so größerer Freude wurde seine Rückkehr registriert. Das zeigte sich in zahlreichen hohen Ehrungen, die ihm für seine epochemachenden Leistungen, aber auch für seine Standhaftigkeit, für seine Menschlichkeit zugesprochen wurden. Er wurde zum Mitglied zahlreicher Akademien gewählt, und sein Rat, seine Erfahrungen waren sehr gefragt. Als Vorsitzender des Rates für die friedliche Anwendung der Atomenergie und als Mitglied des Forschungsrates hat er Wesentliches zur technisch-naturwissenschaftlichen Entwicklung der DDR beigetragen. Er war jahrelang Sekretar der Klasse Physik, Mathematik und Technik der heutigen Akademie der Wissenschaften der DDR und Ehrenvorsitzender der Physikalischen Gesellschaft. Er nahm das alles mit Gelassenheit hin; er hatte viele Funktionen, war aber nie Funktionär.

Die Sächsische Akademie der Wissenschaften zu Leipzig wählte ihn am 24. Januar 1955 zum Ordentlichen Mitglied; durch seine Übersiedlung nach Leipzig gehörte er ja nun zum Einzugsbereich unserer Akademie. Er hat — so glaube ich aus Gesprächen entnehmen zu können — sich gern zum Sachsen wählen lassen. Er nahm aktiv am Leben unserer Akademie teil und hat auch später, nachdem er nach seiner Emeritierung wieder nach Berlin gezogen war, den Kontakt mit Leipzig, nunmehr als „Auswärtiges, ehemalig Ordentliches Mitglied", weiter aufrecht erhalten.

Viele werden sich noch an seinen Vortrag „Die Wahrscheinlichkeit in der Physik" erinnern, mit dem er sich 1956 im Rahmen einer Öffentlichen Akademiesitzung den Leipzigern vorstellte. Am 10. Oktober 1960 berichtete er im Plenum unserer Akademie über das physikalische Verhalten von Teilchen sehr hoher Energien; er gab damit einen Einblick in die damalige Situation der Hochenergie- und Elementarteilchen-Physik und erleichterte vielen das Verstehen dieser in schneller Entwicklung befindlichen Disziplin.

Als Gustav Hertz 1961, im Alter von 74 Jahren, in den Ruhestand trat — wobei noch zu diskutieren wäre, was er unter Ruhestand verstand — blieb er mit seiner Kritik und seinem Rat immer noch gegenwärtig. Regelmäßige Besuche in Leipzig festigten immer wieder die Verbindungen. Es gelang uns, ihn 1973 und 1974 zu Kolloquiumsvorträgen über die Anfänge der Quantentheorie und über die Diffusionskaskade zu überreden. Mit Lebendigkeit, nur auf wenige kleine Karteikärtchen gestützt, trug er vor und begeisterte über 600 Hörer im überfüllten Hörsaal der Sektion Physik; er war bei seinem letzten Vortrag immerhin 87 Jahre alt. Wir alle freuten uns auf den für Herbst 1975 angekündigten Vortrag über den Physiker in der Industrie; er hätte uns allen viel zu sagen gehabt, aber der Tod nahm ihm die Feder aus der Hand. Am 30. Oktober 1975, im 89. Lebensjahr, starb Gustav Hertz, von seiner Aktivität und Aufgeschlossenheit her gesehen, unerwartet.

Gustav Hertz gehört zu den Gestaltern der modernen Physik und damit der Technik dieses Jahrhunderts. Die Apparaturen, mit denen er Bleibendes schuf, fertigte er größtenteils selbst an; Glasblasen, Umgang mit Vakuumpumpen, Ausführung elektrischer Schaltungen gehörten seinerzeit zu den Grundfertigkeiten eines jeden Experimentalphysikers. Er bevorzugte das überschaubare Experiment, komplizierten technischen Anlagen gegenüber, die man nicht kontrollieren konnte, war er skeptisch. Er hat sich aber der Entwicklung zum heutigen „Computer-Labor" nicht widersetzt. Er kannte seine Grenzen, förderte aber alle, die darüber hinaus wollten. Wir ehren in ihm nicht nur den hervorragenden Wissenschaftler, sondern auch den Menschen.

Artur Lösche

Biobibliographie Gustav Hertz

Die Angaben wurden in fünf Gruppen zusammengefaßt:

I. Veröffentlichungen
II. Patente
III. Vorträge
IV. Dissertationen
V. Festschriften, Bibliographien, Fachbezogene Arbeiten, Würdigungen

Die hier wiedergegebene Zusammenstellung beruht auf unserer zur Gustav-Hertz-Ehrung der Karl-Marx-Universität veröffentlichten Biobibliographie (Wissenschaftliche Zeitschrift Karl-Marx-Universität Leipzig [künftig: WZ KMU], math.-nat. R. 36 [1987] S. 721—735), die noch besonders um Patentschriften und Würdigungen erweitert werden konnte.

I. Hier lagen von Gustav Hertz selbst angefertigte Verzeichnisse vor, die etwa 45 Arbeiten bis zum Ende des zweiten Weltkrieges enthalten. Zu bemerken ist, daß Gustav Hertz die in holländischer Sprache erschienenen Arbeiten (bis auf eine) nicht aufgeführt hat. Außerdem konnte auf Angaben im „Poggendorff" (siehe unter V.) zurückgegriffen werden.

Vortragszusammenfassungen werden, wenn sie ein bis zwei Seiten nicht überschreiten, unter III. zitiert.

Neben den angeführten Interviews ist noch auf die eigene Lebensbeschreibung (Film) und den Brief an James Franck zu verweisen (WZ KMU Leipzig, math.-nat. R. 36 (1987) S. 588, 605).

II. Dank der Bemühungen der Firmen Philips Internat., Eindhoven, und Siemens AG, München, konnten die auf Arbeiten von G. Hertz beruhenden Patente vervollständigt werden. Sie sind daher in einer eigenen Gruppe zusammengefaßt und nach der Priorität ihrer Beantragung geordnet. (Das ist bei den Philips-Patenten meist die Anmeldung in den Niederlanden.) Der vollständige Titel und weitere Daten sind jedoch nur für eine Patenterteilung angegeben, möglichst eine deutsche, sonst eine amerikanische oder englische. Gleichartige Patente in weiteren Ländern (auch wenn sie spätere Anmeldetermine haben) sind dann beim Prioritätsjahr nur noch mit ihren Patentnummern angeführt. In einigen Patentschriften ist G. Hertz als Erfinder nicht namentlich genannt; das betrifft insbesondere die Gastrennverfahren. Bei allen verfügbaren USA-Patentschriften wird Gustav Ludwig Hertz als Erfinder zuerst genannt.

Für die Länder werden folgende Abkürzungen verwendet: B Belgien, CDN Kanada, CH Schweiz, D Deutschland, F Frankreich, GB Großbritannien, I Italien, NL Niederlande, A Österreich, E Spanien, S Schweden, USA.

III. Diese Angaben sind wahrscheinlich unvollständig. Es werden noch andere Kolloquiumsvorträge vermutet. Möglicherweise hat Gustav Hertz auch in den USA oder bei anderen Auslandsaufenthalten Vorträge gehalten. Dank der Akribie von Karl Scheel sind die auf deutschen Veranstaltungen gehaltenen Vorträge in den „Verhandlungen der Deutschen Physikalischen Gesellschaft" vorzüglich dokumentiert.

Die hier gegebene Zusammenstellung scheint uns Hertz' aktive Beteiligung an der Entwicklung der Physik gut zu verdeutlichen.

IV. Die Dissertationen sind in unterschiedlichem Maße von Hertz angeregt, angeleitet oder zu Promotionsverfahren befördert worden. Außer der Übernahme eines neuen Amtes spielten dafür auch politische Gründe eine Rolle. Während Wolfgang Pupps Experimente abgeschlossen waren, als Hertz nach Berlin-Charlottenburg berufen wurde, durfte die im Kaiser-Wilhelm-Institut für Chemie in Berlin-Dahlem ausgeführte Dissertation von Rudolf Jaeckel offenbar aus rassenpolitischen Gründen nicht mehr von Lise Meitner bis zu Ende geführt werden. Andererseits ergab sich aus der zeitweiligen Aberkennung von Hertz' Prüfungsberechtigung, daß von ihm angeregte und betreute Arbeiten, wie die von Erwin W. Müller, von anderen beurteilt werden mußten. Bei den Leipziger Dissertationen wurden nur solche mit Hertz als erstem Gutachter angeführt, wodurch nicht von ihm betreute Arbeiten von anderen Abteilungen des Physikalischen Instituts ausgeschlossen bleiben. Lücken könnten vor allem in der Zeit vor 1945 bestehen, da sowohl das Berliner TU-Archiv als auch die Deutsche Bücherei Kriegsverluste zu verzeichnen haben.

V. Es sind neben eigentlichen Würdigungen auch Beiträge angeführt, die Aussagen zu Hertz' Wirken enthalten. Kurze Notizen wurden weggelassen. Einige fachliche Beiträge wurden neu aufgenommen; sie beziehen sich ausdrücklich auf die Arbeiten von G. Hertz. Für weitere Literaturangaben kann auf die Vorträge anläßlich der Gustav-Hertz-Ehrung der Karl-Marx-Universität Leipzig zur 100. Wiederkehr seines Geburtstages verwiesen werden (WZ KMU Leipzig, math.-nat. R. 36 (1987) H. 6).

Wir möchten den beiden Söhnen von Gustav Hertz, Herrn Prof. Dr. Hellmuth Hertz, Lund, und Herrn Prof. Dr. Johannes Hertz, Berlin, für Materialien und Hinweise vielmals danken, wie auch ehemaligen Hertz-Schülern und -Mitarbeitern. Ebenfalls sind wir den Archiven der Karl-Marx-Universität, Frau Prof. Dr. Gerhild Schwendler, der Martin-Luther-Universität, Herrn Dr. Heinz Schwabe, der Leopoldina, Herrn Dr. Andreas Kühne, der Akademie der Wissenschaften der DDR, Frau Dr. Christa Kirsten, der Technischen Universität Berlin (West), Frau Siri-Bettina Figge, der Fa. Philips Int., Herrn H. Berghman und ihrer Patentabteilung, der Fa. Siemens AG, Herrn Dr. Herbert Goetzeler, sowie ihrer Patentabteilung, Herrn Mehl, der Universitätsbibliothek Leipzig, Herrn Bernd Förster und der Poggendorff-Redaktion der Sächsischen Akademie der Wissenschaften, Frau Margot Köstler, für ihre Beiträge sehr zu Dank verpflichtet.

I. Veröffentlichungen

1911

— [Diss.]: Über das ultrarote Absorptionsspektrum der Kohlensäure in seiner Abhängigkeit von Druck und Partialdruck. Berlin, Braunschweig 1911. 39 S.

— Über das ultrarote Absorptionsspektrum der Kohlensäure in seiner Abhängigkeit von Druck und Partialdruck. Verh. Dt. Phys. Ges. *13* (1911) S. 617—644 (= Auszug aus der Berliner Dissertation).

— Franck, J. u. G. Hertz: Über einen Zusammenhang zwischen Quantenhypothese und Ionisierungsspannung. Verh. Dt. Phys. Ges. *13* (1911) S. 967—971.

1912

Franck, J. u. G. Hertz: Bemerkung zu unsrer Notiz über einen Zusammenhang zwischen Ionisierungsspannung und Quantenhypothese. Verh. Dt. Phys. Ges. *14* (1912) S. 167 bis 168.

Franck, J. u. G. Hertz: Über durch polarisiertes Licht erregte Fluoreszenz von Joddampf. Verh. Dt. Phys. Ges. *14* (1912) S. 423—425.

Franck, J. u. G. Hertz: Über eine Methode zur direkten Messung der mittleren freien Weglänge von Gasmolekülen. I. Verh. Dt. Phys. Ges. *14* (1912) S. 596—604.

Rubens, H. u. G. Hertz: Über den Einfluß der Temperatur auf die Absorption langwelliger Wärmestrahlen in einigen festen Isolatoren. Sitzungsber. Berliner Akad. *14* (1912) S. 256—274.

1913

Franck, J. u. G. Hertz: Messung der Ionisierungsspannungen in verschiedenen Gasen. Verh. Dt. Phys. Ges. *15* (1913) S. 34—44.

Franck, J. u. G. Hertz: Über Zusammenstöße zwischen Gasmolekülen und langsamen Elektronen. Verh. Dt. Phys. Ges. *15* (1913) S. 373—390. Auch in: Hermann, A. (Hrsg.): Dokumente der Naturwissenschaft. Abt. Physik. Bd *9* (München 1967) S. 17—34.

Franck, J. u. G. Hertz: Notiz über Bildung von Doppelschichten. Verh. Dt. Phys. Ges. *15* (1913) S. 391—393.

Franck, J. u. G. Hertz: Über Zusammenstöße zwischen langsamen Elektronen und Gasmolekülen. II. Verh. Dt. Phys. Ges. *15* (1913) S. 613—620.

Franck, J. u. G. Hertz: Über einen Zusammenhang zwischen Stoßionisation und Elektronenaffinität. Verh. Dt. Phys. Ges. *15* (1913) S. 929—934.
Franck, J. u. G. Hertz: Über den Zusammenhang zwischen Stoßionisation und Elektronenaffinität. Phys. Z. *14* (1913) S. 1115—1117.

1914

Franck, J. u. G. Hertz: Zur Theorie der Stoßionisation. Verh. Dt. Phys. Ges. *16* (1914) S. 12—19.
Franck, J. u. G. Hertz: Über Zusammenstöße zwischen Elektronen und den Molekülen des Quecksilberdampfes und die Ionisierungsspannung desselben. Verh. Dt. Phys. Ges. *16* (1914) S. 457—467. Auch in: Phys. Bl. *23* (1967) S. 295—301; Hermann, A. (Hrsg.): Dokumente der Naturwissenschaft. Abt. Physik. Bd *9* (München 1967) S. 35—45.; Reprints zur Erinnerung an Gustav Hertz, Direktor des Physikalischen Instituts der Karl-Marx-Universität Leipzig von 1954 bis 1961. Gustav-Hertz-Symposium der Karl-Marx-Universität Leipzig, 27. und 28. Oktober 1987.
Franck, J. u. G. Hertz: Über die Erregung der Quecksilberresonanzlinie 253,6 μμ durch Elektronenstöße. Verh. Dt. Phys. Ges. *16* (1914) S. 512—517. Auch in: Hermann, A. (Hrsg.): Dokumente der Naturwissenschaft. Abt. Physik. Bd *9* (München 1967) S. 46 bis 51.

1916

Franck, J. u. G. Hertz: Über die relative Intensität der Gasspektra bei der Glimmentladung in Gasgemischen. Verh. Dt. Phys. Ges. *18* (1916) S. 213—220.
Franck, J. u. G. Hertz: Über Kinetik von Elektronen und Ionen in Gasen. Phys. Z. *17* (1916) S. 409—416, 430—440. Auch in: Hermann, A. (Hrsg.): Dokumente der Naturwissenschaft. Abt. Physik. Bd *9* (München 1967) S. 52—69.

1917

— Über den Energieaustausch bei Zusammenstößen zwischen langsamen Elektronen und Gasmolekülen. Verh. Dt. Phys. Ges. *19* (1917) S. 268—288 (= Habil.-Arbeit).

1919

Franck, J. u. G. Hertz: Die Bestätigung der Bohrschen Atomtheorie im optischen Spektrum durch Untersuchungen der unelastischen Zusammenstöße langsamer Elektronen mit Gasmolekülen. Phys. Z. *20* (1919) S. 132—143. Auch in: Hermann, A. (Hrsg.): Dokumente der Naturwissenschaft. Abt. Physik. Bd *9* (München 1967) S. 69—80.

1920

— Über die Absorptionsgrenzen in der L-Serie. Z. Phys. *3* (1920) S. 19—25.
— Über Absorptionslinien im Rötgenspektrum. Phys. Z. *21* (1920) S. 630—632.

1922

— Ein neues Verfahren zur Trennung von Gasgemischen durch Diffusion. Phys. Z. *23* (1922) S. 433—434. Auch in: Reprints zur Erinnerung an Gustav Hertz, Direktor des

Physikalischen Instituts der Karl-Marx-Universität Leipzig von 1954 bis 1961. Gustav-Hertz-Symposium der Karl-Marx-Universität Leipzig 27. und 28. Oktober 1987.
— Over de Geleiding van Electriciteit in Gassen. I. Physica, Nederlandsch tijdschrift voor Natuurkunde *2* (1922) S. 15—26; II. Physica *2* (1922) S. 61—73; III. Physica *2* (1922) S. 93—107; IV. Physica *2* (1922) S. 148—153.
— Over de gemiddelde weglengte van langzaam loopende electronen in neon en argon. Versl. Kon. Akad. van Wetenschappen *31* (1922) S. 94—102.
— Over de aanslag- en ionisatiespanningen van neon en argon. Versl. Kon. Akad. van Wetenschappen *31* (1922) S. 249—258.
— Over de scheiding van gasmengsels door diffusie in een stroomend gas. Versl. Kon. Akad. van Wetenschappen *31* (1922) S. 497—505.
— [Naschrift] Over de aanslag- en ionisatiespanningen van neon en argon. Versl. Kon. Akad. van Wetenschappen *31* (1922) S. 506. Auch in: Reprints zur Erinnerung an Gustav Hertz, Direktor des Physikalischen Instituts der Karl-Marx-Universität Leipzig von 1954 bis 1961. Gustav-Hertz-Symposium der Karl-Marx-Universität Leipzig 27. und 28. Oktober 1987.
— De gemiddelde Weglengte van langzame Electronen in Neon en Argon. Physica *2* (Eindhoven 1922) S. 87—89.
— Anregungs- und Ionisierungsspannungen von Neon und Argon. Verh. Dt. Phys. Ges. *3* (1922) S. 45—48.
— Rubens und die Maxwellsche Theorie. Naturwiss. *10* (1922) S. 1024—1027.

1923

— On the mean free path of slow electrons in neon and argon. Proc. Royal Acad. Sc. Amsterdam *25* (1923) S. 90—98.
— On the excitation and ionization potentials of neon and argon. Proc. Royal Acad. Sc. Amsterdam *25* (1923) S. 179—187.
— On the separation of gas mixtures by diffusion in a flowing gas. Proc. Royal Acad. Sc. Amsterdam *25* (1923) S. 434—441. Auch in: Proc. 4th Congr. Refrig. Vol. *1* (1924) S. 918—925.
— On the excitation and ionization potentials of neon and argon (Appendix). Proc. Royal Acad. Sc. Amsterdam *25* (1923) S. 442.
— Over het opwekken van spectraallijnen door botsingen van electronen. Versl. Kon. Akad. van Wetenschappen *32* (1923) S. 860—868.
— De scheiding van gasmengsels door diffusie in een stroomend gas. Physica *3* (Eindhoven 1923) S. 22—26.
— Over de lichtopwekking door electronen botsing. Physica *3* (Eindhoven 1923) S. 302 bis 304.
— Über die Anregungs- und Ionisierungsspannungen von Neon und Argon und ihren Zusammenhang mit den Spektren dieser Gase. Z. Phys. *18* (1923) S. 307—316.
— Über Trennung von Gasgemischen durch Diffusion in einem strömenden Gase. Z. Phys. *19* (1923) S. 35—42.
— Bohrsche Theorie und Elektronenstoß. Naturwiss. *11* (1923) S. 564—567. Auch in: Reprints zur Erinnerung an Gustav Hertz, Direktor des Physikalischen Instituts der Karl-Marx-Universität Leipzig von 1954 bis 1961. Gustav-Hertz-Symposium der Karl-Marx Universität Leipzig 27. und 28. Oktober 1987.
— Über die Anregung von Spektrallinien durch Elektronenstoß. Naturwiss. *11* (1923) S. 778—779.

1924

— Über die Anregung von Spektrallinien durch Elektronenstoß. I. Z. Phys. *22* (1924) S. 18—26.
— Die Anregungs- und Ionisierungsspannungen der Edelgase. Naturwiss. *12* (1924) S. 1211.
— u. R. K. Kloppers: De aanslag- en ionisatiespanningen der edelgassen. Physica *4* (Eindhoven 1924) S. 367—372.

1925

— Excitation of spectral lines by collisions of electrons. Proc. Roy. Acad. Sc. Amsterdam *27* (1925) S. 767—774.
— U. J. C. Scharp de Visser: Over het opwekken van spectraallijnen door botsing van electronen. Physica *5* (Eindhoven 1925) S. 41—45.
— Het spectrum van neon in het uiterste ultraviolet. Physica *5* (Eindhoven 1925) S. 189 bis 194.
— u. R. K. Kloppers: Die Anregungs- und Ionisierungsspannungen der Edelgase. Z. Phys. *31* (1925) S. 463—469.
— u. J. C. Scharp de Visser: Über die Anregung von Spektrallinien durch Elektronenstoß. II. Z. Phys. *31* (1925) S. 470—474.
— Über die Diffusion langsamer Elektronen im elektrischen Felde. Z. Phys. *32* (1925) S. 298—306.
— Die Resonanzlinien des Neons. Z. Phys. *32* (1925) S. 933—939.
— Über die Diffusion langsamer Elektronen im elektrischen Felde (nach gemeinsam mit R. K. Kloppers ausgeführten Versuchen). Phys. Z. *26* (1925) S. 868—870.
— Das Spektrum des Neons im kurzwelligen Ultraviolett. Naturwiss. *13* (1925) S. 489.

1926

— u. J. H. Abbink: Die Resonanzlinien der Edelgase. Naturwiss. *14* (1926) S. 643.

1927

— Die Ergebnisse der Elektronenstoßversuche im Lichte der Bohrschen Theorie des Atoms. Nobel-Vortrag gehalten in Stockholm am 11. Dezember 1926. Les prix Nobel en *1926* (1927) S. 1—19.
— Die Ergebnisse der Elektronenstoßversuche im Lichte der Bohrschen Theorie des Atoms (gekürzte Nobelpreisrede). Forschungen und Fortschritte (künftig: FuF) *3* (1927) S. 75—76.

1928

Harries, W. u. G. Hertz: Über die Zahl der Zusammenstöße bei der Diffusion langsamer Elektronen im elektrischen Felde. Z. Phys. *46* (1928) S. 177—187.

1929

— Die Bedeutung der Planckschen Quantentheorie für die Experimentalphysik. Naturwiss. *17* (1929) S. 496—498.

1932

— Ein Verfahren zur Trennung von gasförmigen Isotopengemischen und seine Anwendung auf die Isotopen des Neons. Z. Phys. *79* (1932) S. 108—121; Berichtigung: Z. Phys. *79* (1932) S. 700.
— Ein Verfahren zur Trennung von gasförmigen Isotopengemischen. Naturwiss. *20* (1932) S. 493—494.
— Die elektrische Anlage des neuen Physikalischen Instituts der Technischen Hochschule Berlin: Elektrotechn. Z. *53* (1932) S. 49—53.
— Die elektrische Anlage des neuen Physikalischen Instituts der Technischen Hochschule in Berlin. AEG-Mitteilungen 1932, S. 37—43.

1933

— [Hrsg.]: Emil Warburg: Lehrbuch der Experimentalphysik. 23. und 24. verb. Aufl. Dresden, Leipzig 1933. 484 S.
— Reindarstellung des schweren Wasserstoff-Isotops durch Diffusion. Naturwiss. *21* (1933) S. 884—885.

1934

Harmsen, H., G. Hertz u. W. Schütze: Weitere Versuche zur Isotopentrennung. Reindarstellung des schweren Wasserstoffs durch Diffusion. Z. Phys. *90* (1934) S. 703—711.
— Ein Verfahren zur Trennung von Isotopengemischen durch Diffusion in strömendem Quecksilberdampf. Z. Phys. *91* (1934) S. 810—815. Auch in: Reprints zur Erinnerung an Gustav Hertz, Direktor des Physikalischen Instituts der Karl-Marx-Universität Leipzig von 1954 bis 1961. Gustav-Hertz-Symposium der Karl-Marx-Universität Leipzig 27. und 28. Oktober 1987.

1937

— Zur Frage der Spannungsabhängigkeit des Zündverzuges. Z. Phys. *106* (1937) S. 102 bis 107.

1939

— u. H. Mende: Der Schallstrahlungsdruck in Flüssigkeiten. Z. Phys. *114* (1939) S. 354 bis 367.

1940

— Der Schallstrahlungsdruck in Flüssigkeiten und Gasen im Zusammenhang mit der Zustandsgleichung. Phys. Z. *41* (1940) S. 546—549.
— Der Schallstrahlungsdruck in Flüssigkeiten und Gasen im Zusammenhang mit der Zustandsgleichung. Z. techn. Phys. *21* (1940) S. 298—301.

1957

— Die Entdeckungen von Heinrich Hertz und ihre Auswirkungen. In: Heinrich Hertz — Gedenkfeier der Freien und Hansestadt Hamburg am 24. Februar 1957. Hamburg 1957. S. 21—34.

— [Hrsg.]: Grundlagen und Arbeitsmethoden der Kernphysik. Berlin 1957. 279 S. Darin auch: Vorwort. S. V.; Grundlagen der Atomphysik. S. 1—39.

1958

— [Hrsg.]: Lehrbuch der Kernphysik. Bd I: Experimentelle Verfahren. Leipzig 1958. 227 S. Darin auch: Vorwort S. 3—4.; Einführung. S. 7—36.; 2. wesentlich erweiterte Aufl. 1966, 778 S.

1959

— Die Bedeutung der Planckschen Quantentheorie für die experimentelle Physik. In: Max Planck zum Gedenken. Berlin 1959. S. 29—41.
— Das Physikalische Institut. II. Der gegenwärtige Stand der wissenschaftlichen Arbeit im Physikalischen Institut. In: Festschrift zur 550-Jahr-Feier der Karl-Marx-Universität Leipzig. Leipzig 1959. S. 111—115.
— Frédéric Joliot-Curie und sein wissenschaftliches Werk. In: Friedrich, Hertz, Barwich 1960: Frédéric Joliot-Curie. Hrsg. vom Deutschen Friedensrat 1959. S. 11—22.
— (Bespr.): Beiträge zur Physik und Chemie des 20. Jahrhunderts. Braunschweig 1959. DLZ *81* (1960) Sp. 556—559.
— (Hrsg.): Lehrbuch der Kernphysik. Bd *II*: Physik der Atomkerne. Leipzig 1960. 914 S. Darin: Vorwort. S. 3—4.
— [Nachr.]: In memoriam Frédéric Joliot-Curie. Hochschulwesen *8* (1960) S. 105—106.
— Max von Laue — ein genialer Wissenschaftler. Leipziger Volkszeitung. Jg *15* (Leipzig 1960) Nr. 121 v. 1. 5., S. 4.

1961

— Heinrich Hertz 1857—1894. In: Harig, G. (Hrsg.): Von Adam Ries bis Max Planck. 25 große deutsche Mathematiker und Naturwissenschaftler. Leipzig 1961. S. 123—129.
— Erinnerungen an die Berliner Universität (Prof. Dr. G. Hertz — Ehrendoktor der Humboldt-Universität). Mitt. Phys. Ges. DDR Nr. 19 (1961) 4 S.
— [Nachr.]: Walther Bothe 8. 1. 1891—8. 2. 1957. In: Jahrb. Sächsische Akademie der Wissenschaften (künftig: SAW) zu Leipzig *1957—1959* (Berlin 1961) S. 335.

1962

— [Hrsg.]: Lehrbuch der Kernphysik. Bd *III*: Angewandte Kernphysik. Leipzig 1962. 319 S. Darin auch: Vorwort. S. 3—4.

1963

— (Bespr.): Walther Gerlach: Humanität und naturwissenschaftliche Forschung. Braunschweig 1962. DLZ *84* (1963) Sp. 385—386.
— (Nachr.): Max von Laue. In: Jahrb. Deutsche Akademie der Wissenschaften (künftig: DAW) zu Berlin *1962* (Berlin 1963) S. 145—147.

1964

— (Nachr.): Niels Bohr. 7. 10. 1885—18. 11. 1962. In: Jahrb. DAW zu Berlin *1963* (Berlin 1964) S. 214—215.

1965

— The results of the electron-impact tests in the light of Bohr's theory of atoms (Nobel Lecture, December 11, 1926). In: Nobel Lectures — Physics — 1922—1941. Amsterdam, London, New York 1965. S. 112—129.
— u. R. Rompe (Hrsg.): Einführung in die Plasmaphysik und ihre technische Anwendung. Berlin 1965. 267 S. Darin auch: G. Hertz u. R. Rompe: Vorwort. S. 9—10.; G. Hertz: Physikalische Grundlagen. S. 11—34.
— Stabile Isotope. Jenaer Rdsch. *10* (1965) S. 248—251.
— (Nachr.): James Franck† 21. 5. 1964. Ann. Phys. Leipzig *15* (1965) S. 1—4. Auch in: Reprints zur Erinnerung an Gustav Hertz, Direktor des Physikalischen Instituts der Karl-Marx-Universität Leipzig von 1954 bis 1961. Gustav-Hertz-Symposium der Karl-Marx-Universität Leipzig, 27. und 28. Oktober 1987.

1967

— (Hrsg.): Hermann, A.: James Franck. Gustav Hertz. Die Elektronenstoßversuche. München 1967. 80 S. (= Dokumente der Naturwissenschaft. Abt. Physik, Bd 9).

1970

— Zur Geschichte des Franck-Hertz-Versuchs. Phys. in der Schule *8* (1970) S. 43—49.

1971

— Heinrich Hertz, sein Leben und sein Werk. In: Über sehr schnelle elektrische Schwingungen. Vier Arbeiten von Heinrich Hertz — eingeleitet und mit Anmerkungen versehen von Gustav Hertz. Leipzig 1971. S. 9—31 (= Ostwalds Klassiker der exakten Wissenschaften, Bd 251).

1973

— Nützlich für den Fortschritt der Wissenschaft. Spektrum *4* (1973) H. 6, S. 31.

1975

— Aus den Anfangsjahren der Quantenphysik. In: Ambarzumjan, V. A. u. G. Hertz: Festvorträge der wissenschaftlichen Konferenz der Akademie anläßlich des 275. Akademiejubiläums. Berlin 1976. S. 17—37 (= Sitzungsber. AdW DDR 15 N, 1975). Desgl. (fast gleichlautend) Spektrum *6* (1975) H. 12, S. 6—15; Jahrb. AdW DDR 1975. Berlin 1976. S. 237—252.
— [Gespräch]: Wissen und Wirken. Fruchtbare Jahrzehnte für die Physik. Spektrum *6* (1975) H. 2, S. 8—11.

1976

— Grundlagenforschung und technische Entwicklung. Spektrum *7* (1976) H. 2, S. 28—31.

1978

— Die Diffusionskaskade und andere Verfahren der Isotopentrennung (bearbeitet von G. Richter). Leipzig 1978. S. 5—23 (= Leipziger Universitätsreden, NF, H. 47).

1979

— [Gespräch] Quantensprünge und Isotopentrennung. In: Lange, G. u. J. Mörke: Wissenschaft im Interview. Leipzig, Jena, Berlin 1979. S. 58—68.

II. Patente

1922

N. V. Philips' Gloeilampenfabrieken in Eindhoven, Holland: Verfahren und Vorrichtung zum Trennen der Bestandteile eines Gasgemisches. D 432547, Kl. 12e, vom 20. 6. 1922, ausgegeb. 13. 8. 1926. Priorität 19. 4. 1922. (Bem.: G. Hertz ist nicht als Erfinder angegeben)
Weitere Patente: NL 12039, S 57619, CH 109891, CDN 240645, GB 196560, USA 1498097, F 559946, E 83887, B 307625, A 101632.

1923

N. V. Philips' Gloeilampenfabrieken in Eindhoven, Holland (von dem Patentsucher ist als Erfinder angegeben worden: Dr. Gustav Ludwig Hertz in Eindhoven, Holland): Vorrichtung zur Kühlung von Elektroden von Röntgenröhren mit einer Flüssigkeit. D 397218, Kl. 21g, vom 17. 10. 1923, ausgegeb. 17. 6. 1924. Priorität 3. 1. 1923.
Weitere Patente: NL 12974, I 225399, F 572214, B 314237, E 86985, GB 203266, S 59520, CH 105805, A 100615.
N. V. Philips' Gloeilampenfabrieken in Eindhoven, Holland (von dem Patentsucher ist als Erfinder angegeben worden: Gustav Ludwig Hertz in Halle a. S.): Verfahren zur Herstellung von Oxydkathoden. D 443323, Kl. 21g, vom 23. 12. 1923, ausgegeb. 26. 4. 1927. Priorität 12. 1. 1923.
Weitere Patente: CDN 278773, USA 1735080, NL 15389, A 97876, S 59289, B 314852, GB 209730, F 578694, E 87499.
Hertz, G. L., Eindhoven, Netherlands (Assignor to General Electric Company, New York): Electric discharge tube. US 2030521 vom 18. 10. 1924 (erneuert 4. 2. 1933), ausgegeb. 11. 2. 1936. Priorität 20. 11. 1923.
Weitere Patente: GB 225218, F 577242.
N. V. Philips' Gloeilampenfabrieken in Eindhoven, Holland: Elektrisch geheizter Behälter. D 520168, Kl. 21 h, vom 22. 5. 1924, ausgegeb. 7. 3. 1931. Priorität 22. 11. 1923. (Bem: G. Hertz ist nicht als Erfinder angegeben).
Weitere Patente: GB 225166, CH 111225, I 234212, S 69793, B 317855, F 581852, A 102214, E 91387.

1924

N. V. Philips' Gloeilampenfabrieken in Eindhoven, Holland: Verfahren zur Herstellung von Oxydkathoden. D 470421, Kl. 21g, vom 29. 6. 1924, ausgegeb. 21. 1. 1929. Priorität 18. 2. 1924. (Bem.: G. Hertz ist nicht als Erfinder angegeben).
Weitere Patente: NL 19245, CDN 272708, B 319434, USA 1720675, F 583860, A 100939, E 90262.
N. V. Philips' Gloeilampenfabrieken in Eindhoven, Holland (von dem Patentsucher ist als der Erfinder angegeben worden: Dr. Gustav Ludwig Hertz in Eindhoven, Holland): Elektrische Entladungsröhre, insbesondere für Beleuchtungszwecke. D 473141, Kl. 21f, vom 8. 2. 1925, ausgegeb. 11. 3. 1929. Priorität 1. 4. 1924.
Weitere Patente: USA 1726107, CDN 266112, B 321741, F 589856, A 104717.
N. V. Philips' Gloeilampenfabrieken in Eindhoven, Holland (von dem Patentsucher ist als Erfinder angegeben worden: Dr. Gustav Ludwig Hertz in Eindhoven, Holland): Verfahren zur Herstellung sehr dünner Drähte. D 448944. Kl. 7b, vom 10. 5. 1925, ausgegeb. 1. 9. 1927. Priorität 18. 6. 1924.
Weitere Patente: NL 15599, USA 1627971, CDN 263622, B 326511, GB 235893, F 597773, A 102948, S 62384, CH 113955, I 238988.
Naamlooze Vennootschap Philips' Gloeilampenfabrieken, Eindhoven, Holland: Electric discharge devices. GB 245146 vom 23. 12. 1925. Priorität 24. 12. 1924. (Unter gleichem Namen und mit gleichen Daten auch GB 245145 und GB 245147).
Weitere Patente: NL 17247, B 330414, F 605925, A 106121, CH 117879, S 62178.

1925

Firma N. V. Philips' Gloeilampenfabrieken in Eindhoven, Holland: Verfahren zur ununterbrochenen Trennung eines Gasgemisches. D 434981, Kl. 12e, vom 27. 10. 1925, ausgegeb. 7. 10. 1926. Priorität 21. 8. 1925 (Bem.: G. Hertz ist nicht als Erfinder angegeben).
Weitere Patente: NL 18449, A 107571, GB 266396, S 64570, F 609170, CH 119970, I 243424, E 96092, B 329628, CDN 270184.
Hertz, G. L., Halle-on-the-Saale, Germany, assignor to N. V. Philips' Gloeilampenfabrieken, Eindhoven, Netherlands: Gas filled discharge tube. USA 1874528 vom 13. 12. 1926, ausgegeb. 30. 8. 1932. Priorität 16. 12. 1925.
Weitere Patente: CDN 292810, B 338794, F 625673, GB 269657, I 254724, A 121115, S 65820, CH 124430.

1932

Houtermans, F. G., Hayes, England; Hertz, G., Berlin-Dahlem, Germany: Electric discharge tube. USA 2095930 vom 26. 12. 1933, ausgegeb. 12. 10. 1937. Priorität 24. 12. 1932.

1939

Siemens & Halske Akt.-Ges. in Berlin-Siemensstadt (Dr. Gustav Hertz in Berlin-Dahlem und Dipl. Ing. Richard Wiesner in Berlin-Siemensstadt sind als Erfinder genannt worden) Vorrichtung zur Herstellung von Emulsionen. D' 712216, Kl. 12e, vom 1. 11. 1939, ausgegeb. 14. 10. 1941.

Siemens & Halske Akt.-Ges. in Berlin-Siemensstadt (Dr. Gustav Hertz in Berlin-Dahlem und Dipl. Ing. Richard Wiesner in Berlin-Siemensstadt sind als Erfinder genannt worden) Vorrichtung zur Herstellung von Emulsionen. D 716231, Kl. 12e, vom 1. 11. 1939, ausgegeb. 15. 1. 1942.

1941

Siemens-Schuckertwerke AG. in Berlin-Siemensstadt (Dr. phil. Gustav Hertz in Berlin-Dahlem und Dr. Ing. Rudolf Schöfer in Falkensee-Finkenkrug sind als Erfinder genannt worden): Verfahren zur Herstellung, insbesondere von Kohlebürsten für elektrische Maschinen. D 739901, Kl. 21 d^1, vom 28. 2. 1941, ausgegeb. 7. 10. 1943.

III. Vorträge

1911

— Über das ultrarote Absorptionsspektrum der Kohlensäure. Sitzung Dt. Phys. Ges. am 26. 5. 1911. Verh. Dt. Phys. Ges. *13* (1911) S. 417.

1913

G. Hertz berichtet über die Ionisierungsspannung verschiedener Gase nach gemeinsam mit J. Franck ausgeführten Versuchen. Sitzung Dt. Phys. Ges. am 10. 1. 1913. Verh. Dt. Phys. Ges. *15* (1913) S. 1.

1914

Franck, J. u. G. Hertz: Zur Theorie der Stoßionisation. Sitzung Dt. Phys. Ges. am 9. 1. 1914. Verh. Dt. Phys. Ges. *16* (1914) S. 79.

— Über Zusammenstöße von Elektronen mit den Molekülen eines Metalldampfes und die Ionisierungsspannung des Quecksilberdampfes, nach gemeinsam mit J. Franck ausgeführten Versuchen. Sitzung Dt. Phys. Ges. am 24. 4. 1914. Verh. Dt. Phys. Ges. *16* (1914) S. 393.

1917

— Über den Energieaustausch bei Zusammenstößen zwischen langsamen Elektronen und Gasmolekülen. Sitzung Dt. Phys. Ges. am 2. 11. 1917 in Berlin. Verh. Dt. Phys. Ges. *19* (1917) S. 241.

1920

— Über die Absorptionsgrenzen bei der L-Serie. Sitzung Dt. Phys. Ges. in Berlin am 30. 7. 1920. Verh. Dt. Phys. Ges. *3* (1920) S. 82.

— Über Absorptionslinien im Rötgenspektrum. 86. Naturforscherversammlung in Nauheim, 19.—25. 9. 1920 (s. Veröff.).

1922

— De gemiddelde weglengte van langzame electronen in neon en argon. Versammlung Niederländ. Naturwiss. Vereinigung am 25. 2. 1922 (s. Veröff.).
— Anregungs- und Ionisierungsspannungen von Neon und Argon. Sitzung Niedersächs. Gauverein, Dt. Phys. Ges., in Göttingen am 14. 6. 1922 (s. Veröff.).
— Ein neues Verfahren zur Trennung von Gasgemischen durch Diffusion. Dt. Physikertag in Leipzig 1922 (s. Veröff.).

1923

— Spectrale metingen aan edelgassen. 19. Kongreß Niederländ. Natur- u. Med.-Wiss. 1923. Handl. v. h. XIX^de^ Ned. Natur- en Geneesk. Congres 1923, blz. 104.
— De scheiding von gasmengsels door diffusie in een stroomend gas. 6. 1. 1923 (s. Veröff.).

1924

— Die Anregungs- und Ionisierungsspannungen der Edelgase. Sitzung Gauverein Niedersachsen in Hamburg am 22. 6. 1924. Verh. Dt. Phys. Ges. *5* (1924) S. 41.

1925

— Das elektrische Verhalten der Edelgase. Sitzung Gauverein Rheinland, Dt. Phys. Ges., in Aachen am 28. 2. 1925. Verh. Dt. Phys. Ges. *6* (1925) S. 18.
— Het spectrum van neon in het uiterste ultraviolet. 20. Kongreß Niederländ. Natur- u. Med.-Wiss. in Gronigen am 16. 4. 1925, Handl. v. h. XX^de^ Ned. Natuur- en Geneesk. Congres 1925, blz. 158 (s. Veröff.).
— Über die Diffusion langsamer Elektronen im elektrischen Felde (nach gemeinsam mit R. K. Kloppers ausgeführten Versuchen). III. Dt. Physikertag in Danzig am 15. 9. 1925. Verh. Dt. Phys. Ges. *6* (1925) S. 44 (s. Veröff.).

1926

— Die Spektren der Edelgase im kurzwelligen Ultraviolett. Sitzung Gauverein Thüringen-Sachsen-Schlesien am 31. 5. 1926 in Jena. Verh. Dt. Phys. Ges. *7* (1926) S. 28.

1927

— Die Diffusion von langsamen Elektronen im elektrischen Felde. Tagung Gauverein Thüringen-Sachsen-Schlesien am 12./13. 6. 1927 in Breslau. Verh. Dt. Phys. Ges. *8* (1927) S. 24.

1928

— Diffusion langsamer Elektronen in Edelgasen. Sitzung Phys. Ges. zu Berlin am 13. 7. 1928. Verh. Dt. Phys. Ges. *9* (1928) S. 41.

1930

— Die Trennung von Gasgemischen durch Diffusion. Sitzung Phys. Ges. zu Berlin in Berlin am 12. 12. 1930. Verh. Dt. Phys. Ges. *11* (1930) S. 48.

1931

— 1. Das neue Physikalische Institut der Technischen Hochschule Berlin (mit Lichtbildern und Demonstration). 2. Ein neuer Vorlesungsversuch über elektrische Wellen (nach Versuchen von R. Ramshorn). Rundgang durch das neue Institut. Gemeinsame Sitzung Phys. Ges. zu Berlin und Dt. Ges. techn. Phys. am 27. 11. 1931. Verh. Dt. Phys. Ges. 12 (1931) S. 59—60.

1933

— Weitere Versuche zur Trennung von Isotopengemischen (nach gemeinsam mit H. Harmsen und W. Schütze ausgeführten Versuchen). Gemeinsame Sitzung Phys. Ges. zu Berlin und Dt. Ges. techn. Phys. in Berlin am 7. 7. 1933. Verh. Dt. Phys. Ges. *14* (1933) S. 26.
— Reindarstellung von schwerem Wasserstoff (nach gemeinsam mit H. Harmsen und W. Schütze ausgeführten Versuchen). Gemeinsame Sitzung Phys. Ges. zu Berlin und Dt. Ges. techn. Phys. in Berlin am 24. 11. 1933. Verh. Dt. Phys. Ges. *14* (1933) S. 35.

1934

— Die Trennung von Isotopengemischen durch Diffusion in strömendem Quecksilberdampf (mit einer Vorführung). Gemeinsame Sitzung Phys. Ges. zu Berlin und Dt. Ges. techn. Phys. in Berlin am 14. 12. 1934. Verh. Dt. Phys. Ges. *15* (1934) S. 26.

1937

— Der Vorgang der Zündung einer Glimmentladung (nach Untersuchungen von R. Schade). Gemeinsame Sitzung Phys. Ges. zu Berlin und Dt. Ges. techn. Phys. in Berlin 10. 2. 1937. Verh. Dt. Phys. Ges. *18* (1937) S. 5. Auch am 28. 2. 1937 auf Tagung Gauvereine Baden-Pfalz und Württemberg, Dt. Phys. Ges., in Freudenstadt. Verh. Dt. Phys. Ges. *18* (1937) S. 30.

1939

— Der Schallstrahlungsdruck in Flüssigkeiten (mit Vorführungen; nach gemeinsam mit H. Mende durchgeführten Versuchen). Gemeinsame Sitzung Phys. Ges. zu Berlin und Dt. Ges. techn. Phys. in Berlin am 21. 6. 1939. Verh. Dt. Phys. Ges. *20* (1939) S. 90.
— Der Schallstrahlungsdruck in Flüssigkeiten. Geplant für die abgesagte Herbsttagung der Dt. Phys. Ges. in Marienbad 24.—30. 9. 1939. Verh. Dt. Phys. Ges. *20* (1939) S. 154.

1940

— Der Schallstrahlungsdruck in Flüssigkeiten und Gasen im Zusammenhang mit der Zustandsgleichung (mit Vorführungen). Deutsche Physikertagung Kriegsjahr 1940 in Berlin am 1. 9. 1940. Verh. Dt. Phys. Ges. *21* (1940) S. 38.

1956

— Die Bedeutung des Vereinigten Instituts für Kernforschung in Dubna. Rundfunk der DDR am 2. oder 4. 4. 1956.

— Physikalische Verfahren zur Isotopentrennung. 6. Tagung der Nobelpreisträger in Lindau im Juni 1956.
— Die experimentellen Methoden der heutigen Physik. Festvortrag zur Leibniz-Feier der DAW in Berlin am 1. 7. 1956.
— Einführung in die Kernphysik. Sendereihe des Deutschlandsenders: Das Plancksche Wirkungsquantum (23. 7. 1956), Physik der Elektronenhülle (30. 7. 1956), Aufbau der Atomkerne (6. 8. 1956), Natürliche und künstliche Radioaktivität (13. 8. 1956). Unser Rundfunk *11* (1956) H. 30—33.

1957

— Die Wahrscheinlichkeit in der Physik. Öffentlicher Vortrag SAW zu Leipzig am 17. 11. 1956. In: Jahrb. SAW *1954—56* (Berlin 1958) S. 104—105. Auch in: DLZ *78* (1957) Sp. 371—372.
— Die Entdeckungen von Heinrich Hertz und ihre Auswirkungen. Heinrich-Hertz-Gedenkfeier in Hamburg am 24. 2. 1957 (s. Veröff.).
— Zur Physik des künstlichen Erdtrabanten (Bemerkungen). Öffentlicher Vortrag SAW zu Leipzig am 16. 11. 1957. In: Jahrb. SAW *1957—59* (Berlin 1961) S. 170.

1958

— Die Bedeutung der Planckschen Quantentheorie für die experimentelle Physik. Max-Planck-Feier 24.—25. 4. 1958, Kongreßhalle Berlin-West am 25. 4. 1958 (s. Veröff.).
— In memoriam Frédéric-Joliot-Curie. Gedenkansprache am 26. 9. 1958 (s. Veröff.).

1959

— Die Anwendung der stabilen Isotope. 9. Tagung der Nobelpreisträger in Lindau im Juli 1959.

1960

— Das physikalische Verhalten von Teilchen sehr hoher Energie. SAW zu Leipzig am 10. 10. 1960. In: Jahrb. SAW *1960—62* (Berlin 1964) S. 185. Auch in: DLZ *82* (1961) Sp. 181—183.
— Erinnerungen an die Berliner Universität. Rundfunk der DDR am 10. 11. 1960. (S. Veröff.).

1961

— Masse und Energie. Öffentlicher Vortrag SAW zu Leipzig am 15. 4. 1961. In: Jahrb. SAW *1960—62* (Berlin 1964) S. 219—220. Auch in: DLZ *82* (1961) Sp. 856—857.
— Experimentelle Grundlagen der Atomphysik. Abschiedsvortrag und -vorlesung Phys. Institut Karl-Marx-Univ. Leipzig am 27. 6. 1961.
— Stabile Isotope. Festkolloquium zur Verleihung der Ehrendoktorwürde an G. Hertz, Leipzig am 15. 11. 1961.

1964

— Physikalische Grundlagen (zur Plasmaphysik). Vortragsreihe Forschungszentrum Adlershof, 31. 1. 1964 (s. Veröff.).

1965

— Stabile Isotope. 15. Tagung der Nobelpreisträgerin Lindau im Juni 1965
— Die 15. Tagung der Nobelpreisträger in Lindau: Von der Struktur der Isotope. Hess. Rundfunk II. am 26. 7. 1965.

1967

— Stabile Isotope. Öffentlicher Vortrag Hauptjahrestagung Phys. Ges. in der DDR in Leipzig am 12. 4. 1967.

1968

— Erinnerungen an James Franck und an die Elektronenstoßversuche. 18. Tagung der Nobelpreisträger in Lindau im Juli 1968.

1969

— Erinnerungen an James Franck und an die Elektronenstoßversuche. Jahreshaupttagung Phys. Ges. in der DDR in Leipzig am 1. 4. 1969 (Gekürzte Wiedergabe: in: Phys. in der Schule 1970).

1973

— Erinnerungen aus den Anfangsjahren der Quantenphysik. Physikkolloquium Sektion Physik Karl-Marx-Univ. Leipzig am 4. 12. 1973.
— Persönliche Erinnerungen zur Geschichte der Atomphysik, Physik-Kolloquium TH Karlsruhe am 19. 10. 1973.

1974

— Die Diffusions-Kaskade und andere Verfahren der Isotopentrennung. Physik-Kolloquium Sektion Physik Karl-Marx-Univ. Leipzig am 10. 12. 1974 (s. Veröff.).

1975

— Aus den Anfangsjahren der Quantenphysik. Wiss. Konferenz Akad. Wiss. DDR anläßl. 275. Gründungstag Akad. Wiss. in Berlin am 10. 7. 1975 (s. Veröff.).

IV. Dissertationen

Pose, Heinz: Experimentelle Untersuchungen über die Diffusion langsamer Elektronen in Edelgasen. Univ. Halle 1928.

Ende, Werner: Intensitätsmessungen an Multipletts von Quecksilber und Neon bei Anregung der Linien durch Elektronenstoß. Univ. Halle 1928.

Schulze, Bernhard: Die Anregung des sichtbaren „roten" und „blauen" Argonspektrums durch Elektronenstoß. Univ. Halle 1929.

Pupp, Wolfgang: Über Funkenerregung kurzer elektrischer Wellen unter 1 m Wellenlänge und einen neuartigen Stoßfunkensender. TH Berlin 1929.

Kessel, Hermann: Über das Wiedervereinigungsleuchten in der Quecksilber-Bogenentladung. TH Berlin 1931.

Schulze, Werner: Der Entladungsmechanismus im Geiger-Müllerschen Zählrohr und sein Zusammenhang mit Eigenschaften der normalen Glimmentladung. TH Berlin 1932.

Harmsen, Herbert: Versuche zur Isotopentrennung nach dem von G. Hertz angegebenen Verfahren. Univ. Halle 1933.

Myer, J. Leland: Sonden-Messungen am Lichtbogen in Luft bei atmosphärischem Druck. TH Berlin 1933.

Jaeckel, Rudolf: Versuche mit Neutronen aus Aluminium und Beryllium. TH Berlin 1934 (Anregung und Betreuung der Arbeit: Lise Meitner).

Euringer, Gustav: Über den zeitlichen Verlauf der Gasabgabe erhitzter Drähte im Vakuum. TH Berlin 1935.

Barwich, Heinz: Die Trennung von Gasgemischen durch Diffusion in strömendem Quecksilberdampf. TH Berlin 1936.

Müller, Erwin W.: Die Abhängigkeit der Feldelektronenemission von der Austrittsarbeit. TH Berlin 1936.

Hartmann, Werner: Elektrische Untersuchungen an oxydischen Halbleitern. TH Berlin 1936.

Koch, Jørgen: Versuche über Erscheinungen beim Auftreffen von positiven Caesiumionen auf einer ausgeglühten Wolframoberfläche und über die Herstellung einer zu diesen Versuchen geeigneten Ionenquelle. TH Berlin 1936.

Schade, Rudolf: Über die Aufbauzeit einer Glimmentladung. TH Berlin 1936/37.

Schütze, Werner: Massenspektroskopische Untersuchungen von Wasserstoff- und Helium-Kanalstrahlen. TH Berlin 1938.

Büttner, Heinz: Die Anfangscharakteristik der Townsendentladung in Edelgasen. TH Berlin 1938.

Hailer, Curt: Über den Entladungsvorgang und die Ionenausbeute der Kanalstrahlentladung. TH Berlin 1938.

Schöfer, Rudolf: Über die Townsendsche Ionisierungszahl γ und ihre Feldstärkeabhängigkeit. TH Berlin 1938.

Paetow, Heinz: Über die als Nachwirkung von Gasentladungen an den Elektroden auftretende spontane Elektronenemission und die Feldelektronenemission an dünnen Isolatorschichten. TH Berlin 1938.

Zühlke, Karl: Über die Auslösung von Ionen aus gasbedeckten Metalloberflächen durch auftreffende Elektronen. TH Berlin 1941.

Weiss, Carl Friedrich: Eigenschaften, Herstellung und Aktivitätsbestimmung radioaktiver Standardpräparate (Habilitation). KMU Leipzig 1956.

Voigt, Gerhardt: Die Theorie einer nichtadiabatisch betriebenen Rektifizierkolonne. KMU Leipzig 1957.

Winkler, Rudolf: Die Energie- und Winkelverteilung der in polykristallinem Nickel ausgelösten Sekundärelektronen. KMU Leipzig 1958.

Syrbe, Günter: Der Einfluß der elastischen Deformation auf die elektrische Leitfähigkeit und die Thermokraft von Tellureinkristallen. KMU Leipzig 1958.

Matthäi, Günter: Über den Einfluß plastischer Deformationen auf die elektrischen Eigenschaften von Seleneinkristallen. KMU Leipzig 1959.

Weiske, Wolfgang: Die lineare Kristallisationsgeschwindigkeit von Germaniumeinkristallen. KMU Leipzig 1959.

Ullrich, Siegfried: Über Bremsung und Streuung von Elektronen in Niederdruckplasmen. KMU Leipzig 1961.

Kleint, Christian: Theoretische Betrachtungen und Experimente zum Funkelrauschen bei Feldemission. KMU Leipzig 1961.

Thielemann, Walther: Beeinflussung der Leitfähigkeit von CdS-Einkristallen durch Ladungs-

trägerinjektion in eine Schattenzone sowie durch elektrostatische Aufladung. KMU Leipzig 1961.
Kreher, Konrad: Untersuchung der elektroneninduzierten Leitfähigkeit von CdS-Einkristallen. KMU Leipzig 1963.
Unger, Konrad: Bestimmung der Energieverteilung und der Einfangkoeffizienten von Haft-termen in Kristallen vom CdS-Typ. KMU Leipzig 1963.
Schmidt, Werner: Über den Weglängeneffekt an Kupfer- und Eisenfadenkristallen. KMU Leipzig 1963.
Bertoldi, Werner: Über die Verformung von Kupfer-Fadenkristallen. KMU Leipzig 1963.
Fischer, Randolf: Berechnung der Energieverteilung der Feldelektronen aus Halbleitern. KMU Leipzig 1964.
Dorst, Manfred: Röntgenspektroskopische Untersuchungen an Sulfiden, insbesondere zur Energiebandstruktur des Indium(III)Sulfids im Bereich ultraweicher Strahlung. KMU Leipzig 1964.
Gasse, Hans-Joachim: Untersuchungen zum Funkelrauschen bei der Feldemission. KMU Leipzig 1964.
Wieczorek, Ludwig: Glimmentladung in Wasserstoff, Experiment — Theorie. KMU Leipzig 1965.

V. Festschriften, Bibliographien, Fachbezogene Arbeiten, Würdigungen

Festschriften

Annalen der Physik. 6. Folge Bd 20 (Leipzig 1957) H. 1—6, 344 S. (= Festband zum 70. Geburtstag von Gustav Hertz).
Gustav Hertz in der Entwicklung der modernen Physik. Festschrift zum 80. Geburtstag von Gustav Hertz am 22. Juli 1967. Berlin 1967. 205 S., 91 Abb., 3 Tab. (= Abhandlungen der DAW zu Berlin, Klasse für Mathematik, Physik und Technik, Jg. 1967, Nr. 1).
Gustav-Hertz-Ehrung der Karl-Marx-Universität Leipzig (zum 100. Geburtstag). WZ KMU Leipzig, math.-nat. R. *36* (1987) H. 6, S. 577—736.

Bibliographien

Poggendorff, J. C.: Biogr.-Literar. Handwörterbuch der exakten Naturwissenschaften *V* (Berlin 1925) S. 525; *VI* (Berlin 1937) S. 1094, m. Bibliogr.; *VIIa* (Berlin 1958) Teil 2: F—K, S. 461, m. Bibliogr.
Bibliographie G. Hertz. In: Register Publicaties 1914—1935. Separaat-Nrs. 1—1000, Laboratoria N. V. Philips' Gloeilampenfabrieken. Eindhoven 1936. S. 47—49.
Bibliographie Gustav Hertz. In: Jahrbuch der SAW zu Leipzig *1975—1976* (Berlin 1979) S. 216 bis 220.
Kuczera, J.: Gustav Hertz. Leipzig 1985. 84 S., m. Bibliogr. S. 78—82 (= Biographien hervorragender Naturwissenschaftler, Techniker und Mediziner, Bd 80).
Altmann, G.: 100. Geburtstag des deutschen Physikers Gustav Hertz. In: Bibliographische Kalenderblätter der Berliner Stadtbibliothek *29* (1987) Folge 7, S. 39—44 (biobibliogr. Angaben); vgl. auch Bibliogr. Kalenderblätter *4* (1962) Folge 7, S. 44—47.
Kleint, Ch. u. G. Wiemers: Biobibliographie Gustav Hertz. WZ KMU, math.-nat. R. *36* (Leipzig 1987) H. 6, S. 721—735.

Fachbezogene Arbeiten

von Bahr, E.: Über die Veränderung von Absorptionslinien durch fremde Gase (Bemerkung zu Mitteilungen von Chr. Füchtbauer und G. Hertz). Phys. Z. *12* (1911) S. 1167—1169.

Bohr, N.: On the quantum theory of radiation and the structure of the atom. Phil. Mag. *30* (1915) S. 394–415, bes. S. 410 u. 411.
Van der Bijl, J. H.: Theoretical considerations concerning ionization and single-lined spectra. Phys. Rev. *10* (1917) S. 546–556.
Franck, J. u. P. Jordan: Anregung von Quantensprüngen durch Stöße. Berlin 1926.
Atkinson, R. d'E: Statistical experiments on the motion of electrons in gases. Proc. Royal Soc. of London, Ser. A, *119* (1928) S. 335–348.
Bartels, H.: Entwicklung der Grundlagen einer strengen Theorie für die Diffusion von Elektronen durch Gase. Z. Physik *55* (1929) S. 507–532.
Bailey, V. A.: Die Theorien von G. Hertz über die Bewegungen langsamer Elektronen in Gasen. Z. Physik *68* (1931) S. 834–842.
Harmsen, H.: Versuche zur Isotopentrennung nach dem von G. Hertz angegebenen Verfahren. Z. Phys. *82* (1933) S. 589–609.
Barwich, H.: Die Trennung von Gasgemischen durch Diffusion in strömendem Quecksilberdampf. Z. Physik *100* (1936) S. 166–191.
Walcher, W.: Isotopentrennung. Ergebn. exakt. Naturwiss. *18* (1939) S. 155–228.
Liu, F. H.: Franck-Hertz experiment with higher excitation level measurements. Am. J. Phys. *55* (1987) S. 366–369.
Hanne, G. F.: What really happens in the Franck-Hertz experiment with mercury? Am. J. Phys. *56* (1988) S. 696–700.

Würdigungen

Holst, G.: Physica *6* (1926) S. 337–339.
Les Prix Nobel en 1926 (Stockholm 1927) S. 71.
Oseen, C. W.: Les Prix Nobel en *1926* (Stockholm 1927) S. 17–19.
Prof. Dr. G. Hertz. Elektrotechnischen Werktnig. Noekblod 29. 1. 1927.
Voorhoeve, M.: Over de Organisatie van Wetenschappelijh onderzoek. Eindhoven 1928. S. 2, 4, 12, 13.
Hertz, G. In: Große Jüdische National-Biographie. Hrsg. S. Wininger. Bd *3* (Cernaufi 1928) S. 69.
Junk, V.: Die Nobelpreisträger — 30 Jahre Nobelstiftung. Wien, Leipzig 1930. S. 80.
Weißgerber: Neubau des Physikalischen Instituts der Technischen Hochschule Berlin. Zbl. Bauverwaltung vereinigt mit Z. Bauwesen *52* (1932) S. 409–431.
The Nobel prize-winners and the Nobel foundation 1901–1937 (Zürich 1938) S. 85.
Hylleraas, E. A.: Fysikkens Verden *11* (1949) S. 204.
N. de V. Heathcote: Novel prize winners in physics *1901–1950* (New York 1953) S. 229–248.
Schneider, E.: Von Röntgen zu Einstein, von Planck zu Heisenberg. Berlin, München 1953. S. 144–146.
Westphal, W. H.: Das Physikalische Institut der Technischen Universität Berlin. Phys. Bl. *11* (1955) S. 554–558.
Reger, K.: In: Erckmann, W. (Hrsg.): Via regia. Nobelpreisträger auf dem Wege ins Atomzeitalter. München, Wien 1955. S. 207–218.
Gebhardt, W.: Die Universität Halle und ihre Physiker (MS). Halle 1956. S. 101–102.
Kleint, Ch.: Prof. Dr. Gustav Hertz, Träger des Deutschen Nationalpreises I. Klasse. Math. u. Phys. in der Schule *8* (1956) S. 85–89.
Leipzig Linnéstraße 5. Rundfunkzeitung Juli 1956, S. 7.
Barwich, H.: Mitt. Phys. Ges. DDR (1957) Nr. 5, 4 S.
Ardenne, M. v.: Technik *12* (1957) S. 554.
Steenbeck, M.: Phys. Bl. *13* (1957) S. 371–372.
Volmer, M.: Ann. Physik *20* (Leipzig 1957) S. 1–3.
Festschrift zur 550-Jahr-Feier der Karl-Marx-Universität Leipzig. Leipzig 1959. S. 34.
Gebhardt, W.: Die Geschichte der Physikalischen Institute der Universität Halle. WZ Martin-Luther-Univ. Halle, math.-nat. R. *10* (1961) S. 858.

Ehrendoktorwürde für Prof. Dr. Hertz. Universitätszeitung (künftig UZ) KMU Leipzig Nr. 47 v. 23. 11. 1961, S. 2.
Hahn, O.: Phys. Bl. *18* (1962) S. 324—325.
Kleint, Ch.: UZ KMU Leipzig Nr. 31, 1962, S. 2.
Richter, G.: FuF *36* (1962) S. 221—222.
Jenaer Rdsch. *10* (1965) S. 251.
Barwich, H.: Das rote Atom. München 1967.
Madelung, E. Phys. Bl. *23* (1967) S. 294.
Hartmann, W.: Gustav Hertz 80 Jahre. In: Gustav Hertz in der Entwicklung der modernen Physik. Abh. DAW zu Berlin, Kl. Math., Phys. u. Techn. 1967, Nr. 1, S. 5—8.
Rompe, R. u. M. Steenbeck: Gustav Hertz in der Entwicklung der modernen Physik. Ebda S. 9—13.
Müller, E. W.: Probleme in der Feldionenmikroskopie. Ebda S. 107.
Hermann, A.: Die Elektronenstoßversuche von Franck und Hertz — Eine wissenschaftliche Einführung. In: Hermann, A. (Hrsg.): Dokumente der Naturwissenschaft, Abt. Physik, Bd *9* (München 1967) S. 7—16.
FuF *41* (1967) Nr. 6, S. 191.
Der Morgen (B) vom 23. 7. 1967, Nr. 169 S. 9.
Deutsche Nobelpreisträger (Gesamtredaktion A. Hermann). München 1968. S. 95—97.
Heermann, Ch. Wochenpost *19* (1969) Nr. 25, S. 16—17; auch Neue Heimat 1970, H. 4, S. 8—9.
Kusche, L. Spektrum *1* (1970) H. 2, S. 32—33.
Hartmann, W.: Prof. Dr. Gustav Hertz 85 Jahre. Mitt. Phys. Ges. DDR. Nr. 43, Sept. 1972, S. 1.
Hermann, A.: In: Lexikon, Geschichte der Physik A—Z. Köln 1972. S. 149—150.
Gerlach, W. Phys. Bl. *28* (1972) S. 321—322.
Richter, G. u. P. Görlich: Exper. Techn. Phys. *20* (1972) S. 377—378.
Rompe, R. u. K. F. Alexander: Er half „unlösbare" Rätsel lösen. Neues Deutschland Nr. 208 v. 29. 7. 1972, S. 12.
Peschel, K.: UZ KMU Leipzig Nr. 46 v. 20. 12. 1973.
Wolf, F.: Wozu der Franck-Hertz-Versuch wirklich unternommen wurde. Phys. Bl. *30* (1974) S. 74—75.
Rich, V. Nature *258* (London 1975) S. 464.
Lösche, A. UZ KMU Leipzig v. 7. 11. 1975, S. 2.
Scheeler, H.: In memoriam Gustav Hertz. Spektrum *6* (1975) H. 12, S. 15.
Trendelenburg, F.: Aus der Geschichte der Forschung im Hause Siemens. Düsseldorf 1975. S. 49, 70—77, 82—83, 123, 204, 256 u. a. (= Technikgeschichte in Einzeldarstellungen, Nr. 31).
Fruchtbare Jahrzehnte für die Physik (Gespräch). Spektrum *6* (1975) H. 2, S. 8—11, Abb. Das Gespräch mit Gustav Hertz führten G. Lange u. J. Mörke; auch Wochenpost *25* (1975) Nr. 52 (19. 12.), S. 16.
Kant, H.: Gustav Hertz — Notizen zu Leben und Werk. Physik in der Schule *14* (1976) S. 1—10.
Lösche, A.: Erinnerungen an Gustav Hertz und seine Leipziger Zeit. WZ KMU Leipzig, math.-nat. R. *25* (1976) S. 467—471.
Scheel, H.: Jahrb. Akademie der Wissenschaften (künftig: AdW) der DDR *1976* (Berlin 1977) S. 110.
Kant, H.: Teekolloquium ohne Phrasen: Gustav Hertz — Theoretiker und Praktiker. Berliner Zeitung Nr. 173 vom 23./24. 7. 1977, S. 13.
Brauer, M. Neues Deutschland Nr. 173 v. 23./24. 7. 1977, S. 12.
25 Jahre Physikalische Gesellschaft der DDR 1952—1977 [Berlin 1977] S. 25—26.
Kleint, Ch. UZ KMU Leipzig 1979, Nr. 11, S. 5; Nr. 12, S. 5.
Richter, G.: Physik und Industrie — Aus dem Leben und Wirken des Nobelpreisträgers Prof. Dr. Gustav Hertz. Leipzig 1979. S. 5—25 (= Leipziger Universitätsreden NF, H. 49).
Lösche, A.: (Nachr.) Gustav Hertz 22. 7. 1887—30. 10. 1975. In: Jahrb. SAW zu Leipzig *1975* bis *1976* (Berlin 1979) S. 213—216.

Cassidy, D. C.: Gustav Hertz, Hans Geiger und das Physikalische Institut der Technischen Hochschule Berlin in den Jahren 1933—1945. In: Rürup, R. (Hrsg.): Wissenschaft und Gesellschaft, Beiträge zur Geschichte der TU Berlin 1879—1979. Berlin, Heidelberg, New York 1979. S. 373—387.

Lange, G. u. J. Mörke: Gustav Hertz — Quantensprünge und Isotopentrennung. In: Wissenschaft im Interview. Leipzig, Jena, Berlin 1979, S. 57.

Nachmansohn, D.: German-Jewish Pioneers in Science 1900—1933. Berlin, Heidelberg, New York 1979. S. 56.

Ardenne, M. v.: Ein glückliches Leben für Technik und Forschung: Autobiographie. 6., überarb. u. erg. Aufl. Berlin 1982. 463 (104) S. Darin an mehreren Stellen über Gustav Hertz.

Wistrich, R.: In: Who's who in Nazi Germany. London 1982. München 1983. S. 119.

Lösche, A.: Gustav Hertz (1887—1975). In: Namhafte Hochschullehrer der Karl-Marx-Universität Leipzig, Bd *4* (Leipzig 1983) S. 20—29.

Kant, H. In: Schreier, W. (Hrsg.): Biographien bedeutender Physiker. Berlin 1984, S. 258—264.

Hansen, H.: Ihm gelang das Trennen von zuvor Untrennbarem: vor 10 Jahren starb der Nobelpreisträger Gustav Hertz. Tribüne Nr. 211 v. 30. 10. 1985 S. 4.

Hoffmann, D.: Nobelpreis für fundamentale Experimente: zum 10. Todestag des Physikers Gustav Hertz. Neue Zeit Nr. 256 v. 1. 11. 1985, S. 5.

Kleffe, H.: Der Morgen Nr. 255 v. 31. 10. 1985, S. 5.

Kuczera, H.: Gustav Hertz. Leipzig 1985. 84 S., m. Bibliogr. (= Biographien hervorragender Naturwissenschaftler, Techniker und Mediziner, Bd 80).

Kleint, Ch. u. G. Otto: Gustav Hertz (1887—1975). WZ KMU math.-nat. R. *34* (Leipzig 1985) S. 77—81.

Lemmerich, J.: Zur Geschichte der Physik an der TH Berlin-Charlottenburg. Berlin (West) 1986. 69 S. (= Berliner Beiträge zur Geschichte der Naturwissenschaft und der Technik, Bd 3, hrsg. v. F. Rheingans u. E. Swinne).

Auth, J.: Gustav Hertz 1887—1975. Zum 100. Geburtstag. Humboldt-Universität Berlin (1987).

Dostal, K.-P.: Zum 100. Geburtstag von Gustav Hertz. Isotopenpraxis *23* (1987) S. 241—244.

Gwerdziteli, I. G.: Isotopentrennung leichter Elemente durch Diffusion in Dämpfen. In: Gustav-Hertz-Ehrung der Karl-Marx-Universität [zum 100. Geburtstag] Leipzig 1987. S. 659—664 (= WZ KMU Leipzig, math.-nat. Reihe *36* [1987] H. 6).

Haefer, R. A.: Untersuchungen zur Feldelektronenemission im Siemens-Forschungslaboratorium unter Gustav Hertz von 1935—1945 und ihre Bedeutung für die heutige Oberflächenphysik. Ebda S. 649—658.

Hanle, W.: Mit Gustav Hertz in Halle. Erste optische Anregungsfunktionen. Ebda S. 632—639.

Hansen, H.: Zum 100. Geburtstag von Nobelpreisträger Gustav Hertz. Tribüne Jg *43* (Berlin 1987) Nr. 140 v. 20. 7.; Nr. 141 v. 21. 7.; Nr. 142 v. 22. 7.; Nr. 143 v. 23. 7.

Hantzsche, E.: Gustav Hertz: Zu den Grundlagen der Gasentladungsphysik. In: Gustav Hertz-Ehrung der Karl-Marx-Universität [zum 100. Geburtstag] Leipzig 1987. S. 626—631 (= WZ KMU Leipzig, math.-nat. R. *36* [1987] H. 6).

Hartmann, W.: Gustav Hertz. Ebda S. 585—587.

Heermann, Ch.: Lehrer und Industrieforscher. Wochenpost Jg *34* (1987) Nr. 27 v. 10. 7., S, 16.

Heinrich, N.: Neues Deutschland Jg *42* (Berlin 1987) Nr. 167, v. 18./19. 7., S. 12.

Hertz-Symposium Leipzig eröffnet. Sächs. Tageblatt Jg *42* (Leipzig 1987) Nr. 253 v. 28. 10., S. 1.

Hoffmann, D.: Messen in Berlin/Der Franck-Hertz-Versuch. Wissenschaft und Fortschritt *37* (1987) S. 171—172.

Hoffmann, D.: Elektrizitätsleitung in Gasen untersucht. Zum 100. Geburtstag des Physikers Gustav Hertz. Neue Zeit Jg *43* (Berlin 1987) Nr. 175 v. 28. 7., S. 6.

Kleint, Ch.: Gustav Hertz — zur 100. Wiederkehr seines Geburtstages. Phys. Bl. *43* (1987) S. 255 bis 257.

Kleint, Ch.: UZ KMU Leipzig Nr. 38 v. 23. 10. 1987. S. 5.

Kleint, Ch.: Ein Brief von Gustav Hertz an James Franck. In: Gustav Hertz-Ehrung der Karl-

Marx-Universität Leipzig [zum 100. Geburtstag] Leipzig 1987. S. 605—611 (= WZ KMU Leipzig, math.-nat. R. *36* [1987] H. 6).
Kleint, Ch.: Feldelektronenemission und stochastisches Verhalten von Adsorbaten. Ebda S. 697 bis 704.
Lösche, A.: In: Leipziger Volkszeitung Jg *42* (Leipzig 1987) Nr. 169 v. 21. 7.
Lösche, A.: (Vorbemerkungen) Gustav Hertz erzählt aus seinem Leben (einem Dokumentarfilm entnommener Text). In: Gustav-Hertz-Ehrung der Karl-Marx-Universität Leipzig [zum 100. Geburtstag] Leipzig 1987. S. 588—604 (= WZ KMU Leipzig, math.-nat. R. 36 [1987] H. 6).
Lösche, A.: Erinnerungen an Gustav Hertz und seine Leipziger Zeit. Ebda S. 665—671.
Rechenberg, H.: Gustav-Hertz-Symposium Karl-Marx-Universität Leipzig, 27./28. Okt. 1987. Phys. Bl. *43* (1987) S. 463.
Richter, G.: Arbeiten bei Gustav Hertz in der Siemens-Zeit 1935—1945. In: Gustav-Hertz-Ehrung der Karl-Marx-Universität Leipzig [zum 100. Geburtstag] Leipzig 1987. S. 640—648 (= WZ KMU Leipzig, math.-nat. R. *36* [1987] H. 6).
Richter, G.: Gustav Hertz. In: Berlinische Lebensbilder I: Naturwissenschaftler. Hrsg. v. W. Treue u. G. Hildebrandt. Berlin (West) 1987. S. 343—358.
Richter, G.: Erinnerungen an Gustav Hertz. Wissenschaft und Fortschritt *37* (1987) S. 168—170.
Rompe, R.; L. Herforth; Ch. Kleint: Spektrum *18* (1987) H. 6, S. 27—29.
Rompe, R.: Erinnerungen an Gustav Hertz. In: Gustav-Hertz-Ehrung der Karl-Marx-Universität Leipzig [zum 100. Geburtstag] Leipzig 1987. S. 672—678 (= WZ KMU Leipzig, math.-nat. R. *36* [1987] H. 6).
Rompe, R.: Gustav Hertz in Berlin. Wissenschaft und Fortschritt *37* (1987) S. 164—167.
Symposium zum 100. Geburtstag von Professor Gustav Hertz an der KMU. UZ KMU Leipzig Nr. 29 v. 24. 7. 1987.
Symposium zu Ehren von Gustav Hertz. Leipziger Volkszeitung Jg *42* (Leipzig 1987) Nr. 253 v. 28. 10.
Unger, K.: Leipzig, Gustav Hertz und die Halbleiterforschung. In: Gustav-Hertz-Ehrung der Karl-Marx-Universität Leipzig [zum 100. Geburtstag] Leipzig 1987. S. 705—709 (= WZ KMU Leipzig, math.-nat. R. *36* [1987] H. 6).
Walcher, W.: Gustav Hertz — Zum 100. Geburtstag des Nobelpreisträgers. Physik in unserer Zeit 18 (1987) Nr. 4, S. 124—126.
Walcher, W.: Gustav Hertz an der Technischen Hochschule zu Berlin 1928—1935. Ebda S. 612 bis 625.
Wetzel, K.: Moderne Aspekte der Trennung und Anwendung stabiler Isotope. Ebda S. 690 bis 696.
Wiemers, G. Liberaldemokrat. Zeitung Halle v. 22. 7. 1987.
Hoffmann, D.: Hertz-Schrödinger-Ehrung. NTM *25* (Leipzig 1988) H. 1, S. 107.
Kockel, B.: Ann. Physik, Folge 7, Bd *45* (1988) H. 1, S. 5.
Walcher W.: Ebda S. 3—4.
Nachmansohn, D. u. R. Schmid: Die große Ära der Wissenschaft in Deutschland 1900 bis 1933. Jüdische und nichtjüdische Pioniere in der Atomphysik, Chemie und Biochemie. Stuttgart 1988. 398 S., 62 Abb. [Übersetzung aus dem Englischen, überarbeitet und erweitert].
Mojto, C.: Hertz, Gustav, Physiker. In: Biographisches Lexikon zur Weimarer Republik. Hrsg. W. Benz und H. Graml. München 1988. S. 138—139.

Dr. rer. nat. habil. Christian Kleint
Dr. phil. Gerald Wiemers

NAMENREGISTER

(Mitglieder der Akademie und der mit ihnen im Zusammenhang stehende Personenkreis)

Aland, Kurt 34, 85, **152–153**
Alt, Albrecht 261
Altner, Wolfgang 87
Angelov, Dimiter Simeonov **34**, **153–154**
Arnold, Klaus **7**, 43, 103, **121**
Asmussen, Jes Peter **34**, **84**, **154**
Aubin, Hermann 215

Baethgen, Friedrich 215
Baetke, Walter 99
Bahner, Werner 5, **24**, 44, 75, 76, 84, 85, 86, **87–105**, **154–155**
Barkhausen, Heinrich 265
Bastian, Olaf 55, 59
Bauer, Renate 6
Baumann, Hasso 203
Baumann, Eckehard 50, 54
Becher, Johannes R. 100
Beck, Friedrich 70
Beckert, Herbert 5, **7**, 44, 45, 48, 68, 83, **121**
Below, Georg von 215
Benetin, Ján **18**, 82, **122**
Bentzien, Ulrich 77
Berg, Hermann **7**, 83, 117, **122**
Berghman, H. 270
Bergmann, Gunter 75, 81, 107, 114
Bergmann, Helga 76
Berneker, Erich 200
Bernhardt, Arndt 55, 59, 115
Berve, Helmut 217
Beševliev, Veselin **34**, **155**
Bethge, Heinz **7–8**, 44, 45, 46, 94
Beyer, Klaus **8**, 43, 103, **122**
Białostocki, Jan **42**, 84, 88, **219–220**
Biedermann, Karl 212
Bieler, Joachim 55, 59
Birkenbeil, Heiner 50, 54, 55
Blaschke, Karlheinz 70, 71
Blinc, Robert **18**
Blum, Siegfried 75
Blum, Sybille 75
Blumenthal, Lieselotte **24–25**
Böhm, Gustav-Adolf 50, 54
Boer, Elisabeth 72
Bräuer, Helmut 70, 73
Bräuer, Siegfried 70, 73
Brandenburg, Erich 205
Brandsch, Juliane 75, 118
Brecht, Bertolt 101
Bredt, Heinrich **19**, 44
Brüning, Eberhard 5, **25**, 46, 47, 84, 86, **155–156**
Bruford, Walter Horace 42, **209–213**
Bucha, Václav 94
Buchheim, Wolfgang **8**, 48, 68
Budevski, Evgeni Bogdanov **19**, **123**
Bürger, Max 109
Burckhardt, Jacob 89, 214
Busch, Karl-Franz **8**, 44, 45, 46, 48, 82, 117, **123**
Butter, Karl 108

Caratheodory, Constantin 265
Caspar, Erich 215
Chropovský, Bohuslav **34–35**, 43, 102, **156**
Coblenz, Werner **25**, 44, 46, 70, 74, 84, 85, 86, 106, 113, 116, **156–157**
Condorcet, Marie Jean Antoine 90
Croce, Benedetto 203, 204
Cysarz, Herbert 200
Czok, Karl 5, **25–26**, 45, 47, 70, 71, 73, 74, 106, 108, 113, 118, **157–159**

Dahl, Eva-Sophie 75
D'Alembert, Jean Le Rond 90
d'Ambly, Inge-Dorothea 50
Debes, Dietmar 6, 70, 255
de Fontenelle, Bernard 90, 91
D'Hondt, Jacques **35**, 85, 118, **159**
de Kőrös, Csoma 197
Diesner, Hans-Joachim **26**, 46, 47, 70, 84, 85, 86, **159**
Dietze, Walter 42, 44, 45, 47, 84, 94, 95, **195 bis 196**

Dilthey, Wilhelm 213
Dörter, Klaus **8**, 46, 48, 82, 83, 106, 108, 113, 117, **123—124**
Dóka, Klara 73
Droz, Jacques **35**, 72
Dubler, Anne-Marie 74
Dudek, Gerhard **26**, 47, 84, 85, 86, 118, **159—160**
Dürwald, Wolfgang **9**, 46, 82, 83, 84, **124**

Eberhardt, Hans 70
Ehrenfest, Paul 265
Eichler, Ernst **26**, 47, 70, 75, 84, 85, 86, 118, **160—161**, 203
Eichler, Ingrid 75
Einstein, Albert **264**, 265
Eißfeldt, Otto 116, 261—263
Emons, Hans-Heinz **9**, **44**, 45, 46, 82, 87, **124—125**
Enders, Lieselott 70, 71
Engels, Friedrich 211
Erben, Johannes **35**, 44, 84, 85, **162**
Esch, Arnold 216, 218
Eschenburg, Liesel 75
Eßbach, Hasso **9—10**, 45

Fanghänel, Egon **10**, 44, 45, 68, 82, 83, 84, **125—128**
Faraday, Michael 261
Fejes Tóth, László **19**, **128**
Felix, Werner **26**, 45, 46, 47, 84, 86, 87, **162**
Figge, Siri-Bettina 270
Filkorn, Vojtech 88
Finke, Heinrich 214, 216
Finn, Robert **19**, 83, **129**
Fischer, Eberhard 76, 81
Fischerová, Marta 68
Fleckenstein, Josef 94
Förster, Bernd 270
Forberger, Rudolf **27**, 70, 85, 118, **162**
Freimuth, Ulrich **10**, 48
Franck, James 265
Frings, Theodor 99, 101, 107
Fröhlich, Klaus **10**, 45, 46, 48, 67, 82, 83, **128 bis 129**

Gadamer, Hans-Georg **35**, **163—165**
Gamkrelidze, Thomas V. **35—36**, 43, 103
Gansleweit, Klaus-Dieter 75, 80
Gebel, Michael 68
Geiseler, Gerhard 94
Georgiev, Vladimir 88
Gerhardt, Ursel 68
Gesemann, Gerhard 200
Gierach, Erich 200
Gläser, Albrecht **10—11**, 82, 83, **129—130**
Götz, Heinrich 75
Goetzeler, Herbert 270
Gombocz, Zoltán 197
Gorbatschow, Michail 91, 110
Grimm, Jacob 202, 218
Groß, Reiner **27**, 43, 45, 70, 71, 72, 73, 103, **165**
Große, Rudolf **27**, 47, 70, 74, 75, 76, 81, 84, 85, 86, 106, 113, **165—166**
Grote, Claus 87
Grundmann, Herbert 217, 218
Guderitz, Thomas 66
Günther, Rigobert **27**, 45, 47, 84, 85, 86, 118, **166—167**
Gundlach, Jürgen 75, 80
Gundulić, Ivan 203
Gutschmidt, Karl 203
Gwerdziteli, Iraklii Gregorjewitsch 266

Haase, Günter **11**, 46, 48, 55, 59, 60, 82, 83, 108, 115, **130**
Hänsel, Christian **11**, 48, 66, 67, 82, 83, 84, 113, **130**
Häusser, Ludwig 212
Hagl, Irmgard 75
Halm, Otto 265
Hamann, Günther **36**
Hanisch, Christiane 66
Haupt, Walther 71
Haushofer, Albrecht 215
Haustein, Uwe-Frithjof **11**, 43, 103, **130—132**
Hegel, Georg Wilhelm Friedrich 212
Heimpel, Hermann 42, **213—219**
Heinicke, Jens 67
Heisenberg, Werner 217
Heitz, Gerhard 70
Held, Wieland 71
Heller, Rolf 75, 80
Hellmann, Siegmund 215
Helm, Dagmar 75
Helmrath, Johannes 219
Hennig, Horst **11—12**, 46, 82, 83, 94, **132—134**
Henschel, Johanna 68
Hensel, Martin 60
Hensel, Witold **36**, **167**
Herder, Johann Gottfried 210
Hermand, Jost **37**, 84, **167**
Herrmann, Ingeborg 72
Herrmann, Johannes 72
Herrmann-Winter, Renate 75, 80
Herting, Beate 76, 81

Hertz, Gustav 116, **264—289**
Hertz, Heinrich 264
Hertz, Hellmuth 270
Hertz, Johannes 270
Hetzer, Theodor 217
Hiebert, Erwin Nick **19**, 43, 102
Hiebsch, Hans **27**, 44, 46, 75, 76, 79, 84, 110, 116, **167—168**
Hilbert, David 265
Hilbig, Harald 117
Hodek, Ursula 6
Hölder, Ernst **19**, 82
Horn, Heidemarie 60, 65
Horn, Wolfgang 60, 65
Hoyer, Siegfried 70, 71, 73, 74
Hülsenberg, Dagmar **12**, 46, 82, 83, 94, **134 bis 135**, 191
Humboldt, Alexander von 210
Hund, Friedrich **19—20**, 44, **135**
Hunger, Herbert **37**, 84, **168**
Huth, Joachim 71

Ilberg, Waldemar 266
Iordan, Iorgu 88
Isbaner, Werner 87
Ivić, Milka **37**, **168**

Jarceva, Viktorija Nikolaevna **37**
Jedlička, Alois **37—38**, 84, **168—169**
Jefferson, Thomas 204
Jendryschik, Friedrich Karl 66
Jordan, Herbert **12**, 45, 46, 48, 82, 83, 84, 109, 113, 117, **135**
Jung, Petra 6
Junghans, Helmar 70, 72, 108

Kähler, Erich **20**
Kaišev, Rostislav **20**
Kammeier, Wilhelm 215
Karadžić, Vuk 202
Karšulin, Miroslav 88, 89
Kasper, Martin 70
Keller, Katrin 73
Keller, Ott-Heinrich 12, **44**, 68
Kemnitz, Werner 94
Kersten, Martin **20**
Kessler, Hans-Joachim 70
Kießling, Karin 55
Kirsten, Christa 270
Kleint, Christian 74, 289
Klemperer, Victor **100**
Klimaszewski, Mieczysław **20—21**, 88, **135**
Klingner, Friedrich 217
Kobialka, Manfred 6
Kobuch, Manfred 70, 71, 72, 73
Koch, Erika 48
Koch, Ulrich 67, 109
Kölling, Irmintrud 70
Köppe, Ingeborg 75
Köstler, Margot 68, 270
Kötzschke, Rudolf 205, 216, 217
Koivulehto, Jorma 77
Kolotyrkin, Jakov Mikhailovič **21**, 82, **136—137**
Korff, Hermann August 211, 212
Kosminsky, E. A. 298
Kotlorz, Jozef 87, 94
Krackow, Erika 75
Krauss, Werner 100, 212
Krbetschek, Mathias 67
Kriewald, Dorothea 72
Krug, Herbert **12**, 44, 46, 82, **137**
Kühn, Heidi 68, 69
Kühn, Johannes 217
Kühne, Andreas 270
Kühnert, Friedmar **28**

Ladendorf, Heinz **38**, 85
Lamprecht, Karl 204, 212
Langer, Bernhard 75
Lea, Elisabeth 6, 70, 74, 116
Lehmann, Edgar **28**, 44, 45, 48, 70, 84, 85, **169**
Lehmann, Nikolaus Joachim **13**, 44, 45, 68, 82, **137—138**
Leibniz, Gottfried Wilhelm 89, 90, 92, 95, 206
Leiße, Matthias 76
Lemper, Ernst-Heinz 70
Lerchner, Gotthard **28**, 75, 84, 85, 86, 118, **170—171**
Leskien, August 202
Lieberwirth, Rolf 5, **28—29**, 45, 46, 48, 70, 72, 84, 85, 86, **169—170**
Liewehr, Ferdinand 200, 201
Ligeti, Lajos **42**, 94, 95, **197—198**
Lindau, Sabine 108
Lösche, Artur 5, **13**, 44, 45, 68, 84, 86, 87, **106 bis 116**, 117, **138**, 268
Lösche, Romy 66
Lomov, Boris F. **38**
Lorenzen-Schmidt, Klaus-J. 73

Maas, Utz 77
Maier, Wilhelm **21**
Mann, Thomas 210
Mannsfeld, Karl 55, 59, 60
Marcks, Erich 204
Markov, Walter **29**, 44, 45, 46, 70, 84, **171—172**

Marschallek, Christine 68
Matzen, Peter Friedrich 88, 89
Maxwell, James Clerk 261
Mayrhofer, Manfred **38**, **172**
McPherson, K. 212
Mehring, Franz 211
Meischner, Lona 68
Meißner, Rosemarie 50
Meitner, Lise 265
Meyer, Rudolf **29**, 85, 116, **172–173**, 263
Mitchell, Terence Frederick **38**, 84, **172**
Möbius, Friedrich **29**, 45, 47, 84, 85, 118, **173**
Mohry, Herbert 87, 104
Monden, Angelika 70
Mrusek, Joachim 70
Mühle, Werner 117
Mühlenpfordt, Iustus 267
Mühlpfordt, Günter 70
Müller, Ansgar 66, 67
Müller, Fritz **13**, 45, 47, 109, 117, **138**, 194
Müller, Horst 87, 104
Müller, Joachim (Leipzig) 87, 94
Müller, Karl Alexander **21**, 43, 44, 102
Murko, Matthias 202
Mylius, Klaus **29**, 84, 85, 86, **172**, 198

Nagel, Peter **30**, 43, 86, 103, **173**
Németh, Gyula 197
Nernst, Walter 265
Neubert, Albrecht **30**, 45, 47, 74, 75, 76, 84, 85, 86, 106, 112, **173–174**
Neumann, Isolde 75
Neumann, Siegfried 77
Neumann, Werner **30**, 44, 45, 47
Neuß, Erich 71
Niebel, Stephanie 75
Nieheim, Dietrich von 213, 214
Njammasch, Marlene 87, 92, 93
Noke, Knuth 76, 80

Oelßner, Wilhelm 5, **13–14**, 45, 46, 48, 82, 83, 84, **139**
Ogris, Werner **39**, 84, 86, 94, **174**
Oleinik, Ol'ga Arsenjewna **21–22**, 43, 102, **139–140**
Oncken, Hermann 204, 206

Palm, Michaela 60
Panofsky, Erwin 219, 220
Parthier, Benno **14**, 47, 83, **140–141**
Pée, Willem 88
Peek, Werner **39**, 44
Pelliot, Paul 197
Penzlin, Heinz **14**, 48, 50, 54, 55, 82, 83, 84, 86, 109, 115, 117, **141–143**
Perthes, Clemens Theodor 212
Petschow, Herbert **39**, **175**
Petzold, Rainer 75, 80
Peukert, Herbert 42, 47, 95, **200–203**
Planck, Max 264, 265
Pohl, Richard 265
Pohlers, Renate 70
Pohrt, Heinz 203
Pommer-Esche, Katharina von 203
Post, Rudolf 77
Poppe, Eberhard **30–31**, 44, 45, 47, 48, 84, 85, 86, 87, 118, **175**
Poppe, Lothar 87, 94
Poulík, Josef **39**
Prinz, Friedrich 74
Protze, Helmut 75, 81

Radtke, Gisela 50
Rădulet, Remus 88, 89
Rädlein, Herta 75
Rammler, Erich 88, 89
Ranke, Leopold von 203, 205
Rathmann, Lothar **31**, 44, 45, 47, 85, **175–176**
Rebner, Beate 6
Reichardt, Konstantin 217
Reininghaus, Wilfried 73
Richter, Gert 70
Richter, Klaus 50, 55
Richter, Reinhard 66
Ricken, Ulrich **31**, 47, **176**
Ries, Werner **14**, 48, 50, 82, 109, 114, **143**
Rippl, Eugen 200
Rochler, Renate 72
Rösler, Hans Jürgen **14–15**, 45, 47, 82, 83, 117, **143–144**
Rötzsch, Helmut 94
Rosenkranz, Heinz 75, 80
Rothe, Christian 75, 80
Rubens, Heinrich 265
Runge, Carl 265
Runge, Franz 108
Růžička, Rudolf **31**, 47, 75, 84, 86, **176–177**
Ryšavý, Bohumil 87

Sachsenweger, Matthias 117
Sachsenweger, Rudolf **15**, 46, 83, 84, **144**
Sachsenweger, Ulrich 117
Salomon, Felix 204
Sandner, Eberhard 55, 60
Schadewaldt, Wolfgang 216, 217
Schäffner, Christina 76, 81

Scharf, Joachim-Hermann **15**, 82, 83, 117, **144—145**
Scheibe, Gudrun 68
Schenk, Winnifred 68
Scherf, Ulrich 50
Schier, Bruno 200
Schildt, Joachim 107
Schiller, Evelin 55
Schillinger, Klaus 70
Schlosser, Friedrich Christoph 212
Schlote, Karl-Heinz 68, 69
Schmetterer, Leopold **22**, **145**
Schmid, Wolfgang Paul Rudolf **39**, 43, 103, **178**
Schmidt, Erika 48
Schmidt, Hartmut 76
Schmidt-Wiegand, Ruth 77
Schneeweis, Edmund 200
Schöne, Bernd 73
Schöppe, Evelin 6
Schrödinger, Erwin 116
Schubert, Manfred 42, 45, 46, 94, 95, **189—191**
Schultheis, Johannes 118, 203
Schuster-Šewc, Heinz **31—32**, 43, 75, 103, **177**
Schwabe, Heinz 270
Schwabe, Kurt 82
Schwarze, Elisabeth 71
Schweitzer, Bernhard 217
Schwendler, Gerhild 270
Schücking, Levin 211, 212
Seeger, Ulrike 75
Senda, Mitsugi **22**, 43, 102, **145—146**
Shirkov, Dmitrij Vasiljevič **22**
Skrjabin, Georgij Konstantinovič **22**
Smiałowski, Michał **22—23**, **146**
Sobek, Lothar 50, 54, 55
Sommerfeld, Arnold 265
Spangenberg, Karl 75, 80
Spina, Franz 200
Spitcyn, Viktor Ivanovič **23**
Sporleder, Jutta 6
Stach, Walter 216
Steindorff, Georg 99
Steinmetz, Max 70
Sternberger, Dolf 101
Stepanov, Georgij Vladimirovič 88, 89
Strack, Erich 42, 44, 45, 48, **192—194**
Stubbe, Hans **15—16**, 44, 45, 82, **146**
Štúr, L'udovít 202
Suchanek, Olaf 76
Suder, Michael 87, 104
Szabô, Zoltán Gábor **23**, 82
Szulc, Aleksander **40**, 43, 103

Tackenberg, Kurt **40**
Taube, Manfred 87, 92, 93
Telegdi, Zsigmond **40**, 84, **178**
Thieme, Paul **40**
Tiţeica, Şerban 88, 89
Tomašov, Nikon Danilovič **23**, 82, 83, **146—147**
Tottermusch, Paul 6
Träger, Claus **32**, **44**, **45**, 47, 84, 85, 86, **178**, 213
Trautmann, Reinhold 202
Treitschke, Heinrich von 212
Trommer, Sylvia 76, 81
Townsend, John Sealy Edward 265
Tschirnhaus, Ehrenfried Walther von 90

Udal'cova, Zinaida Vladimirovna 42, 95, **198 bis 200**
Uhlmann, Armin **16**, **44**, 45, 68, 82, 83, 116, **147**
Uhlmann, Dietrich **16**, 48, 60, 65, 82, 83, 84, 109, 115, **147—148**
Ullmann, Ernst **32**, 44, 45, 70, 84, 85, 86, **178 bis 179**, 220
Umezawa, Hamao 88, 89
Unger, Manfred 70, 71

Van der Waerden, Bartel L. **23—24**, **148**
Vasmer, Max 84, 202
Vladimirov, Vasilii Sergejevič **24**, 82, **148**
Vossler, Karl 204
Vossler, Otto 42, 95, **203—209**, 216

Walther, Hans 70, 71, 85, 118
Warburg, Aby 220
Warburg, Emil 265
Wartenberg, Günther 72, 83
Watznauer, Adolf **16—17**, 45, 48, 67, 82, 83, 84, **149**
Wehnelt, Arthur 265
Weichsel, Lebrecht 68
Weise, Ingelore 75
Weiß, Carl-Friedrich 267
Weiß, Volkmar 108
Weizsäcker, Carl Friedrich von **40—41**, 88, **179**
Weller, Friedrich 92, 93, 99, 197
Werl, Elisabeth 72, 108
Werner, Ernst **32**, 44, 45, 47, 70, 85, **179—180**, 200
Werner, Hans-Georg **32—33**, 45, 47, 85, 86, 87, **180—181**, 196
Werner, Jürgen **33**, 47, 75, 84, 85, 86, **181—182**
Westermann, Ekkehard 74
Westphal, Wilhelm 265
Weyl, Hermann 265
Wezel, Lothar 75

Wieacker, Franz **41, 182**
Wieland, Christoph Martin 212
Wiemers, Gerald 2, 6, 48, 74, 116, 118, 209, 219, 255, 289
Wiese, Annemarie 75, 107, 114
Wiese, Joachim 75, 80
Wiesemann, Uwe 76, 81
Wilhelmi, Bernd **17**, 43, **44**, 94, **149—150**
Witkowski, Teodolius 75, 80
Wittich, Dieter **33**, **44**, 47, 84, 85, 86, 118, **182**
Wittkowski, Hartmut 75
Wittkowski, Ingrid 75
Wötzel, Roland 87, 94
Wolf, Friedrich 108
Wolker, Jiři 200
Wollgast, Siegfried **33**, 68, 70, 73, 84, 85, 86, 118, **183—185**
Woschni, Eugen-Georg **17**, 45, 46, 47, 82, 83, 117, **150—151**
Wossidlo, Richard 77
Wußing, Hans **17**, 68, 69, 83, 84, 107, **149**

Zerling, Lutz 48, 66
Ždanov, German Stepanovič **24, 151—152**
Žmegač, Viktor **41**, 85, **185**
Zwahr, Hartmut 70

FSC
www.fsc.org
MIX
Papier | Fördert
gute Waldnutzung
FSC® C083411

Kolibri 360 GmbH
Ferdinand-Jühlke-Straße 7
99095 Erfurt, Deutschland
produktsicherheit@kolibri360.de